航天科技图书出版基金资助出版

H_∞控制理论在惯性技术应用中的设计方法

魏宗康　夏　刚　著

中国宇航出版社
·北京·

图书在版编目(CIP)数据

H_∞控制理论在惯性技术应用中的设计方法 / 魏宗康，夏刚著. -- 北京 : 中国宇航出版社，2012.4

ISBN 978-7-5159-0182-4

Ⅰ. ①H… Ⅱ. ①魏… ②夏… Ⅲ. ①H_∞控制-应用-航天导航:惯性导航系统-设计 Ⅳ. ①V249.32

中国版本图书馆 CIP 数据核字(2012)第 050303 号

责任编辑 马　航　　**封面设计** 京鲁图文　　**责任校对** 祝延萍

出版发行	中国宇航出版社		
社　址	北京市阜成路 8 号	**邮　编**	100830
	(010)68768548		
网　址	www.caphbook.com		
经　销	新华书店		
发行部	(010)68371900		(010)88530478(传真)
	(010)68768541		(010)68767294(传真)
零售店	读者服务部		北京宇航文苑
	(010)68371105		(010)62529336
承　印	北京画中画印刷有限公司		
版　次	2012 年 4 月第 1 版		2012 年 4 月第 1 次印刷
规　格	880×1230	**开　本**	1/32
印　张	11.625	**字　数**	320 千字
书　号	ISBN 978-7-5159-0182-4		
定　价	68.00 元		

航天科技图书出版基金简介

航天科技图书出版基金是由中国航天科技集团公司于2007年设立的，旨在鼓励航天科技人员著书立说，不断积累和传承航天科技知识，为航天事业提供知识储备和技术支持，繁荣航天科技图书出版工作，促进航天事业又好又快地发展。基金资助项目由航天科技图书出版基金评审委员会审定，由中国宇航出版社出版。

申请出版基金资助的项目包括航天基础理论著作，航天工程技术著作，航天科技工具书，航天型号管理经验与管理思想集萃，世界航天各学科前沿技术发展译著以及有代表性的科研生产、经营管理译著，向社会公众普及航天知识、宣传航天文化的优秀读物等。出版基金每年评审1～2次，资助10～20项。

欢迎广大作者积极申请航天科技图书出版基金。可以登录中国宇航出版社网站，点击“出版基金”专栏查询详情并下载基金申请表；也可以通过电话、信函索取申报指南和基金申请表。

网址：http：//www.caphbook.com

电话：(010) 68767205，68768904

序

惯性导航是一门综合了机电、光学、数学、力学、控制及计算机等学科的技术，是现代科学技术发展到一定阶段的产物。惯性导航系统具有自主性、隐蔽性和能获取运载体完备运动信息等特点，可在全天候条件下进行连续的定位和定向。这种独特优点是诸如无线电导航、卫星导航和天文导航等其他导航系统无法比拟的。尽管这些导航系统的某些导航性能可能远远优于惯性导航系统，但惯性导航系统仍然是重要飞行器不可缺少的核心导航设备。因而惯性导航系统是现代武器和运载器等飞行器的运动信息观测手段，在现代武器装备及民用领域中具有重要的地位。

惯性导航系统可分为平台式和捷联式两种基本类型。平台式惯性导航系统是用机电控制方法建立起来的物理实体平台，用于模拟导航、制导和控制系统所要求的惯性坐标系。由于有平台伺服回路隔离了飞行器的角运动，则用于导航解算的加速度计误差模型中可不考虑与角运动有关的误差项。因此，平台式惯性导航系统主要用于战略武器和运载火箭控制系统。捷联式惯性导航系统与载体直接固连，通过解算姿态微分方程建立起一个数学的导航坐标系，即导航坐标系以数学平台形式存在。随着高精度、大量程速率陀螺仪技术的发展，动调陀螺捷联系统、激光陀螺捷联系统、光纤陀螺捷联系统、MEMS捷联系统逐渐应用于各种运载体中。

在惯性导航系统中，控制技术起着至关重要的作用。平台系统依靠陀螺仪、稳定回路使台体稳定在惯性空间，而捷联系统中惯性仪表采用力反馈回路来实现角速度或加速度等信息的敏感。平台系统的初始对准中，也是通过调平回路和方位对准回路分别实现水平对准和方位对准。上述过程的实现，都需要设计满足各种性能指标的控制器。

目前，惯性导航系统中的控制器广泛采用经典频率域控制的设计方法，主要回路控制器采用模拟电路实现。随着控制技术的发展，我们对一些新型的控制理论和方法在惯性导航系统中的应用进行了探索，目的是提高惯性导航系统的精度、鲁棒性、可靠性、环境适应性以及满足小型化等需求。

鲁棒控制理论是对线性系统理论深层次的发展，是控制科学与工程学科以及其他相关学科的科技工作者所需要的重要基础知识。鲁棒控制研究的主要内容是系统存在参数不确定性和结构摄动时如何设计控制器，使得相应的闭环系统具有期望的性能。鲁棒控制问题吸引了国内外众多学者参与研究，发展了各具特色的研究方法，诸如参数空间法、多项式方法、H_∞方法、QFT方法等。其中，从理论的系统完整性以及工程应用的成功事例来看，H_∞方法一直在鲁棒控制中占有重要地位。

作者在总结惯性导航技术研究及工程实践的基础上编写了《H_∞控制理论在惯性技术应用中的设计方法》一书，全书系统地论述了H_∞控制理论在工程应用时的设计方法和技巧，以惯性导航系统为应用背景，重点介绍了平台系统稳定回路H_∞控制设计方法、捷联系统伺服回路H_∞控制设计方法、惯性导航系统初始对准H_∞控制设计方法以及组合导航系统H_∞控制设计方法等相关内容。

本书内容较为全面，涵盖了惯性导航系统的两种基本类型，并分别对四轴平台伺服系统的建模及其解耦、动调陀螺捷联系统的建模及其解耦、捷联系统全方位初始对准技术、长航时组合导航航向保持技术等进行了较为深入的探讨和论述，各章节的技术内容与实际应用紧密结合，全书具有较强的理论与应用相结合的特色，对从事惯性导航系统技术研究和产品设计的人员，以及相关高等院校师生等都具有参考价值。

希望本书的出版，对我国惯性导航系统的控制技术的发展，对相关领域技术人才的培养都能起到促进作用。

中国航天科技集团公司

科学技术委员会　主任

中国科学院　院士

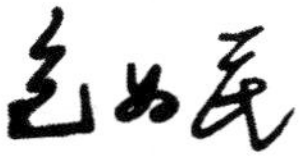

2012 年 3 月 16 日

前　言

惯性导航技术是一门综合了机电、光学、数学、力学、控制及计算机等学科的尖端技术，是现代科学技术发展到一定阶段的产物。由于惯性是所有质量体的基本属性，所以建立在惯性原理基础上的导航系统不需要任何外来信息，也不会向外辐射任何信息。仅靠惯性导航系统本身就能在全天候条件下，在全球范围内和任何介质环境里自主隐蔽地进行连续的三维定位和三维定向，因此是重要运载体不可缺少的核心导航设备。

控制技术贯穿于惯性导航系统中，目前控制方法基本采用经典频率域控制的设计方法，控制器的结构和参数的选择完全依赖于个人的经验。随着控制技术的发展，出现了一些新型的控制理论和方法，本书是在紧密跟踪国际研究前沿和取得自主创新研究成果的基础上撰写而成的，根据作者的工作经验介绍了 H_∞ 控制理论在惯性导航系统应用中的设计方法。本书第 1 章概要介绍了 H_∞ 控制理论及本书的主要内容，第 2 章介绍了模型匹配问题的相关理论，第 3 章给出了四轴平台的稳定回路模型以及捷联系统陀螺仪伺服回路和加速度计伺服回路的模型，第 4 章给出了平台稳定回路不同指标条件下的 H_∞ 控制设计方法，第 5 章介绍了捷联系统伺服回路 H_∞ 控制设计及其解耦技术，第 6 章介绍了捷联系统和平台系统的初始对准方法，第 7 章给出了捷联系统和平台系统基于地理坐标系的导航误差修正方法。

由于国内有关 H_∞ 控制理论的书籍以理论推导为主，侧重于公式和定理的证明。而有关惯性技术的书籍没有与 H_∞ 控制理论相结合的内容。因此，本书是国内第一部以 H_∞ 控制理论为主线介绍惯性导航系统的图书。

本书在编写过程中，北京理工大学伍清河教授、航天科工集团三院 33 所胡平华研究员、航天科技集团 13 所杨立溪研究员、胡宝余研究员等提出了宝贵意见；此外，本书还得到了航天13所吴涛高工、张猛主任以及宇航出版社的张铁钧副社长、马航编辑的支持；中国航天科技集团公司科技委主任包为民院士审阅了全书并为本书作序，作者谨向以上各位专家及同事深表感谢。

由于作者水平有限，加上编写时间十分仓促，书中缺点、错误在所难免，恳请读者批评指正。

作　者

2012年4月

目　录

第 1 章　绪　论

惯性导航是一门综合了机电、光学、数学、力学、控制及计算机等学科的尖端技术，是现代科学技术发展到一定阶段的产物。由于惯性是所有质量体的基本属性，所以建立在惯性原理基础上的导航系统不需要任何外来信息，也不会向外辐射任何信息。仅靠惯性导航系统本身就能在全天候条件下，在全球范围内和任何介质环境里自主隐蔽地进行连续的三维定位和三维定向。这种同时具备自主性、隐蔽性和能获取运载体完备运动信息的独特优点是诸如无线电导航、卫星导航和天文导航等其他导航系统无法比拟的，尽管这些导航系统的某些导航性能可能远远优于惯性导航系统，但惯性导航仍然是重要运载体不可缺少的核心导航设备。

惯性导航系统分为平台式和捷联式两种基本类型。平台式惯性导航系统是用机电控制方法建立起物理实体平台，用于模拟所要求的导航坐标系。由于有惯性平台隔离了运载体的角运动，导航坐标系的旋转又十分缓慢，所以平台式惯性导航系统中陀螺的动态范围可以很小，导航计算机的解算负担也比较轻。捷联式惯性导航系统的最大特点是依靠算法建立起导航坐标系，即导航坐标系以数学平台形式存在，这样省略了复杂的物理实体平台，结构简单、体积小、质量小、成本低，还可通过余度技术提高系统的容错能力。

控制技术贯穿于惯性导航系统中。比如，在捷联系统中的仪表伺服系统可把运载体的角速度、加速度转换成测量所需要的电压或电流信号，而平台系统中的稳定回路可隔离运载体的角运动。对于有温控的惯性导航系统，通过温控回路实现系统内部的恒温环境。在平台系统的初始对准中，通过调平回路和方位对准回路分别实现水平对准和方位对准。在组合惯性导航系统中，利用外部信息通过高度阻尼回路、水平修正回路等阻尼惯性导航的误差。

对于惯性导航系统中的控制方法目前基本采用经典频率域控制的设计方法，控制器的结构和参数的选择完全依赖于个人的经验。随着控制技术的发展，出现了一些新型的控制理论和方法，本书根据作者的工作经验介绍了H_∞控制理论在惯性导航系统应用中的设计方法。

H_∞控制理论作为鲁棒控制的一个分支，是利用现代时域控制理论来实现经典频率域控制的方法。其优点是可把个人经验通过计算机编程实现，简化了设计，同时可实现多输入多输出系统（MIMO）的控制器设计。其难点是需要较深的控制理论基础，本书写作意图就是通过对理论的介绍，结合惯性技术给出不同使用条件下的设计实例。

控制系统的设计是采用某一种方法使一个控制器满足不同的性能指标。归纳起来，系统的性能指标包括：

1）闭环系统的鲁棒稳定性；

2）系统对外干扰的灵敏性；

3）闭环系统的动态性能；

4）闭环系统的交链作用；

5）稳态响应及误差；

6）对参数变化的鲁棒性；

7）闭环系统的整体性。

给定对象以后，要设计一个满意的反馈系统，就是要确定一个正则的（分母的阶次不小于分子的阶次）校正环节，使闭环系统满足设计性能要求。要设计一个同时满足上述各项性能指标的控制器实属困难，因此，在设计控制系统的校正环节时，必须分清性能指标要求的主次，在满足主性能指标的前提下，尽可能照顾其他性能指标的要求。然而，在上述诸项指标中，闭环系统的鲁棒稳定性和对外干扰灵敏性显得极为重要，它们是闭环控制系统能够工作的必要条件。

对于单输入单输出系统（SISO），系统带宽体现了闭环系统的鲁棒稳定性，相位余度和幅值余度体现了参数变化的鲁棒稳定性，而精度指标体现了系统的稳态误差和动态性能。因此，在 H_∞ 控制理论中，通过性能界函数体现精度指标，以及对象不确定性界函数体现鲁棒稳定性，在上述两个界函数的限制下设计的控制器可实现在不同性能指标之间的折衷。

H_∞ 控制理论的设计首先是通过特定的结构形式（如图 1—1 所示）把界函数考虑到控制系统中，构成一个新的增广对象模型及其闭环传递函数。设计的目的是要求解控制器 $\boldsymbol{C}$（s），使这个闭环传递函数 $\boldsymbol{M}$ 的 H_∞ 范数最小。

在 H_∞ 理论中，这个 $\boldsymbol{M}$ 对应于图 1—1 所示的闭环传递函数。

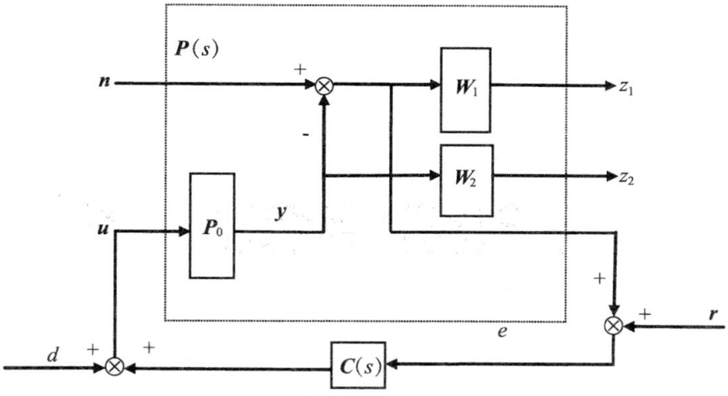

图 1—1 增广对象

由于满足上述条件的控制器有无穷多个，可通过对控制器 $\boldsymbol{C}$（s）进行 Youla 参数化来表示成 $\boldsymbol{Q}$（s）的函数。因此，可将 H_∞ 一般框架表示为图 1—2 所示的形式。

消去中间变量，可转化为模型匹配问题，如图 1—3 所示。

因此，控制系统的设计就转化为模型匹配问题。即

$$\min_{Q \in RH_\infty} \| \boldsymbol{T}_1(s) - \boldsymbol{T}_2(s)\boldsymbol{Q}(s)\boldsymbol{T}_3(s) \|_\infty \qquad (1-1)$$

式中 $\boldsymbol{T}_1 \in RH_\infty^{m\times r}$，$\boldsymbol{T}_2 \in RH_\infty^{m\times p}$，$\boldsymbol{T}_3 \in RH_\infty^{q\times r}$，$\boldsymbol{Q} \in RH_\infty^{p\times q}$。

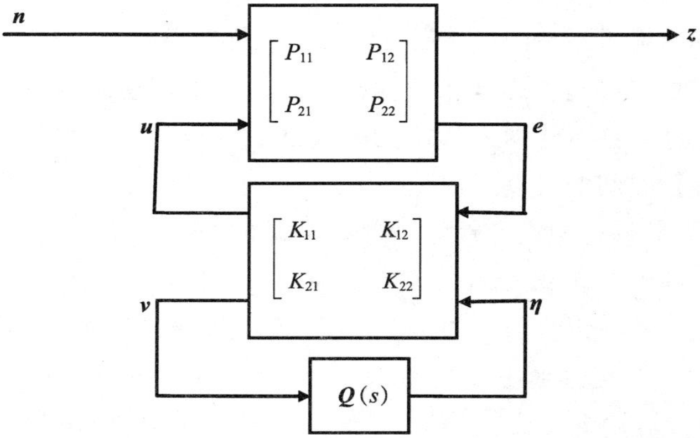

图 1－2　Youla 参数化后 H∞ 控制问题的一般框架

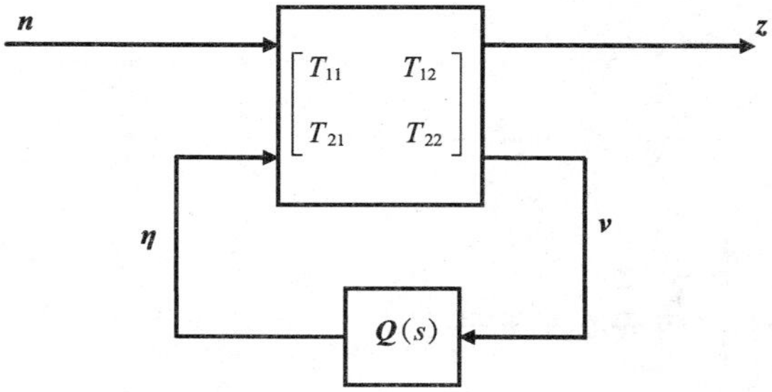

图 1－3　H∞ 控制模型匹配问题

本书第 2 章重点介绍了模型匹配问题的相关理论，包括广义距离问题、传递函数矩阵的谱分解、Nehari 问题、最优 Hankel 范数逼近问题等，上述问题的解决可给出一个最优的 $\boldsymbol{Q}$（s）。通过回代求解，可给出在界函数限制条件下的最优控制器 $\boldsymbol{C}$（s）。本书结合平台稳定回路比较形象、直观地给出了 H∞ 控制理论的设计方法和流程，从手工推导频率域控制器的过程来看该流程较繁琐，但 H∞ 控制理论的好处是通过计算机和状态空间理论可实现编程，只需给出增广对象的模型就可直接给出控制器，这恰恰是经典频率域控制通过经验设计所不能相比的。

对于惯性导航系统来说，惯性测量装置（IMU）是基础。由不同仪表构成的伺服回路模型不尽相同，为分析方便，选取动调陀螺仪、石英加速度计作为敏感元件，因为它们适用于平台系统和捷联系统。本书第 3 章通过对四轴平台框架系统的动力学分析，给出了四轴平台的稳定回路模型，并给出了捷联系统陀螺仪伺服回路和加速度计伺服回路的模型，为惯性测量装置伺服系统的控制器设计提供了基础。

设计一个控制器，带宽和精度指标是两个基本考虑条件。除此之外，还需要考虑如下因素：

1）系统是否包含积分环节，积分环节的阶次应确保稳态误差为零；

2）系统低频段的增益是否足够大，低频增益应保证系统动态精度的要求；

3）系统是否条件稳定系统，无条件稳定系统可保证系统在有非线性饱和环节时闭合的稳定性；

4）对于条件稳定系统，除了稳定余度绝对值，确保系统稳定的相位范围是否足够宽，应保证增益参数变化的鲁棒稳定性；

5）对于多输入多输出系统（MIMO），是否考虑多变量解耦。

当然，对于单输入单输出（SISO）系统，设计一个常规的线性控制器使其同时满足各种性能指标是不现实的，因此在设计时必须分清性能指标的主次。比如，小信号输入时系统为线性系统，首要的性能指标是精度和鲁棒稳定性；大信号输入时系统为非线性系统，首要考虑的是系统稳定性问题，其次才是精度。

本书第 4 章通过以平台稳定回路 H_∞ 控制设计为例，详细给出了不同指标条件下的 H_∞ 控制设计方法，包括：高增益控制器的设计、稳定裕度宽范围控制器的设计、MIMO 控制器的设计、非线性控制器的设计、离散化数字控制器的设计等；并对最优 Bang-Bang 控制、模糊控制以及复合智能控制进行了比较分析，通过试验验证了设计方法。

本书第 5 章以捷联系统伺服回路 H$_\infty$ 控制设计为例，详细介绍了多变量控制系统的解耦技术，说明 H$_\infty$ 控制理论设计的控制器对多变量系统具有解耦能力。对于应用较广泛的石英加速度计，给出了两种不同的控制器结构形式及其误差模型。

为保证刚刚起动的惯性平台系统能够顺利地进入导航工作状态，首先要调整平台台体使其具有精确的初始定向，把这个物理调整过程叫做惯性平台系统的初始对准。而对于以地理坐标系作为导航坐标系的捷联惯性导航系统，也需要通过初始对准来确定载体相对于地理坐标系的三个姿态角。与平台系统的区别在于，这个过程是通过数学解算来实现的。

本书第 6 章对捷联系统和平台系统的初始对准过程建立了模型，提出了一种基于罗经原理采用 4 种不同输入方式，实现捷联系统全象限方位角以及平台系统 4 个物理位置的确定；并对静基座和晃动基座调平回路的性能指标做了系统分析，主要侧重于抑制晃动干扰和减小调平时间之间的矛盾。对初始对准中多回路控制方法进行了分析，利用 H$_\infty$ 控制理论设计了一个近似最优控制器，它既能满足抑制晃动干扰的要求，同时在给定的对象不确定性界函数的约束下，可使调整时间最小。

实现初始对准的方法较多，H$_\infty$ 控制方法基于输出反馈，当然也可用基于滤波理论的状态反馈方法来进行初始对准。由于捷联系统和平台系统的初始对准误差模型是一个非线性解析方程，因此采用通常的线性滤波方法是不行的。通过采取适当的线性化处理，状态观测器和卡尔曼滤波方法可用于惯性测量系统的初始对准。采用状态观测器，其系统带宽为一个固定值。而卡尔曼滤波器的带宽随反馈矩阵是可调节的，在误差较大时带宽较大以提高快速性，在误差较小时带宽较小以提高收敛精度。但卡尔曼滤波器要求精确已知系统噪声和观测噪声的统计特性，而对于一个实际系统往往存在着模型不确定性或干扰信号统计特性不完全已知等，这些不确定因素使得卡尔曼滤波算法失去最优性，估计精度大大降低，严重时会引起滤波发散。为解决此噪声的不确定性问题，学术界研究的重点是采用 H_∞ 鲁棒滤波理论。

对于捷联系统，由于系统中没有饱和特性等非线性环节，控制环节的输出不受限制，本书第 6 章分别介绍了 H_∞ 控制方法、状态观测器、卡尔曼滤波器、H_∞ 鲁棒滤波的应用情况。但对于平台系统，较通用的方法仍是频率域控制，这是因为初始对准系统中存在饱和特性等非解析的非线性环节，使得卡尔曼滤波器不适用。

由于存在仪表误差、初始对准误差、重力异常等，惯性导航系统长时间工作时导航误差随时间增加。为此，长航时的系统需引入外部位置信息、外部速度信息（GPS、GLONASS、北斗等）或外部姿态角信息（CNS）以对惯性导航误差进行修正，比如 INS/GPS、INS/CNS、INS/GPS/CNS 组合导航。对于不同的组合导航系统，所提供的外部信息主要归结为位置、速度和姿态角。

本书第 7 章给出了捷联系统和平台系统基于地理坐标系的导航解算方程以及导航误差方程。针对不同的外部信息给出了误差修正方法，并首次提出了一种基于运动基座的动态对准 H_∞ 控制方法或航向保持技术。该方法相对于卡尔曼滤波器具有状态维数少的优点，减小了协方差矩阵的计算量。

在以地理坐标系为导航坐标系的惯性导航中，设位置误差为 $\delta\boldsymbol{r}^L=(\delta\varphi, \delta\lambda, \delta h)$，速度误差为 $\delta\boldsymbol{V}^L=(\delta V_e, \delta V_n, \delta V_u)$，姿态误差为 $\boldsymbol{\phi}^L=(\phi_e, \phi_n, \phi_u)$，则传统的 SINS/GPS 组合导航算法中状态方程取 15 维，即

$$\begin{bmatrix} \delta\dot{\boldsymbol{r}}^L \\ \delta\dot{\boldsymbol{V}}^L \\ \dot{\boldsymbol{\phi}}^L \\ \dot{\varepsilon} \\ \nabla\dot{f} \end{bmatrix} = \begin{bmatrix} \boldsymbol{D}^{-1}\delta\boldsymbol{V}^L - \boldsymbol{D}^{-1}\boldsymbol{D}_r\delta\boldsymbol{r}^L \\ \boldsymbol{A}\delta\boldsymbol{r}^L + \boldsymbol{B}\delta\boldsymbol{V}^L - \boldsymbol{F}^L\boldsymbol{\phi}^L + \boldsymbol{R}_b^L\boldsymbol{b} \\ -\boldsymbol{\Omega}_{iL}^L\boldsymbol{\phi}^L + \boldsymbol{R}_b^L\boldsymbol{d} + \boldsymbol{P}\delta\boldsymbol{r}^L + \boldsymbol{Q}\delta\boldsymbol{V}^L \\ 0 \\ 0 \end{bmatrix} \tag{1-2}$$

而在采用 H_∞ 控制器后的状态方程可降为 6 维，即

$$\begin{cases} \dot{\varepsilon} = 0 \\ \nabla \dot{f} = 0 \end{cases} \tag{1-3}$$

有利于计算量的减小。

在第 7 章中利用 H_∞ 控制理论对惯性组合导航的高度通道与水平通道阻尼环节设计了近似最优控制器，它既能满足抑制干扰的要求，同时在给定的对象不确定性界函数的约束下，可使调整时间最小。

第 2 章　H_∞ 鲁棒控制设计方法

本章介绍了控制系统设计中的矛盾因素与限制条件，给出了设计准则；详细论述了 H_∞ 控制理论的设计方法和基本原理，并通过典型实例给出了设计流程。

2.1　控制系统设计准则

经典控制理论设计的控制器具有鲁棒稳定性，但是缺乏精确的数学推导。而最优控制理论设计的控制器严重依赖于数学模型的精确程度，所以在实际中很少得到应用。H_∞ 控制理论正是二者的桥梁，在控制器设计时考虑对象的不确定性，因此所设计的控制器具有鲁棒稳定性。

2.1.1　设计中的矛盾因素与限制条件

图 2—1 为控制系统的方块图，图中 $\boldsymbol{r}$ 为给定信号；$\boldsymbol{d}$ 为干扰信号；$\boldsymbol{n}$ 为量测噪声；$\boldsymbol{P}_0(s)$ 为被控对象，$\boldsymbol{C}(s)$ 为控制器；另外，$\boldsymbol{W}_1(s)$，$\boldsymbol{W}_2(s)$ 分别为性能界函数和对象不确定性界函数。

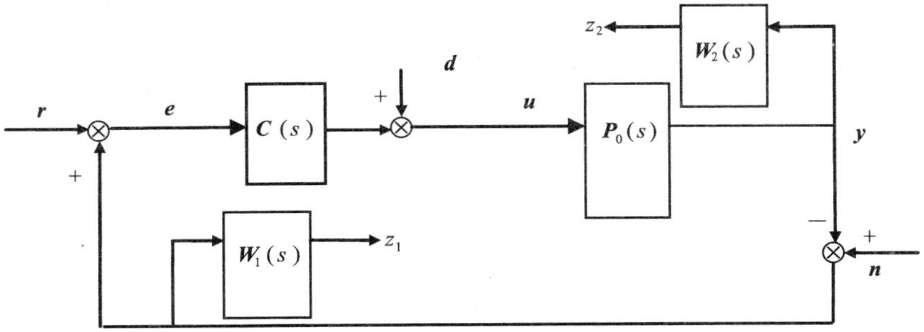

图 2—1　控制系统方块图

系统的输入 $\boldsymbol{r}$，$\boldsymbol{d}$，$\boldsymbol{n}$ 与误差信号 $\boldsymbol{e}$ 输出 $\boldsymbol{y}$ 以及控制量 $\boldsymbol{u}$ 的关系分别为

$$\boldsymbol{e} \overset{\Delta}{=} \boldsymbol{r}+\boldsymbol{n}-\boldsymbol{y}=\frac{1}{1+\boldsymbol{C}\boldsymbol{P}_0}\boldsymbol{r}-\frac{\boldsymbol{P}_0}{1+\boldsymbol{C}\boldsymbol{P}_0}\boldsymbol{d}+\frac{1}{1+\boldsymbol{C}\boldsymbol{P}_0}\boldsymbol{n} \tag{2-1}$$

$$\boldsymbol{y}=\frac{\boldsymbol{C}\boldsymbol{P}_0}{1+\boldsymbol{C}\boldsymbol{P}_0}(\boldsymbol{r}+\boldsymbol{n})+\frac{\boldsymbol{P}_0}{1+\boldsymbol{C}\boldsymbol{P}_0}\boldsymbol{d} \tag{2-2}$$

$$\boldsymbol{u}=\frac{\boldsymbol{C}}{1+\boldsymbol{C}\boldsymbol{P}_0}(\boldsymbol{r}+\boldsymbol{n})+\boldsymbol{d}\approx\frac{1}{\boldsymbol{P}_0(j\omega)}(\boldsymbol{r}+\boldsymbol{n})+\boldsymbol{d} \tag{2-3}$$

传递函数 $\boldsymbol{S}(s)=\frac{1}{1+\boldsymbol{C}\boldsymbol{P}_0}$ 称为该系统的灵敏度函数，而把 $\boldsymbol{T}=1-\boldsymbol{S}=\frac{\boldsymbol{C}\boldsymbol{P}_0}{1+\boldsymbol{C}\boldsymbol{P}_0}$ 称为补灵敏度函数。

从式（2—1）可知，只要在 $\boldsymbol{r}$ 和 $\boldsymbol{d}$ 的作用频段内加大开环传递函数 $\boldsymbol{C}(j\omega)\boldsymbol{P}_0(j\omega)$ 的增益，就可以减少输入 $\boldsymbol{r}$ 和干扰 $\boldsymbol{d}$ 作用下的误差。确切地说是提高控制环节 $\boldsymbol{C}(s)$ 的增益，即减小 $\boldsymbol{S}(s)$ 的增益就可以减小干扰对控制误差的影响。这个性能要求一般可用不等式表示为

$$|\boldsymbol{C}(j\omega)\boldsymbol{P}_0(j\omega)|\geqslant|\boldsymbol{W}_1(j\omega)| \qquad \forall\,\omega\leqslant\omega_{ps} \tag{2-4}$$

式中 $\boldsymbol{W}_1(\boldsymbol{s})$ 代表设计要求，ω_{ps} 代表了输入信号/干扰的频谱宽度。

从式（2—2）可知，如果在一个很宽的频率范围内增益都保持很高的值，那么跟踪误差和扰动引起的误差都肯定会小，但这却会增大噪声误差。因为在这同样宽的频率范围内噪声也都“通过”了，即

$$\boldsymbol{y}=\frac{\boldsymbol{C}\boldsymbol{P}_0}{1+\boldsymbol{C}\boldsymbol{P}_0}\boldsymbol{n}\approx\boldsymbol{n} \tag{2-5}$$

从式（2—3）可知，当输入和噪声的带宽超出对象 $\boldsymbol{P}$ 的带宽后，会在 $\boldsymbol{u}$ 处得到放大。因为这时 $\boldsymbol{P}_0(j\omega)\ll1$，严重时引起系统电路饱和。

综合以上分析，希望所设计的系统在一个较宽的范围内具有高增益，但要尽量减小噪声并不引起过大的控制量。事实上，设计时需要在跟踪误差、干扰抑制和噪声误差间寻求一种折衷，这是因为两者的要求是矛盾的。

如果只有这个折衷问题，我们可以采用成熟的理论和方法来进

行设计，比如现代控制理论中处理控制作用 $\boldsymbol{u}$ 和误差的方法，就是取性能指标为

$$\boldsymbol{J}=\int_{0}^{\infty}\left[\boldsymbol{e}^{2}(t)+\boldsymbol{\gamma}\boldsymbol{u}^{2}(t)\right]\mathrm{d}t, \quad t>0 \tag{2-6}$$

的设计方法以及有线性二次型高斯（LQG）理论等。

但是实际问题并非只是这一个方面。高增益的第二个限制常常要压过这个折衷问题，这个限制就是要求所设计的系统能够允许不确定性。这是因为虽然可以用基于精确模型的各种理论来进行设计，但是最终这个设计应该在一个实际的物理对象上实现。这个实际物理系统的性能与所用作设计的数学模型之间的差别，对高增益的频率范围加上了严格的限制。

2.1.2　对象的不确定性

被控对象的数学模型与实际物理系统之间存在着差别，这是因为：

1）不可能精确地了解对象的工作机理、结构和参数；

2）常用降阶模型近似代替实际高阶模型；

3）常用集中参数模型近似代替实际分布参数模型；

4）常用线性化模型近似代替实际非线性模型；

5）常把时变模型视为非时变模型等。

这就导致了数学模型不确定性（model uncertainty）的出现。

另一方面，在控制系统的工作过程中，存在着对象不确定性(plant uncertainty)。由于对象（或系统）辨识的不精确、工作环境条件的变化、元器件的老化、制造工艺误差及其他扰动因素等，使得对象的实际参数与其标称参数之间出现偏差。对象的不确定性或者是由忽略的动态特性（未建模动态特性）造成的，或者是因为其他一些未知因素。

未建模动态特性是由于忽略了机械谐振、时间滞后、分布参数等因素造成的。这里有的是由于我们的认识能力或表达方式有限，不能在对象的模型上表示出来；有的则是知道的，但是为了便于设

计处理而采用了简化模型。不论是何种原因，这种数学模型与实际物理系统之间的差别均统称为对象的不确定性。

不确定性是不知道的，一般只给出其范围大小，它的表示方法有加性不确定性和乘性不确定性两种形式。用乘性形式来表示不确定性时，传递函数写成

$$\boldsymbol{P}(j\omega)=[1+\boldsymbol{L}(j\omega)]\boldsymbol{P}_0(j\omega) \tag{2-7}$$

$$|\boldsymbol{L}(j\omega)|<|\boldsymbol{W}_2(j\omega)| \tag{2-8}$$

这个 $\boldsymbol{W}_2$（$j\omega$）表示了实际 $\boldsymbol{P}$（$j\omega$）偏离模型的相对值的界限。$\boldsymbol{W}_2$（$j\omega$）在低频段一般很小（$\ll 1$），其值随着 ω 而增大，到高频段时会超过 1。这主要是由于存在未建模动态特性的缘故。

由于系统是根据数学模型来设计的，而这个设计又需要在实际的物理对象上实现，因此设计的时候就应该考虑到对象的不确定性，使所设计的系统存在不确定性时仍是稳定的，且满足性能要求。

存在不确定性时仍能保证稳定的性能称为鲁棒稳定性，鲁棒稳定性的条件可推导如下。设原设计的系统（见图 2－1）是稳定的，即

$$1+\boldsymbol{C}(j\omega)\boldsymbol{P}_0(j\omega)$$

包围原点的次数满足 Nyquist 判据的条件。

现要求摄动后仍是稳定的，即 $\boldsymbol{C}$（$j\omega$）$\boldsymbol{P}_0$（$j\omega$）包围－1 点的次数不变，也就是要求当 $\boldsymbol{P}_0$（$j\omega$）连续过渡到 $\boldsymbol{P}$（$j\omega$）时 $|1+\boldsymbol{C}(j\omega)\boldsymbol{P}_0(j\omega)|$ 能保持不为零。这样包围原点的圈数才不会改变。这就是说，要求

$$|1+\boldsymbol{C}(j\omega)\boldsymbol{P}_0(j\omega)[1+\varepsilon\boldsymbol{L}(j\omega)]|>0,\quad 0\leqslant\varepsilon\leqslant 1 \tag{2-9}$$

上式可进一步整理如下

$$\left|1+\varepsilon\boldsymbol{L}\frac{\boldsymbol{C}\boldsymbol{P}_0}{1+\boldsymbol{C}\boldsymbol{P}_0}\right|\geqslant 1-|\boldsymbol{W}_2(j\omega)|\left|\frac{\boldsymbol{C}\boldsymbol{P}_0}{1+\boldsymbol{C}\boldsymbol{P}_0}\right|>0$$

得

$$\left|\frac{\boldsymbol{C}\boldsymbol{P}_0}{1+\boldsymbol{C}\boldsymbol{P}_0}\right|<\frac{1}{|\boldsymbol{W}_2(j\omega)|} \tag{2-10}$$

式（2－10）表明，当不确定性 $|\boldsymbol{W}_2(j\omega)|$ 的值大的时候，回路的增

益就应该小下来，这就是鲁棒稳定性条件。如果这个不等式不能满足，实际系统就可能不稳定。

2.1.3　设计准则

根据上面的讨论，可以将对系统的设计要求归纳成下列 3 条设计准则：

1）名义系统 $\boldsymbol{C}(s)\boldsymbol{P}_0(s)$ 应该是稳定的。

2）$\boldsymbol{C}(s)\boldsymbol{P}_0(s)$ 低频段增益应该高于跟踪误差和干扰抑制所要求的性能界限 $|\boldsymbol{W}_1(j\omega)|$，即性能指标为

$$\|\boldsymbol{W}_1(j\omega)\boldsymbol{S}(j\omega)\|_\infty \leqslant 1 \tag{2-11}$$

3）$\boldsymbol{C}(s)\boldsymbol{P}_0(s)$ 高频段增益应该低于噪声或不确定性所规定的界限 $\dfrac{1}{|\boldsymbol{W}_2(j\omega)|}$，即鲁棒稳定性条件为

$$\|\boldsymbol{W}_2(j\omega)\boldsymbol{T}(j\omega)\|_\infty < 1 \tag{2-12}$$

式（2—11）和式（2—12）同时成立的充分条件是

$$\|\boldsymbol{M}\|_\infty < 1 \tag{2-13}$$

其中

$$\boldsymbol{M} = \begin{bmatrix} W_1 S \\ W_2 T \end{bmatrix}$$

所以式（2—13）可同时满足性能指标与鲁棒稳定性。

在 H∞理论中，这个 $\boldsymbol{M}$ 对应于图 1—1 所示的闭环传递函数。

图 1—1 中的 $\boldsymbol{P}(s)$ 称为增广对象，其传递函数阵为

$$\boldsymbol{P} = \begin{bmatrix} P_{11} & P_{12} \\ P_{21} & P_{22} \end{bmatrix} = \left[\begin{array}{c:c} \boldsymbol{W}_1 & -\boldsymbol{W}_1\boldsymbol{P}_0 \\ 0 & \boldsymbol{W}_2\boldsymbol{P}_0 \\ \hline \boldsymbol{I} & -\boldsymbol{P}_0 \end{array}\right] \overset{\text{SSR}}{=\!=} \left[\begin{array}{c:cc} \boldsymbol{A} & \boldsymbol{B}_1 & \boldsymbol{B}_2 \\ \hline \boldsymbol{C}_1 & \boldsymbol{D}_{11} & \boldsymbol{D}_{12} \\ \boldsymbol{C}_2 & \boldsymbol{D}_{21} & \boldsymbol{D}_{22} \end{array}\right] \tag{2-14}$$

即

$$\boldsymbol{z} = \begin{bmatrix} z_1 \\ z_2 \end{bmatrix} = [P_{11} \quad P_{12}] \begin{bmatrix} \boldsymbol{n} \\ \boldsymbol{u} \end{bmatrix} \tag{2-15}$$

$$\boldsymbol{e}=[P_{21}\quad P_{22}]\begin{bmatrix}\boldsymbol{n}\\ \boldsymbol{u}\end{bmatrix}+\boldsymbol{r} \tag{2-16}$$

$$\boldsymbol{u}=\boldsymbol{Ce}+\boldsymbol{d} \tag{2-17}$$

消去 $\boldsymbol{u}$ 和 $\boldsymbol{e}$ 就可得出从 $\boldsymbol{n}$ 到 $\boldsymbol{z}=\begin{bmatrix}z_1\\ z_2\end{bmatrix}$ 的闭环传递函数阵

$$\boldsymbol{M}=\boldsymbol{P}_{11}+\boldsymbol{P}_{12}\boldsymbol{C}(\boldsymbol{I}-\boldsymbol{P}_{22}\boldsymbol{C})^{-1}\boldsymbol{P}_{21}=\begin{bmatrix}\boldsymbol{W}_1\boldsymbol{S}\\ \boldsymbol{W}_2\boldsymbol{T}\end{bmatrix} \tag{2-18}$$

这样，上述的设计要求就可以转化为对图 1—1 系统的加权闭环传递函数的 H_∞ 范数的最小化问题。设计的目的是要求解控制器 C，使这个闭环传递函数的 H_∞ 范数最小，即求解以下优化问题

$$\min_{C}\|\boldsymbol{M}\|_\infty$$

这就是标准的 H_∞ 优化问题。注意到这里优化是在能镇定对象的那些 $\boldsymbol{C}(s)$ 上进行的，这是一种约束。而且由于 H_∞ 范数是一种极大值，所以这是一个有约束的极小优化问题。

设计时这几个要求之间也还会有矛盾，但这里名义系统的稳定性以及鲁棒稳定性两个条件是一定要保证的，而性能方面则只能是尽可能做到满意。

这些设计要求也可以用图 2—2 来表示。图中画有低频段和高频段的界限，所设计的系统不能进入这两个限定区域，而且应该在这

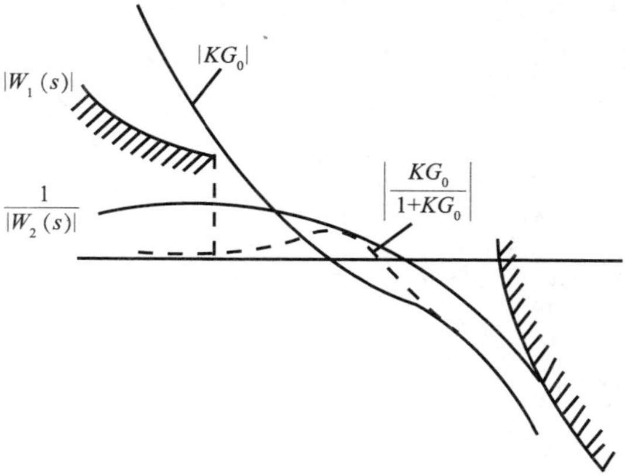

图 2—2　设计准则示意图

两个区域之间穿过 0dB 线，这些就构成了对整个频率特性的形状要求。

2.2　基于状态空间理论的 H∞控制设计方法

H∞控制理论就是求解一个最优的控制器，满足式（2—13）的性能指标和鲁棒稳定性要求。

2.2.1　增广对象

把图 1—1 用更一般的 H∞控制设计方块图表示，如图 2—3 所示。

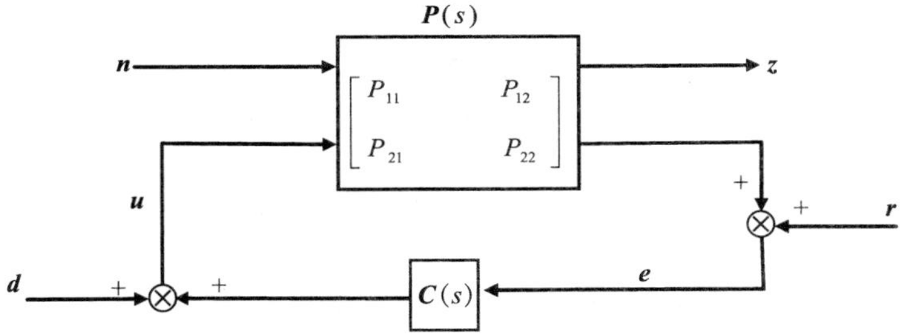

图 2—3　H∞控制一般方块图

图中 $\boldsymbol{P}$（s）称为增广对象，其传递函数阵如式（2—14）。记 $\boldsymbol{x}$ 和 $\boldsymbol{x}_c$ 分别为 $\boldsymbol{P}$（s）和 $\boldsymbol{C}$（s）的状态矢量，则有

$$\dot{\boldsymbol{x}} = \boldsymbol{A}\boldsymbol{x} + \boldsymbol{B}_1\boldsymbol{n} + \boldsymbol{B}_2\boldsymbol{u} \tag{2—19}$$

$$\begin{bmatrix} \boldsymbol{z} \\ \boldsymbol{e} \end{bmatrix} = \begin{bmatrix} \boldsymbol{C}_1 \\ \boldsymbol{C}_2 \end{bmatrix}\boldsymbol{x} + \begin{bmatrix} \boldsymbol{D}_{11} & \boldsymbol{D}_{12} \\ \boldsymbol{D}_{21} & \boldsymbol{D}_{22} \end{bmatrix}\begin{bmatrix} \boldsymbol{n} \\ \boldsymbol{u} \end{bmatrix} + \begin{bmatrix} 0 \\ \boldsymbol{I} \end{bmatrix}\boldsymbol{r} \tag{2—20}$$

$$\dot{\boldsymbol{x}}_c = \boldsymbol{A}_c\boldsymbol{x}_c + \boldsymbol{B}_c\boldsymbol{e} \tag{2—21}$$

$$\boldsymbol{u} = \boldsymbol{C}_c\boldsymbol{x}_c + \boldsymbol{D}_c\boldsymbol{e} + \boldsymbol{d} \tag{2—22}$$

这样，上述的设计要求就可以转化为对图 2—3 系统的闭环传递函数的 H∞范数的最小化问题。

2.2.2 Youla 参数化

为了求得所有能镇定对象的控制器 $C(s)$，就需要对系统 Youla 参数化。下面用状态空间理论来分析 Youla 参数化。

引理 2.1　存在控制器 $\boldsymbol{C}(s)$，使得图 2—3 所示的系统内稳定，当且仅当 $(\boldsymbol{A},\boldsymbol{B}_2)$ 能镇定，$(\boldsymbol{C}_2,\boldsymbol{A})$ 能检测。

由于 $(\boldsymbol{A},\boldsymbol{B}_2)$ 能镇定，$(\boldsymbol{C}_2,\boldsymbol{A})$ 能检测，所以存在 $\boldsymbol{F}$，$\boldsymbol{H}$ 使得 $\boldsymbol{A}_F := \boldsymbol{A}+\boldsymbol{B}_2\boldsymbol{F}$，$\boldsymbol{A}_H := \boldsymbol{A}+\boldsymbol{H}\boldsymbol{C}_2$ 稳定。定义 $\boldsymbol{C}_F := \boldsymbol{C}_2+\boldsymbol{D}_{22}\boldsymbol{F}$，$\boldsymbol{B}_H := \boldsymbol{B}_2+\boldsymbol{H}\boldsymbol{D}_{22}$。

下面我们引入几个定义。

定义 2.1　两个列数相同的传递函数矩阵 $\boldsymbol{N}_r$，$\boldsymbol{D}_r\in \boldsymbol{RH}^\infty$ 叫做右互质，如果存在 $\boldsymbol{X}_r$，$\boldsymbol{Y}_r\in \boldsymbol{RH}^\infty$，使得 $\boldsymbol{X}_r\boldsymbol{N}_r+\boldsymbol{Y}_r\boldsymbol{D}_r=\boldsymbol{I}$；两个行数相同的传递函数矩阵 $\boldsymbol{N}_l$，$\boldsymbol{D}_l\in RH^\infty$ 叫做左互质，如果存在 $\boldsymbol{X}_l$，$\boldsymbol{Y}_l\in RH^\infty$，使得 $\boldsymbol{N}_l\boldsymbol{X}_l+\boldsymbol{D}_l\boldsymbol{Y}_l=\boldsymbol{I}$。

定义 2.2　如果 $\boldsymbol{G}=\boldsymbol{N}_r\boldsymbol{D}_r^{-1}$，且 $\boldsymbol{N}_r$ 和 $\boldsymbol{D}_r$ 右互质，则称 $\boldsymbol{N}_r\boldsymbol{D}_r^{-1}$ 是 $\boldsymbol{G}$ 的一个右互质分解；如果 $\boldsymbol{G}=\boldsymbol{D}_l^{-1}\boldsymbol{N}_l$，且 $\boldsymbol{N}_l$ 和 $\boldsymbol{D}_l$ 右互质，则称 $\boldsymbol{D}_l^{-1}\boldsymbol{N}_l$ 是 $\boldsymbol{G}$ 的一个左互质分解。

令 $\boldsymbol{P}_{22}=-\boldsymbol{D}_l^{-1}\boldsymbol{N}_l=-\boldsymbol{N}_r\boldsymbol{D}_r^{-1}$ 是 $\boldsymbol{P}_{22}$ 的一个互质分解，则存在一个双互质分解，$\boldsymbol{C}=\boldsymbol{X}_l\boldsymbol{Y}_l^{-1}=\boldsymbol{Y}_r^{-1}\boldsymbol{X}_r$，满足 Bezout 恒等式

$$\begin{bmatrix} Y_r & -X_r \\ N_l & D_l \end{bmatrix}\begin{bmatrix} D_r & X_l \\ -N_r & Y_l \end{bmatrix}=\begin{bmatrix} \boldsymbol{I} & 0 \\ 0 & \boldsymbol{I} \end{bmatrix} \tag{2-23}$$

其中

$$\begin{bmatrix} \boldsymbol{Y}_r & -\boldsymbol{X}_r \\ \boldsymbol{N}_l & \boldsymbol{D}_l \end{bmatrix} \overset{\text{SSR}}{=\!=} \left[\begin{array}{c:cc} \boldsymbol{A}_H & -\boldsymbol{B}_H & \boldsymbol{H} \\ \hline z^{-1}\boldsymbol{F} & z^{-1}\boldsymbol{I} & 0 \\ w\boldsymbol{C}_2 & -w\boldsymbol{D}_{22} & w\boldsymbol{I} \end{array}\right]$$

$$\begin{bmatrix} \boldsymbol{D}_r & \boldsymbol{X}_l \\ -\boldsymbol{N}_r & \boldsymbol{Y}_l \end{bmatrix} \overset{\text{SSR}}{=\!=} \left[\begin{array}{c:cc} \boldsymbol{A}_F & z\boldsymbol{B}_2 & -w^{-1}\boldsymbol{H} \\ \hline \boldsymbol{F} & z\boldsymbol{I} & 0 \\ \boldsymbol{C}_F & z\boldsymbol{D}_{22} & w^{-1}\boldsymbol{I} \end{array}\right]$$

式中　$\boldsymbol{w}$，$\boldsymbol{z}$——传递函数的可调增益。

令 $\boldsymbol{Q}$ 为任意维数合适的 RH^{∞} 传递函数矩阵。在式（2－23）两端左乘 $\begin{bmatrix} \boldsymbol{I} & -\boldsymbol{Q} \\ 0 & \boldsymbol{I} \end{bmatrix}$，右乘 $\begin{bmatrix} \boldsymbol{I} & \boldsymbol{Q} \\ 0 & \boldsymbol{I} \end{bmatrix}$，得

$$\begin{bmatrix} \boldsymbol{Y}_r - \boldsymbol{Q}\boldsymbol{N}_l & -(\boldsymbol{X}_r + \boldsymbol{Q}\boldsymbol{D}_l) \\ \boldsymbol{N}_l & \boldsymbol{D}_l \end{bmatrix} \begin{bmatrix} \boldsymbol{D}_r & \boldsymbol{X}_l + \boldsymbol{D}_r\boldsymbol{Q} \\ -\boldsymbol{N}_r & \boldsymbol{Y}_l - \boldsymbol{N}_r\boldsymbol{Q} \end{bmatrix} = \begin{bmatrix} \boldsymbol{I} & 0 \\ 0 & \boldsymbol{I} \end{bmatrix} \tag{2－24}$$

上式给出了 Bezout 恒等式的又一组解。

定理 2.1　设 $\boldsymbol{P}_{22}$（s）的分解为 $\boldsymbol{P}_{22} = -\boldsymbol{D}_l^{-1}\boldsymbol{N}_l = -\boldsymbol{N}_r\boldsymbol{D}_r^{-1}$，存在 $\boldsymbol{C} = \boldsymbol{X}_l\boldsymbol{Y}_l^{-1} = \boldsymbol{Y}_r^{-1}\boldsymbol{X}_r$，使得 $\boldsymbol{Y}_r\boldsymbol{D}_r + \boldsymbol{X}_r\boldsymbol{N}_r = \boldsymbol{I}$，$\boldsymbol{N}_l\boldsymbol{X}_l + \boldsymbol{D}_l\boldsymbol{Y}_l = \boldsymbol{I}$ 同时满足，则所有使闭环系统稳定的控制器 $\boldsymbol{C}$（s）可以表示为

$$\begin{aligned} \boldsymbol{C}(\boldsymbol{s}) &= (\boldsymbol{X}_l + \boldsymbol{D}_r\boldsymbol{Q})(\boldsymbol{Y}_l - \boldsymbol{N}_r\boldsymbol{Q})^{-1} \\ &= (\boldsymbol{Y}_r - \boldsymbol{Q}\boldsymbol{N}_l)^{-1}(\boldsymbol{X}_r + \boldsymbol{Q}\boldsymbol{D}_l) \end{aligned} \tag{2－25}$$

2.2.3　模型匹配问题

可以将式（2－25）改写为 LFT 的形式

$$\begin{aligned} \boldsymbol{C}(\boldsymbol{s}) &= (\boldsymbol{X}_l + \boldsymbol{D}_r\boldsymbol{Q})(\boldsymbol{Y}_l - \boldsymbol{N}_r\boldsymbol{Q})^{-1} \\ &= (\boldsymbol{Y}_r^{-1}\boldsymbol{Q} - \boldsymbol{Y}_r^{-1}\boldsymbol{X}_r\boldsymbol{N}_r\boldsymbol{Q} + \boldsymbol{X}_l)(\boldsymbol{I} - \boldsymbol{Y}_l^{-1}\boldsymbol{N}_r\boldsymbol{Q})^{-1}\boldsymbol{Y}_l^{-1} \\ &= \boldsymbol{X}_l\boldsymbol{Y}_l^{-1} + \boldsymbol{Y}_r^{-1}\boldsymbol{Q}(I - \boldsymbol{Y}_l^{-1}\boldsymbol{N}_r\boldsymbol{Q})^{-1}\boldsymbol{Y}_l^{-1} \\ &= \boldsymbol{\Gamma}_l(\boldsymbol{K}_0, \boldsymbol{Q}) \end{aligned} \tag{2－26}$$

其中

$$\boldsymbol{K}_0 = \begin{bmatrix} \boldsymbol{K}_{11} & \boldsymbol{K}_{12} \\ \boldsymbol{K}_{21} & \boldsymbol{K}_{22} \end{bmatrix} = \begin{bmatrix} \boldsymbol{X}_l\boldsymbol{Y}_l^{-1} & \boldsymbol{Y}_r^{-1} \\ \boldsymbol{Y}_l^{-1} & \boldsymbol{Y}_l^{-1}\boldsymbol{N}_r \end{bmatrix} \tag{2－27}$$

它的状态空间可以表述为

$$\boldsymbol{K}_0 \overset{\text{SSR}}{=\!=} \left[\begin{array}{c|cc} \boldsymbol{A} + \boldsymbol{B}_2\boldsymbol{F} + \boldsymbol{H}\boldsymbol{C}_2 + \boldsymbol{H}\boldsymbol{D}_{22}\boldsymbol{F} & \boldsymbol{H} & -\boldsymbol{B}_H \\ \hline -\boldsymbol{F} & 0 & \boldsymbol{I} \\ \boldsymbol{C}_F & \boldsymbol{I} & -\boldsymbol{D}_{22} \end{array}\right]$$

$$= \left[\begin{array}{c:cc} \boldsymbol{A}+\boldsymbol{B}_2\boldsymbol{F}+\boldsymbol{H}\boldsymbol{C}_2+\boldsymbol{H}\boldsymbol{D}_{22}\boldsymbol{F} & -\boldsymbol{H} & \boldsymbol{B}_H \\ \hline \boldsymbol{F} & 0 & \boldsymbol{I} \\ -\boldsymbol{C}_F & \boldsymbol{I} & -\boldsymbol{D}_{22} \end{array}\right] \tag{2-28}$$

现在可将 H∞一般框架表示为图 2—4 所示。

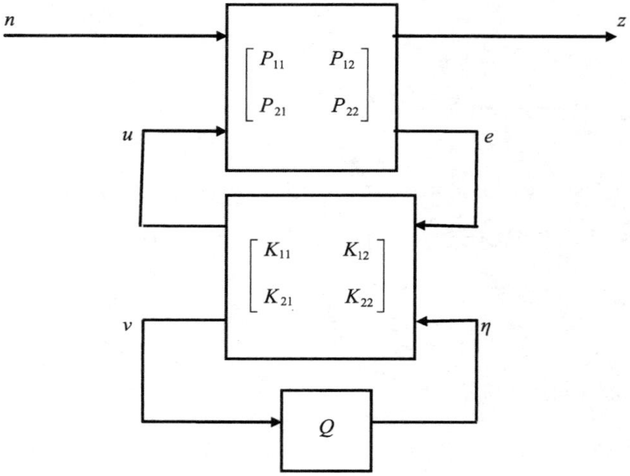

图 2—4　Youla 参数化后 H∞控制问题的一般框架

设 $\widetilde{\boldsymbol{A}}:=\boldsymbol{A}_H+\boldsymbol{B}_H\boldsymbol{F}=\boldsymbol{A}_F+\boldsymbol{H}\boldsymbol{C}_F=\boldsymbol{A}+\boldsymbol{B}_2\boldsymbol{F}+\boldsymbol{H}\boldsymbol{C}_2+\boldsymbol{H}\boldsymbol{D}_{22}\boldsymbol{F}$，于是有

$$\begin{cases} \dot{\boldsymbol{x}}_c=\widetilde{\boldsymbol{A}}\boldsymbol{x}_c-\boldsymbol{H}\boldsymbol{e}+\boldsymbol{B}_H\boldsymbol{\eta} \\ \boldsymbol{u}=\boldsymbol{F}\boldsymbol{x}_c+\boldsymbol{\eta} \\ \boldsymbol{v}=-\boldsymbol{C}_F\boldsymbol{x}_c+\boldsymbol{e}-\boldsymbol{D}_{22}\boldsymbol{\eta} \end{cases} \tag{2-29}$$

$$\Leftrightarrow\begin{cases} \dot{\boldsymbol{x}}_c=\boldsymbol{A}\boldsymbol{x}_c+\boldsymbol{B}_2\boldsymbol{u}+\boldsymbol{H}(-\boldsymbol{v}) \\ \boldsymbol{u}=\boldsymbol{F}\boldsymbol{x}_c+\boldsymbol{\eta} \\ -\boldsymbol{v}=(\boldsymbol{C}_2\boldsymbol{x}_c+\boldsymbol{D}_{22}\boldsymbol{u})-\boldsymbol{e} \end{cases} \tag{2-30}$$

根据上式以及关系式 $\boldsymbol{\eta}=\boldsymbol{Q}\boldsymbol{v}=-\boldsymbol{Q}(-\boldsymbol{v})$ 可得所有镇定器的结构图（如图 2—5 所示）。

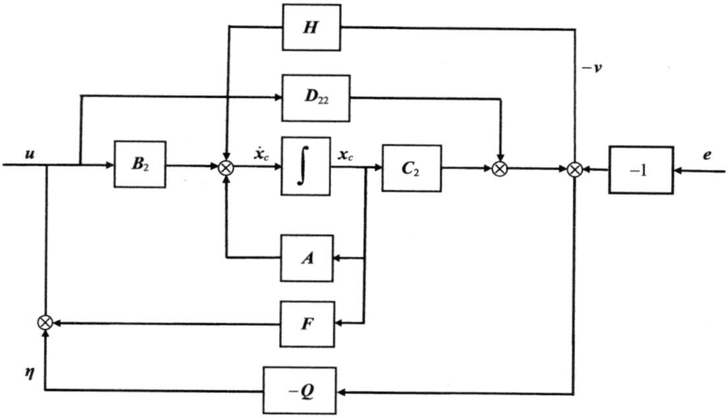

图 2—5　所有镇定器的结构图

在图 2—4 中消去中间变量 $\boldsymbol{e}$ 和 $\boldsymbol{u}$，则可得图 2—6 所示的系统，其中 $\boldsymbol{T}_{ij} \in RH^{\infty}$，且有

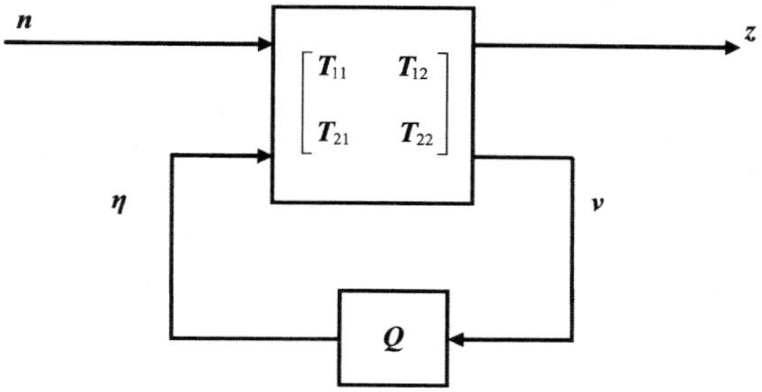

图 2—6　H∞ 控制模型匹配问题

$$\boldsymbol{T} = \begin{bmatrix} \boldsymbol{T}_{11} & \boldsymbol{T}_{12} \\ \boldsymbol{T}_{21} & \boldsymbol{T}_{22} \end{bmatrix} = \left[\begin{array}{cc:cc} \boldsymbol{A}+\boldsymbol{B}_2\boldsymbol{F} & -\boldsymbol{B}_2\boldsymbol{F} & \boldsymbol{B}_1 & \boldsymbol{B}_2 \\ 0 & \boldsymbol{A}+\boldsymbol{H}\boldsymbol{C}_2 & \boldsymbol{B}_1+\boldsymbol{H}\boldsymbol{D}_{21} & 0 \\ \hline \boldsymbol{C}_1+\boldsymbol{D}_{12}\boldsymbol{F} & -\boldsymbol{D}_{12}\boldsymbol{F} & \boldsymbol{D}_{11} & \boldsymbol{D}_{12} \\ 0 & \boldsymbol{C}_2 & \boldsymbol{D}_{21} & 0 \end{array}\right] \tag{2-31}$$

由于 $\boldsymbol{T}_{22}$ 能控部分不能观测，能观测部分不能控，故 $\boldsymbol{T}_{22}=0$，因此有图 2—7。

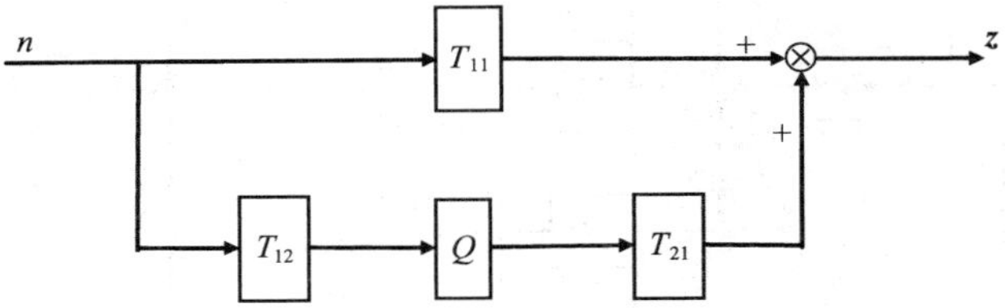

图 2—7 模型匹配

经过参数化后，原设计问题转化为

$$\min_{Q \in RH^{\infty}} \| \boldsymbol{T}_{11} + \boldsymbol{T}_{12}\boldsymbol{Q}\boldsymbol{T}_{21} \|_{\infty} \tag{2-32}$$

$\boldsymbol{T}_{11}$ 可以看作是一个要求的模型，要求设计 $\boldsymbol{Q}$，使 $\boldsymbol{T}_{12}\boldsymbol{Q}\boldsymbol{T}_{21}$ 与 $\boldsymbol{T}_{11}$ 相匹配，故上式所表示的问题称为模型匹配问题。

2.2.4 广义距离问题

在式（2－32）中，令 $\boldsymbol{T}_{11} \in RH^{p_1 \times m_2}$，$\boldsymbol{T}_{12} \in RH^{p_1 \times m_1}$，$\boldsymbol{T}_{21} \in RH^{p_2 \times m_2}$ 为已知的稳定的传递函数矩阵，$\boldsymbol{Q}$ 为待确定的稳定的传递函数矩阵。若 $\boldsymbol{T}_{ij}$ 均为常矩阵，且 $\boldsymbol{T}_{12}$ 为满列阵，$\boldsymbol{T}_{21}$ 为满行阵，则可通过初等列变换，将 $\boldsymbol{T}_{12}$ 的列向量正交化，$\boldsymbol{T}_{21}$ 的行向量正交化。即存在 $\boldsymbol{T}_{12,i} \in C^{p_1 \times m_1}$，$\boldsymbol{T}_{12,o} \in C^{m_1 \times m_1}$，$\boldsymbol{T}_{21,i} \in C^{p_2 \times m_2}$，$\boldsymbol{T}_{21,o} \in C^{p_2 \times p_2}$ 满足 $\boldsymbol{T}_{12}=\boldsymbol{T}_{12,i}\boldsymbol{T}_{12,o}$，$\boldsymbol{T}_{21}=\boldsymbol{T}_{21,o}\boldsymbol{T}_{21,i}$，$\boldsymbol{T}_{12,i}^{*}\boldsymbol{T}_{12,i}=\boldsymbol{I}$，$\boldsymbol{T}_{21,i}\boldsymbol{T}_{21,i}^{*}=\boldsymbol{I}$ 其中 $\boldsymbol{T}_{12,o}$ 和 $\boldsymbol{T}_{21,o}$ 非奇异。另外，若 $p_1>m_1$，则可找到另外 p_1-m_1 个列向量构成 $p_1\times(p_1-m_1)$ 矩阵 $\boldsymbol{T}_{\perp}$，使得 $[\boldsymbol{T}_{\perp} \quad \boldsymbol{T}_{12,i}]$ 是一个方的酉矩阵，即 $[\boldsymbol{T}_{\perp} \quad \boldsymbol{T}_{12,i}]^{*} \cdot [\boldsymbol{T}_{\perp} \quad \boldsymbol{T}_{12,i}]=\boldsymbol{I}$，$\boldsymbol{T}_{\perp}$ 叫做 $\boldsymbol{T}_{12,i}$ 的正交补。相似地，若 $p_2<m_2$，则可找到另外 m_2-p_2 个行向量构成 $(m_2-p_2)\times m_2$ 矩阵 $\boldsymbol{T}_{\perp}$，使得 $[\boldsymbol{T}_{\perp}^{*} \quad \boldsymbol{T}_{21,i}^{*}]^{*}$ 是一个方的酉矩阵，即 $[\tilde{\boldsymbol{T}}_{\perp}^{*} \quad \boldsymbol{T}_{21,i}^{*}]^{*}[\tilde{\boldsymbol{T}}_{\perp}^{*} \quad \boldsymbol{T}_{21,i}^{*}]=\boldsymbol{I}$，$\tilde{\boldsymbol{T}}_{\perp}$ 叫做 $T_{21,i}$ 的正交补。由于左乘或右乘一个酉矩阵并不改变给定矩阵 $\boldsymbol{M}$ 的奇异值 σ_i（$\boldsymbol{M}$），于是有

$$\|T_{11}+T_{12}QT_{21}\|_\infty = \left\|\begin{bmatrix}T_\perp^*\\ T_{12,i}^*\end{bmatrix}[T_{11}+T_{12}QT_{21}][\widetilde{T}_\perp^* \quad T_{21,i}^*]\right\|_\infty$$
$$= \left\|R+\begin{bmatrix}0 & 0\\ 0 & \widetilde{Q}\end{bmatrix}\right\|_\infty = \left\|\begin{bmatrix}R_{11} & R_{12}\\ R_{21} & R_2+\widetilde{Q}\end{bmatrix}\right\|_\infty \tag{2-33}$$

其中　$$\widetilde{Q}=T_{12,o}QT_{21,o} \tag{2-34}$$

$$R=\begin{bmatrix}R_{11} & R_{12}\\ R_{21} & R_{22}\end{bmatrix}=\begin{bmatrix}T_\perp^*T_{11}\widetilde{T}_\perp^* & T_\perp^*T_{11}T_{21,i}^*\\ T_{12,i}^*T_{11}\widetilde{T}_\perp^* & T_{12,i}^*T_{11}T_{21,i}^*\end{bmatrix} \tag{2-35}$$

上式定义的问题叫做矩阵扩张（matrix dilation）问题，它比原来的问题更简单。下面，通过对传递函数矩阵的分解，将模型匹配问题化为式（2—33）的形式，以使 H∞控制问题更进一步简化。

首先，有以下定理：

定理 2.2　给定 $G\in(RH^\infty)^{p\times m}$，且 G（$j\omega$）在 $0\leqslant\omega\leqslant\infty$ 上满列秩，则存在 G 的一个内外分解 $G=G_iG_o$，这里 $G_i\in(RH^\infty)^{p\times m}$ 为内矩阵，G_o，$G_o^{-1}\in(RH^\infty)^{m\times m}$，其状态空间表达式为

$$\begin{bmatrix}G_o^{-1}\\ G_i\end{bmatrix}=\left[\begin{array}{c:c}A+BF & BR^{-1/2}\\ \hline F & R^{-1/2}\\ C+DF & DR^{-1/2}\end{array}\right] \tag{2-36}$$

$$G_o=\left[\begin{array}{c:c}A & -B\\ \hline R^{1/2}F & R^{1/2}\end{array}\right] \tag{2-37}$$

这里（A，B，C，D）是 G 的一个最小实现，

$$R=D^*D>0 \tag{2-38}$$

$$F=-R^{-1}(B^*X+D^*C) \tag{2-39}$$

X 是 Riccati 方程

$$(A-BR^{-1}D^*C)^*X+X(A-BR^{-1}D^*C)-$$
$$XBR^{-1}B^*X+C^*D_\perp D_\perp^*C=0 \tag{2-40}$$

的解，$D_\perp$ 是 $DR^{-1/2}$ 的正交补，即

$$[DR^{-1/2} \quad D_\perp][DR^{-1/2} \quad D_\perp]^*=I \tag{2-41}$$

由上式，有

$$\boldsymbol{D}_{\perp}\boldsymbol{D}_{\perp}^{*}=\boldsymbol{I}-\boldsymbol{D}\boldsymbol{R}^{-1}\boldsymbol{D}^{*} \tag{2-42}$$

由于 Riccati 方程的一般形式

$$\boldsymbol{E}^{*}\boldsymbol{X}+\boldsymbol{X}\boldsymbol{E}-\boldsymbol{X}\boldsymbol{W}\boldsymbol{X}+\boldsymbol{Q}=0 \tag{2-43}$$

可以表示为 Hamilton 矩阵

$$\boldsymbol{H}:=\begin{bmatrix}\boldsymbol{E} & -\boldsymbol{W}\\ -\boldsymbol{Q} & -\boldsymbol{E}^{*}\end{bmatrix} \tag{2-44}$$

所以，式（2—40）可以表示为

$$\boldsymbol{X}=\mathrm{Ric}\left\{\begin{bmatrix}\boldsymbol{A}-\boldsymbol{B}\boldsymbol{R}^{-1}\boldsymbol{D}^{*}\boldsymbol{C} & -\boldsymbol{B}\boldsymbol{R}^{-1}\boldsymbol{B}^{*}\\ -\boldsymbol{C}^{*}\boldsymbol{C}+\boldsymbol{C}^{*}\boldsymbol{D}\boldsymbol{R}^{-1}\boldsymbol{D}^{*}\boldsymbol{C} & -(\boldsymbol{A}-\boldsymbol{B}\boldsymbol{R}^{-1}\boldsymbol{D}^{*}\boldsymbol{C})^{*}\end{bmatrix}\right\} \tag{2-45}$$

定理 2.3　给定 $\boldsymbol{G}_i\in(RH^{\infty})^{p\times m}$ 为内矩阵，若 $p>m$，则存在 $\boldsymbol{G}_i$ 的正交补 $\boldsymbol{G}_{i\perp}$，使得传递函数矩阵 $[\boldsymbol{G}_i\quad \boldsymbol{G}_{i\perp}]$ 为方的内矩阵。$[\boldsymbol{G}_i\quad \boldsymbol{G}_{i\perp}]$ 的一个状态空间表达式是

$$[\boldsymbol{G}_i\quad \boldsymbol{G}_{i\perp}]\overset{\mathrm{SSR}}{=\!=}\left[\begin{array}{c:cc}\boldsymbol{A}+\boldsymbol{B}\boldsymbol{F} & \boldsymbol{B}\boldsymbol{R}^{-1/2} & -\boldsymbol{X}^{+}\boldsymbol{C}^{*}\boldsymbol{D}_{\perp}\\ \hline \boldsymbol{C}+\boldsymbol{D}\boldsymbol{F} & \boldsymbol{D}\boldsymbol{R}^{-1/2} & \boldsymbol{D}_{\perp}\end{array}\right] \tag{2-46}$$

这里 $\boldsymbol{X}$ 和 $\boldsymbol{F}$ 由定理 2.2 得到，$\boldsymbol{X}^{+}$ 是 $\boldsymbol{X}$ 的伪逆，即满足（$\boldsymbol{X}\boldsymbol{X}^{+}$）$\boldsymbol{X}=\boldsymbol{X}$。

现在考虑传递函数矩阵 $\boldsymbol{T}_{12}$，显然可取无限个状态反馈阵 $\boldsymbol{F}$ 使得 $\boldsymbol{T}_{12}\in RH^{\infty}$。若 $\boldsymbol{T}_{12}$ 满足定理 2.2 中的条件，则可对 $\boldsymbol{T}_{12}$ 进行内外分解。为了使得 $\boldsymbol{T}_{12}$ 本身就是内矩阵，可对 $\boldsymbol{P}$ 事先进行标幺化处理。即

$$\boldsymbol{C}'(s)=\boldsymbol{R}^{1/2}\boldsymbol{C}(s) \tag{2-47}$$

$$\boldsymbol{P}'_{12}(s)=\boldsymbol{R}^{-1/2}\boldsymbol{P}_{12}(s) \tag{2-48}$$

$$\boldsymbol{P}'_{22}(s)=\boldsymbol{R}^{-1/2}\boldsymbol{P}_{22}(s) \tag{2-49}$$

在求出 $\boldsymbol{C}'$（s）以后，即可得控制器 $\boldsymbol{C}$（s）$=\boldsymbol{R}^{-1/2}\boldsymbol{C}'$（$s$）。

由 $\boldsymbol{T}_{12}\overset{\mathrm{SSR}}{=\!=}\left[\begin{array}{c:c}\boldsymbol{A}+\boldsymbol{B}_2\boldsymbol{F} & \boldsymbol{B}_2\\ \hline \boldsymbol{C}_1+\boldsymbol{D}_{12}\boldsymbol{F} & \boldsymbol{D}_{12}\end{array}\right]$ 可知，对 $\boldsymbol{P}$ 事先进行标幺化

处理后，有 $\boldsymbol{D}_{12}^{*}\boldsymbol{D}_{12}=\boldsymbol{I}$，则只需令 $\boldsymbol{B}=\boldsymbol{B}_2$，$\boldsymbol{C}=\boldsymbol{C}_1$，$\boldsymbol{D}=\boldsymbol{D}_{12}$，$\boldsymbol{R}=\boldsymbol{I}$，$\boldsymbol{F}=-(\boldsymbol{B}_2^{*}\boldsymbol{X}+\boldsymbol{D}_{12}^{*}\boldsymbol{C}_1)$，其中 $\boldsymbol{X}$ 是

$$\mathrm{Ric}\left\{\begin{bmatrix}\boldsymbol{A}-\boldsymbol{B}_2\boldsymbol{D}_{12}^{*}\boldsymbol{C}_1 & -\boldsymbol{B}_2\boldsymbol{B}_2^{*}\\ \boldsymbol{C}_1^{*}\boldsymbol{D}_{\perp}\boldsymbol{D}_{\perp}^{*}\boldsymbol{C}_1 & -(\boldsymbol{A}-\boldsymbol{B}_2\boldsymbol{D}_{12}^{*}\boldsymbol{C}_1)^{*}\end{bmatrix}\right\} \tag{2-50}$$

的镇定解，则 $\boldsymbol{T}_{12}$ 是内矩阵。此时

$$\boldsymbol{T}_L:=[\boldsymbol{T}_{\perp}\quad \boldsymbol{T}_{12}]\overset{\mathrm{SSR}}{=\!=}\left[\begin{array}{c:cc}\boldsymbol{A}+\boldsymbol{B}_2\boldsymbol{F} & -\boldsymbol{X}^{+}\boldsymbol{C}_1^{*}\boldsymbol{D}_{\perp} & \boldsymbol{B}_2\\ \hline \boldsymbol{C}_1+\boldsymbol{D}_{12}\boldsymbol{F} & \boldsymbol{D}_{\perp} & \boldsymbol{D}_{12}\end{array}\right] \tag{2-51}$$

在研究中，由于 $\boldsymbol{D}_{21}\boldsymbol{D}_{21}^{*}=\boldsymbol{I}$，同理可以求得一个 $\boldsymbol{Y}$，使得

$$\boldsymbol{T}_{21}^{'}\overset{\mathrm{SSR}}{=\!=}\left[\begin{array}{c:c}\boldsymbol{A}+\boldsymbol{H}\boldsymbol{C}_2 & \boldsymbol{B}_1+\boldsymbol{H}\boldsymbol{D}_{21}\\ \hline \boldsymbol{C}_2 & \boldsymbol{D}_{21}\end{array}\right] \tag{2-52}$$

为内矩阵。其中

$$\boldsymbol{H}=-(\boldsymbol{Y}\boldsymbol{C}_2^{*}+\boldsymbol{B}_1\boldsymbol{D}_{21}^{*})\widetilde{\boldsymbol{R}}^{-1} \tag{2-53}$$

这里 $\widetilde{\boldsymbol{R}}^{-1}=(\boldsymbol{D}_{21}\boldsymbol{D}_{21}^{*})^{-1}$，$\boldsymbol{Y}$ 是

$$\mathrm{Ric}\left\{\begin{bmatrix}(\boldsymbol{A}-\boldsymbol{B}_1\boldsymbol{D}_{21}^{*}\widetilde{\boldsymbol{R}}^{-1}\boldsymbol{C}_2)^{*} & -\boldsymbol{C}_2^{*}\widetilde{\boldsymbol{R}}^{-1}\boldsymbol{C}_2\\ -\boldsymbol{B}_1\widetilde{\boldsymbol{R}}_{\perp}^{*}\widetilde{\boldsymbol{R}}_{\perp}\boldsymbol{B}_1^{*} & -(\boldsymbol{A}-\boldsymbol{B}_1\boldsymbol{D}_{21}^{*}\widetilde{\boldsymbol{R}}^{-1}\boldsymbol{C}_2)\end{bmatrix}\right\} \tag{2-54}$$

的正定解。

由上可得

$$\boldsymbol{T}_R=\begin{bmatrix}\widetilde{\boldsymbol{T}}_{\perp}\\ \boldsymbol{T}_{21}\end{bmatrix}\overset{\mathrm{SSR}}{=\!=}\left[\begin{array}{c:c}\boldsymbol{A}+\boldsymbol{H}\boldsymbol{C}_2 & \boldsymbol{B}_1+\boldsymbol{H}\boldsymbol{D}_{21}\\ \hline -\widetilde{\boldsymbol{D}}_{\perp}\boldsymbol{B}_1^{*}\boldsymbol{Y}^{+} & \widetilde{\boldsymbol{D}}_{\perp}\\ \boldsymbol{C}_2 & \boldsymbol{D}_{21}\end{array}\right] \tag{2-55}$$

这里 $\boldsymbol{Y}^{+}$ 是 $\boldsymbol{Y}$ 的伪逆。

上述分析表明，通过适当地选择状态反馈阵 $\boldsymbol{F}$ 和输出注入阵 $\boldsymbol{H}$，可将模型匹配问题化为一个广义距离问题

$$\|\boldsymbol{T}_{11}+\boldsymbol{T}_{12}\boldsymbol{Q}\boldsymbol{T}_{21}\|_{\infty}=\|\boldsymbol{T}_L^*(\boldsymbol{T}_{11}+\boldsymbol{T}_{12}\boldsymbol{Q}\boldsymbol{T}_{21})\boldsymbol{T}_R^*\|_{\infty}=\left\|\boldsymbol{R}+\begin{bmatrix}0 & 0\\ 0 & \boldsymbol{Q}\end{bmatrix}\right\|_{\infty} \tag{2-56}$$

其中

$$\boldsymbol{R}=\begin{bmatrix}\boldsymbol{R}_{11} & \boldsymbol{R}_{12}\\ \boldsymbol{R}_{21} & \boldsymbol{R}_{22}\end{bmatrix}=\boldsymbol{T}_L^*\boldsymbol{T}_{11}\boldsymbol{T}_R^*=\begin{bmatrix}\boldsymbol{T}_{\perp}^*\ \boldsymbol{T}_{11}\widetilde{\boldsymbol{T}}_{\perp}^* & \boldsymbol{T}_{\perp}^*\ \boldsymbol{T}_{11}\boldsymbol{T}_{21}^*\\ \boldsymbol{T}_{12}^*\boldsymbol{T}_{11}\widetilde{\boldsymbol{T}}_{\perp}^* & \boldsymbol{T}_{12}^*\boldsymbol{T}_{11}\boldsymbol{T}_{21}^*\end{bmatrix} \tag{2-57}$$

$$\boldsymbol{R}_{11}^*\in(RH^{\infty})_{(p_1-m_2)\times(m_1-p_2)},\boldsymbol{R}_{12}^*\in(RH^{\infty})_{(p_1-m_2)\times p_2}$$
$$\boldsymbol{R}_{21}^*\in(RH^{\infty})_{m_2\times(m_1-p_2)},\boldsymbol{R}_{22}^*\in(RH^{\infty})_{m_2\times p_2},\boldsymbol{R}^*\in(RH^{\infty})_{p_1\times m_1}。$$

$\boldsymbol{R}$是一个反稳定（anti－stable）系统，其状态空间表达式为

$$\left[\begin{array}{cc:cc}-\boldsymbol{A}_H^* & 0 & \boldsymbol{Y}^+\boldsymbol{B}_1\widetilde{\boldsymbol{D}}_{\perp}^* & -\boldsymbol{C}_2^*\\ (\boldsymbol{X}\boldsymbol{B}_1+C_{1,F}^*\boldsymbol{D}_{11})\ \boldsymbol{B}_{1,H}^* & -\boldsymbol{A}_F^* & (\boldsymbol{X}\boldsymbol{B}_1+\boldsymbol{C}_{1,F}^*\boldsymbol{D}_{11})\ \widetilde{\boldsymbol{D}}_{\perp}^* & (\boldsymbol{X}\boldsymbol{B}_1+C_{1,F}^*\boldsymbol{D}_{11})\ \boldsymbol{D}_{21}^*\\ \hline \boldsymbol{D}_{\perp}^*\ (\boldsymbol{D}_{11}\boldsymbol{B}_{1,H}^*-\boldsymbol{D}_{12}\boldsymbol{F}\boldsymbol{Y}) & \boldsymbol{D}_{\perp}^*\boldsymbol{C}_1\boldsymbol{X}^+ & \boldsymbol{D}_{\perp}^*\boldsymbol{D}_{11}\widetilde{\boldsymbol{D}}_{\perp}^* & \boldsymbol{D}_{\perp}^*\boldsymbol{D}_{11}\boldsymbol{D}_{21}^*\\ \boldsymbol{D}_{12}^*\ (\boldsymbol{D}_{11}\boldsymbol{B}_{1,H}^*-\boldsymbol{D}_{12}\boldsymbol{F}\boldsymbol{Y}) & -\boldsymbol{B}_2 & \boldsymbol{D}_{12}^*\boldsymbol{D}_{11}\widetilde{\boldsymbol{D}}_{\perp}^* & \boldsymbol{D}_{12}^*\boldsymbol{D}_{11}\boldsymbol{D}_{21}^*\end{array}\right] \tag{2-58}$$

这里 $\boldsymbol{A}_H=\boldsymbol{A}+\boldsymbol{H}\boldsymbol{C}_2$，$\boldsymbol{A}_F=\boldsymbol{A}+\boldsymbol{B}_2F$，$\boldsymbol{C}_{1,F}=\boldsymbol{C}_1+\boldsymbol{D}_{12}\boldsymbol{F}$，$\boldsymbol{B}_{1,H}=\boldsymbol{B}_1+\boldsymbol{H}\boldsymbol{D}_{21}$。

广义距离问题可以分为三类。

第一类：$p_1=m_2$，$m_1=p_2$

此时式（2－56）退化为 $\min\limits_{Q\in RH^{\infty}}\|\boldsymbol{R}_{22}+\boldsymbol{Q}\|_{\infty}$，原 H∞ 控制问题简化为用一稳定的传递函数去最好地逼近一个反稳定的传函 R_{22}。等价地有

$$\min_{Q\in RH^{\infty}}\|\boldsymbol{R}_{22}^*+\boldsymbol{Q}^*\|_{\infty} \tag{2-59}$$

上式定义的广义距离问题属于 Nehari 问题。由于 $\boldsymbol{R}_{22}^*$ 是实有理函数，上式是一个实有理 Nehari 问题。这个问题可用模型逼近或模型降阶理论加以解决。

第二类：$p_1 \neq m_2$，$p_2 = m_1$ 或 $p_2 \neq m_1$，$p_1 = m_2$

此时式（2—56）等价于

$$\min_{Q\in RH^{\infty}} \left\| \begin{bmatrix} \boldsymbol{R}_{12} \\ \boldsymbol{R}_{22} + \boldsymbol{Q} \end{bmatrix} \right\|_{\infty} \text{或} \min_{Q\in RH^{\infty}} \| [\boldsymbol{R}_{21} \quad \boldsymbol{R}_{22} + \boldsymbol{Q}] \|_{\infty} \tag{2-60}$$

显然，$\boldsymbol{R}$ 只有两块，这类广义距离问题又称为两块问题（Two Block Problem）。

第三类：$p_1 \neq m_2$ 且 $p_2 \neq m_1$

此时矩阵 $\boldsymbol{R}$ 中的四块均存在，这类广义距离问题又称为四块问题（four block problem）。

2.2.5　传递函数矩阵的谱分解

下面我们将通过谱分解将两块问题化为一块问题，即 Nehari 问题。

定义 2.3　给定 RL^{∞} 矩阵 $\boldsymbol{G}$，若存在 $\boldsymbol{G}_s$，其中 $\boldsymbol{G}_s$，$\boldsymbol{G}_s^{-1} \in RH^{\infty}$，使得 $\boldsymbol{G}=\boldsymbol{G}_s^* \boldsymbol{G}_s$，则该式称为 $\boldsymbol{G}$ 的谱分解，称 $\boldsymbol{G}_s$ 为 $\boldsymbol{G}$ 的谱因子。

定理 2.4　如果 $\boldsymbol{G}\in (RH^{\infty})_{p\times m}$ 且 $\| G \|_{\infty} < \gamma$，则存在谱因子 $\boldsymbol{M} \in (RH^{\infty})_{m\times m}$ 使得 $\boldsymbol{M}^* \boldsymbol{M}=\gamma^2 \boldsymbol{I}-\boldsymbol{G}^* \boldsymbol{G}$。$\boldsymbol{M}$ 的一个状态空间表达式是

$$\boldsymbol{M} \overset{\text{SSR}}{=\!=} \left[\begin{array}{c:c} \boldsymbol{A} & \boldsymbol{B} \\ \hline \boldsymbol{R}^{1/2}\boldsymbol{K}_c & \boldsymbol{R}^{1/2} \end{array}\right] \tag{2-61}$$

这里 $\boldsymbol{R}=\boldsymbol{\gamma}^2 \boldsymbol{I}-\boldsymbol{D}^* \boldsymbol{D}>0$，$\boldsymbol{K}_c=-\boldsymbol{R}^{-1}$ $(\boldsymbol{B}^* \boldsymbol{X}+\boldsymbol{D}^* \boldsymbol{C})$，

$$\boldsymbol{X} = \text{Ric}\left\{ \begin{bmatrix} \boldsymbol{A}+\boldsymbol{B}\boldsymbol{R}^{-1}\boldsymbol{D}^*\boldsymbol{C} & -\boldsymbol{B}\boldsymbol{R}^{-1}\boldsymbol{B}^* \\ \boldsymbol{C}^*(\boldsymbol{I}+\boldsymbol{D}\boldsymbol{R}^{-1}\boldsymbol{D}^*)\boldsymbol{C} & -(\boldsymbol{A}+\boldsymbol{B}\boldsymbol{R}^{-1}\boldsymbol{D}^*\boldsymbol{C})^* \end{bmatrix} \right\}$$

定理 2.5　$$\left\| \begin{bmatrix} \boldsymbol{R}_1 \\ \boldsymbol{R}_2 + \widetilde{\boldsymbol{Q}} \end{bmatrix} \right\|_{\infty} < \boldsymbol{\gamma} \Leftrightarrow \| (\boldsymbol{R}_2 + \widetilde{\boldsymbol{Q}})\boldsymbol{Y}_0^{-1} \|_{\infty} < 1 \tag{2-62}$$

这里 $\boldsymbol{Y}_0$ 是 $\gamma^2 \cdot \boldsymbol{I} - \boldsymbol{R}_1^* \boldsymbol{R}_1$ 的谱因子。

通过上述定理，可将两块问题化为一块问题。

定义 2.4　$\boldsymbol{R}:=\boldsymbol{R}_2\boldsymbol{Y}_0^{-1}=\boldsymbol{T}_{12,i}^{*}\boldsymbol{T}_{11}\boldsymbol{Y}_0^{-1}$　　(2−63)

$$\boldsymbol{X}=-\widetilde{\boldsymbol{Q}}\boldsymbol{Y}_0^{-1}=-\boldsymbol{T}_{12,o}\boldsymbol{Q}\boldsymbol{T}_{21}\boldsymbol{Y}_0^{-1} \tag{2−64}$$

通过上式，即可将两块问题化为一块问题。于是模型匹配问题，以一块问题为例（其他二块、四块优化问题相同），转化为已知 $\boldsymbol{R}\in RL_\infty$，求 $\boldsymbol{X}\in RH_\infty$，使 $\|\boldsymbol{R}-\boldsymbol{X}\|_\infty$ 取极小的问题，这一问题在数学上称为 Nehari 问题。

考虑到如下事实：如果 $\boldsymbol{W}(s)\in RH_\infty$，则有 $\|\boldsymbol{W}\|_\infty=\|\boldsymbol{W}^*\|_\infty$。于是，有

$$\min_{X\in RH_\infty}\|\boldsymbol{R}-\boldsymbol{X}\|_\infty=\min_{X\in RH_\infty}\|\boldsymbol{R}^*-\boldsymbol{X}^*\|_\infty \tag{2−65}$$

现对 $\boldsymbol{R}^*$ 作部分分式分解，得

$$\boldsymbol{R}^*=\boldsymbol{G}(s)+\boldsymbol{G}_1(s)\in RL_\infty \tag{2−66}$$

式中 $\boldsymbol{G}(s)\in RH_\infty$，$\boldsymbol{G}_1(s)\in RH_\infty^\perp$。令

$$\boldsymbol{F}(s)=[\boldsymbol{X}^*(s)-\boldsymbol{G}(s)]\in RH_\infty^\perp \tag{2−67}$$

所以

$$\min_{X\in RH_\infty}\|\boldsymbol{R}^*-\boldsymbol{X}^*\|_\infty=\min_{F\in RH_\infty^\perp}\|\boldsymbol{G}-\boldsymbol{F}\|_\infty \tag{2−68}$$

上式表明，模型匹配问题转化为寻找一个反因果矩阵 $\boldsymbol{F}$，在 L_∞ 范数意义下，逼近一个稳定的矩阵 $\boldsymbol{G}$。

2.2.6　矩阵 G (s) 的 Hankel 范数

考虑线性定常系统 $\boldsymbol{G}(s)=(\boldsymbol{A},\boldsymbol{B},\boldsymbol{C},\boldsymbol{D})$，若 $Re\lambda(A)<0$，则定义系统的可控性格拉姆（Gramian）矩阵和可观测性格拉姆矩阵分别为

$$\boldsymbol{P}\overset{\Delta}{=}\int_0^\infty e^{At}\boldsymbol{B}\boldsymbol{B}^*e^{A^*t}\mathrm{d}t \tag{2−69}$$

$$\boldsymbol{Q}\overset{\Delta}{=}\int_0^\infty e^{A^*t}\boldsymbol{C}^*\boldsymbol{C}e^{At}\mathrm{d}t \tag{2−70}$$

根据相应的矩阵微分方程，矩阵 $\boldsymbol{P}$，$\boldsymbol{Q}$ 分别满足如下线性矩阵 Lyapunov 方程

$$\boldsymbol{AP}+\boldsymbol{PA}^*+\boldsymbol{BB}^*=0 \tag{2-71}$$

$$\boldsymbol{A}^*\boldsymbol{Q}+\boldsymbol{QA}+\boldsymbol{C}^*\boldsymbol{C}=0 \tag{2-72}$$

易证，如果 $Re\,\lambda(\boldsymbol{A})<0$，则 $\boldsymbol{P}>0$ 的充要条件是（$\boldsymbol{A}$，$\boldsymbol{B}$）完全可控，$\boldsymbol{Q}>0$ 的充要条件是（$\boldsymbol{A}$，$\boldsymbol{C}$）完全可观测。

定义 2.5　设 $Re\,\boldsymbol{\lambda}(\boldsymbol{A})<0$，则 $\boldsymbol{G}(s)=\boldsymbol{C}(s\boldsymbol{I}-\boldsymbol{A})^{-1}\boldsymbol{B}+\boldsymbol{D}$ 的 Hankel 奇异值定义为

$$\sigma_i(\boldsymbol{G})\overset{\Delta}{=}[\lambda_i(\boldsymbol{PQ})]^{1/2} \tag{2-73}$$

其中　$\boldsymbol{\sigma}_i(\boldsymbol{G})\geqslant\boldsymbol{\sigma}_{i+1}(\boldsymbol{G})$。

定义 2.6　假定 $\boldsymbol{G}(s)=(\boldsymbol{A},\boldsymbol{B},\boldsymbol{C},\boldsymbol{D})$ 完全可控、可观，$Re\boldsymbol{\lambda}(\boldsymbol{A})<0$。若其满足矩阵 Lyapunov 方程的可控性格拉姆矩阵 $\boldsymbol{P}$ 和可观测性格拉姆阵 $\boldsymbol{Q}$ 性等，且为对角阵，即

$$\boldsymbol{P}=\boldsymbol{Q}=\sum=\mathrm{diag}[\sigma_1,\sigma_2,\cdots,\sigma_n]$$

其中

$$\bar{\boldsymbol{\sigma}}=\boldsymbol{\sigma}_1\geqslant\boldsymbol{\sigma}_2\geqslant\cdots\geqslant\boldsymbol{\sigma}_n=\underline{\boldsymbol{\sigma}}$$

则称（$\boldsymbol{A}$，$\boldsymbol{B}$，$\boldsymbol{C}$，$\boldsymbol{D}$）为 $\boldsymbol{G}(s)$ 的平衡实现。

定义 2.7　设 $\boldsymbol{G}(s)=(\boldsymbol{A},\boldsymbol{B},\boldsymbol{C},\boldsymbol{D})$，且 $Re\lambda(\boldsymbol{A})<0$，则 $\boldsymbol{G}(s)$ 的 Hankel 范数为

$$\|\boldsymbol{G}(s)\|_H\overset{\Delta}{=}[\lambda_{\max}(\boldsymbol{PQ})]^{1/2} \tag{2-74}$$

其中 $\boldsymbol{P}$，$\boldsymbol{Q}$ 分别为系统 $\boldsymbol{G}(s)$ 的可控性格拉姆矩阵和可观测性格拉姆阵。

定理 2.6　若 $\boldsymbol{G}(s)\in RH_\infty$，则对任何反因果矩阵 $\boldsymbol{F}(s)\in RH_\infty^\perp$，有

$$\min_{F\in RH_\infty^\perp}\|\boldsymbol{G}-\boldsymbol{F}\|_\infty\geqslant\|\boldsymbol{G}\|_H \tag{2-75}$$

上述定理指出了 $\min\limits_{F\in RH_\infty^\perp}\|\boldsymbol{G}-\boldsymbol{F}\|_\infty$ 就是用反因果矩阵 $\boldsymbol{F}(s)$ 去逼近稳定矩阵 $\boldsymbol{G}(s)$，并使逼近误差的范数 $\|\boldsymbol{E}\|_\infty=\|\boldsymbol{G}-\boldsymbol{F}\|_\infty$ 取极小，这个极小值就是 $\boldsymbol{G}(s)$ 的 Hankel 范数 $\|\boldsymbol{G}(s)\|_H$。

定理 2.7　设线性定常系统（$\boldsymbol{A}_{n\times n}$，$\boldsymbol{B}_{n\times p}$，$\boldsymbol{C}_{p\times n}$，$\boldsymbol{D}_{p\times p}$）满足如下线性矩阵方程

$$\boldsymbol{AP}+\boldsymbol{PA}^{*}+\boldsymbol{BB}^{*}=0 \tag{2-76}$$

$$\boldsymbol{A}^{*}\boldsymbol{Q}+\boldsymbol{QA}+\boldsymbol{C}^{*}\boldsymbol{C}=0 \tag{2-77}$$

其中

$$\boldsymbol{P}=\boldsymbol{P}^{*}=\mathrm{diag}[\sum_{1},\boldsymbol{\sigma I}_{r}] \tag{2-78}$$

$$\boldsymbol{Q}=\boldsymbol{Q}^{*}=\mathrm{diag}[\sum_{2},\boldsymbol{\sigma I}_{r}] \tag{2-79}$$

式中 $\boldsymbol{\Sigma}_1$ 和 $\boldsymbol{\Sigma}_2$ 均为对角阵，$\boldsymbol{\sigma}\neq 0$，$\delta$（$\boldsymbol{\Sigma}_1\boldsymbol{\Sigma}_2-\boldsymbol{\sigma}^2\boldsymbol{I}$）$=0$，$\delta$（·）表示（·）在虚轴上特征值的个数。现以矩阵 $\boldsymbol{P}$ 的分块为准，将（$\boldsymbol{A}$，$\boldsymbol{B}$，$\boldsymbol{C}$）分块为

$$\boldsymbol{A}=\underset{\qquad n-r \qquad r}{\begin{bmatrix}\boldsymbol{A}_{11} & \boldsymbol{A}_{12}\\ \boldsymbol{A}_{21} & \boldsymbol{A}_{22}\end{bmatrix}}\begin{matrix}n-r\\ r\end{matrix},\boldsymbol{B}=\underset{p}{\begin{bmatrix}\boldsymbol{B}_{1}\\ \boldsymbol{B}_{2}\end{bmatrix}}\begin{matrix}n-r\\ r\end{matrix},\boldsymbol{C}=\underset{\quad n-r \quad r}{[\boldsymbol{C}_{1} \quad \boldsymbol{C}_{2}]}\quad p \tag{2-80}$$

现定义

$$\hat{\boldsymbol{A}}_{(n-r)\times(n-r)}\overset{\Delta}{=}\boldsymbol{\Gamma}^{-1}(\boldsymbol{\sigma}^{2}\boldsymbol{A}_{11}^{*}+\sum_{2}A_{11}\sum_{1}-\boldsymbol{\sigma C}_{1}^{*}\boldsymbol{UB}_{1}^{*}) \tag{2-81}$$

$$\hat{\boldsymbol{B}}_{(n-r)\times p}\overset{\Delta}{=}\boldsymbol{\Gamma}^{-1}(\sum_{2}\boldsymbol{B}_{1}+\boldsymbol{\sigma C}_{1}^{*}\boldsymbol{U}) \tag{2-82}$$

$$\hat{\boldsymbol{C}}_{p\times(n-r)}\overset{\Delta}{=}\boldsymbol{C}_{1}\sum_{1}+\boldsymbol{\sigma UB}_{1}^{*} \tag{2-83}$$

$$\hat{\boldsymbol{D}}_{p\times p}\overset{\Delta}{=}\boldsymbol{D}-\boldsymbol{\sigma U} \tag{2-84}$$

$$\boldsymbol{\Gamma}_{(n-r)\times(n-r)}\overset{\Delta}{=}\sum_{1}\sum_{2}-\boldsymbol{\sigma}^{2}\boldsymbol{I} \tag{2-85}$$

其中酉矩阵 $\boldsymbol{U}$ 满足

$$\boldsymbol{UU}^{*}=\boldsymbol{I}_{p},\boldsymbol{B}_{2}=-\boldsymbol{C}_{2}^{*}\boldsymbol{U} \tag{2-86}$$

再定义一个误差系统为

$$\boldsymbol{A}_{e}\overset{\Delta}{=}\begin{bmatrix}\boldsymbol{A} & 0\\ 0 & \hat{\boldsymbol{A}}\end{bmatrix}_{(2n-r)\times(2n-r)},\boldsymbol{B}_{e}\overset{\Delta}{=}\begin{bmatrix}\boldsymbol{B}\\ \hat{\boldsymbol{B}}\end{bmatrix}_{(2n-r)\times p},\boldsymbol{C}_{e}\overset{\Delta}{=}[\boldsymbol{C} \quad -\hat{\boldsymbol{C}}]_{p\times(2n-r)},\boldsymbol{D}_{e}\overset{\Delta}{=}[\boldsymbol{D} \quad -\hat{\boldsymbol{D}}]_{p\times p}。 \tag{2-87}$$

如此，则有如下结论：

1）（$\boldsymbol{A}_e$，$\boldsymbol{B}_e$，$\boldsymbol{C}_e$）满足如下线性矩阵方程

$$\boldsymbol{A}_{e}\boldsymbol{P}_{e}+\boldsymbol{P}_{e}\boldsymbol{A}_{e}^{*}+\boldsymbol{B}_{e}\boldsymbol{B}_{e}^{*}=0 \tag{2-88}$$

$$\boldsymbol{A}_e^* \boldsymbol{Q} + \boldsymbol{Q}\boldsymbol{A}_e + \boldsymbol{C}_e^* \boldsymbol{C}_e = 0 \tag{2-89}$$

其中

$$\boldsymbol{P}_e = \begin{bmatrix} \sum_1 & 0 & \boldsymbol{I} \\ 0 & \boldsymbol{\sigma I}_r & 0 \\ \boldsymbol{I} & 0 & \sum_2 \boldsymbol{\Gamma}^{-1} \end{bmatrix}, \boldsymbol{Q}_e = \begin{bmatrix} \sum_2 & 0 & -\boldsymbol{\Gamma} \\ 0 & \boldsymbol{\sigma I}_r & 0 \\ -\boldsymbol{\Gamma} & 0 & \sum_1 \boldsymbol{\Gamma} \end{bmatrix}, \boldsymbol{P}_e \boldsymbol{Q}_e = \boldsymbol{\sigma}^2 \boldsymbol{I} \tag{2-90}$$

2）若定义

$$\boldsymbol{E}(s) \stackrel{\Delta}{=} \boldsymbol{G}(s) - \hat{\boldsymbol{G}}(s) \stackrel{\Delta}{=} \boldsymbol{C}_e (sI - \boldsymbol{A}_e)^{-1} \boldsymbol{B}_e + \boldsymbol{D}_e \tag{2-91}$$

则有

$$\boldsymbol{E}(s)\boldsymbol{E}^*(-s) = \boldsymbol{\sigma}^2 \boldsymbol{I} \tag{2-92}$$

3）如果 δ（$\boldsymbol{A}$）$=0$，则有

a）δ（$\hat{\boldsymbol{A}}$）$=0$；

b）如果 $\delta(\sum_1 \sum_2) = 0$，则

$$\mathrm{In}(\hat{\boldsymbol{A}}) = \mathrm{In}(-\sum_1 \boldsymbol{\Gamma}) = \mathrm{In}(-\sum_2 \boldsymbol{\Gamma}) \tag{2-93}$$

其中 In（·）表示三元组 [π（·），v（·），δ（·）]，它们分别表示（·）在开右、开左复平面及虚轴上特征值的个数。

c）如果 $\boldsymbol{P}>0$，$\boldsymbol{Q}>0$，则系统（$\hat{\boldsymbol{A}}$，$\hat{\boldsymbol{B}}$，$\hat{\boldsymbol{C}}$）稳定部分的 McMillan 阶等于

$$\pi(\sum_1 \boldsymbol{\Gamma}) = \boldsymbol{\pi}(\sum_2 \boldsymbol{\Gamma}) \tag{2-94}$$

d）如果有 $\sum_1 \boldsymbol{\Gamma} > 0$ 和 $\sum_2 \boldsymbol{\Gamma} > 0$，或者 $\sum_1 \boldsymbol{\Gamma} < 0$ 和 $\sum_2 \boldsymbol{\Gamma} < 0$，则($\hat{\boldsymbol{A}}, \hat{\boldsymbol{B}}, \hat{\boldsymbol{C}}$) 是一个最小实现。

2.2.7　最优 Hankel 范数逼近问题的一类解

最优 Hankel 范数逼近问题的提法是，给定 McMillan 阶 n 的传递函数阵 $\boldsymbol{G}(s) \in RH_\infty$，要求寻找 McMillan 阶为 $k<n$ 的矩阵 $\hat{\boldsymbol{G}}(s)$，使 $\|\boldsymbol{E}(s)\|_H = \|\boldsymbol{G}(s) - \hat{\boldsymbol{G}}(s)\|_H$ 取极小。这种问题的解是非唯一的，其解构成一个集合。

定理 2.8　给定矩阵 $\boldsymbol{G}_{p\times q}(s)\in RH_\infty$，其 Hankel 奇异值为 $\sigma_1\geqslant\sigma_2\geqslant\cdots\geqslant\sigma_k\geqslant\sigma_{k+1}\geqslant\sigma_{k+2}\geqslant\cdots\geqslant\sigma_n>0$，则对于所有稳定的且 McMillan 阶 $\leqslant k$ 的 $\hat{\boldsymbol{G}}(s)$ 有

$$\|\boldsymbol{G}(s)-\hat{\boldsymbol{G}}(s)\|_H\geqslant\sigma_{k+1}[\boldsymbol{G}(s)],\qquad \hat{\boldsymbol{G}}(s)\in RH_\infty \tag{2-95}$$

定理 2.9　对于 $q\times q$ 的稳定的有理传递函数阵 $\boldsymbol{G}(s)\in RH_\infty$，有如下结论：

1）$\sigma_{k+1}[\boldsymbol{G}(s)]=\inf\limits_{\hat{G}\in RH_\infty}\|\boldsymbol{G}(s)-\hat{\boldsymbol{G}}(s)\|_H=\inf\limits_{F\in RH_\infty^\perp,\hat{G}\in RH_\infty}\|\boldsymbol{G}(j\omega)-\hat{\boldsymbol{G}}(j\omega)-\boldsymbol{F}(j\omega)\|_\infty$，$\hat{\boldsymbol{G}}(s)$ 的 McMillan 阶 $\leqslant k$。

2）如果 $\boldsymbol{G}(s)$ 的 Hankel 奇异值为 $\sigma_1\geqslant\sigma_2\geqslant\cdots\geqslant\sigma_k\geqslant\sigma_{k+1}\geqslant\sigma_{k+2}\geqslant\cdots\geqslant\sigma_n>0$，则 McMillan 阶为 k 的 $\hat{\boldsymbol{G}}(s)$ 成为对 $\boldsymbol{G}(s)$ 的一个最优 Hankel 范数逼近的充要条件是存在矩阵 $\boldsymbol{F}(s)\in RH_\infty^\perp$，$\boldsymbol{F}(s)$的 McMillan 阶可选为 $\leqslant n+k-1$，使 $\boldsymbol{E}=\boldsymbol{G}-\hat{\boldsymbol{G}}-\boldsymbol{F}$ 满足

$$\boldsymbol{E}(s)\boldsymbol{E}^*(s)=\boldsymbol{\sigma}_{k+1}^2\boldsymbol{I} \tag{2-96}$$

在这种情况下，有

$$\|\boldsymbol{G}(s)-\hat{\boldsymbol{G}}(s)\|_H=\boldsymbol{\sigma}_{k+1} \tag{2-97}$$

3）若 $\boldsymbol{G}(s)$ 如 2）所述，则 McMillan 阶为 k 的一个对 $\boldsymbol{G}(s)$ 最优 Hankel 范数逼近 $\hat{\boldsymbol{G}}(s)$ 可按如下方法构造：设 $\boldsymbol{G}(s)$ 的平衡实现为（$\boldsymbol{A}$，$\boldsymbol{B}$，$\boldsymbol{C}$)，且满足矩阵 Lyapunov 方程（2−76）和式(2−77)的

$$\boldsymbol{P}=\boldsymbol{Q}=\sum=\mathrm{diag}[\sigma_1,\sigma_2,\cdots,\sigma_k,\sigma_{k+r+1},\cdots,\sigma_n,\sigma_{k+1},\cdots,\sigma_{k+r}]$$

然后根据式（2−81）～式（2−86）构造（$\hat{\boldsymbol{A}}$，$\hat{\boldsymbol{B}}$，$\hat{\boldsymbol{C}}$，$\hat{\boldsymbol{D}}$），从而有

$$\hat{\boldsymbol{G}}(s)+\boldsymbol{F}(s)=\hat{\boldsymbol{D}}+\hat{\boldsymbol{C}}(s\boldsymbol{I}-\hat{\boldsymbol{A}})^{-1}\hat{\boldsymbol{B}} \tag{2-98}$$

其中 $\hat{\boldsymbol{G}}(s)\in RH_\infty$，$\boldsymbol{F}(s)\in RH_\infty^\perp$，$\boldsymbol{F}(s)$ 的 McMillan 阶为（$n-k-r$）。

应当指出，上述结论 1）证明了 $\boldsymbol{G}(s)$ 的一个 Hankel 奇异值和一个 L_∞ 范数最优问题之间的关系；结论 2）指出了所有最优 Hankel 范数逼近的特点；结论 3）给出了一个特殊的最优 Hankel 范数逼近方法。其结果可以推广到对非方阵 $\boldsymbol{G}(s)$ 的最优 Hankel 范数逼近问

题中去。

定理 2.10　设 $\boldsymbol{G}_{q\times p}(s)\in RH_\infty$ 为稳定的有理传递函数阵，系统（$\hat{\boldsymbol{A}}$，$\hat{\boldsymbol{B}}$，$\hat{\boldsymbol{C}}$，$\hat{\boldsymbol{D}}$）由式（2－81）～式（2－86）确定，其中酉阵 $\boldsymbol{U}$ 满足

$$\boldsymbol{U}\boldsymbol{U}^* \leqslant \boldsymbol{I} \tag{2-99}$$

则由 $\hat{\boldsymbol{G}}(s)+\boldsymbol{F}(s)=\hat{\boldsymbol{D}}+\hat{\boldsymbol{C}}(s\boldsymbol{I}-\hat{\boldsymbol{A}})^{-1}\hat{\boldsymbol{B}}$ 所确定的 $\hat{\boldsymbol{G}}(s)$ 是对 $\boldsymbol{G}(s)$ 的 McMillan 阶为 k 的一个最优 Hankel 范数逼近，从而 $\boldsymbol{U}$ 的一个特定的允许值为

$$\boldsymbol{U}_0 = -\boldsymbol{C}_2\boldsymbol{B}_2^{*+} \tag{2-100}$$

其中 $\boldsymbol{B}_2^+$ 为 $\boldsymbol{B}_2$ 的 Moore-Penrose 广义逆。当 $\mathrm{rank}\boldsymbol{B}_2=r$ 时，$\boldsymbol{B}_2^{*+}=(\boldsymbol{B}_2\boldsymbol{B}_2^*)^{-1}\boldsymbol{B}_2$。

对本定理给定的 $\boldsymbol{G}_{q\times p}(s)$ 用零元素增广为方阵

$$\boldsymbol{G}_a(s)=\begin{bmatrix}\boldsymbol{G}(s) & 0\\ 0 & 0\end{bmatrix}_{(q+p)\times(q+p)} \tag{2-101}$$

设 $\boldsymbol{G}_a(s)$ 所对应的状态空间实现为

$$\boldsymbol{G}_a(s)=(\boldsymbol{A}_a,\boldsymbol{B}_a,\boldsymbol{C}_a,\boldsymbol{D}_a)=\left\{\boldsymbol{A},[\boldsymbol{B}\quad 0],\begin{bmatrix}\boldsymbol{C}\\ 0\end{bmatrix},\begin{bmatrix}\boldsymbol{D} & 0\\ 0 & 0\end{bmatrix}\right\} \tag{2-102}$$

其中（$\boldsymbol{A}$，$\boldsymbol{B}$，$\boldsymbol{C}$，$\boldsymbol{D}$）是 $\boldsymbol{G}(s)$ 的一个平衡实现。将（$\boldsymbol{A}$，$\boldsymbol{B}$，$\boldsymbol{C}$，$\boldsymbol{D}$）整理与分块，则（$\boldsymbol{A}_a$，$\boldsymbol{B}_a$，$\boldsymbol{C}_a$）也是一个平衡实现，且两个平衡实现具有同一个 $\boldsymbol{\Sigma}$ 阵。方程 $\boldsymbol{B}_2=-\boldsymbol{C}_2^*\boldsymbol{U}$ 和 $\boldsymbol{U}\boldsymbol{U}^*\leqslant\boldsymbol{I}$ 意味着下式成立

$$\begin{bmatrix}\boldsymbol{C}_2\\ 0\end{bmatrix}+\boldsymbol{V}\begin{bmatrix}\boldsymbol{B}_2^*\\ 0\end{bmatrix}=0 \tag{2-103}$$

其中

$$\boldsymbol{V}=\begin{bmatrix}\boldsymbol{U} & (\boldsymbol{I}-\boldsymbol{U}\boldsymbol{U}^*)^{1/2}\\ (\boldsymbol{I}-\boldsymbol{U}\boldsymbol{U}^*)^{1/2} & -\boldsymbol{U}^*\end{bmatrix} \tag{2-104}$$

由 $\boldsymbol{V}^*\boldsymbol{V}=\boldsymbol{I}$，可得 $\boldsymbol{G}_a(s)$ 的最优 Hankel 范数逼近为

$$\widetilde{\boldsymbol{A}} \stackrel{\Delta}{=} \boldsymbol{\Gamma}^{-1}\left[\boldsymbol{\sigma}_{k+1}^{2}\boldsymbol{A}_{11}^{*}+\sum\nolimits_{1}\boldsymbol{A}_{11}\sum\nolimits_{1}-\boldsymbol{\sigma}_{k+1}\begin{pmatrix}\boldsymbol{C}_{1}^{*} & 0\end{pmatrix}\boldsymbol{V}\begin{pmatrix}\boldsymbol{B}_{1}^{*}\\ 0\end{pmatrix}\right]=\hat{\boldsymbol{A}} \tag{2-105}$$

$$\widetilde{\boldsymbol{B}} \stackrel{\Delta}{=} \boldsymbol{\Gamma}^{-1}\left[\sum\nolimits_{1}(\boldsymbol{B}\quad 0)+\boldsymbol{\sigma}_{k+1}(\boldsymbol{C}_{1}^{*}\quad 0)\boldsymbol{V}\right]=[\hat{\boldsymbol{B}}\quad \hat{\boldsymbol{B}}_{2}] \tag{2-106}$$

$$\widetilde{\boldsymbol{C}} \stackrel{\Delta}{=} \begin{bmatrix}\boldsymbol{C}_{1}\\ 0\end{bmatrix}\sum\nolimits_{1}+\boldsymbol{\sigma}_{k+1}\boldsymbol{V}\begin{bmatrix}\boldsymbol{B}_{1}^{*}\\ 0\end{bmatrix}=\begin{bmatrix}\hat{\boldsymbol{C}}\\ \hat{\boldsymbol{C}}_{2}\end{bmatrix} \tag{2-107}$$

$$\widetilde{\boldsymbol{D}} \stackrel{\Delta}{=} \boldsymbol{D}_{a}-\boldsymbol{\sigma}_{k+1}\boldsymbol{V} \tag{2-108}$$

由此可得，系统 $\hat{\boldsymbol{C}}\ (s\boldsymbol{I}-\hat{\boldsymbol{A}})^{-1}\hat{\boldsymbol{B}}+\hat{\boldsymbol{D}}$ 就是系统 $\widetilde{\boldsymbol{C}}\ (s\boldsymbol{I}-\widetilde{\boldsymbol{A}})^{-1}\widetilde{\boldsymbol{B}}+\widetilde{\boldsymbol{D}}$ 的前 q 行和前 p 列。设 $\hat{\boldsymbol{G}}_a(s)$ 和 $\hat{\boldsymbol{G}}(s)$ 分别是对 $\boldsymbol{G}_a(s)$ 和 $\boldsymbol{G}(s)$ 的 Hankel 范数逼近，则有

$$\|\boldsymbol{G}_a(s)-\hat{\boldsymbol{G}}_a(s)\|_H=\sigma_{k+1}[\boldsymbol{G}(s)] \tag{2-109}$$

由于 $\boldsymbol{G}(s)-\hat{\boldsymbol{G}}(s)$ 是 $\boldsymbol{G}_a(s)-\hat{\boldsymbol{G}}_a(s)$ 的一个子矩阵，因此，有

$$\|\boldsymbol{G}(s)-\hat{\boldsymbol{G}}(s)\|_H\leqslant\|\boldsymbol{G}_a(s)-\hat{\boldsymbol{G}}_a(s)\|_H=\sigma_{k+1}[\boldsymbol{G}(s)] \tag{2-110}$$

由此，对于非方阵 $\boldsymbol{G}_{q\times p}(s)\in RH_\infty$ 的 Hankel 范数逼近，本定理所指出的最优性成立。

2.2.8　模型匹配问题的一种解法

在以上讨论的基础上，可以给出模型匹配问题求解的一种方法和步骤。模型匹配问题为

$$\min_{Q\in RH_\infty}\|\boldsymbol{T}_1(s)-\boldsymbol{T}_2(s)\boldsymbol{Q}(s)\boldsymbol{T}_3(s)\|_\infty \tag{2-111}$$

式中 $\boldsymbol{T}_1\in RH_\infty^{m\times r}$，$\boldsymbol{T}_2\in RH_\infty^{m\times p}$，$\boldsymbol{T}_3\in RH_\infty^{q\times r}$，$\boldsymbol{Q}\in RH_\infty^{p\times q}$。

1）对矩阵 $\boldsymbol{T}_2$ 和 $\boldsymbol{T}_3$ 分别作内外因式分解和互内外因式分解，将模型匹配问题化为 Nehari 问题。对一块优化问题，有

$$\min_{Q\in RH_\infty}\|\boldsymbol{T}_1-\boldsymbol{T}_2\boldsymbol{Q}\boldsymbol{T}_3\|_\infty=\min_{X\in RH_\infty}\|\boldsymbol{R}-\boldsymbol{X}\|_\infty \tag{2-112}$$

2）将 Nehari 问题化为一个反稳定矩阵 $\boldsymbol{F}(s)$ 对稳定矩阵 $\boldsymbol{G}(s)$ 在 L_∞ 范数意义下的最优逼近问题。

$$\min_{X\in RH_\infty} \| \boldsymbol{R}-\boldsymbol{X} \|_\infty = \min_{X\in RH_\infty} \| \boldsymbol{R}^* - \boldsymbol{X}^* \|_\infty \tag{2-113}$$

对 $\boldsymbol{R}^*$ 作稳定和反稳定分解，得

$$\boldsymbol{R}^* = \boldsymbol{G}(s) + \boldsymbol{G}_1(s) \tag{2-114}$$

其中 $\boldsymbol{G}(s) \in RH_\infty$，$\boldsymbol{G}_1(s) \in RH_\infty^\perp$。令 $\boldsymbol{F}(s) = [\boldsymbol{X}^*(s) - \boldsymbol{G}_1(s)] \in RH_\infty^\perp$，则有

$$\min_{X\in RH_\infty} \| \boldsymbol{R}-\boldsymbol{X} \|_\infty = \min_{X\in RH_\infty} \| \boldsymbol{R}^* - \boldsymbol{X}^* \|_\infty = \min_{F\in RH_\infty^\perp} \| \boldsymbol{G}(s) - \boldsymbol{F}(s) \|_\infty \tag{2-115}$$

3）将上式的 L_∞ 范数逼近问题化为对 $\boldsymbol{G}(s)$ 的最优 Hankel 范数逼近问题。

$$\sigma_{k+1}[\boldsymbol{G}(s)] = \inf_{F\in RH_\infty^\perp} \| \boldsymbol{G}(j\omega) - \hat{\boldsymbol{G}}(j\omega) - \boldsymbol{F}(j\omega) \|_{L_\infty} \tag{2-116}$$

其中

$$\hat{\boldsymbol{G}}(s) + \boldsymbol{F}(s) = \hat{\boldsymbol{C}}(s\boldsymbol{I} - \hat{\boldsymbol{A}})^{-1}\hat{\boldsymbol{B}} + \hat{\boldsymbol{D}}, \hat{\boldsymbol{G}}(s) \in RH_\infty, \boldsymbol{F}(s) \in RH_\infty^\perp \tag{2-117}$$

若 $\boldsymbol{G}(s)$ 为方阵，则（$\hat{\boldsymbol{A}}$，$\hat{\boldsymbol{B}}$，$\hat{\boldsymbol{C}}$，$\hat{\boldsymbol{D}}$）为式（2－81）～式（2－86）所示。若 $\boldsymbol{G}(s)$ 为非负方阵，则（$\hat{\boldsymbol{A}}$，$\hat{\boldsymbol{B}}$，$\hat{\boldsymbol{C}}$，$\hat{\boldsymbol{D}}$）为式(2－105）～式（2－108）所示。

4）从 $\hat{\boldsymbol{G}}(s) + \boldsymbol{F}(s)$ 中分离出稳定矩阵 $\hat{\boldsymbol{G}}(s)$ 和反稳定矩阵 $\boldsymbol{F}(s)$。

5）由 $\boldsymbol{F}(s)$ 的表达式 $\boldsymbol{F}(s) = \boldsymbol{X}^*(s) - \boldsymbol{G}_1(s)$，得到

$$\boldsymbol{X}^*(s) = \boldsymbol{F}(s) + \boldsymbol{G}_1(s)$$

$$\boldsymbol{X}(s) = [\boldsymbol{F}(s) + \boldsymbol{G}_1(s)]^* \in RH_\infty$$

6）由 $\boldsymbol{X}(s)$ 回代可得参数矩阵 $\boldsymbol{Q}(s)$。

对于两块优化问题和四块优化问题，模型匹配最优解的获取可类似得到。

2.3　H∞控制设计流程示例

基于频率域的 H∞控制设计中，有理函数的计算很繁冗且数值上

很敏感。但为了理解基于状态空间理论的 H∞设计方法，本小节针对一个典型的平台稳定回路介绍设计流程，重点在于 H∞控制理论的推导过程。

2.3.1 平台稳定回路 H∞性能指标

平台稳定回路的简化模型如图 2－8 所示。其物理意义为，当校正环节输入端信号 r 不为零时，其输出 u 作用到力矩电机。电机力矩 M_D 引起框架角转动，从而相对于动调陀螺仪转子转动 β。此转角经过传感器 K_1、前置放大器 K_2 和分解器 K_3，经过负反馈作用在校正环节的输入，最终使得校正环节的输入 e 保持为零。图中 r 为给定信号；d 为干扰信号；n 为量测噪声。

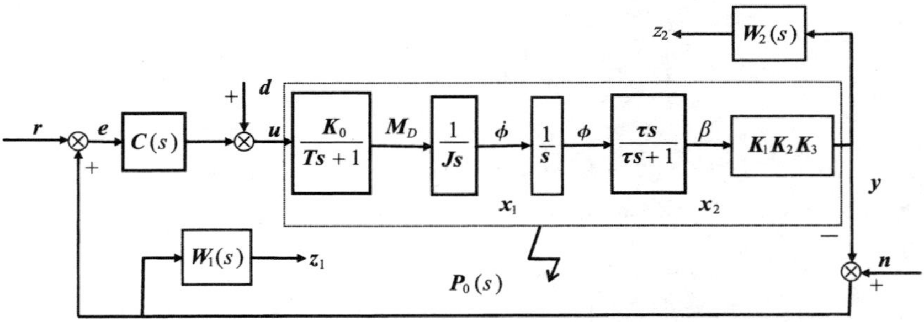

图 2－8 平台稳定回路简化模型方块图

另外，$W_1(s)$，$W_2(s)$ 分别为性能界函数和对象不确定性界函数。

设控制器 $C(s)=KW(s)$，被控对象 $P_0(s)=\dfrac{\tau K_0K_1K_2K_3}{Js(\tau s+1)(Ts+1)}$，则系统的输入与输出关系和误差信号由于

$$\left|\frac{\phi}{M_f}\right|=\left|\frac{1}{J\omega^2}S(j\omega)\right|\leqslant\left|\frac{1}{M/\phi_{\max}}\right|,\omega\leqslant\omega_K=1\ \text{Hz} \tag{2-118}$$

可同时满足动、静态指标，所以灵敏度函数满足

$$|S(j\omega)| \leqslant \left|\frac{J\omega^2}{M/\phi_{\max}}\right| \tag{2-119}$$

定义 $W_1(s)=k\dfrac{M/\phi_{\max}}{Js^2}$（其中 $k\geqslant 1$）为权函数，则有

$$|W_1(j\omega)S(j\omega)| \leqslant 1 \tag{2-120}$$

那么，性能指标为

$$|W_1 S|_\infty \leqslant 1 \tag{2-121}$$

为了以后分析方便，我们对权函数采用近似积分表示，即

$$W_1(s)=\frac{M/\phi_{\max}}{J}k\times\frac{(1\,000+s)^2}{(1+1\,000s)^2}=\rho\frac{(1\,000+s)^2}{(1+1\,000s)^2} \tag{2-122}$$

其中 $\rho=k\dfrac{M/\phi_{\max}}{J}$。

对平台而言，不确定性包括增益不确定性和高频特性（时滞特性）的不确定性。设增益变化范围取为 25%，延迟时间变化范围为 0～4 ms，我们可求得权函数

$$W_2(s)=(0.004\,\boldsymbol{s}+0.01)\times 1.25=0.005\,\boldsymbol{s}+0.012\,5 \tag{2-123}$$

系统如果鲁棒稳定，必须满足

$$|W_2 T|_\infty < 1 \tag{2-124}$$

设 $\rho=k\dfrac{M/\phi_{\max}}{J}$，将 P_0，W_1 和 W_2 代入式（2－14），得标准问题中的对象特性为

$$\boldsymbol{P}=\begin{bmatrix}P_{11} & P_{12}\\ P_{21} & P_{22}\end{bmatrix}$$

$$=\left[\begin{array}{c:c}\rho\dfrac{(1\,000+s)^2}{(1+1\,000s)^2} & -\rho\dfrac{(1\,000+s)^2}{(1+1\,000s)^2}\times\dfrac{\tau K_0K_1K_2K_3/J}{s(\tau s+1)(Ts+1)}\\ 0 & \dfrac{0.012\,5(0.4s+1)\tau K_0K_1K_2K_3/J}{s(\tau s+1)(Ts+1)}\\ \hline 1 & -\dfrac{\tau K_0K_1K_2K_3/J}{s(\tau s+1)(Ts+1)}\end{array}\right]$$

$$\approx\left[\begin{array}{ccc}\rho\dfrac{(1\,000+s)^2}{(1+1\,000s)^2} & \vdots & -\rho\dfrac{(1\,000+s)^2}{(1+1\,000s)^2}\times\dfrac{\tau K_0K_1K_2K_3/J}{s(\tau s+1)}\\ 0 & \vdots & \dfrac{0.012\,5(0.4s+1)\tau K_0K_1K_2K_3/J}{s(\tau s+1)}\\ \hline 1 & \vdots & -\dfrac{\tau K_0K_1K_2K_3/J}{s(\tau s+1)}\end{array}\right]$$

(2－125)

记 $\boldsymbol{x}$ 和 $\boldsymbol{x}_c$ 分别为 $\boldsymbol{P}$ 和 $\boldsymbol{C}$ 的状态向量，则式（2－19）～式（2－22）中的各项参数为

$$\boldsymbol{x}=\begin{bmatrix}x_1\\x_2\\x_3\\x_4\end{bmatrix}_{4\times1},\quad \boldsymbol{A}=\begin{bmatrix}0&0&0&0\\1&-\dfrac{1}{\tau}&0&0\\0&-K_3K_2K_1&-2\times10^{-3}&-10^{-6}\\0&0&1&0\end{bmatrix}_{4\times4},$$

$$\boldsymbol{B}_1=\begin{bmatrix}0\\0\\1\\0\end{bmatrix}_{4\times1},\quad \boldsymbol{B}_2=\begin{bmatrix}\dfrac{K_0}{J}\\0\\0\\0\end{bmatrix}_{4\times1},$$

$$\boldsymbol{C}_1=\begin{bmatrix}0&-\rho\times10^{-6}K_3K_2K_1&2\rho\times10^{-3}(1-10^{-6})&\rho(1-10^{-12})\\0.005\times K_3K_2K_1&\dfrac{K_3K_2K_1(0.012\,5\tau-0.005)}{\tau}&0&0\end{bmatrix}_{2\times4},$$

$$\boldsymbol{C}_2=\begin{bmatrix}0&-K_3K_2K_1&0&0\end{bmatrix}_{1\times4},$$

$$\boldsymbol{D}_{11}=\begin{bmatrix}\rho\times10^{-6}\\0\end{bmatrix}_{2\times1},\quad \boldsymbol{D}_{12}=\begin{bmatrix}0\\0\end{bmatrix}_{2\times1},\quad \boldsymbol{D}_{21}=1,\quad \boldsymbol{D}_{22}=0。$$

这样，设计的目的是要求解控制器 C（s），使这个闭环传递函数的 H∞范数最小。

2.3.2 Youla 参数化

为了求得所有能镇定对象的控制器 C，就需要对系统 Youla 参数化。

首先，将被控对象 P_0 写成互质多项式比的形式，有 $P_0=N_1/D_1$，以及控制器 $C=X/Y$，满足 $N_1X+D_1Y=1$。

以下为求得的一组解

$$\boldsymbol{X}(s)=\frac{(4\tau^3-6\tau^2+4\tau-1)s+\tau^3}{\tau^3K_0K_1K_2K_3(s+1)^2/J},$$

$$\boldsymbol{Y}(s)=\frac{\tau^2s^2+\tau(4\tau-1)s+(6\tau^2-4\tau+1)}{\tau^2(s+1)^2},$$

$$\boldsymbol{N}_1(s)=\frac{K_0K_1K_2K_3/J}{(s+1)^2},$$

$$\boldsymbol{D}_1(s)=\frac{s^2+s/\tau}{(s+1)^2}。$$

由于（$\boldsymbol{A}$，$\boldsymbol{B}_2$）能镇定，（$\boldsymbol{C}_2$，$\boldsymbol{A}$）能检测，取

$$f_1=-\left(2-\frac{1}{\tau}\right)\times\frac{J}{K_0},\quad f_2=-\frac{J}{K_0}-\frac{f_1}{\tau},\quad f_3=f_4=0 \tag{2-126}$$

$$h_1=\frac{1}{K_3K_2K_1},\quad h_2=-\frac{1}{K_3K_2K_1}\left(\frac{1}{\tau}-2\right),\quad h_3=h_4=0 \tag{2-127}$$

$\boldsymbol{F}=[f_1\quad f_2\quad f_3\quad f_4]$，$\boldsymbol{H}=[h_1\quad h_2\quad h_3\quad h_4]'$，可使 $\boldsymbol{A}_F:=\boldsymbol{A}+\boldsymbol{B}_2\boldsymbol{F}$，$\boldsymbol{A}_H:=\boldsymbol{A}+\boldsymbol{H}\boldsymbol{C}_2$ 稳定。

由于 $\boldsymbol{P}_{22}$ 为一个 1×1 的传递函数矩阵，所以通过上述取值，有

$$\boldsymbol{D}_r=\boldsymbol{D}_l=\boldsymbol{D}_1,\quad \boldsymbol{N}_r=\boldsymbol{N}_l=\boldsymbol{N}_1,\quad \boldsymbol{X}_r=\boldsymbol{X}_l=\boldsymbol{X},\quad \boldsymbol{Y}_r=\boldsymbol{Y}_l=\boldsymbol{Y} \tag{2-128}$$

所以，求得使反馈系统内稳定的所有控制器 $\boldsymbol{C}$（s）的集合为

$$\left\{\frac{\boldsymbol{X}+\boldsymbol{D}_1\boldsymbol{Q}}{\boldsymbol{Y}-\boldsymbol{N}_1\boldsymbol{Q}}\boldsymbol{Q}\in RH_\infty\right\} \tag{2-129}$$

其中 Q 叫做 Youla 参数。

注意到

$$(\boldsymbol{I}-\boldsymbol{P}_{22}\boldsymbol{C})^{-1}=\boldsymbol{D}_1(\boldsymbol{Y}-\boldsymbol{N}_1\boldsymbol{Q}) \tag{2-130}$$

$$\boldsymbol{C}(\boldsymbol{I}-\boldsymbol{P}_{22}\boldsymbol{C})^{-1}=\boldsymbol{D}_1(\boldsymbol{X}+\boldsymbol{D}_1\boldsymbol{Q}) \tag{2-131}$$

$$\boldsymbol{P}_{11}+\boldsymbol{P}_{12}\boldsymbol{C}(\boldsymbol{I}-\boldsymbol{P}_{22}\boldsymbol{C})^{-1}\boldsymbol{P}_{21}=\boldsymbol{P}_{11}+\boldsymbol{P}_{12}\boldsymbol{D}_1(\boldsymbol{X}+\boldsymbol{D}_1\boldsymbol{Q})\boldsymbol{P}_{21} \tag{2-132}$$

可以满足上述要求。

2.3.3 模型匹配

经过参数化后，原设计问题转化为

$$\min_{Q\in RH^{\infty}}\|\boldsymbol{T}_{11}+\boldsymbol{T}_{12}\boldsymbol{Q}\boldsymbol{T}_{21}\|_{\infty} \tag{2-133}$$

式中

$$\boldsymbol{T}_{11}=\boldsymbol{P}_{11}+\boldsymbol{P}_{12}\boldsymbol{D}_1\boldsymbol{X}\boldsymbol{P}_{21},\quad \boldsymbol{T}_{12}=\boldsymbol{P}_{12}\boldsymbol{D}_1,\quad \boldsymbol{T}_{21}=\boldsymbol{P}_{21}\boldsymbol{D}_1 \tag{2-134}$$

式（2—134）中 $\boldsymbol{T}_{11}$ 可以看作是一个要求的模型，要求设计 $\boldsymbol{Q}$，使 $\boldsymbol{T}_{12}\boldsymbol{Q}\boldsymbol{T}_{21}$ 与 $\boldsymbol{T}_{11}$ 相匹配。其中

$$\boldsymbol{T}_{11}=\begin{bmatrix}\rho\dfrac{(1\ 000+s)^2}{(1+1\ 000s)^2}\times\dfrac{s(\tau s+1)[\tau^2s^2+(4\tau^2-\tau)s+(6\tau^2-4\tau+1)]}{\tau^3(s+1)^4}\\ \dfrac{0.012\ 5(0.4s+1)[(4\tau^3-6\tau^2+4\tau-1)s+\tau^3]}{\tau^3(s+1)^4}\end{bmatrix} \tag{2-135}$$

$$\boldsymbol{T}_{12}=\begin{bmatrix}-\rho\dfrac{(1\ 000+s)^2}{(1+1\ 000s)^2}\times\dfrac{K_0K_1K_2K_3/J}{(s+1)^2}\\ \dfrac{0.012\ 5(0.4s+1)K_0K_1K_2K_3/J}{(s+1)^2}\end{bmatrix} \tag{2-136}$$

$$\boldsymbol{T}_{21}=\frac{s(s+1/\tau)}{(s+1)^2} \tag{2-137}$$

2.3.4 广义距离问题

在式（2—133）中，$\boldsymbol{T}_{11}\in RH^{2\times1}$，$\boldsymbol{T}_{12}\in RH^{2\times1}$，$\boldsymbol{T}_{21}\in RH^{1\times1}$ 为已知的稳定的传递函数矩阵，$\boldsymbol{Q}$ 为待确定的稳定的传递函数矩阵。由于 $\boldsymbol{T}_{12}$ 为满列阵，$\boldsymbol{T}_{21}$ 为满行阵，可通过初等列变换，将 $\boldsymbol{T}_{12}$ 的列向

量正交化，$\boldsymbol{T}_{21}$ 的行向量正交化。即存在 $\boldsymbol{T}_{12,i}\in\boldsymbol{C}^{2\times1}$，$\boldsymbol{T}_{12,o}\in\boldsymbol{C}^{1\times1}$，$\boldsymbol{T}_{21,i}\in\boldsymbol{C}^{1\times1}$，$\boldsymbol{T}_{21,o}\in\boldsymbol{C}^{1\times1}$ 满足 $\boldsymbol{T}_{12}=\boldsymbol{T}_{12,i}\boldsymbol{T}_{12,o}$，$\boldsymbol{T}_{21}=\boldsymbol{T}_{21,o}\boldsymbol{T}_{21,i}$，$\boldsymbol{T}_{12,i}^{*}\boldsymbol{T}_{12,i}=\boldsymbol{I}$，$\boldsymbol{T}_{21,i}\boldsymbol{T}_{21,i}^{*}=\boldsymbol{I}$ 其中 $\boldsymbol{T}_{12,o}$ 和 $\boldsymbol{T}_{21,o}$ 非奇异。另外，还可找到列向量构成 2×1 矩阵 $\boldsymbol{T}_{\perp}$，使得 $[\boldsymbol{T}_{\perp}\quad \boldsymbol{T}_{12,i}]$ 是一个方的酉矩阵，即 $[\boldsymbol{T}_{\perp}\quad \boldsymbol{T}_{12,i}]^{*}\cdot[\boldsymbol{T}_{\perp}\quad \boldsymbol{T}_{12,i}]=\boldsymbol{I}$，$\boldsymbol{T}_{\perp}$ 叫做 $\boldsymbol{T}_{12,i}$ 的正交补。由于左乘或右乘一个酉矩阵并不改变给定矩阵 M 的奇异值 $\sigma_i(M)$，于是有

$$\|\boldsymbol{T}_{11}+\boldsymbol{T}_{12}\boldsymbol{Q}\boldsymbol{T}_{21}\|_{\infty}=\left\|\begin{bmatrix}\boldsymbol{T}_{\perp}^{*}\\ \boldsymbol{T}_{12,i}^{*}\end{bmatrix}[\boldsymbol{T}_{11}+\boldsymbol{T}_{12}\boldsymbol{Q}\boldsymbol{T}_{21}]\right\|_{\infty}=\left\|\boldsymbol{R}+\begin{bmatrix}0\\ \tilde{\boldsymbol{Q}}\end{bmatrix}\right\|_{\infty}=\left\|\begin{bmatrix}\boldsymbol{R}_{1}\\ \boldsymbol{R}_{2}+\tilde{\boldsymbol{Q}}\end{bmatrix}\right\|_{\infty}\tag{2-138}$$

其中 $\tilde{\boldsymbol{Q}}=\boldsymbol{T}_{12,o}\boldsymbol{Q}\boldsymbol{T}_{21}$　(2−139)

$$\boldsymbol{R}=\begin{bmatrix}\boldsymbol{R}_{1}\\ \boldsymbol{R}_{2}\end{bmatrix}=\begin{bmatrix}\boldsymbol{T}_{\perp}^{*}\boldsymbol{T}_{11}\\ \boldsymbol{T}_{12,i}^{*}\boldsymbol{T}_{11}\end{bmatrix}\tag{2-140}$$

这样通过选择适当的矩阵 Q，可将模型匹配问题化为一个广义距离问题

$$\min_{Q\in RH^{\infty}}\left\|\begin{bmatrix}\boldsymbol{R}_{1}\\ \boldsymbol{R}_{2}+\tilde{\boldsymbol{Q}}\end{bmatrix}\right\|_{\infty}\tag{2-141}$$

这类广义距离问题又称为两块问题（two block problem）。其中 $\boldsymbol{R}_1$，$\boldsymbol{R}_2$ 求取如下。

2.3.5　传递函数矩阵的内外分解

根据 $\boldsymbol{T}_{12}^{*}\boldsymbol{T}_{12}=\boldsymbol{T}_{12,o}^{*}\boldsymbol{T}_{12,i}^{*}\boldsymbol{T}_{12,i}\boldsymbol{T}_{12,o}=\boldsymbol{T}_{12,o}^{*}\boldsymbol{T}_{12,o}$　(2−142)

我们先求 $\boldsymbol{T}_{12,o}$，再求得 $\boldsymbol{T}_{12,i}$。

由

$$\boldsymbol{T}_{12}^{*}\boldsymbol{T}_{12}=\frac{\boldsymbol{F}(s)\boldsymbol{K}_{0}^{2}K_{1}^{2}\boldsymbol{K}_{2}^{2}\boldsymbol{K}_{3}^{2}/\boldsymbol{J}^{2}}{(-\boldsymbol{s}^{2}+1)^{2}(1-10^{6}\boldsymbol{s}^{2})^{2}}\tag{2-143}$$

其中

$$\boldsymbol{F}(s)=\boldsymbol{\rho}^{2}(10^{6}-\boldsymbol{s}^{2})^{2}+0.012\,5^{2}(-0.4^{2}\boldsymbol{s}^{2}+1)(1-10^{6}\boldsymbol{s}^{2})^{2}\tag{2-144}$$

对上式因式分解，有

$$\boldsymbol{F}(s)=\boldsymbol{d}_0(-\boldsymbol{d}_1\boldsymbol{s}^2+1)(\boldsymbol{d}_{21}\boldsymbol{s}^2+\boldsymbol{d}_{22}\boldsymbol{s}+1)(\boldsymbol{d}_{21}\boldsymbol{s}^2-\boldsymbol{d}_{22}\boldsymbol{s}+1) \tag{2-145}$$

所以外函数 $\boldsymbol{T}_{12,o}$ 为

$$\boldsymbol{T}_{12,o}=\frac{\sqrt{\boldsymbol{d}_0}(\sqrt{\boldsymbol{d}_1}\boldsymbol{s}+1)(\boldsymbol{d}_{21}\boldsymbol{s}^2+\boldsymbol{d}_{22}\boldsymbol{s}+1)\boldsymbol{K}_0\boldsymbol{K}_1\boldsymbol{K}_2\boldsymbol{K}_3/\boldsymbol{J}}{(\boldsymbol{s}+1)^2(1+1\ 000s)^2} \tag{2-146}$$

这样内函数 $\boldsymbol{T}_{12,i}$ 就是

$$\begin{aligned}\boldsymbol{T}_{12,i}&=\boldsymbol{T}_{12}\boldsymbol{T}_{12,o}^{-1}\\&=\frac{1}{\sqrt{\boldsymbol{d}_0}(\sqrt{\boldsymbol{d}_1}\boldsymbol{s}+1)(\boldsymbol{d}_{21}\boldsymbol{s}^2+\boldsymbol{d}_{22}\boldsymbol{s}+1)}\begin{bmatrix}-\boldsymbol{\rho}(1\ 000+\boldsymbol{s})^2\\0.012\ 5(0.4\boldsymbol{s}+1)(1+1\ 000\boldsymbol{s})^2\end{bmatrix}\end{aligned} \tag{2-147}$$

$$\boldsymbol{T}_{12,i}^{*}=\frac{1}{\sqrt{\boldsymbol{d}_0}(-\sqrt{\boldsymbol{d}_1}\boldsymbol{s}+1)(\boldsymbol{d}_{21}\boldsymbol{s}^2-\boldsymbol{d}_{22}\boldsymbol{s}+1)}\begin{bmatrix}-\boldsymbol{\rho}(1\ 000-\boldsymbol{s})^2 & 0.012\ 5(-0.4\boldsymbol{s}+1)(1-1\ 000\boldsymbol{s})^2\end{bmatrix} \tag{2-148}$$

$$\boldsymbol{T}_{12,i}\boldsymbol{T}_{12,i}^{*}=\frac{1}{\boldsymbol{F}(s)}\times\begin{bmatrix}\boldsymbol{\rho}^2(10^6-\boldsymbol{s}^2)^2 & -\boldsymbol{\rho}\times0.012\ 5\times(1\ 000+\boldsymbol{s})^2(-0.4\boldsymbol{s}+1)(-1\ 000\boldsymbol{s}+1)^2\\-\boldsymbol{\rho}\times0.012\ 5\times(1\ 000-\boldsymbol{s})^2(0.4\boldsymbol{s}+1)(1\ 000\boldsymbol{s}+1)^2 & 0.012\ 5^2(-0.4^2\boldsymbol{s}^2+1)(1-10^6\boldsymbol{s}^2)^2\end{bmatrix} \tag{2-149}$$

$$\boldsymbol{I}-\boldsymbol{T}_{2,i}\boldsymbol{T}_{2,i}^{*}=\frac{1}{\boldsymbol{F}(s)}\times\begin{bmatrix}0.012\ 5^2(-0.4^2\boldsymbol{s}^2+1)(1-10^6\boldsymbol{s}^2)^2 & \boldsymbol{\rho}\times0.012\ 5\times(1\ 000+\boldsymbol{s})^2(-0.4\boldsymbol{s}+1)(-1\ 000\boldsymbol{s}+1)^2\\\boldsymbol{\rho}\times0.012\ 5\times(1\ 000-\boldsymbol{s})^2(0.4\boldsymbol{s}+1)(1\ 000\boldsymbol{s}+1)^2 & \boldsymbol{\rho}^2(10^6-\boldsymbol{s}^2)^2\end{bmatrix} \tag{2-150}$$

我们求得

$$\boldsymbol{T}_{\perp}^{*}=\frac{1}{\sqrt{\boldsymbol{d}_0}(\sqrt{\boldsymbol{d}_1}\boldsymbol{s}+1)(\boldsymbol{d}_{21}\boldsymbol{s}^2+\boldsymbol{d}_{22}\boldsymbol{s}+1)}\begin{bmatrix}0.012\ 5(0.4\boldsymbol{s}+1)(1+1\ 000\boldsymbol{s})^2 & \boldsymbol{\rho}(1\ 000+\boldsymbol{s})^2\end{bmatrix} \tag{2-151}$$

$$\boldsymbol{T}_{\perp}=\frac{1}{\sqrt{\boldsymbol{d}_0}(-\sqrt{\boldsymbol{d}_1}\boldsymbol{s}+1)(\boldsymbol{d}_{21}\boldsymbol{s}^2-\boldsymbol{d}_{22}\boldsymbol{s}+1)}\begin{bmatrix}0.012\ 5(-0.4\boldsymbol{s}+1)(1-1\ 000\boldsymbol{s})^2\\\boldsymbol{\rho}(1\ 000-\boldsymbol{s})^2\end{bmatrix} \tag{2-152}$$

从而我们得到

$$\boldsymbol{R}_1 = \boldsymbol{T}_\perp^* \boldsymbol{T}_{11} = \boldsymbol{\rho}\,\frac{0.0125(0.4\boldsymbol{s}+1)(1000+\boldsymbol{s})^2}{\sqrt{\boldsymbol{d}_0}(\sqrt{\boldsymbol{d}_1}\boldsymbol{s}+1)(\boldsymbol{d}_{21}\boldsymbol{s}^2+\boldsymbol{d}_{22}\boldsymbol{s}+1)} \tag{2-153}$$

$$\boldsymbol{R}_2 = \boldsymbol{T}_{12,i}^* \boldsymbol{T}_{11} = \frac{\boldsymbol{F}(s)[(4\boldsymbol{\tau}^3-6\boldsymbol{\tau}^2+4\boldsymbol{\tau}-1)\boldsymbol{s}+\boldsymbol{\tau}^3]-\boldsymbol{\rho}^2(10^6-\boldsymbol{s}^2)^2\tau^3(\boldsymbol{s}+1)^4}{\sqrt{\boldsymbol{d}_0}(-\sqrt{\boldsymbol{d}_1}\boldsymbol{s}+1)(\boldsymbol{d}_{21}\boldsymbol{s}^2-\boldsymbol{d}_{22}\boldsymbol{s}+1)(1+1000\boldsymbol{s})^2\boldsymbol{\tau}^3(\boldsymbol{s}+1)^4} \tag{2-154}$$

2.3.6 传递函数矩阵的谱分解

下面我们将通过谱分解将两块问题化为一块问题，即 Nehari 问题。

设 $\boldsymbol{Y} = (\boldsymbol{I}-\boldsymbol{T}_{12,i}\boldsymbol{T}_{12,i}^*)\ \boldsymbol{T}_{11}=\boldsymbol{T}_\perp \boldsymbol{T}_\perp^* \boldsymbol{T}_{11}$，$\boldsymbol{Y}^* = \boldsymbol{T}_{11}^* \boldsymbol{T}_\perp \boldsymbol{T}_\perp^*$，有

$$\gamma^2 \cdot \boldsymbol{I} - \boldsymbol{R}_1^* \boldsymbol{R}_1 = \gamma^2 \cdot \boldsymbol{I} - \boldsymbol{Y}^* \boldsymbol{Y}$$

我们先考察 $\gamma^2 \cdot \boldsymbol{I} - \boldsymbol{R}_1^* \boldsymbol{R}_1$ 。

$$\boldsymbol{R}_1^* \boldsymbol{R}_1 = \boldsymbol{\rho}^2\,\frac{0.0125^2(-0.4^2 s^2+1)(10^6-s^2)^2}{\boldsymbol{d}_0(-\boldsymbol{d}_1\boldsymbol{s}^2+1)(\boldsymbol{d}_{21}\boldsymbol{s}^2+\boldsymbol{d}_{22}\boldsymbol{s}+1)(\boldsymbol{d}_{21}\boldsymbol{s}^2-\boldsymbol{d}_{22}\boldsymbol{s}+1)} \tag{2-155}$$

所以 $\boldsymbol{R}_1^* \boldsymbol{R}_1$ 的谱因子是

$$\boldsymbol{R}_1 = \boldsymbol{\rho}\,\frac{0.0125(0.4\boldsymbol{s}+1)(10^3+\boldsymbol{s})^2}{\sqrt{\boldsymbol{d}_0}(\sqrt{\boldsymbol{d}_1}\boldsymbol{s}+1)(\boldsymbol{d}_{21}\boldsymbol{s}^2+\boldsymbol{d}_{22}\boldsymbol{s}+1)} \tag{2-156}$$

这样，$\| R_1 \|_\infty$ 可以从伯德（Bode）图上来读得。先将性能权函数中的 $k=1$，图 2－9（a）是对应的伯德图，其峰值就是 $\| R_1 \|_\infty$。这个峰值离 1（0 dB）尚有一段距离。控制系统设计中要求加权闭环传递函数的 H∞ 范数的名义值是 1，所以还可以加大权系数 k，图 2－9（b）是 $k=3.3$ 时的伯德图，其峰值已接近 0 dB，但还小于 0 dB。所以若取 $\boldsymbol{\gamma}$ 等于 1，又能满足不等式条件，又不太保守。因此，暂将 k 定为 3.3，并取 $\boldsymbol{\gamma}=1$，再来检验式（2－62）中的第二个不等式。因为

$$\boldsymbol{\gamma}^2 \boldsymbol{I} - \boldsymbol{R}_1^* \boldsymbol{R}_1 = \frac{\boldsymbol{\gamma}^2\boldsymbol{\rho}^2(10^6-\boldsymbol{s}^2)^2+0.0125^2(-0.4^2\boldsymbol{s}^2+1)[\boldsymbol{\gamma}^2(1-10^6\boldsymbol{s}^2)^2-\boldsymbol{\rho}^2(10^6-\boldsymbol{s}^2)^2]}{\boldsymbol{F}(s)} \tag{2-157}$$

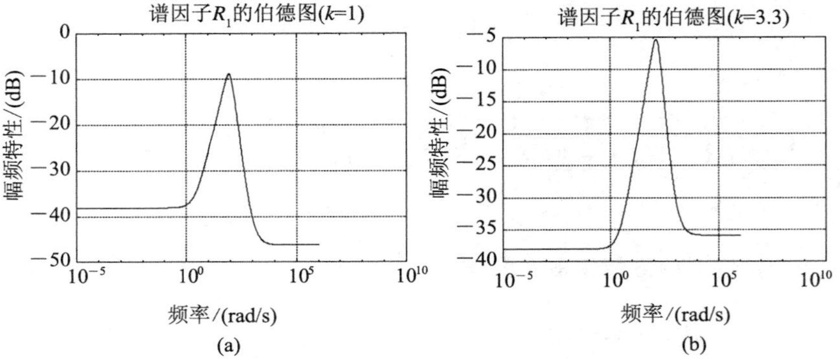

图 2—9　$\|R_1\|_\infty$ 的求解

设

$$\begin{aligned}\boldsymbol{M}(s) &= \boldsymbol{\gamma}^2\rho^2(10^6-\boldsymbol{s}^2)^2+0.0125^2(-0.4^2\boldsymbol{s}^2+1)\times \\ &\quad [\gamma^2(1-10^6\boldsymbol{s}^2)^2-\boldsymbol{\rho}^2(10^6-\boldsymbol{s}^2)^2] \\ &= m_0(-m_1\boldsymbol{s}^2+1)(m_{21}\boldsymbol{s}^2+m_{22}\boldsymbol{s}+1)(m_{21}\boldsymbol{s}^2-m_{22}\boldsymbol{s}+1)\end{aligned}$$

则

$$\boldsymbol{Y}_0(\boldsymbol{s}) = \frac{\sqrt{m_0}(\sqrt{m_1}\boldsymbol{s}+1)(m_{21}\boldsymbol{s}^2+m_{22}\boldsymbol{s}+1)}{\sqrt{d_0}(\sqrt{d_1}\boldsymbol{s}+1)(d_{21}\boldsymbol{s}^2+d_{22}\boldsymbol{s}+1)} \tag{2-158}$$

定义：

$$\boldsymbol{R}:=\boldsymbol{R}_2\boldsymbol{Y}_0^{-1}=\boldsymbol{T}_{12,i}^{*}\boldsymbol{T}_{11}\boldsymbol{Y}_0^{-1} \tag{2-159}$$

$$\boldsymbol{X}=\widetilde{\boldsymbol{Q}}\boldsymbol{Y}_0^{-1}=\boldsymbol{T}_{12,o}\boldsymbol{Q}\boldsymbol{T}_{21}\boldsymbol{Y}_0^{-1} \tag{2-160}$$

$\|(\boldsymbol{R}_2+\widetilde{\boldsymbol{Q}})\boldsymbol{Y}_0^{-1}\|_\infty<1$ 与 $\boldsymbol{Q}$ 有关，设计时应该选择最优的 $\boldsymbol{Q}$ 来达到下确界，并且使下确界小于 1，即

$$\mathrm{dist}(R,H_\infty)<1 \tag{2-161}$$

上式可用状态空间法来计算。

设 $\boldsymbol{R}\in RL_\infty$ 可表示成 $\boldsymbol{R}=\boldsymbol{R}_-+\boldsymbol{R}_+$，其中 $\boldsymbol{R}_-$ 的极点在右半平面，而 $\boldsymbol{R}_+$ 的极点在左半平面。

$$\boldsymbol{R}=\boldsymbol{R}_2\boldsymbol{Y}_0^{-1}$$

$$=\frac{\boldsymbol{d}_0(\sqrt{\boldsymbol{d}_1}\boldsymbol{s}+1)^2(\boldsymbol{d}_{21}\boldsymbol{s}^2+\boldsymbol{d}_{22}\boldsymbol{s}+1)^2[(4\tau^3-6\tau^2+4\tau-1)\boldsymbol{s}+\tau^3]}{\sqrt{\boldsymbol{m}_0}(\sqrt{\boldsymbol{m}_1}\boldsymbol{s}+1)(\boldsymbol{m}_{21}\boldsymbol{s}^2+\boldsymbol{m}_{22}\boldsymbol{s}+1)(1+1\,000\boldsymbol{s})^2\tau^3(\boldsymbol{s}+1)^4}-$$

$$\frac{\boldsymbol{\rho}^2(\sqrt{\boldsymbol{d}_1}\boldsymbol{s}+1)(\boldsymbol{d}_{21}\boldsymbol{s}^2+\boldsymbol{d}_{22}\boldsymbol{s}+1)}{(1+1\,000\boldsymbol{s})^2\sqrt{\boldsymbol{m}_0}(\sqrt{\boldsymbol{m}_1}\boldsymbol{s}+1)(\boldsymbol{m}_{21}\boldsymbol{s}^2+\boldsymbol{m}_{22}\boldsymbol{s}+1)}\times$$

$$\frac{(10^6-\boldsymbol{s}^2)^2}{(-\sqrt{\boldsymbol{d}_1}\boldsymbol{s}+1)(\boldsymbol{d}_{21}\boldsymbol{s}^2-\boldsymbol{d}_{22}\boldsymbol{s}+1)}$$

$$=$$

$$\frac{\boldsymbol{d}_0(\sqrt{\boldsymbol{d}_1}\boldsymbol{s}+1)^2(\boldsymbol{d}_{21}\boldsymbol{s}^2+\boldsymbol{d}_{22}\boldsymbol{s}+1)^2[(4\tau^3-6\tau^2+4\tau-1)\boldsymbol{s}+\tau^3]}{\sqrt{\boldsymbol{m}_0}(\sqrt{\boldsymbol{m}_1}\boldsymbol{s}+1)(\boldsymbol{m}_{21}\boldsymbol{s}^2+\boldsymbol{m}_{22}\boldsymbol{s}+1)(1+1\,000\boldsymbol{s})^2\tau^3(\boldsymbol{s}+1)^4}+$$

$$\frac{\boldsymbol{M}_1(s)}{(1+1\,000\boldsymbol{s})^2\sqrt{\boldsymbol{m}_0}(\sqrt{\boldsymbol{m}_1}\boldsymbol{s}+1)(\boldsymbol{m}_{21}\boldsymbol{s}^2+\boldsymbol{m}_{22}\boldsymbol{s}+1)}+$$

$$\frac{\boldsymbol{M}_2(s)}{(-\sqrt{\boldsymbol{d}_1}\boldsymbol{s}+1)(\boldsymbol{d}_{21}\boldsymbol{s}^2-\boldsymbol{d}_{22}\boldsymbol{s}+1)}$$

所以

$$\boldsymbol{R}_+=\frac{\boldsymbol{d}_0(\sqrt{\boldsymbol{d}_1}\boldsymbol{s}+1)^2(\boldsymbol{d}_{21}\boldsymbol{s}^2+\boldsymbol{d}_{22}\boldsymbol{s}+1)^2[(4\tau^3-6\tau^2+4\tau-1)\boldsymbol{s}+\boldsymbol{\tau}^3]}{\sqrt{\boldsymbol{m}_0}(\sqrt{\boldsymbol{m}_1}\boldsymbol{s}+1)(\boldsymbol{m}_{21}\boldsymbol{s}^2+\boldsymbol{m}_{22}\boldsymbol{s}+1)(1+1\,000\boldsymbol{s})^2\boldsymbol{\tau}^3(\boldsymbol{s}+1)^4}+$$

$$\frac{\boldsymbol{M}_1(s)}{(1+1\,000\boldsymbol{s})^2\sqrt{\boldsymbol{m}_0}(\sqrt{\boldsymbol{m}_1}\boldsymbol{s}+1)(\boldsymbol{m}_{21}\boldsymbol{s}^2+\boldsymbol{m}_{22}\boldsymbol{s}+1)} \qquad (2-162)$$

$$\boldsymbol{R}_-=\frac{\boldsymbol{M}_2(s)}{(-\sqrt{\boldsymbol{d}_1}\boldsymbol{s}+1)(\boldsymbol{d}_{21}\boldsymbol{s}^2-\boldsymbol{d}_{22}\boldsymbol{s}+1)} \qquad (2-163)$$

设 $\boldsymbol{R}_-$ 的最小实现为 $\boldsymbol{C}(s\boldsymbol{I}-\boldsymbol{A})^{-1}\boldsymbol{B}$，设 $\boldsymbol{L}_c$ 和 $\boldsymbol{L}_o$ 是对应的能控性和能观性格拉姆阵，它们可从下列的（Lyapunov）求得

$$\boldsymbol{A}\boldsymbol{L}_c+\boldsymbol{L}_c\boldsymbol{A}^{\mathrm{T}}=-\boldsymbol{B}\boldsymbol{B}^{\mathrm{T}} \qquad (2-164)$$

$$\boldsymbol{A}^{\mathrm{T}}\boldsymbol{L}_o+\boldsymbol{L}_o\boldsymbol{A}=-\boldsymbol{C}^{\mathrm{T}}\boldsymbol{C} \qquad (2-165)$$

那么可得

$$\mathrm{dist}(\boldsymbol{R},\boldsymbol{H}_\infty)=\sqrt{\lambda_{\max}[\boldsymbol{L}_c\boldsymbol{L}_o]} \qquad (2-166)$$

式中 λ［·］表示特征值。

实际计算时，先是根据 $\|\boldsymbol{R}_1\|_\infty<\gamma$ 初步确定一个 γ 值，再用式

（2－166）计算 dist (R, H_∞) 是否小于 1。如果大于 1，则应该增加 γ 值；如果小于 1，则可以减小 γ 再试，直至得到一个足够精确的上界 α。

当 $\gamma=1$ 时，根据式（2－158），得到 $\boldsymbol{\gamma}^2-\boldsymbol{R}_1^*\boldsymbol{R}_1=1-\boldsymbol{R}_1^*\boldsymbol{R}_1$ 的谱因子为

$$\boldsymbol{Y}_0(s)=\frac{1.605\ 66\times 10^{10}\left(\dfrac{s}{158.698}+1\right)\left(\dfrac{s^2}{60.8102^2+128.608^2}+\dfrac{2\times 60.810\ 2s}{60.810\ 2^2+128.608^2}+1\right)}{\sqrt{d_0}\left(\sqrt{d_1}s+1\right)\left(d_{21}s^2+d_{22}s+1\right)} \tag{2－167}$$

$$\begin{aligned}\boldsymbol{R}&=\boldsymbol{R}_2\boldsymbol{Y}_o^{-1}\\&=\frac{-4.615\ 57\times 10^{22}s\left(\dfrac{s}{2.983\ 33}+1\right)\left(\dfrac{s}{0.016\ 667}+1\right)\left(\dfrac{s^2}{910.726^2+228.559^2}+\dfrac{2\times 910.726s}{910.726^2+228.559^2}+1\right)}{\left(-\sqrt{d_1}s+1\right)\left(d_{21}s^2-d_{22}s+1\right)(1+1000s)^2\tau^2(s+1)^3}\times\\&\quad\frac{\left(\sqrt{d_1}s+1\right)\left(d_{21}s^2+d_{22}s+1\right)\left(\dfrac{s^2}{911.022^2+228.005^2}-\dfrac{2\times 911.022s}{911.022^2+228.005^2}+1\right)}{1.605\ 66\times 10^{10}\left(\dfrac{s}{158.698}+1\right)\left(\dfrac{s^2}{60.810\ 2^2+128.608^2}+\dfrac{2\times 50.198s}{60.810\ 2^2+128.608^2}+1\right)}\end{aligned} \tag{2－168}$$

R（s）中的反稳定部分为

$$\boldsymbol{R}_-=\frac{235.159s^2-52\ 414.8s+5.056\ 82\times 10^6}{s^3-296.177s^2+43\ 852.1s-3.211\ 56\times 10^6} \tag{2－169}$$

其状态空间实现为

$$\boldsymbol{A}=\begin{bmatrix}296.177 & -43\ 852.1 & 3.211\ 56\times 10^6\\ 1 & 0 & 0\\ 0 & 1 & 0\end{bmatrix}$$

$$\boldsymbol{B}=\begin{bmatrix}1\\0\\0\end{bmatrix}$$

$$\boldsymbol{C}=\begin{bmatrix}235.159 & -52\ 414.8 & 5.056\ 82\times 10^6\end{bmatrix}$$

求得 $\boldsymbol{L}_c\boldsymbol{L}_0$ 的最大特征值，开方得

$$\mathrm{dist}(R, H_\infty)=0.992\ 5$$

这个 dist 小于 1，所以 $\gamma=1$ 满足

$$\|R_1\|_\infty<\gamma,\quad \mathrm{dist}(R, H_\infty)<1 \tag{2－170}$$

减小 γ 再试

$$\gamma = 0.993 \text{ 时}, \text{dist}(R, H_\infty) = 1.000\,6。$$

$$\gamma = 0.994 \text{ 时}, \text{dist}(R, H_\infty) = 0.999\,44。$$

可见模型匹配误差的下确界 α 为 $0.993 < \alpha < 0.994$，其上界 $\gamma = 0.994$。此时

$$R_- = \frac{236.808s^2 - 52\,782.3s + 5.091\,67 \times 10^6}{s^3 - 296.177s^2 + 43\,852.1s - 3.211\,56 \times 10^6} \tag{2-171}$$

$$M_2(s) = -0.737\,361 \times 10^{-4} s^2 + 0.164\,351 \times 10^{-1} s - 1.585\,42 \tag{2-172}$$

$$M_1(s) = -2.578\,53 \times 10^{20} \left(\frac{s}{160.023} + 1\right)\left(\frac{s}{67.252\,5} + 1\right)\left[\left(\frac{s^2 + 2 \times 63.032\,1s}{63.032\,1^2 + 128.03^2} + 1\right)\right] \tag{2-173}$$

$$Y_0 = \frac{1.596\,02 \times 10^{10}\left(\frac{s}{158.838} + 1\right)\left(\frac{s^2}{60.633\,4^2 + 128.623^2} + \frac{2 \times 60.633\,4s}{60.633\,4^2 + 128.623^2} + 1\right)}{\sqrt{d_0}\left(\sqrt{d_1}s + 1\right)\left(d_{21}s^2 + d_{22}s + 1\right)} \tag{2-174}$$

其中，$d_1 = \dfrac{1}{146.483^2}$，$d_{21} = \dfrac{1}{74.847\,1^2 + 127.759^2}$，

$d_{22} = \dfrac{2 \times 74.8471}{74.8471^2 + 127.759^2}$。

2.3.7　最优逼近

在求得模型匹配误差的最小值 α，剩下的问题是要设计控制器使实际的模型匹配误差达到或略大于这个最小值。

将式（2－159）、式（2－160）代入式（2－175），则有

$$|\boldsymbol{R} + \boldsymbol{X}|_\infty = |(\boldsymbol{R}_2 + \widetilde{\boldsymbol{Q}})\boldsymbol{Y}_0^{-1}|_\infty < 1 \tag{2-175}$$

现在的问题就是求解 $\boldsymbol{X} \in RH_\infty$，使

$$|\boldsymbol{R} + \boldsymbol{X}|_\infty = \text{dist}(R, RH_\infty) \tag{2-176}$$

这就是最优逼近问题，所求得的 $\boldsymbol{X}$ 称为最优 $\boldsymbol{X}$。

设 $\boldsymbol{R}(s)$ 的反稳定部分 $\boldsymbol{R}_-$ 的最小实现为 $\boldsymbol{C}(s\boldsymbol{I} - \boldsymbol{A})^{-1}\boldsymbol{B}$，$\boldsymbol{L}_c$ 和 $\boldsymbol{L}_o$ 是对应的能控性和能观性格拉姆阵。设 $\boldsymbol{L}_c\boldsymbol{L}_o$ 的最大特征值为 λ^2，对应的特征向量为 $\boldsymbol{w}$，并定义 $\boldsymbol{v} := \lambda^{-1}\boldsymbol{L}_o\boldsymbol{w}$。那么最优 $\boldsymbol{X}$ 为

$$\boldsymbol{X}(s)=-\{R(s)-\lambda[\boldsymbol{A},\boldsymbol{w},\boldsymbol{C},\boldsymbol{o}]/[-\boldsymbol{A}^{\mathrm{T}},\boldsymbol{v},\boldsymbol{B}^{\mathrm{T}},\boldsymbol{o}]\} \quad (2-177)$$

上面已经得到 $\boldsymbol{L}_c\boldsymbol{L}_o$ 的最大特征值 $\lambda^2=0.999\ 441\ 8^2=0.998\ 9$；其对应的特征向量为

$$\boldsymbol{w}=[9.999\ 7\times10^{-1}\quad -7.175\ 5\times10^{-3}\quad 1.772\ 1\times10^{-5}]^{\mathrm{T}} \quad (2-178)$$

故

$$\boldsymbol{v}:=\boldsymbol{\lambda}^{-1}\boldsymbol{L}_o\boldsymbol{w}=[7.058\ 0\times10^{2}\quad -1.402\ 3\times10^{5}\quad 1.140\ 9\times10^{6}] \quad (2-179)$$

由于

$$[\boldsymbol{A},\boldsymbol{w},\boldsymbol{C},0]/[-\boldsymbol{A}^{\mathrm{T}},\boldsymbol{v},\boldsymbol{B}^{\mathrm{T}},0]$$
$$=\frac{(\boldsymbol{s}+146.483)[(\boldsymbol{s}+74.847\ 1)^2+127.759^2][(\boldsymbol{s}-99.340\ 0)^2+79.344\ 89^2]}{(\boldsymbol{s}-146.483)[(\boldsymbol{s}-74.847\ 1)^2+127.759^2][(\boldsymbol{s}+99.340\ 0)^2+79.344\ 89^2]} \quad (2-180)$$

$$\boldsymbol{R}_{-}-\lambda[\boldsymbol{A},\boldsymbol{w},\boldsymbol{C},0]/[-\boldsymbol{A}^{\mathrm{T}},\boldsymbol{v},\boldsymbol{B}^{\mathrm{T}},0]$$
$$=-\frac{\boldsymbol{\lambda}[(\boldsymbol{s}+78.366\ 90)^2+57.755\ 46^2]}{[(\boldsymbol{s}+99.340\ 00)^2+79.344\ 89^2]} \quad (2-181)$$

$$\boldsymbol{X}=-[\boldsymbol{R}-\boldsymbol{\lambda}(\boldsymbol{A},\boldsymbol{w},\boldsymbol{C},0)/(-\boldsymbol{A}^{\mathrm{T}},\boldsymbol{v},\boldsymbol{B}^{\mathrm{T}},0)]$$
$$=-\boldsymbol{R}+\boldsymbol{\lambda}[\boldsymbol{A},\boldsymbol{w},\boldsymbol{C},0]/[-\boldsymbol{A}^{\mathrm{T}},\boldsymbol{v},\boldsymbol{B}^{\mathrm{T}},0]$$
$$=-\boldsymbol{\lambda}\frac{\left(-\frac{\boldsymbol{s}}{6.255\ 416\times10^{-10}}+1\right)\left(\frac{\boldsymbol{s}}{1.666\ 681\times10^{-2}}+1\right)\left(\frac{\boldsymbol{s}^2+2\times1.991\ 540\boldsymbol{s}}{1.991\ 540^2+1.402\ 605^2}+1\right)}{(1\ 000\boldsymbol{s}+1)^2(\boldsymbol{s}+1)^4}\times$$
$$\frac{\left(\frac{\boldsymbol{s}}{81.367\ 42}+1\right)\left(\frac{\boldsymbol{s}}{146.465\ 0}+1\right)\left(\frac{\boldsymbol{s}}{146.482\ 7}+1\right)}{\left(\frac{\boldsymbol{s}}{158.837\ 3}+1\right)}\times$$
$$\frac{\left(\frac{\boldsymbol{s}^2+2\times74.847\ 14\boldsymbol{s}}{74.847\ 14^2+127.759\ 2^2}+1\right)\left(\frac{\boldsymbol{s}^2+2\times74.859\ 49\boldsymbol{s}}{74.859\ 49^2+127.759\ 1^2}+1\right)}{\left(\frac{\boldsymbol{s}^2+2\times60.633\ 42\boldsymbol{s}}{60.633\ 42^2+128.622\ 7^2}+1\right)\left(\frac{\boldsymbol{s}^2+2\times99.340\ 01\boldsymbol{s}}{99.340\ 01^2+79.344\ 89^2}+1\right)} \quad (2-182)$$

$\boldsymbol{R}(\boldsymbol{s})$ 与 $\boldsymbol{X}(\boldsymbol{s})$ 的伯德图如图 2－10 所示，我们注意到 $\|\boldsymbol{R}(\boldsymbol{s})+\boldsymbol{X}(\boldsymbol{s})\|_{\infty}<1$。

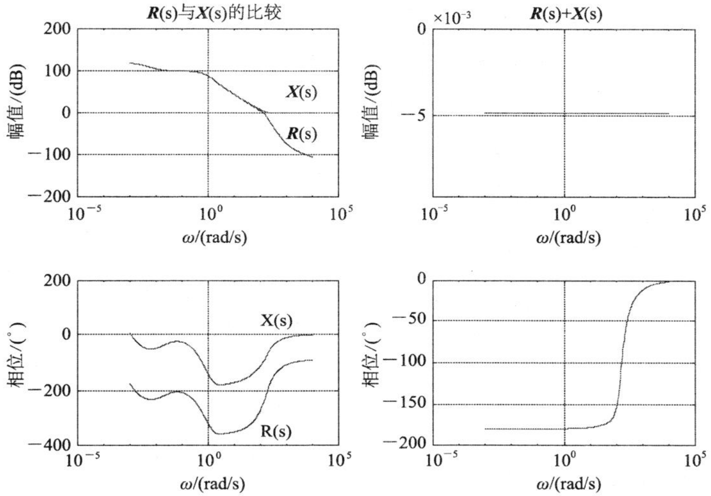

图 2—10　$\boldsymbol{R}(s)$ 与 $\boldsymbol{X}(s)$ 的比较

2.3.8　回代求解

由于 $\boldsymbol{X}=\tilde{\boldsymbol{Q}}\boldsymbol{Y}_0^{-1}=\boldsymbol{T}_{12,o}\boldsymbol{Q}\boldsymbol{T}_{21}\boldsymbol{Y}_0^{-1}$，所以

$$\tilde{\boldsymbol{Q}}=\boldsymbol{X}\boldsymbol{Y}_0$$

$$=-0.993\,367\frac{\left(-\frac{s}{6.255\,416\times10^{-10}}+1\right)\left(\frac{s}{1.666\,681\times10^{-2}}+1\right)\left(\frac{s^2+2\times1.991\,540s}{1.991\,540^2+1.402\,605^2}+1\right)}{(1\,000s+1)^2(s+1)^4}\times$$

$$\frac{\left(\frac{s}{81.367\,42}+1\right)\left(\frac{s}{146.465\,0}+1\right)\left(\frac{s^2+2\times74.859\,49s}{74.859\,49^2+127.759\,1^2}+1\right)}{\left(\frac{s^2+2\times99.340\,01s}{99.340\,01^2+79.344\,89^2}+1\right)}$$

(2—183)

$\boldsymbol{R}_2(s)$ 与 $\tilde{\boldsymbol{Q}}(s)$ 的伯德图如图 2—11 所示，我们注意到 $\|\boldsymbol{R}_2+\tilde{\boldsymbol{Q}}\|_\infty<\gamma$。

$$\boldsymbol{Q}\boldsymbol{T}_{21}=\boldsymbol{T}_{12,o}^{-1}\tilde{\boldsymbol{Q}}$$

$$\approx-0.993\,367\frac{\left(-\frac{s}{6.255\,416\times10^{-10}}+1\right)\left(\frac{s}{1.666\,681\times10^{-2}}+1\right)\left(\frac{s^2+2\times1.991\,540s}{1.991\,540^2+1.402\,605^2}+1\right)}{\sqrt{d_0}\boldsymbol{K}_0\boldsymbol{K}_1\boldsymbol{K}_2\boldsymbol{K}_3/\boldsymbol{J}(s+1)^2(gs+1)}\times$$

$$\frac{\left(\dfrac{s}{81.36742}+1\right)}{\left(\dfrac{s^2+2\times 99.34001s}{99.34001^2+79.34489^2}+1\right)} \tag{2-184}$$

图 2—11（b）为 $R_2+\tilde{Q}$ 的放大图。

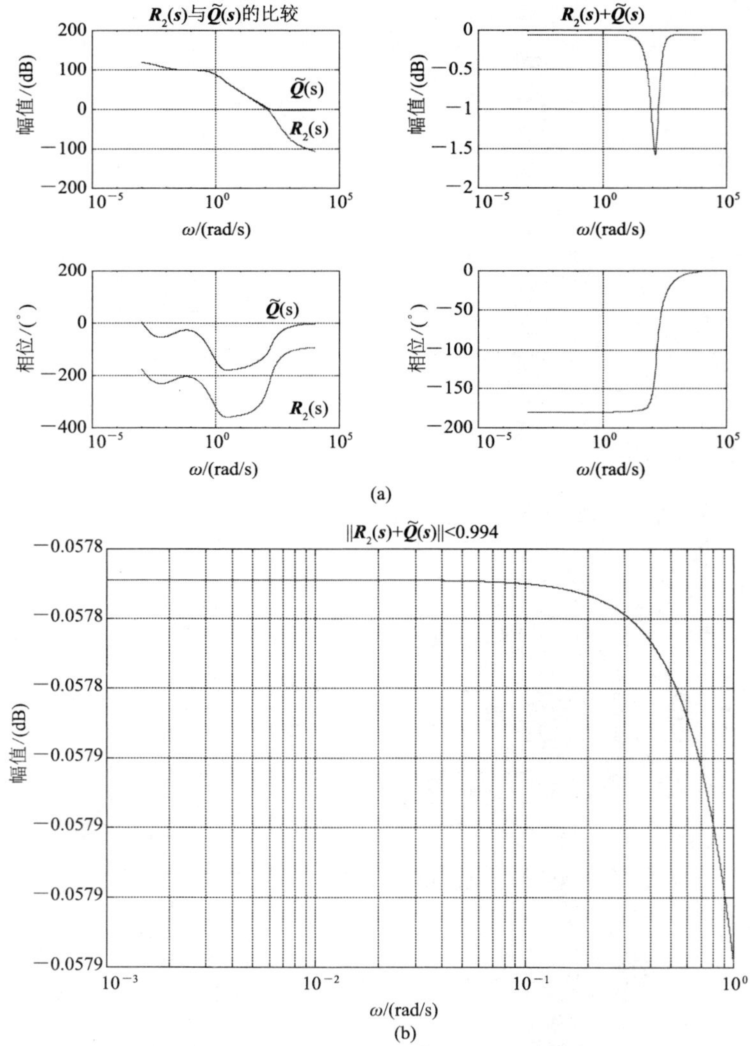

图 2—11　R_2（s）与 $\tilde{Q}$（s）的比较

由于 $\boldsymbol{Q}\boldsymbol{T}_{21}$ 不是正则的，也就是说 $\boldsymbol{Q}$ 不是正则的，所以在 $\boldsymbol{Q}\boldsymbol{T}_{21}$ 的分母中加了一个因式 $gs+1$，以保证 $\boldsymbol{Q}$ 是正则的。同时，g 的大小由 $\|\boldsymbol{T}_{11}+\boldsymbol{T}_{12}\boldsymbol{Q}\boldsymbol{T}_{21}\|_{\infty}<1$ 确定，可取 $g=10^{-6}$。

$$\boldsymbol{T}_{12}\boldsymbol{Q}\boldsymbol{T}_{21}\approx -0.993\,367$$

$$\frac{\left(-\dfrac{\boldsymbol{s}}{6.255\,416\times 10^{-10}}+1\right)\left(\dfrac{\boldsymbol{s}}{1.666\,681\times 10^{-2}}+1\right)\left(\dfrac{\boldsymbol{s}^2+2\times 1.991\,540\boldsymbol{s}}{1.991\,540^2+1.402\,605^2}+1\right)}{\sqrt{\boldsymbol{d}_0}(\boldsymbol{s}+1)^4(\boldsymbol{gs}+1)}\times$$

$$\frac{\left(\dfrac{\boldsymbol{s}}{81.367\,42}+1\right)}{\left(\dfrac{\boldsymbol{s}^2+2\times 99.340\,01\boldsymbol{s}}{99.340\,01^2+79.344\,89^2}+1\right)}\times\begin{bmatrix}-\rho\dfrac{(1\,000+\boldsymbol{s})^2}{(1+1\,000\boldsymbol{s})^2}\\ 0.012\,5(0.4\boldsymbol{s}+1)\end{bmatrix}\qquad(2-185)$$

得到 $\boldsymbol{T}_{11}+\boldsymbol{T}_{12}\boldsymbol{Q}\boldsymbol{T}_{21}$ 的伯德图（如图 2－12 所示）。图中第一个函数 H_{∞} 范数大于 1，主要是由计算误差引起的。所以可求得

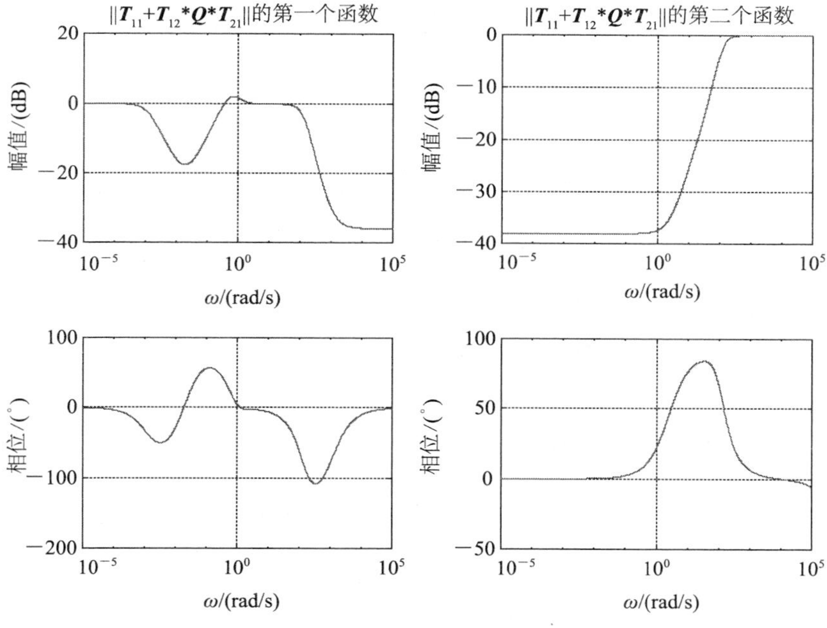

图 2－12　$\boldsymbol{T}_{11}+\boldsymbol{T}_{12}\boldsymbol{Q}\boldsymbol{T}_{21}$ 的伯德图

$$\boldsymbol{Q}=\boldsymbol{T}_{12,o}^{-1}\widetilde{\boldsymbol{Q}}\boldsymbol{T}_{21}^{-1}$$

$$=-0.993\,367$$

$$\frac{\boldsymbol{\tau}\left(-\dfrac{\boldsymbol{s}}{6.255\,416\times10^{-10}}+1\right)\left(\dfrac{\boldsymbol{s}^2+2\times1.991\,540\boldsymbol{s}}{1.991\,540^2+1.402\,605^2}+1\right)\left(\dfrac{\boldsymbol{s}}{81.367\,42}+1\right)}{\sqrt{\boldsymbol{d}_0}\boldsymbol{K}_0\boldsymbol{K}_1\boldsymbol{K}_2\boldsymbol{K}_3/\boldsymbol{J}\times\boldsymbol{s}\left(\dfrac{\boldsymbol{s}^2+2\times99.340\,01\boldsymbol{s}}{99.340\,01^2+79.344\,89^2}+1\right)(\boldsymbol{gs}+1)}\tag{2-186}$$

把 $\boldsymbol{Q}$ 代入 $\boldsymbol{C}=(\boldsymbol{X}+\boldsymbol{D}_1\boldsymbol{Q})/(\boldsymbol{Y}-\boldsymbol{N}_1\boldsymbol{Q})$，消去近似相等的零、极点，得到控制器为

$$\boldsymbol{C}(s)=\frac{1.202\,945\times10^2\left(\dfrac{s}{81.367\,16}+1\right)\left(\dfrac{s^2+2\times0.962\,291\,9s}{0.962\,291\,9^2+0.036\,167\,13^2}+1\right)}{\left(\dfrac{s}{2.222\,346\times10^{-2}}+1\right)\left(\dfrac{s}{1.807\,307}+1\right)\left(\dfrac{s}{1.000\,199\times10^6}+1\right)}\tag{2-187}$$

采用此控制器，开环传递函数伯德图如图 2－13 所示，与性能界函数之间的关系如图 2－14 所示。

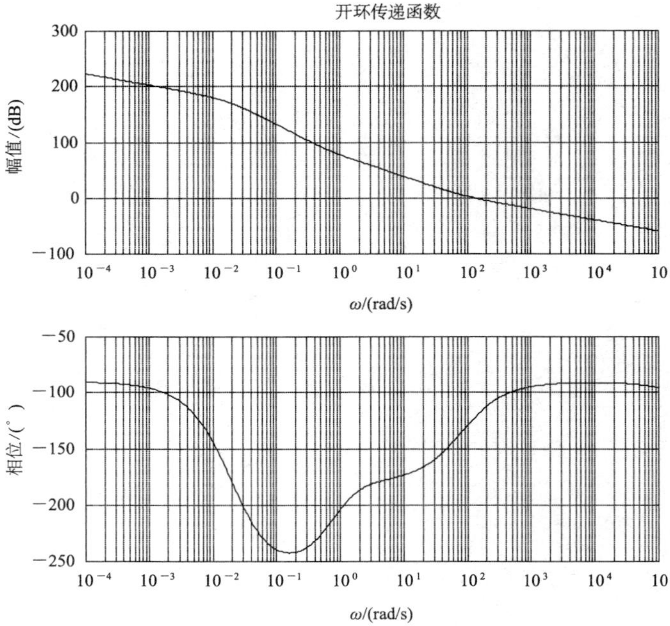

图 2－13 系统开环伯德图

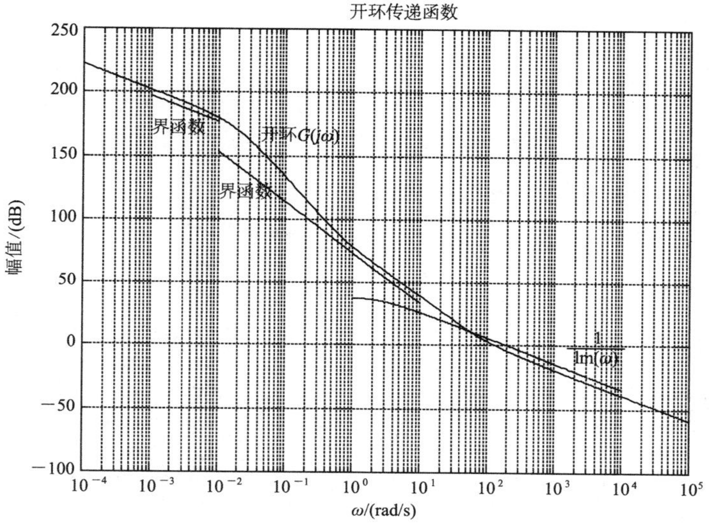

图 2—14　系统开环传递函数与性能界函数之间的比较

由图 2—13 有，$\omega_{cp}=133.0210$ rad/s 时，系统相位裕度为 58.505 0°，所设计的控制器满足稳定性要求。由图 2—14 可知，系统满足性能指标和鲁棒稳定性的要求。

为了说明系统的鲁棒稳定性，下面研究有延迟的阶跃响应过程。取延迟环节的传递函数为

$$e^{-Ts}\approx\frac{1-\frac{Ts}{2}+p_1(Ts)^2-p_2(Ts)^3+p_3(Ts)^4-p_4(Ts)^5+p_5(Ts)^6}{1+\frac{Ts}{2}+p_1(Ts)^2+p_2(Ts)^3+p_3(Ts)^4+p_4(Ts)^5+p_5(Ts)^6} \tag{2—188}$$

其中 $p_1=5/44$，$p_2=1/66$，$p_3=1/792$，$p_4=1/15\,840$，$p_5=1/665\,280$。

图 2—15 给出了不同延迟时间 T 时的单位阶跃响应曲线。从图中可以看出，$T\leqslant 5$ ms 时，系统具有良好的稳定性能，这是符合要求的。当不确定性超出设定范围时，系统稳定性显著变坏。这说明

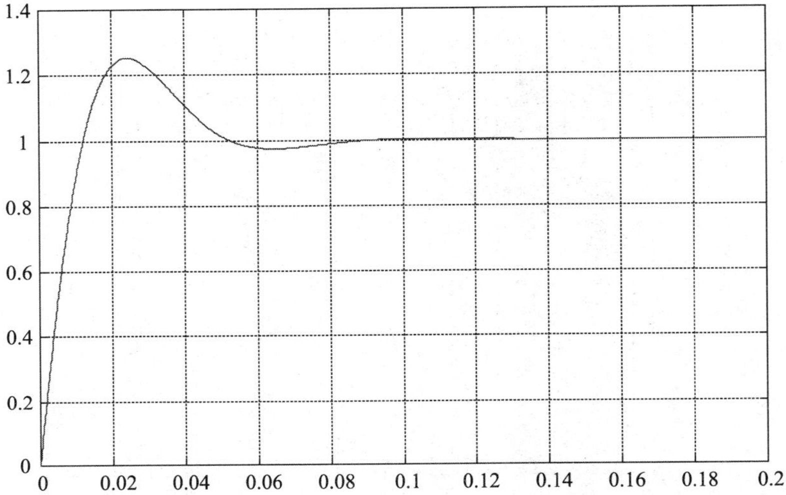

(a)不加延迟

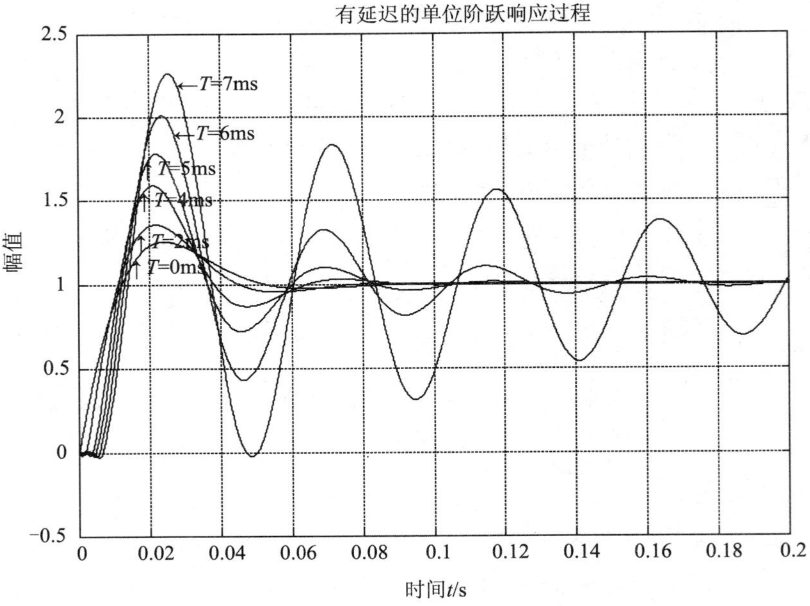

(b) 加延迟

图 2－15　系统单位阶跃

了 H∞控制设计在考虑鲁棒稳定性时，既满足了设计要求，又不太保守。

本节设计的控制器满足精度和鲁棒稳定性的要求，但是，存在以下两个缺点：

1）控制器不包含积分环节。这就意味着虽然

$$\frac{\boldsymbol{M}_f}{\dot{\phi}}(0)=\tau KK_0=10.8467\times10^9>6.19\times10^9\ \mathrm{g\cdot cm\cdot sec/rad}$$

满足静态精度要求，但是常值干扰力矩 $\boldsymbol{M}_f$ 引起的稳态误差 $\boldsymbol{\beta}(\infty)=\frac{\boldsymbol{M}_f}{\boldsymbol{KK}_0}$ 不为零。

如果希望控制器包含积分环节，在 H∞设计时只需在被控对象上增加一个积分环节，这与经典控制理论的设计思路相同。

2）在设计时只考虑精度和对象不确定性两个指标，而没考虑饱和环节。这就意味着系统须工作在线性系统范围，因此输入信号必须是小信号。

第3章　惯性测量装置伺服系统模型

惯性测量装置（inertial measurement unit）在系统上分为平台式和捷联式两种基本形式。平台系统是用机电控制方法建立起来的物理实体平台，即通过稳定回路使平台台体相对惯性空间稳定，用于模拟所要求的导航坐标系。由于惯性平台隔离了运载体的角运动，所以平台式惯性系统中陀螺仪的动态范围很小，精度较高。而捷联系统省略了复杂的物理实体平台，依靠算法建立起导航坐标系，即平台坐标系以数学平台的形式存在。本章以在平台系统和捷联系统中已经工程化应用的动调陀螺仪为例，分别给出平台系统稳定回路和捷联系统伺服回路的模型。

3.1　动调陀螺仪动力学方程

动调陀螺仪作为平台稳定回路和捷联角速率伺服回路的敏感元件，本节重点介绍平台系统和捷联系统中常用的动调陀螺仪动力学方程。

3.1.1　动调陀螺仪运动方程及传递函数

设 $OX_0Y_0Z_0$ 是动调陀螺仪的壳体坐标系，为了使转子轴位置的确定不受高速旋转速度 Ω 的影响，引进莱查轴系 $Oxyz$，它的 Oz 轴沿转子轴，Ox 与 Oy 轴在转子的赤道平面内，但不参与转子的自转。当转子轴相对壳体系有一偏角时，可看成是先绕 OX_0 轴转 α 角，再绕 OY_0 轴转 β 角，而达到 Oz 轴现在占有的位置，如图 3—1 所示。

动调陀螺仪转子在壳体坐标系 $OX_0Y_0Z_0$ 中的运动微分方程为

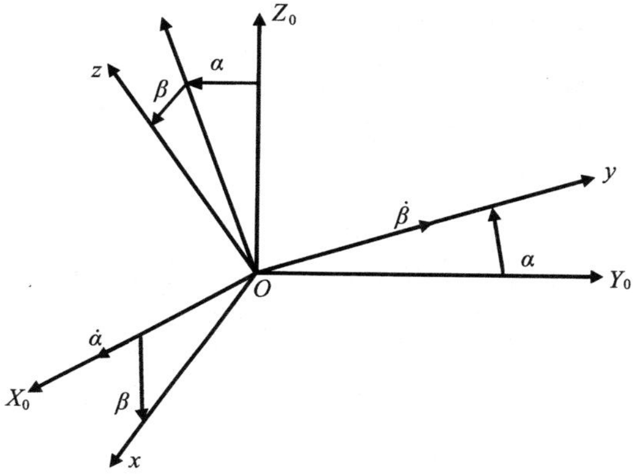

图 3－1　动调陀螺仪转子与壳体坐标系的关系

$$\begin{cases} J_B\ddot\alpha + \delta\dot\alpha + \Delta K\alpha + H\dot\beta + \lambda\beta = M_X - J_B\ddot\phi_{X_0} - H^*\dot\phi_{Y_0} + M^*_{X_0} \\ J_B\ddot\beta + \delta\dot\beta + \Delta K\beta - H\dot\alpha - \lambda\alpha = M_Y - J_B\ddot\phi_{Y_0} + H^*\dot\phi_{X_0} + M^*_{Y_0} \end{cases} \tag{3-1}$$

式中　$J_B = J_e + a/2$——陀螺的等效赤道转动惯量；

$H = (J_z + a)\Omega$——陀螺的角动量；

$\Delta K = K_O - (a - c/2)\Omega^2$——剩余刚度；

$\lambda = (\delta + C_1/2)\Omega$——正交阻尼系数；

$H^* = (J_z + c/2)\Omega$——陀螺的输入等效角动量；

$$M^*_{X_0} = \left[-\frac{a}{2}(\ddot\phi_{X_0} + \ddot\alpha) - (a\dot\beta + \frac{c}{2}\dot\phi_{Y_0})\Omega + (a - \frac{c}{2})\Omega^2\alpha\right]\cos 2\Omega t + \left[-\frac{a}{2}(\ddot\phi_{Y_0} + \ddot\beta) + (a\dot\alpha + \frac{c}{2}\dot\phi_{X_0})\Omega + (a - \frac{c}{2})\Omega^2\beta\right]\sin 2\Omega t$$

——对 X_0 轴的二次谐波力矩；

$$M^*_{Y_0} = \left[-\frac{a}{2}(\ddot\phi_{X_0} + \ddot\alpha) - (a\dot\beta + \frac{c}{2}\dot\phi_{Y_0})\Omega + (a - \frac{c}{2})\Omega^2\alpha\right]\sin 2\Omega t - \left[-\frac{a}{2}(\ddot\phi_{Y_0} + \ddot\beta) + (a\dot\alpha + \frac{c}{2}\dot\phi_{X_0})\Omega + (a - \frac{c}{2})\Omega^2\beta\right]\cos 2\Omega t$$

——对 Y_0 轴的二次谐波力矩；

a ——平衡环赤道转动惯量；

c ——平衡环极转动惯量；

δ ——支承杆的阻尼系数；

J_z ——转子极转动惯量；

J_e ——转子赤道转动惯量。

设 $\beta(t)$ 的初始值为 $\beta(0)$，$\dot{\beta}(t)$ 的初始值为 $\dot{\beta}(0)$；$\alpha(t)$ 的初始值为 $\alpha(0)$，$\dot{\alpha}(t)$ 的初始值为 $\dot{\alpha}(0)$。$\dot{\phi}_{X_0}(t)$ 的初始值为 $\dot{\phi}_{X_0}(0)$，$\phi_{X_0}(t)$ 的初始值为 $\phi_{X_0}(0)$；$\dot{\phi}_{Y_0}(t)$ 的初始值为 $\dot{\phi}_{Y_0}(0)$，$\phi_{Y_0}(t)$ 的初始值为 $\phi_{Y_0}(0)$。则式（3—1）的拉氏变换为

$$\begin{cases}(J_Bs^2+\delta s+\Delta K)\alpha(s)+(Hs+\lambda)\beta(s)=M_X(s)-J_Bs^2\phi_{X_o}(s)-H^*s\phi_{Y_o}(s)+M^*_{X_o}(s)+\\ \quad (J_Bs+\delta)\alpha(0)+J_B\dot{\alpha}(0)+H\beta(0)+J_Bs\phi_{X_o}(0)+J_B\dot{\phi}_{X_o}(0)+H^*\phi_{Y_o}(0)\\ (J_Bs^2+\delta s+\Delta K)\beta(s)-(Hs+\lambda)\alpha(s)=M_Y(s)-J_Bs^2\phi_{Y_o}(s)+H^*s\phi_{X_o}(s)+M^*_{Y_o}(s)+\\ \quad (J_Bs+\delta)\beta(0)+J_B\dot{\beta}(0)-H\alpha(0)+J_Bs\phi_{Y_o}(0)+J_B\dot{\phi}_{Y_o}(0)-H^*\phi_{X_o}(0)\end{cases} \tag{3-2}$$

设 $A=J_Bs^2+\delta s+\Delta K$，$B=Hs+\lambda$，对应上式的矩阵形式为

$$\begin{bmatrix}A & B\\ -B & A\end{bmatrix}\begin{bmatrix}\alpha(s)\\ \beta(s)\end{bmatrix}=\begin{bmatrix}-J_Bs^2 & -H^*s\\ H^*s & -J_Bs^2\end{bmatrix}\begin{bmatrix}\phi_{X_0}(s)\\ \phi_{Y_0}(s)\end{bmatrix}+\begin{bmatrix}M_X(s)\\ M_Y(s)\end{bmatrix}+$$

$$\begin{bmatrix}M^*_{X_0}(s)\\ M^*_{Y_0}(s)\end{bmatrix}+\begin{bmatrix}J_Bs+\delta & H\\ -H & J_Bs+\delta\end{bmatrix}\begin{bmatrix}\alpha(0)\\ \beta(0)\end{bmatrix}+\begin{bmatrix}J_B & 0\\ 0 & J_B\end{bmatrix}\begin{bmatrix}\dot{\alpha}(0)\\ \dot{\beta}(0)\end{bmatrix}+$$

$$\begin{bmatrix}J_Bs & H^*\\ -H^* & J_Bs\end{bmatrix}\begin{bmatrix}\phi_{X_0}(0)\\ \phi_{Y_0}(0)\end{bmatrix}+\begin{bmatrix}J_B & 0\\ 0 & J_B\end{bmatrix}\begin{bmatrix}\dot{\phi}_{X_0}(0)\\ \dot{\phi}_{Y_0}(0)\end{bmatrix} \tag{3-3}$$

设 $C=A^2+B^2$，则

$$C=J_B^2s^4+2J_B\delta s^3+(2J_B\Delta K+\delta^2+H^2)s^2+(2\delta\Delta K+2H\lambda)s+(\Delta K^2+\lambda^2) \tag{3-4}$$

所以

$$\begin{bmatrix}A & B\\ -B & A\end{bmatrix}^{-1}=\frac{1}{C}\begin{bmatrix}A & -B\\ B & A\end{bmatrix}=\frac{1}{C}\begin{bmatrix}J_Bs^2+\delta s+\Delta K & -Hs-\lambda\\ Hs+\lambda & J_Bs^2+\delta s+\Delta K\end{bmatrix} \tag{3-5}$$

可求得动调陀螺传递函数为

$$\begin{bmatrix}\alpha(s)\\ \beta(s)\end{bmatrix}=\frac{1}{C}\begin{bmatrix}G_{T1}^{11} & G_{T1}^{12}\\ G_{T1}^{21} & G_{T1}^{22}\end{bmatrix}\begin{bmatrix}\phi_{X_0}(s)\\ \phi_{Y_0}(s)\end{bmatrix}+$$

$$\frac{1}{C}\begin{bmatrix}A & -B\\ B & A\end{bmatrix}\begin{bmatrix}M_X(s)\\ M_Y(s)\end{bmatrix}+\frac{1}{C}\begin{bmatrix}A & -B\\ B & A\end{bmatrix}\begin{bmatrix}M_{X_0}^*\\ M_{Y_0}^*\end{bmatrix}+$$

$$\frac{1}{C}\begin{bmatrix}G_{T2}^{11} & G_{T2}^{12}\\ G_{T2}^{21} & G_{T2}^{22}\end{bmatrix}\begin{bmatrix}\alpha(0)\\ \beta(0)\end{bmatrix}+\frac{J_B}{C}\begin{bmatrix}A & -B\\ B & A\end{bmatrix}\begin{bmatrix}\dot{\alpha}(0)\\ \dot{\beta}(0)\end{bmatrix}+$$

$$\frac{1}{C}\begin{bmatrix}G_{T3}^{11} & G_{T3}^{12}\\ G_{T3}^{21} & G_{T3}^{22}\end{bmatrix}\begin{bmatrix}\phi_{X_0}(0)\\ \phi_{Y_0}(0)\end{bmatrix}+\frac{J_B}{C}\begin{bmatrix}A & -B\\ B & A\end{bmatrix}\begin{bmatrix}\dot{\phi}_{X_0}(0)\\ \dot{\phi}_{Y_0}(0)\end{bmatrix}\tag{3-6}$$

其中

$$G_{T1}^{11}=G_{T1}^{22}=-J_B^2s^4-J_B\delta s^3+(-HH^*-J_B\Delta K)s^2-\lambda H^*s$$

$$G_{T1}^{12}=-G_{T1}^{21}=(-J_BH^*+J_BH)s^3+(-H^*\delta+J_B\lambda)s^2-H^*\Delta Ks$$

$$G_{T2}^{11}=G_{T2}^{22}=J_B^2s^3+2J_B\delta s^2+(J_B\Delta K+\delta^2+H^2)s+(\delta\Delta K+\lambda H)$$

$$G_{T2}^{12}=-G_{T2}^{21}=-\lambda J_Bs-\lambda\delta+H\Delta K$$

$$G_{T3}^{11}=G_{T3}^{22}=J_B^2s^3+J_B\delta s^2+(J_B\Delta K+HH^*)s+\lambda H$$

$$G_{T3}^{12}=-G_{T3}^{21}=(J_BH^*-J_BH)s^2+(\delta H^*-J_BH)s+H^*\Delta K$$

从式（3—6）看出，动调陀螺仪输出角 $\alpha(s)$，$\beta(s)$ 为不同输入信号的叠加。这些输入信号包括输入角（或者角速度）及其初始值、干扰力矩和二次谐波力矩等。在分析动调陀螺仪的运动规律时，根据叠加原理，可以进行单独分析。

另外，可以看出，动调陀螺仪两个输出通道是相互交链的。

3.1.2　动调陀螺仪特征多项式分析

特征多项式（3—4）的 4 个极点为

$$s_{C,1}\approx-\left(\frac{\delta}{J_B}-\frac{\lambda}{H}\right)+j\left(\frac{H}{J_B}+\frac{\Delta K}{H}-\frac{\delta^2}{4J_BH}\right)$$

$$s_{C,2}\approx-\left(\frac{\delta}{J_B}-\frac{\lambda}{H}\right)-j\left(\frac{H}{J_B}+\frac{\Delta K}{H}-\frac{\delta^2}{4J_BH}\right)$$

$$s_{C,3} \approx -\frac{\lambda}{H} + j\left(\frac{\Delta K}{H} - \frac{\delta^2}{4J_B H}\right)$$

$$s_{C,4} \approx -\frac{\lambda}{H} - j\left(\frac{\Delta K}{H} - \frac{\delta^2}{4J_B H}\right)$$

由于

$$\frac{\Delta K}{H} - \frac{\delta^2}{4J_B H} \ll \frac{\lambda}{H}, \qquad \frac{\delta}{J_B} - \frac{\lambda}{H} \ll \frac{H}{J_B} + \frac{\Delta K}{H} - \frac{\delta^2}{4J_B H} \approx \frac{H}{J_B}$$

因此，在调谐状态下，有

$$C \approx J_B^2 \left(s + \frac{\lambda}{H}\right)^2 \left(s^2 + \frac{H^2}{J_B^2}\right) \tag{3-7}$$

3.1.3 输入角（或角速度）作用时传递函数分析

在输入角 ϕ_{X_0}，ϕ_{Y_0} 作用时的传递函数为

$$\begin{bmatrix} \alpha(s) \\ \beta(s) \end{bmatrix} = \frac{1}{C} \begin{bmatrix} G_{T1}^{11} & G_{T1}^{12} \\ G_{T1}^{21} & G_{T1}^{22} \end{bmatrix} \begin{bmatrix} \phi_{X_0}(s) \\ \phi_{Y_0}(s) \end{bmatrix} \tag{3-8}$$

$\dfrac{G_{T1}^{11}}{C}$ 与 $\dfrac{G_{T1}^{12}}{C}$ 的幅频特性如图 3—2 所示。从图中可以看出，

$$|G_{T1}^{11}| \gg |G_{T1}^{12}| \tag{3-9}$$

因此，式（3—8）中的传递函数阵为一个严格对角占优阵。

由于 G_{T1}^{11} 在调谐状态时的零点为

$$s_{T111,1} \approx -\frac{1}{2}\left(\frac{\delta}{J_B} - \frac{\lambda}{H}\right) + j\frac{H}{J_B}$$

$$s_{T111,2} \approx -\frac{1}{2}\left(\frac{\delta}{J_B} - \frac{\lambda}{H}\right) - j\frac{H}{J_B}$$

$$s_{T111,3} \approx -\frac{\lambda}{H^*}$$

$$s_{T111,4} \approx 0$$

所以，有

$$\frac{G_{T1}^{11}}{C} \approx -\frac{s\left(s + \frac{\lambda}{H}\right)\left(s^2 + \frac{H^2}{J_B^2}\right)}{\left(s + \frac{\lambda}{H}\right)^2 \left(s^2 + \frac{H^2}{J_B^2}\right)} \approx -\frac{Hs}{Hs + \lambda} = -\frac{\tau s}{\tau s + 1} \tag{3-10}$$

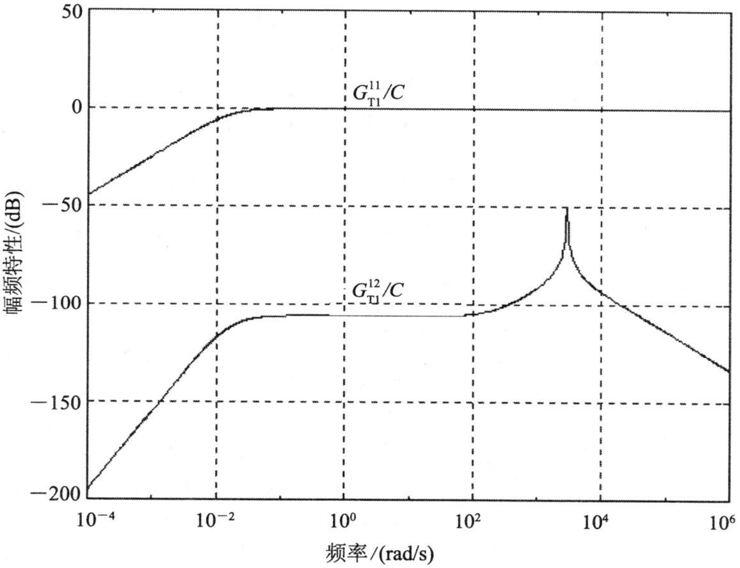

图 3－2　G_{T1}^{11}/C，G_{T1}^{12}/C 的幅频特性

其中 $\tau=\dfrac{H}{\lambda}$。上式即常用的动调陀螺仪的简化模型。

由于 G_{T1}^{12} 在调谐状态时的零点为

$$s_{T112,1}\approx\frac{H^{*}C-J_B\lambda}{J_B(H-H^{*})}>0$$

$$s_{T112,2}\approx 0$$

$$s_{T112,3}\approx 0$$

所以 $\dfrac{G_{T1}^{12}}{C}$ 不存在零、极点相消，因此章动运动通过交链影响陀螺仪的输出。章动频率为

$$\omega_n=\frac{H}{J_B}\tag{3-11}$$

3.1.4　外力矩作用时传递函数分析

在外力矩 $M_X(s)$，$M_Y(s)$ 作用时的传递函数为

$$\begin{bmatrix}\alpha(s)\\ \beta(s)\end{bmatrix}=\frac{1}{C}\begin{bmatrix}A & -B\\ B & A\end{bmatrix}\begin{bmatrix}M_X(s)\\ M_Y(s)\end{bmatrix} \tag{3-12}$$

$\frac{A}{C}$ 与 $\frac{B}{C}$ 的幅频特性如图 3－3 所示。从图中可以看出，当 $\omega<\omega_n$ 时，$|B|>|A|$；而当 $\omega>\omega_n$ 时，$|A|>|B|$。因此，在 $\omega<\omega_n$ 的低频段，式（3－12）中的传递函数阵为一个斜严格对角占优阵。

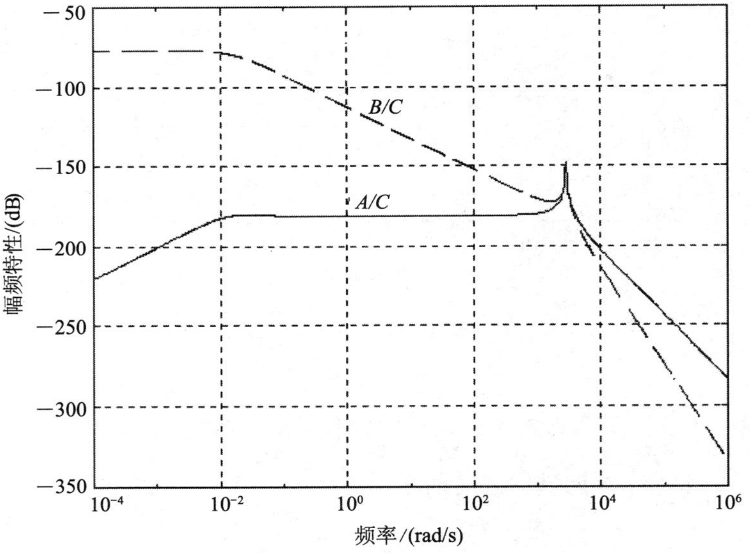

图 3－3　A/C，B/C 的幅频特性

因此，$\frac{B}{C}$ 的传递函数零极点形式为

$$\frac{B}{C}\approx\frac{H/J_B^2}{\left(s+\frac{\lambda}{H}\right)\left(s^2+\frac{H^2}{J_B^2}\right)} \tag{3-13}$$

上式表明动调陀螺仪在外力矩作用下的进动特性。在进动过程中，也包含着章动运动。

3.1.5 转子初始偏角作用时传递函数分析

在转子初始偏角 $\alpha(0)$，$\beta(0)$ 作用时的传递函数为

$$\begin{bmatrix}\alpha(s)\\ \beta(s)\end{bmatrix}=\frac{1}{C}\begin{bmatrix}G_{T2}^{11} & G_{T2}^{12}\\ G_{T2}^{21} & G_{T2}^{22}\end{bmatrix}\begin{bmatrix}\alpha(0)\\ \beta(0)\end{bmatrix} \tag{3-14}$$

G_{T2}^{11}/C 与 G_{T2}^{12}/C 的幅频特性如图 3—4 所示。从图中可以看出，

$$|G_{T2}^{11}| \gg |G_{T2}^{12}| \tag{3-15}$$

因此，式（3—14）中的传递函数阵为一个严格对角占优阵。

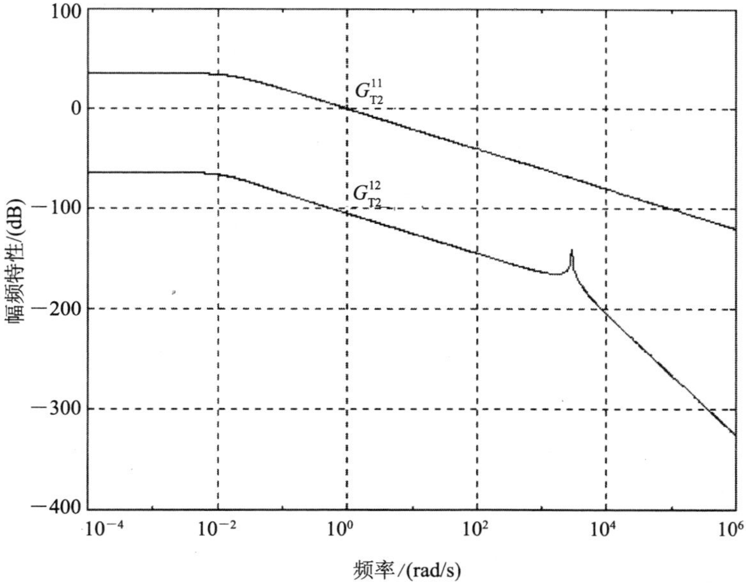

图 3—4 G_{T2}^{11}/C 、G_{T2}^{12}/C 的幅频特性

由于 G_{T2}^{11} 在调谐状态时的零点为

$$s_{T211,1} \approx -\left(\frac{\delta}{J_B}-\frac{\lambda}{2H}\right)+j\frac{H}{J_B}$$

$$s_{T211,2} \approx -\left(\frac{\delta}{J_B}-\frac{\lambda}{2H}\right)-j\frac{H}{J_B}$$

$$s_{T211,3}\approx-\frac{\lambda}{H}$$

所以，有

$$\frac{G_{T2}^{11}}{C}\approx\frac{\left(s+\frac{\lambda}{H}\right)\left(s^2+\frac{H^2}{J_B^2}\right)}{\left(s+\frac{\lambda}{H}\right)^2\left(s^2+\frac{H^2}{J_B^2}\right)}\approx\frac{H}{Hs+\lambda}=\frac{\tau}{\tau s+1}\tag{3-16}$$

忽略交链的影响，有

$$\begin{bmatrix}\alpha(t)\\\beta(t)\end{bmatrix}=\begin{bmatrix}\alpha(0)\mathrm{e}^{-\frac{t}{\tau}}\\\beta(0)\mathrm{e}^{-\frac{t}{\tau}}\end{bmatrix}\tag{3-17}$$

式（3－17）的物理意义为，动调陀螺仪转子初始偏差角 α（0），β（0）不为零时，正交阻尼使转子相对壳体的转角 α（t），β（t）随时间同时按指数规律衰减，直至这些转角为零。

3.2　四轴平台稳定回路模型

三框架平台已广泛应用于工程中，其运动学模型较成熟。但在全姿态、大机动状态下工作时，三轴平台往往会发生框架锁定现象，即平台的外框架轴与台体轴相重合，从而使平台失去一个自由度，使得平台台体不能在惯性空间保持稳定。为了消除框架锁定现象，通常采用四轴平台。四轴平台是在原来的三轴平台基础上，通过在最外面增加一个随动框架而构成的。在弹（箭）作大姿态角飞行时，里面的三个框架轴能始终保持互相垂直状态，因此称为全姿态稳定平台。

3.2.1　四轴平台运动学模型

定义 $OX_pY_pZ_p$ 为台体坐标系；$OX_kY_kZ_k$（Y'_k）为平台框架坐标系；$OX_1Y_1Z_1$ 为载体坐标系；各框架绕其框架轴正向的转角由内向外分别定义为 β_{zk}，β_{yk}，β_{xk}，$\beta_{yk'}$，其中 β_{yk} 在使用状态时近似为零。

4 轴平台框架坐标系的关系如图 3－5 所示。

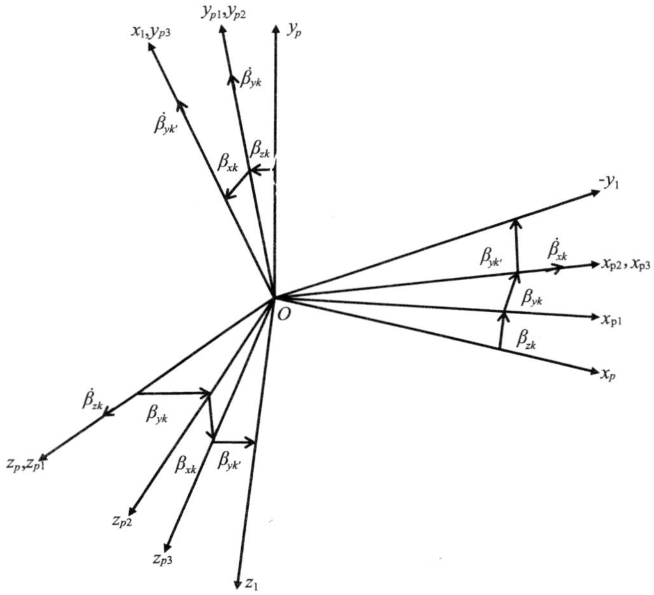

图 3－5 平台各坐标系框架关系

设 $\dot{\beta}_{zk}$ 为内框架相对台体的相对角速度，$\dot{\beta}_{yk}$ 为外框架相对内框架的相对角速度，$\dot{\beta}_{xk}$ 为随动框架相对外框架的相对角速度，$\dot{\beta}_{yk'}$ 为基座（箭体）相对随动框架的相对角速度。则有

1）当载体、随动框架、外框架与内框架绕台体轴 z_p 转过 β_{zk} 角时，有

$$[\omega_{x_{p1}} \quad \omega_{y_{p1}} \quad \omega_{z_{p1}}]^{\mathrm{T}} = C_0^1[\omega_{x_p} \quad \omega_{y_p} \quad \omega_{z_p}]^{\mathrm{T}} + [0 \quad 0 \quad \dot{\beta}_{zk}]^{\mathrm{T}} \tag{3－18}$$

式中 $\omega_{x_p}, \omega_{y_p}, \omega_{z_p}$ —— 分别为台体绕 x_p, y_p, z_p 轴的绝对角速度；

$\omega_{x_{p1}}, \omega_{y_{p1}}, \omega_{z_{p1}}$ —— 分别为载体、随动框架、外框架与内框架一起绕 x_{p1}, y_{p1}, z_{p1} 轴的绝对角速度。

2）当载体、随动框架与外框架绕内环轴 y_{p1} 转过 β_{yk} 角时，有

$$[\omega_{x_{p2}} \quad \omega_{y_{p2}} \quad \omega_{z_{p2}}]^{\mathrm{T}} = C_1^2[\omega_{x_{p1}} \quad \omega_{y_{p1}} \quad \omega_{z_{p1}}] + [0 \quad \dot{\beta}_{yk} \quad 0]^{\mathrm{T}} \tag{3－19}$$

式中　$\omega_{x_{p2}},\omega_{y_{p2}},\omega_{z_{p2}}$ 分别为载体、随动框架与外框架一起绕 x_{p2}，y_{p2}，z_{p2} 轴的绝对角速度。

3）当载体、随动框架一起绕外环轴 x_{p2} 转过 β_{xk} 角时，有

$$[\omega_{x_{p3}}\quad \omega_{y_{p3}}\quad \omega_{z_{p3}}]^{\mathrm{T}} = C_2^3[\omega_{x_{p2}}\quad \omega_{y_{p2}}\quad \omega_{z_{p2}}]^{\mathrm{T}} + [\dot{\beta}_{xk}\quad 0\quad 0]^{\mathrm{T}} \tag{3-20}$$

式中　$\omega_{x_{p3}},\omega_{y_{p3}},\omega_{z_{p3}}$ 分别为载体与随动框架一起绕 x_{p3}，y_{p3}，z_{p3} 轴的绝对角速度。

4）当载体绕随动轴 y_{p3} 转过 $\beta_{yk'}$ 角时，有

$$[\omega_{x_1}\quad \omega_{y_1}\quad \omega_{z_1}]^{\mathrm{T}} = C_3^4[\omega_{x_{p3}}\quad \omega_{y_{p3}}\quad \omega_{z_{p3}}]^{\mathrm{T}} + [\dot{\beta}_{yk'}\quad 0\quad 0]^{\mathrm{T}} \tag{3-21}$$

式中　$\omega_{x_1},\omega_{y_1},\omega_{z_1}$ 分别为载体绕 x_1，y_1，z_1 轴的绝对角速度。

在式（3—18）～式（3—21）中，有

$$\boldsymbol{C}_0^1 = \begin{bmatrix} \cos\beta_{zk} & \sin\beta_{zk} & 0 \\ -\sin\beta_{zk} & \cos\beta_{zk} & 0 \\ 0 & 0 & 1 \end{bmatrix},$$

$$\boldsymbol{C}_1^2 = \begin{bmatrix} \cos\beta_{yk} & 0 & -\sin\beta_{yk} \\ 0 & 1 & 0 \\ \sin\beta_{yk} & 0 & \cos\beta_{yk} \end{bmatrix},$$

$$\boldsymbol{C}_2^3 = \begin{bmatrix} 1 & 0 & 0 \\ 0 & \cos\beta_{xk} & \sin\beta_{xk} \\ 0 & -\sin\beta_{xk} & \cos\beta_{xk} \end{bmatrix},$$

$$\boldsymbol{C}_3^4 = \begin{bmatrix} 0 & 1 & 0 \\ -\cos\beta_{yk'} & 0 & \sin\beta_{yk'} \\ \sin\beta_{yk'} & 0 & \cos\beta_{yk'} \end{bmatrix}。$$

从上面可得到 4 轴平台台体角速度、框架角速度与箭体角速度之间的一般关系式

$$\begin{bmatrix} \omega_{x_1} \\ \omega_{y_1} \\ \omega_{z_1} \end{bmatrix} = C_0^4 \begin{bmatrix} \omega_{x_p} \\ \omega_{y_p} \\ \omega_{z_p} \end{bmatrix} + C_{\varepsilon-0} \begin{bmatrix} \dot{\beta}_{xk} \\ \dot{\beta}_{yk} \\ \dot{\beta}_{zk} \\ \dot{\beta}_{yk'} \end{bmatrix} \tag{3-22}$$

其中 $\boldsymbol{C}_0^4 = \boldsymbol{C}_3^4\boldsymbol{C}_2^3\boldsymbol{C}_1^2\boldsymbol{C}_0^1 = \begin{bmatrix} F_{11} & F_{12} & F_{13} \\ F_{21} & F_{22} & F_{23} \\ F_{31} & F_{32} & F_{33} \end{bmatrix}$，

$$F_{11} = \sin\beta_{xk}\sin\beta_{yk}\cos\beta_{zk} - \cos\beta_{xk}\sin\beta_{zk}$$

$$F_{12} = \sin\beta_{xk}\sin\beta_{yk}\sin\beta_{zk} + \cos\beta_{xk}\cos\beta_{zk}$$

$$F_{13} = \sin\beta_{xk}\cos\beta_{yk}$$

$$F_{21} = -\cos\beta_{yk'}\cos\beta_{yk}\cos\beta_{zk} + \sin\beta_{yk'}\cos\beta_{xk}\sin\beta_{yk}\cos\beta_{zk} + \sin\beta_{yk'}\sin\beta_{xk}\sin\beta_{zk}$$

$$F_{22} = -\cos\beta_{yk'}\cos\beta_{yk}\sin\beta_{zk} + \sin\beta_{yk'}\cos\beta_{xk}\sin\beta_{yk}\sin\beta_{zk} - \sin\beta_{yk'}\sin\beta_{xk}\cos\beta_{zk}$$

$$F_{23} = \cos\beta_{yk'}\sin\beta_{yk} + \sin\beta_{yk'}\cos\beta_{xk}\cos\beta_{yk}$$

$$F_{31} = \sin\beta_{yk'}\cos\beta_{yk}\cos\beta_{zk} + \cos\beta_{yk'}\cos\beta_{xk}\sin\beta_{yk}\cos\beta_{zk} + \cos\beta_{yk'}\sin\beta_{xk}\sin\beta_{zk}$$

$$F_{32} = \sin\beta_{yk'}\cos\beta_{yk}\sin\beta_{zk} + \cos\beta_{yk'}\cos\beta_{xk}\sin\beta_{yk}\sin\beta_{zk} - \cos\beta_{yk'}\sin\beta_{xk}\cos\beta_{zk}$$

$$F_{33} = -\sin\beta_{yk'}\sin\beta_{yk} + \cos\beta_{yk'}\cos\beta_{xk}\cos\beta_{yk}$$

以及

$$C_{\varepsilon-0}=\begin{bmatrix}0 & \cos\beta_{xk} & \sin\beta_{xk}\cos\beta_{yk} & 1\\ -\cos\beta_{yk'} & -\sin\beta_{yk'}\sin\beta_{xk} & \cos\beta_{yk'}\sin\beta_{yk}+\sin\beta_{yk'}\cos\beta_{xk}\cos\beta_{yk} & 0\\ \sin\beta_{yk'} & -\cos\beta_{yk'}\sin\beta_{xk} & -\sin\beta_{yk'}\sin\beta_{yk}+\cos\beta_{yk'}\cos\beta_{xk}\cos\beta_{yk} & 0\end{bmatrix}$$

$C_{\varepsilon-0}$ 为一个 3×4 阶矩阵，这是由于四轴平台比三轴平台多了 1 个自由度。

为了分析方便，我们可把四轴平台看作为基准位置的三轴平台，这个三轴平台由“多余”的转动框架支承着。我们注意到：根据箭体的姿态，这个框架的转动轴可能与内环轴相重合（基准位置），也可能与台体轴相重合（“倒翻筋斗”的位置）。但是它永远不会与外环轴相重合，因为在结构上它们是互相垂直的。因此，我们把式(3－22)式分成两个表达式

$$\begin{bmatrix}\omega_{x_{p3}}\\ \omega_{y_{p3}}\\ \omega_{z_{p3}}\end{bmatrix}=C_2^3C_1^2C_0^1\begin{bmatrix}\omega_{x_p}\\ \omega_{y_p}\\ \omega_{z_p}\end{bmatrix}+C_2^3C_1^2\begin{bmatrix}0\\ 0\\ \dot\beta_{zk}\end{bmatrix}+C_2^3\begin{bmatrix}0\\ \dot\beta_{yk}\\ 0\end{bmatrix}+\begin{bmatrix}\dot\beta_{xk}\\ 0\\ 0\end{bmatrix}\tag{3－23}$$

$$\begin{bmatrix}\omega_{x_1}\\ \omega_{y_1}\\ \omega_{z_1}\end{bmatrix}=C_3^4\begin{bmatrix}\omega_{x_{p3}}\\ \omega_{y_{p3}}\\ \omega_{z_{p3}}\end{bmatrix}+\begin{bmatrix}\dot\beta_{yk'}\\ 0\\ 0\end{bmatrix}\tag{3－24}$$

设 $C_0^3=C_2^3C_1^2C_0^1=\begin{bmatrix}F'_{11} & F'_{12} & F'_{13}\\ F'_{21} & F'_{22} & F'_{23}\\ F'_{31} & F'_{32} & F'_{33}\end{bmatrix}$，有

$$F'_{11}=\cos\beta_{yk}\cos\beta_{zk}$$

$$F'_{12}=\cos\beta_{yk}\sin\beta_{zk}$$

$$F'_{13}=-\sin\beta_{yk}$$

$$F'_{21} = \sin\beta_{xk}\sin\beta_{yk}\cos\beta_{zk} - \cos\beta_{xk}\sin\beta_{zk}$$
$$F'_{22} = \sin\beta_{xk}\sin\beta_{yk}\sin\beta_{zk} + \cos\beta_{xk}\cos\beta_{zk}$$
$$F'_{23} = \sin\beta_{xk}\cos\beta_{yk}$$
$$F'_{31} = \cos\beta_{xk}\sin\beta_{yk}\cos\beta_{zk} + \sin\beta_{xk}\sin\beta_{zk}$$
$$F'_{32} = \cos\beta_{xk}\sin\beta_{yk}\sin\beta_{zk} - \sin\beta_{xk}\cos\beta_{zk}$$
$$F'_{33} = \cos\beta_{xk}\cos\beta_{yk}$$

设 $$\boldsymbol{A}'_{\varepsilon-0} = \boldsymbol{C}_2^3\boldsymbol{C}_1^2\begin{bmatrix}0\\0\\\dot\beta_{zk}\end{bmatrix} + \boldsymbol{C}_2^3\begin{bmatrix}0\\\dot\beta_{yk}\\0\end{bmatrix} + \begin{bmatrix}\dot\beta_{xk}\\0\\0\end{bmatrix} = \boldsymbol{C}'_{\varepsilon-0}\begin{bmatrix}\dot\beta_{xk}\\\dot\beta_{yk}\\\dot\beta_{zk}\end{bmatrix}$$

则有

$$\boldsymbol{C}'_{\varepsilon-0} = \begin{bmatrix}1 & 0 & -\sin\beta_{yk}\\0 & \cos\beta_{xk} & \sin\beta_{xk}\cos\beta_{yk}\\0 & -\sin\beta_{xk} & \cos\beta_{xk}\cos\beta_{yk}\end{bmatrix}$$

所以有关系式

$$\begin{bmatrix}\omega_{x_{p3}}\\\omega_{y_{p3}}\\\omega_{z_{p3}}\end{bmatrix} = \boldsymbol{C}_0^3\begin{bmatrix}\omega_{x_p}\\\omega_{y_p}\\\omega_{z_p}\end{bmatrix} + \boldsymbol{C}'_{\varepsilon-0}\begin{bmatrix}\dot\beta_{xk}\\\dot\beta_{yk}\\\dot\beta_{zk}\end{bmatrix} \tag{3-25}$$

由式（3—25）和式（3—24），我们得到

$$\begin{bmatrix}\dot\beta_{xk}\\\dot\beta_{yk}\\\dot\beta_{zk}\end{bmatrix} = -C_{\varepsilon-0}^{-1}C_0^3\begin{bmatrix}\omega_{x_p}\\\omega_{y_p}\\\omega_{z_p}\end{bmatrix} + C_{\varepsilon-0}^{-1}\begin{bmatrix}\omega_{x_{p3}}\\\omega_{y_{p3}}\\\omega_{z_{p3}}\end{bmatrix}$$

$$= \begin{bmatrix}-\sec\beta_{yk}\cos\beta_{zk} & -\sec\beta_{yk}\sin\beta_{zk} & 0\\\sin\beta_{zk} & -\cos\beta_{zk} & 0\\-\tan\beta_{yk}\cos\beta_{zk} & -\tan\beta_{yk}\sin\beta_{zk} & -1\end{bmatrix}\begin{bmatrix}\omega_{x_p}\\\omega_{y_p}\\\omega_{z_p}\end{bmatrix} +$$

$$\begin{bmatrix}1 & \tan\beta_{yk}\sin\beta_{xk} & \tan\beta_{yk}\cos\beta_{xk}\\0 & \cos\beta_{xk} & -\sin\beta_{xk}\\0 & \sec\beta_{yk}\sin\beta_{xk} & \sec\beta_{yk}\cos\beta_{xk}\end{bmatrix}\begin{bmatrix}\omega_{x_{p3}}\\\omega_{y_{p3}}\\\omega_{z_{p3}}\end{bmatrix}$$

$$=\begin{bmatrix}-\sec\beta_{yk}\cos\beta_{zk} & -\sec\beta_{yk}\sin\beta_{zk} & 0\\ \sin\beta_{zk} & -\cos\beta_{zk} & 0\\ -\tan\beta_{yk}\cos\beta_{zk} & -\tan\beta_{yk}\sin\beta_{zk} & -1\end{bmatrix}\begin{bmatrix}\omega_{x_p}\\ \omega_{y_p}\\ \omega_{z_p}\end{bmatrix}+$$

$$\begin{bmatrix}\tan\beta_{yk}\sin\beta_{xk} & -\cos\beta_{yk'}+\tan\beta_{yk}\cos\beta_{xk}\sin\beta_{yk'} & \sin\beta_{yk'}+\tan\beta_{yk}\cos\beta_{xk}\cos\beta_{yk'}\\ \cos\beta_{xk} & -\sin\beta_{xk}\sin\beta_{yk'} & -\sin\beta_{xk}\cos\beta_{yk'}\\ \sec\beta_{yk}\sin\beta_{xk} & \sec\beta_{yk}\cos\beta_{xk}\sin\beta_{yk'} & \sec\beta_{yk}\cos\beta_{xk}\cos\beta_{yk'}\end{bmatrix}\times$$

$$\begin{bmatrix}\omega_{x_1}\\ \omega_{y_1}\\ \omega_{z_1}\end{bmatrix}-\begin{bmatrix}\tan\beta_{yk}\sin\beta_{xk}\\ \cos\beta_{xk}\\ \sec\beta_{yk}\sin\beta_{xk}\end{bmatrix}\dot{\beta}_{yk'} \tag{3－26}$$

式（3－26）即为台体轴、内框架轴、外框架轴以及随动框架轴组成的四轴平台框架系统的基本运动学方程。它表明在台体角速度 ω_{x_p}，ω_{y_p}，ω_{z_p} 和箭体绝对角速度 ω_{x_1}，ω_{y_1}，ω_{z_1} 作用下相对角速度 $\dot{\beta}_{xk}$，$\dot{\beta}_{yk}$，$\dot{\beta}_{zk}$，$\dot{\beta}_{yk'}$ 的变化规律。

由式（3－18）并考虑到式（3－26），可得内框架绝对角速度与台体角速度和箭体角速度间的关系式如下

$$\begin{bmatrix}\omega_{x_{p1}}\\ \omega_{y_{p1}}\\ \omega_{z_{p1}}\end{bmatrix}=\begin{bmatrix}\cos\beta_{zk} & \sin\beta_{zk} & 0\\ -\sin\beta_{zk} & \cos\beta_{zk} & 0\\ -\tan\beta_{yk}\cos\beta_{zk} & -\tan\beta_{yk}\sin\beta_{zk} & 0\end{bmatrix}\begin{bmatrix}\omega_{x_p}\\ \omega_{y_p}\\ \omega_{z_p}\end{bmatrix}+$$

$$\begin{bmatrix}0 & 0 & 0\\ 0 & 0 & 0\\ 0 & \sec\beta_{yk}\sin\beta_{xk} & \sec\beta_{yk}\cos\beta_{xk}\end{bmatrix}\begin{bmatrix}\omega_{x_{p3}}\\ \omega_{y_{p3}}\\ \omega_{z_{p3}}\end{bmatrix}$$

$$=\begin{bmatrix}\cos\beta_{zk} & \sin\beta_{zk} & 0\\ -\sin\beta_{zk} & \cos\beta_{zk} & 0\\ -\tan\beta_{yk}\cos\beta_{zk} & -\tan\beta_{yk}\sin\beta_{zk} & 0\end{bmatrix}\begin{bmatrix}\omega_{x_p}\\ \omega_{y_p}\\ \omega_{z_p}\end{bmatrix}+$$

$$\begin{bmatrix}0 & 0 & 0\\ 0 & 0 & 0\\ \sec\beta_{yk}\sin\beta_{xk} & \sec\beta_{yk}\cos\beta_{xk}\sin\beta_{yk'} & \sec\beta_{yk}\cos\beta_{xk}\cos\beta_{yk'}\end{bmatrix}\times$$

$$\begin{bmatrix}\omega_{x_1}\\ \omega_{y_1}\\ \omega_{z_1}\end{bmatrix}-\begin{bmatrix}0\\ 0\\ \sec\beta_{yk}\sin\beta_{xk}\end{bmatrix}\dot{\beta}_{yk'} \tag{3-27}$$

同理，由式（3—19）和式（3—26），式（3—27）可得外框架角速度与台体、筒体角速度间的关系式

$$\begin{bmatrix}\omega_{x_{p2}}\\ \omega_{y_{p2}}\\ \omega_{z_{p2}}\end{bmatrix}=\begin{bmatrix}\sec\beta_{yk}\cos\beta_{zk} & \sec\beta_{yk}\sin\beta_{zk} & 0\\ 0 & 0 & 0\\ 0 & 0 & 0\end{bmatrix}\begin{bmatrix}\omega_{x_p}\\ \omega_{y_p}\\ \omega_{z_p}\end{bmatrix}+$$

$$\begin{bmatrix}0 & -\tan\beta_{yk}\sin\beta_{xk} & -\tan\beta_{yk}\cos\beta_{xk}\\ 0 & \cos\beta_{xk} & -\sin\beta_{xk}\\ 0 & \sin\beta_{xk} & \cos\beta_{xk}\end{bmatrix}\begin{bmatrix}\omega_{x_{p3}}\\ \omega_{y_{p3}}\\ \omega_{z_{p3}}\end{bmatrix}$$

$$=\begin{bmatrix}\sec\beta_{yk}\cos\beta_{zk} & \sec\beta_{yk}\sin\beta_{zk} & 0\\ 0 & 0 & 0\\ 0 & 0 & 0\end{bmatrix}\begin{bmatrix}\omega_{x_p}\\ \omega_{y_p}\\ \omega_{z_p}\end{bmatrix}+$$

$$\begin{bmatrix}-\tan\beta_{yk}\sin\beta_{xk} & -\tan\beta_{yk}\cos\beta_{xk}\sin\beta_{yk'} & -\tan\beta_{yk}\cos\beta_{xk}\cos\beta_{yk'}\\ \cos\beta_{xk} & -\sin\beta_{xk}\sin\beta_{yk'} & -\sin\beta_{xk}\cos\beta_{yk'}\\ \sin\beta_{xk} & \cos\beta_{xk}\sin\beta_{yk'} & \cos\beta_{xk}\cos\beta_{yk'}\end{bmatrix}\times$$

$$\begin{bmatrix}\omega_{x_1}\\ \omega_{y_1}\\ \omega_{z_1}\end{bmatrix}-\begin{bmatrix}-\tan\beta_{yk}\sin\beta_{xk}\\ \cos\beta_{xk}\\ \sin\beta_{xk}\end{bmatrix}\dot{\beta}_{yk'} \tag{3-28}$$

四轴平台相对三维空间多了一个自由度，因此在式（3—22）中，希望只有一种方法保证（X_p,Y_p,Z_p）与筒体坐标系（X_1,Y_1,Z_1）取向唯一，即四轴平台的每一个取向只能由唯一的 $\beta_{xk},\beta_{yk},\beta_{zk},\beta_{yk'}$ 值来表示。

如果由 $\beta_{xk},\beta_{yk},\beta_{zk},\beta_{yk'}$ 确定了一个取向，我们研究是否能找到使矩阵 C_O^4 各元素不变的角度增量 $\Delta\beta_{xk},\Delta\beta_{yk},\Delta\beta_{zk},\Delta\beta_{yk'}$。为此只需满足

$$\frac{\partial C_O^4}{\partial \beta_{xk}}\Delta\beta_{xk}+\frac{\partial C_O^4}{\partial \beta_{yk}}\Delta\beta_{yk}+\frac{\partial C_O^4}{\partial \beta_{zk}}\Delta\beta_{zk}+\frac{\partial C_O^4}{\partial \beta_{yk'}}\Delta\beta_{yk'}=0 \tag{3-29}$$

即

$$\frac{\partial F_{ij}}{\partial \beta_{xk}}\Delta\beta_{xk}+\frac{\partial F_{ij}}{\partial \beta_{yk}}\Delta\beta_{yk}+\frac{\partial F_{ij}}{\partial \beta_{zk}}\Delta\beta_{zk}+\frac{\partial F_{ij}}{\partial \beta_{yk'}}\Delta\beta_{yk'}=0 \quad i,j=1,2,3 \tag{3-30}$$

求得

$$F_{11}:(\cos\beta_{xk}\sin\beta_{yk}\cos\beta_{zk}+\sin\beta_{xk}\sin\beta_{zk})\Delta\beta_{xk}+(\sin\beta_{xk}\cos\beta_{yk}\cos\beta_{zk})\Delta\beta_{yk}-(\sin\beta_{xk}\sin\beta_{yk}\sin\beta_{zk}+\cos\beta_{xk}\cos\beta_{zk})\Delta\beta_{zk}=0 \tag{3-31}$$

$$F_{12}:(\cos\beta_{xk}\sin\beta_{yk}\sin\beta_{zk}-\sin\beta_{xk}\cos\beta_{zk})\Delta\beta_{xk}+(\sin\beta_{xk}\cos\beta_{yk}\sin\beta_{zk})\Delta\beta_{yk}+(\sin\beta_{xk}\sin\beta_{yk}\cos\beta_{zk}-\cos\beta_{xk}\sin\beta_{zk})\Delta\beta_{zk}=0 \tag{3-32}$$

$$F_{13}:(\cos\beta_{xk}\cos\beta_{yk})\Delta\beta_{xk}-(\sin\beta_{xk}\sin\beta_{yk})\Delta\beta_{yk}=0 \tag{3-33}$$

$$F_{21}:(-\sin\beta_{yk'}\sin\beta_{xk}\sin\beta_{yk}\cos\beta_{zk}+\sin\beta_{yk'}\cos\beta_{xk}\sin\beta_{zk})\Delta\beta_{xk}+(\cos\beta_{yk'}\sin\beta_{yk}\cos\beta_{zk}+\sin\beta_{yk'}\cos\beta_{xk}\cos\beta_{yk}\cos\beta_{zk})\Delta\beta_{yk}+(\cos\beta_{yk'}\cos\beta_{yk}\sin\beta_{zk}-\sin\beta_{yk'}\cos\beta_{xk}\sin\beta_{yk}\sin\beta_{zk}+\sin\beta_{yk'}\sin\beta_{xk}\cos\beta_{zk})\Delta\beta_{zk}+(\sin\beta_{yk'}\cos\beta_{yk}\cos\beta_{zk}+\cos\beta_{yk'}\cos\beta_{xk}\sin\beta_{yk}\cos\beta_{zk}+\cos\beta_{yk'}\sin\beta_{xk}\sin\beta_{zk})\times\Delta\beta_{yk'}=0 \tag{3-34}$$

$$F_{22}:(-\sin\beta_{yk'}\sin\beta_{xk}\sin\beta_{yk}\sin\beta_{zk}-\sin\beta_{yk'}\cos\beta_{xk}\cos\beta_{zk})\Delta\beta_{xk}+(\cos\beta_{yk'}\sin\beta_{yk}\sin\beta_{zk}+\sin\beta_{yk'}\cos\beta_{xk}\cos\beta_{yk}\sin\beta_{zk})\Delta\beta_{yk}+(-\cos\beta_{yk'}\cos\beta_{yk}\cos\beta_{zk}+\sin\beta_{yk'}\cos\beta_{xk}\sin\beta_{yk}\cos\beta_{zk}+\sin\beta_{yk'}\sin\beta_{xk}\sin\beta_{zk})\times\Delta\beta_{zk}+(\sin\beta_{yk'}\cos\beta_{yk}\sin\beta_{zk}+\cos\beta_{yk'}\cos\beta_{xk}\sin\beta_{yk}\sin\beta_{zk}-\cos\beta_{yk'}\sin\beta_{xk}\cos\beta_{zk})\Delta\beta_{yk'}=0 \tag{3-35}$$

$$F_{23}:(-\sin\beta_{yk'}\sin\beta_{xk}\cos\beta_{yk})\Delta\beta_{xk}+(\cos\beta_{yk'}\cos\beta_{yk}-\sin\beta_{yk'}\cos\beta_{xk}\sin\beta_{yk})\Delta\beta_{yk}+(-\sin\beta_{yk'}\sin\beta_{yk}+\cos\beta_{yk'}\cos\beta_{xk}\cos\beta_{yk})\Delta\beta_{yk'}=0 \tag{3-36}$$

$$F_{31}:(-\cos\beta_{yk'}\sin\beta_{xk}\sin\beta_{yk}\cos\beta_{zk}+\cos\beta_{yk'}\cos\beta_{xk}\sin\beta_{zk})\Delta\beta_{xk}+(-\sin\beta_{yk'}\sin\beta_{yk}\cos\beta_{zk}+\cos\beta_{yk'}\cos\beta_{xk}\cos\beta_{yk}\cos\beta_{zk})\Delta\beta_{yk}+(-\sin\beta_{yk'}\cos\beta_{yk}\sin\beta_{zk}-\cos\beta_{yk'}\cos\beta_{xk}\sin\beta_{yk}\sin\beta_{zk}+\cos\beta_{yk'}\sin\beta_{xk}\cos\beta_{zk})\Delta\beta_{zk}+(\cos\beta_{yk'}\cos\beta_{yk}\cos\beta_{zk}-\sin\beta_{yk'}\cos\beta_{xk}\sin\beta_{yk}\cos\beta_{zk}-\sin\beta_{yk'}\sin\beta_{xk}\sin\beta_{zk})\times\Delta\beta_{yk'}=0 \tag{3-37}$$

$$F_{32}:(-\cos\beta_{yk'}\sin\beta_{xk}\sin\beta_{yk}\sin\beta_{zk}-\cos\beta_{yk'}\cos\beta_{xk}\cos\beta_{zk})\Delta\beta_{xk}+(-\sin\beta_{yk'}\sin\beta_{yk}\sin\beta_{zk}+\cos\beta_{yk'}\cos\beta_{xk}\cos\beta_{yk}\sin\beta_{zk})\Delta\beta_{yk}+$$

$$(\sin\beta_{yk'}\cos\beta_{yk}\cos\beta_{zk}+\cos\beta_{yk'}\cos\beta_{xk}\sin\beta_{yk}\cos\beta_{zk}+\cos\beta_{yk'}\sin\beta_{xk}\sin\beta_{zk})\Delta\beta_{zk}+$$
$$(\cos\beta_{yk'}\cos\beta_{yk}\sin\beta_{zk}-\sin\beta_{yk'}\cos\beta_{xk}\sin\beta_{yk}\sin\beta_{zk}+\sin\beta_{yk'}\sin\beta_{xk}\cos\beta_{zk})\times$$
$$\Delta\beta_{yk'}=0 \tag{3-38}$$

$$F_{33}:(-\cos\beta_{yk'}\sin\beta_{xk}\cos\beta_{yk})\Delta\beta_{xk}+(-\sin\beta_{yk'}\cos\beta_{yk}-\cos\beta_{yk'}\cos\beta_{xk}\sin\beta_{yk})\Delta\beta_{yk}+$$
$$(-\cos\beta_{yk'}\sin\beta_{yk}-\sin\beta_{yk'}\cos\beta_{xk}\cos\beta_{yk})\Delta\beta_{yk'}=0 \tag{3-39}$$

解以上方程，得到

$$\begin{cases}\Delta\beta_{xk}=\tan\beta_{xk}\tan\beta_{yk}\Delta\beta_{yk}\\ \Delta\beta_{zk}=\tan\beta_{xk}\sec\beta_{yk}\Delta\beta_{yk}\\ \Delta\beta_{yk'}=-\sec\beta_{xk}\Delta\beta_{yk}\end{cases} \tag{3-40}$$

式（3－40）说明，四轴平台在 β_{xk} ，β_{yk} ，β_{zk} ，$\beta_{yk'}$ 点存在多余度。另一方面，也说明如果有一干扰引起内环轴转角产生偏差 $\Delta\beta_{yk}$ ，则可以通过式（3－40）的校正来消除 $\Delta\beta_{yk}$ 的影响，从而保证平台台体保持稳定。

式（3－40）中，设 $\beta_{yk}=0$（由随动回路所实现的物理条件）附近有关系式

$$\begin{cases}\Delta\beta_{zk}=\tan\beta_{xk}\Delta\beta_{yk}\\ \Delta\beta_{yk'}=-\sec\beta_{xk}\Delta\beta_{yk}\end{cases} \tag{3-41}$$

式（3－41）表明，当外框架相对内框架绕内环轴转动 $\Delta\beta_{yk}$ 角，由于 β_{xk} 的存在，随动回路工作时，除产生沿随动轴负向的转角 $\Delta\beta_{yk'}$ 外，随动环还要带动外框架和内框架绕台体轴正向相对平台转动 $\Delta\beta_{zk}$ 角。

从式（3－41）可知，应把随动回路伺服放大器的增益设计成随 β_{xk} 的变化而改变，即乘上 $\sec\beta_{xk}$ 倍，以适应随动回路具有 $\beta_{xk}=0$ 时同样的快速性，同时补偿“机械增益”降低，实现这一装置的叫正割分解器。

3.2.2　四轴平台动力学模型

框架系统的动力学方程可以沿台体的 3 个轴 X_p，Y_p，Z_p 以及随动轴 Y_{p3} 来列写。每个台体轴与其相对应的陀螺仪，可以看成是 1

个单轴平台。采用欧拉法分别列写出台体、内框架、外框架和随动框架的动力学方程。

台体的动力学方程

$$\begin{cases} L_1 = J_{x_p}\dot{\omega}_{x_p} + (J_{z_p} - J_{y_p})\omega_{y_p}\omega_{z_p} = M_{xp} + M_{G_x} \\ L_2 = J_{y_p}\dot{\omega}_{y_p} + (J_{x_p} - J_{z_p})\omega_{z_p}\omega_{x_p} = M_{yp} + M_{G_y} \\ L_3 = J_{z_p}\dot{\omega}_{z_p} + (J_{y_p} - J_{x_p})\omega_{x_p}\omega_{y_p} = M_{zp} + M_{G_z} - M_{D_{zp}} \end{cases} \tag{3-42}$$

式中　$M_{D_{zp}}$ ——台体轴力矩电机反馈力矩；

M_{G_x} ，M_{G_y} ，M_{G_z} ——为陀螺仪对台体的反作用力矩；

J_{x_p} ，J_{y_p} ，J_{z_p} ——为台体（包括陀螺仪壳体）对 X_p,Y_p,Z_p 轴的转动惯量。

M_{xp} ，M_{yp} ，M_{zp} ——为台体 X_p,Y_p,Z_p 轴上的外力矩。

内框架的动力学方程

$$\begin{cases} L_4 = J_{x_{p1}}\dot{\omega}_{x_{p1}} + (J_{z_{p1}} - J_{y_{p1}})\omega_{y_{p1}}\omega_{z_{p1}} = M_{x_{p1}} - M_{xp}\cos\beta_{zk} - M_{yp}\sin\beta_{zk} \\ L_5 = J_{y_{p1}}\dot{\omega}_{y_{p1}} + (J_{x_{p1}} - J_{z_{p1}})\omega_{z_{p1}}\omega_{x_{p1}} = M_{y_{p1}} - M_{D_{y1}} + M_{xp}\sin\beta_{zk} - M_{yp}\cos\beta_{zk} \\ L_6 = J_{z_{p1}}\dot{\omega}_{z_{p1}} + (J_{y_{p1}} - J_{x_{p1}})\omega_{x_{p1}}\omega_{y_{p1}} = M_{z_{p1}} - M_{zp} - M_{D_{zp}} \end{cases} \tag{3-43}$$

式中　$M_{x_{p1}}$ ，$M_{y_{p1}}$ ，$M_{z_{p1}}$ ——分别为内框架轴上的外力矩，不包括电机力矩的反馈力矩；

$M_{D_{y1}}$ ——内框架轴力矩电机反馈力矩；

$J_{x_{p1}}$ ，$J_{y_{p1}}$ ，$J_{z_{p1}}$ ——为内框架对 X_{p1},Y_{p1},Z_{p1} 轴的转动惯量。

外框架的动力学方程为

$$\begin{cases} L_7 = J_{x_{p2}}\dot{\omega}_{x_{p2}} + (J_{z_{p2}} - J_{y_{p2}})\omega_{y_{p2}}\omega_{z_{p2}} = M_{x_{p2}} - M_{x_{p1}}\cos\beta_{yk} + M_{z_{p1}}\sin\beta_{yk} - M_{D_{x2}} \\ L_8 = J_{y_{p2}}\dot{\omega}_{y_{p2}} + (J_{x_{p2}} - J_{z_{p2}})\omega_{z_{p2}}\omega_{x_{p2}} = M_{y_{p2}} - M_{y_{p1}} + M_{D_{y1}} \\ L_9 = J_{z_{p2}}\dot{\omega}_{z_{p2}} + (J_{y_{p2}} - J_{x_{p2}})\omega_{x_{p2}}\omega_{y_{p2}} = M_{z_{p2}} - M_{x_{p1}}\sin\beta_{yk} - M_{z_{p1}}\cos\beta_{yk} \end{cases} \tag{3-44}$$

式中　$M_{x_{p2}}$ ，$M_{y_{p2}}$ ，$M_{z_{p2}}$ ——分别为外框架轴上的外力矩，不包括电机力矩的反馈力矩；

$M_{D_{x2}}$ ——外框架轴力矩电机反馈力矩；

$J_{x_{p2}}$，$J_{y_{p2}}$，$J_{z_{p2}}$ ——为内框架对 X_{p2}，Y_{p2}，Z_{p2} 轴的转动惯量。

随动框架的动力学方程为

$$L_{10} = J_{y_{p3}}\dot{\omega}_{y_{p3}} + (J_{x_{p3}} - J_{z_{p3}})\omega_{z_{p3}}\omega_{x_{p3}} = M_{y_{p3}} - M_{y_{p2}}\cos\beta_{xk} - M_{z_{p2}}\sin\beta_{xk} \tag{3-45}$$

式中　$J_{x_{p3}}$，$J_{y_{p3}}$，$J_{z_{p3}}$ ——随动框架对 X_{p3}，Y_{p3}，Z_{p3} 轴的转动惯量；

$M_{D_{y3}}$ ——随动框架轴力矩电机反馈力矩。

对式（3—42），式（3—43），式（3—44）求解，可得四轴平台框架系统台体 3 轴的动力学方程。具体步骤如下

由

$$\begin{bmatrix} M_{xp} \\ M_{yp} \end{bmatrix} = \begin{bmatrix} -\cos\beta_{zk} & \sin\beta_{zk} \\ -\sin\beta_{zk} & -\cos\beta_{zk} \end{bmatrix} \begin{bmatrix} L_4 - M_{x_{p1}} \\ L_5 - (M_{y_{p1}} - M_{D_{y1}}) \end{bmatrix} \tag{3-46}$$

及

$$M_{z_{p1}} = L_6 + (M_{zp} - M_{D_{zp}}) \tag{3-47}$$

$$M_{x_{p1}} = \frac{-[L_7 - (M_{x_{p2}} - M_{D_{x2}}) - M_{z_{p1}}\sin\beta_{yk}]}{\cos\beta_{yk}} \tag{3-48}$$

得到

$$\begin{aligned} M_{xp} = & -L_4\cos\beta_{zk} + L_5\sin\beta_{zk} + L_6\tan\beta_{yk}\cos\beta_{zk} - L_7\sec\beta_{yk}\cos\beta_{zk} + \\ & (M_{x_{p2}} - M_{D_{x2}})\sec\beta_{yk}\cos\beta_{zk} - (M_{y_{p1}} - M_{D_{y1}})\sin\beta_{zk} + \\ & (M_{zp} - M_{D_{zp}})\tan\beta_{yk}\cos\beta_{zk} \end{aligned} \tag{3-49}$$

$$\begin{aligned} M_{yp} = & -L_4\sin\beta_{zk} - L_5\cos\beta_{zk} + L_6\tan\beta_{yk}\sin\beta_{zk} - L_7\sec\beta_{yk}\sin\beta_{zk} + \\ & (M_{x_{p2}} - M_{D_{x2}})\sec\beta_{yk}\sin\beta_{zk} + (M_{y_{p1}} - M_{D_{y1}})\cos\beta_{zk} + \\ & (M_{zp} - M_{D_{zp}})\tan\beta_{yk}\sin\beta_{zk} \end{aligned} \tag{3-50}$$

从而可得平台台体 3 轴完整的运动方程如下。

1）台体 X_p 轴方程

$$(J_{x_p} + J_{x_{p1}}\cos^2\beta_{zk} + J_{y_{p1}}\sin^2\beta_{zk} + J_{z_{p1}}\cos^2\beta_{zk}\tan^2\beta_{yk} + J_{x_{p2}}\cos^2\beta_{zk}\sec^2\beta_{yk}) \times$$

$$\dot{\omega}_{x_p} + \frac{1}{2}(J_{x_{p1}} - J_{y_{p1}} + J_{z_{p1}}\tan^2\beta_{yk} + J_{x_{p2}}\sec^2\beta_{yk})\dot{\omega}_{y_p}\sin2\beta_{zk} - (J_{z_{p1}} +$$

$$J_{x_{p2}})\dot{\omega}_{y_{p3}}\sin\beta_{xk}\tan\beta_{yk}\sec\beta_{yk}\cos\beta_{zk} - (J_{z_{p1}} + J_{x_{p2}})\dot{\omega}_{z_{p3}}\cos\beta_{xk}\tan\beta_{yk}\sec\beta_{yk}\cos\beta_{zk} +$$

$$[J_{x_{p1}}-J_{y_{p1}}-J_{z_{p1}}+2(J_{z_{p1}}+J_{x_{p2}})\sec^2\beta_{yk}]\omega_{x_p}^2\sin\beta_{zk}\cos^2\beta_{zk}\tan\beta_{yk}+[(J_{x_{p1}}-J_{y_{p1}}-J_{z_{p1}})\sin\beta_{zk}\sin2\beta_{zk}-2(J_{z_{p1}}+J_{x_{p2}})\cos\beta_{zk}\cos2\beta_{zk}\sec^2\beta_{yk}]\omega_{x_p}\omega_{y_p}\tan\beta_{yk}+[(J_{x_{p1}}-J_{y_{p1}}-J_{z_{p1}})\sin^2\beta_{zk}-2(J_{z_{p1}}+J_{x_{p2}})\cos^2\beta_{zk}\sec^2\beta_{yk}]\omega_{y_p}^2\sin\beta_{zk}\tan\beta_{yk}+\frac{1}{2}(J_{x_{p1}}-J_{y_{p1}}+J_{z_{p1}}\tan^2\beta_{yk}+J_{x_{p2}}\sec^2\beta_{yk})\omega_{x_p}\omega_{z_p}\sin2\beta_{zk}+[J_{z_p}-J_{y_p}-(J_{x_{p1}}+J_{y_{p1}}\tan^2\beta_{zk}+J_{z_{p1}}\tan^2\beta_{yk}+J_{x_{p2}}\sec^2\beta_{yk})\cos^2\beta_{zk}]\omega_{y_p}\omega_{z_p}-2[(J_{x_{p1}}-J_{y_{p1}})\sin\beta_{xk}\sin\beta_{zk}+J_{z_{p1}}\sin\beta_{yk}(\sin\beta_{xk}\tan\beta_{yk}\sec\beta_{yk}\sin\beta_{zk}-\cos\beta_{xk}\sec^2\beta_{yk}\cos\beta_{zk})-J_{x_{p2}}(\cos\beta_{xk}\tan\beta_{yk}\sec\beta_{yk}\cos\beta_{zk}-\sin\beta_{xk}\sec^2\beta_{yk}\sin\beta_{zk})]\omega_{x_p}\omega_{y_{p3}}\cos\beta_{zk}\sec\beta_{yk}+[(J_{x_{p1}}-J_{y_{p1}})\sin\beta_{xk}\sec\beta_{yk}\cos2\beta_{zk}+J_{z_{p1}}\sin\beta_{xk}\sec\beta_{yk}+2J_{z_{p1}}\tan\beta_{yk}\cos\beta_{zk}(\sin\beta_{xk}\tan\beta_{yk}\sec\beta_{yk}\cos\beta_{zk}+\cos\beta_{xk}\sec^2\beta_{yk}\sin\beta_{zk})+2J_{x_{p2}}\sec\beta_{yk}\cos\beta_{zk}(\cos\beta_{xk}\tan\beta_{yk}\sec\beta_{yk}\sin\beta_{zk}+\sin\beta_{xk}\sec^2\beta_{yk}\cos\beta_{zk})]\omega_{y_p}\omega_{y_{p3}}-2[(J_{x_{p1}}-J_{y_{p1}})\cos\beta_{xk}\sin\beta_{zk}+J_{z_{p1}}\sin\beta_{yk}(\cos\beta_{xk}\tan\beta_{yk}\sec\beta_{yk}\sin\beta_{zk}+\sin\beta_{xk}\sec^2\beta_{yk}\cos\beta_{zk})+J_{x_{p2}}(\sin\beta_{xk}\tan\beta_{yk}\sec\beta_{yk}\cos\beta_{zk}+\cos\beta_{xk}\sec^2\beta_{yk}\sin\beta_{zk})]\omega_{x_p}\omega_{z_{p3}}\cos\beta_{zk}\sec\beta_{yk}+[(J_{x_{p1}}-J_{y_{p1}})\cos\beta_{xk}\sec\beta_{yk}\cos2\beta_{zk}+J_{z_{p1}}\cos\beta_{xk}\sec\beta_{yk}+2J_{z_{p1}}\tan\beta_{yk}\cos\beta_{zk}(\cos\beta_{xk}\tan\beta_{yk}\sec\beta_{yk}\cos\beta_{zk}-\sin\beta_{xk}\sec^2\beta_{yk}\sin\beta_{zk})-2J_{x_{p2}}\sec\beta_{yk}\cos\beta_{zk}(\sin\beta_{xk}\tan\beta_{yk}\sec\beta_{yk}\sin\beta_{zk}-\cos\beta_{xk}\sec^2\beta_{yk}\cos\beta_{zk})]\omega_{y_p}\omega_{z_{p3}}-(J_{z_{p1}}+J_{x_{p2}})\omega_{x_{p3}}\omega_{y_{p3}}\cos\beta_{xk}\tan\beta_{yk}\sec\beta_{yk}\cos\beta_{zk}+(J_{z_{p1}}+J_{x_{p2}})\omega_{x_{p3}}\omega_{z_{p3}}\sin\beta_{xk}\tan\beta_{yk}\sec\beta_{yk}\cos\beta_{zk}-[\frac{1}{2}(J_{x_{p2}}+J_{y_{p2}}-J_{z_{p2}})+(J_{z_{p1}}+J_{x_{p2}})\tan^2\beta_{yk}]\omega_{y_{p3}}^2\sin2\beta_{xk}\sec\beta_{yk}\cos\beta_{zk}-[(J_{x_{p2}}+J_{y_{p2}}-J_{z_{p2}})+2(J_{z_{p1}}+J_{x_{p2}})\tan^2\beta_{yk}]\omega_{y_{p3}}\omega_{z_{p3}}\cos2\beta_{xk}\sec\beta_{yk}\cos\beta_{zk}+[\frac{1}{2}(J_{x_{p2}}+J_{y_{p2}}-J_{z_{p2}})+(J_{z_{p1}}+J_{x_{p2}})\tan^2\beta_{yk}]\omega_{z_{p3}}^2\sin2\beta_{xk}\sec\beta_{yk}\cos\beta_{zk}=(M_{x_{p2}}-M_{D_{x2}})\sec\beta_{yk}\cos\beta_{zk}-(M_{y_{p1}}-M_{D_{y1}})\sin\beta_{zk}+(M_{zp}-M_{D_{zp}})\tan\beta_{yk}\cos\beta_{zk}+M_{G_x} \tag{3-51}$$

2）台体 Y_p 轴方程

$$(J_{y_p}+J_{x_{p1}}\sin^2\beta_{zk}+J_{y_{p1}}\cos^2\beta_{zk}+J_{z_{p1}}\sin^2\beta_{zk}\tan^2\beta_{yk}+J_{x_{p2}}\sin^2\beta_{zk}\sec^2\beta_{yk})\times\dot{\omega}_{y_p}+\frac{1}{2}(J_{x_{p1}}-J_{y_{p1}}+J_{z_{p1}}\tan^2\beta_{yk}+J_{x_{p2}}\sec^2\beta_{yk})\dot{\omega}_{x_p}\sin2\beta_{zk}-(J_{z_{p1}}+$$

$$
\begin{aligned}
&J_{x_{p2}})\dot{\omega}_{y_{p3}}\sin\beta_{xk}\tan\beta_{yk}\sec\beta_{yk}\sin\beta_{zk}-(J_{z_{p1}}+J_{x_{p2}})\dot{\omega}_{z_{p3}}\cos\beta_{xk}\tan\beta_{yk}\sec\beta_{yk}\sin\beta_{zk}-\\
&[(J_{x_{p1}}-J_{y_{p1}}-J_{z_{p1}})\cos^2\beta_{zk}-2(J_{z_{p1}}+J_{x_{p2}})\sin^2\beta_{zk}\sec^2\beta_{yk}]\\
&\omega_{x_p}^2\cos\beta_{zk}\tan\beta_{yk}-[(J_{x_{p1}}-J_{y_{p1}}-J_{z_{p1}})\cos\beta_{zk}\sin2\beta_{zk}+2(J_{z_{p1}}+\\
&J_{x_{p2}})\sin\beta_{zk}\cos2\beta_{zk}\sec^2\beta_{yk}]\omega_{x_p}\omega_{y_p}\tan\beta_{yk}-[(J_{x_{p1}}-J_{y_{p1}}-J_{z_{p1}})+\\
&2(J_{z_{p1}}+J_{x_{p2}})\sec^2\beta_{yk}]\omega_{y_p}^2\sin^2\beta_{zk}\cos\beta_{zk}\tan\beta_{yk}+[J_{x_p}-J_{z_p}+(J_{x_{p1}}\sin^2\beta_{zk}+\\
&J_{y_{p1}}\cos^2\beta_{zk}+J_{z_{p1}}\sin^2\beta_{zk}\tan^2\beta_{yk}+J_{x_{p2}}\sin^2\beta_{zk}\sec^2\beta_{yk})]\omega_{x_p}\omega_{z_p}-\frac{1}{2}(J_{x_{p1}}-\\
&J_{y_{p1}}+J_{z_{p1}}\tan^2\beta_{yk}+J_{x_{p2}}\sec^2\beta_{yk})\omega_{y_p}\omega_{z_p}\sin2\beta_{zk}+[(J_{x_{p1}}-J_{y_{p1}})\\
&\sin\beta_{xk}\sec\beta_{yk}\cos2\beta_{zk}-J_{z_{p1}}\sin\beta_{xk}\sec\beta_{yk}-2J_{z_{p1}}\tan\beta_{yk}\sin\beta_{zk}\\
&(\sin\beta_{xk}\tan\beta_{yk}\sec\beta_{yk}\sin\beta_{zk}-\cos\beta_{xk}\sec^2\beta_{yk}\cos\beta_{zk})+2J_{x_{p2}}\sec\beta_{yk}\sin\beta_{zk}\\
&(\cos\beta_{xk}\tan\beta_{yk}\sec\beta_{yk}\cos\beta_{zk}-\sin\beta_{xk}\sec^2\beta_{yk}\sin\beta_{zk})]\omega_{x_p}\omega_{y_{p3}}+2[(J_{x_{p1}}-J_{y_{p1}})\\
&\sin\beta_{zk}\cos\beta_{zk}+J_{z_{p1}}\sin\beta_{yk}(\sin\beta_{xk}\tan\beta_{yk}\sec\beta_{yk}\cos\beta_{zk}+\cos\beta_{xk}\sec^2\beta_{yk}\sin\beta_{zk})+\\
&J_{x_{p2}}(\cos\beta_{xk}\tan\beta_{yk}\sec\beta_{yk}\sin\beta_{zk}+\sin\beta_{xk}\sec^2\beta_{yk}\cos\beta_{zk})]\omega_{y_p}\omega_{y_{p3}}\sin\beta_{zk}\sec\beta_{yk}z+\\
&[(J_{x_{p1}}-J_{y_{p1}})\cos\beta_{xk}\sec\beta_{yk}\cos2\beta_{zk}-J_{z_{p1}}\cos\beta_{xk}\sec\beta_{yk}-2J_{z_{p1}}\tan\beta_{yk}\sin\beta_{zk}\\
&(\cos\beta_{xk}\tan\beta_{yk}\sec\beta_{yk}\sin\beta_{zk}+\sin\beta_{xk}\sec^2\beta_{yk}\cos\beta_{zk})-2J_{x_{p2}}\sec\beta_{yk}\sin\beta_{zk}\\
&(\sin\beta_{xk}\tan\beta_{yk}\sec\beta_{yk}\cos\beta_{zk}+\cos\beta_{xk}\sec^2\beta_{yk}\sin\beta_{zk})]\omega_{x_p}\omega_{z_{p3}}+2[(J_{x_{p1}}-\\
&J_{y_{p1}})\cos\beta_{zk}\cos\beta_{zk}+J_{z_{p1}}\sin\beta_{yk}(\cos\beta_{xk}\tan\beta_{yk}\sec\beta_{yk}\cos\beta_{zk}-\sin\beta_{xk}\sec^2\beta_{yk}\sin\beta_{zk})-\\
&J_{x_{p2}}(\sin\beta_{xk}\tan\beta_{yk}\sec\beta_{yk}\sin\beta_{zk}-\cos\beta_{xk}\sec^2\beta_{yk}\cos\beta_{zk})]\omega_{y_p}\omega_{z_{p3}}\sin\beta_{zk}\sec\beta_{yk}-\\
&(J_{z_{p1}}+J_{x_{p2}})\omega_{x_{p3}}\omega_{y_{p3}}\cos\beta_{xk}\tan\beta_{yk}\sec\beta_{yk}\sin\beta_{zk}+(J_{z_{p1}}+J_{x_{p2}})\\
&\omega_{x_{p3}}\omega_{z_{p3}}\sin\beta_{xk}\tan\beta_{yk}\sec\beta_{yk}\sin\beta_{zk}-[\frac{1}{2}(J_{x_{p2}}+J_{y_{p2}}-J_{z_{p2}})+(J_{z_{p1}}+\\
&J_{x_{p2}})\tan^2\beta_{yk}]\omega_{y_{p3}}^2\sin2\beta_{xk}\sec\beta_{yk}\sin\beta_{zk}-[(J_{x_{p2}}+J_{y_{p2}}-J_{z_{p2}})+2(J_{z_{p1}}+\\
&J_{x_{p2}})\tan^2\beta_{yk}]\omega_{y_{p3}}\omega_{z_{p3}}\cos2\beta_{xk}\sec\beta_{yk}\sin\beta_{zk}+[\frac{1}{2}(J_{x_{p2}}+J_{y_{p2}}-J_{z_{p2}})+\\
&(J_{z_{p1}}+J_{x_{p2}})\tan^2\beta_{yk}]\omega_{z_{p3}}^2\sin2\beta_{xk}\sec\beta_{yk}\sin\beta_{zk}=(M_{x_{p2}}-M_{D_{x2}})\\
&\sec\beta_{yk}\sin\beta_{zk}+(M_{y_{p1}}-M_{D_{y1}})\cos\beta_{zk}+(M_{zp}-M_{D_{zp}})\tan\beta_{yk}\sin\beta_{zk}+M_{G_y}
\end{aligned}
\tag{3-52}
$$

3）台体 Z_p 轴方程

$$J_{z_p}\dot{\omega}_{z_p}+(J_{y_p}-J_{x_p})\omega_{x_p}\omega_{y_p}=M_{zp}-M_{D_{zp}}+M_{G_z} \tag{3-53}$$

另外，把

$$M_{y_{p2}} = L_8 + (M_{y_{p1}} - M_{D_{y1}})$$

$$M_{z_{p2}} = L_9 - L_7 \tan\beta_{yk} + L_6 \sec\beta_{yk} + (M_{x_{p2}} - M_{D_{x2}})\tan\beta_{yk} + (M_{zp} - M_{D_{zp}})\sec\beta_{yk}$$

代入随动框架动力学方程，有

$$L_{10} = -L_6 \sec\beta_{yk} \sin\beta_{xk} + L_7 \tan\beta_{yk} \sin\beta_{xk} - L_8 \cos\beta_{xk} - L_9 \sin\beta_{xk} + M_{D_{y3}} - (M_{x_{p2}} - M_{D_{x2}})\tan\beta_{yk} \sin\beta_{xk} - (M_{y_{p1}} - M_{D_{y1}}) \times \cos\beta_{xk} - (M_{zp} - M_{D_{zp}})\sec\beta_{yk} \sin\beta_{xk} \qquad (3-54)$$

得到四轴平台随动框架动力学方程

$$(J_{y_{p3}} + J_{z_{p1}} \sin^2\beta_{xk} \sec^2\beta_{yk} + J_{x_{p2}} \sin^2\beta_{xk} \tan^2\beta_{yk} + J_{y_{p2}} \cos^2\beta_{xk} + J_{z_{p2}} \sin^2\beta_{xk})\dot{\omega}_{y_{p3}} + \frac{1}{2}(J_{z_{p1}} \sec^2\beta_{yk} + J_{x_{p2}} \tan^2\beta_{yk} - J_{y_{p2}} + J_{z_{p2}})\dot{\omega}_{z_{p3}} \sin2\beta_{xk} - (J_{z_{p1}} + J_{x_{p2}})\dot{\omega}_{x_p} \sin\beta_{xk} \tan\beta_{yk} \sec\beta_{yk} \cos\beta_{zk} - (J_{z_{p1}} + J_{x_{p2}}) \dot{\omega}_{y_p} \sin\beta_{xk} \tan\beta_{yk} \sec\beta_{yk} \sin\beta_{zk} + \frac{1}{2}[J_{x_{p1}} - J_{y_{p1}} - J_{z_{p1}} - 2(J_{z_{p1}} + J_{x_{p2}}) \tan^2\beta_{yk}]\omega_{x_p}^2 \sin\beta_{xk} \sec\beta_{yk} \sin2\beta_{zk} - [J_{x_{p1}} - J_{y_{p1}} - J_{z_{p1}} - 2(J_{z_{p1}} + J_{x_{p2}}) \tan^2\beta_{yk}]\omega_{x_p}\omega_{y_p} \sin\beta_{xk} \sec\beta_{yk} \cos2\beta_{zk} - \frac{1}{2}[J_{x_{p1}} - J_{y_{p1}} - J_{z_{p1}} - 2(J_{z_{p1}} + J_{x_{p2}})\tan^2\beta_{yk}]\omega_{y_p}^2 \sin\beta_{xk} \sec\beta_{yk} \sin2\beta_{zk} - (J_{z_{p1}} + J_{x_{p2}}) \omega_{x_p}\omega_{z_p} \sin\beta_{xk} \tan\beta_{yk} \sec\beta_{yk} \sin\beta_{zk} + (J_{z_{p1}} + J_{x_{p2}}) \omega_{y_p}\omega_{z_p} \sin\beta_{xk} \tan\beta_{yk} \sec\beta_{yk} \cos\beta_{zk} - [(J_{z_{p2}} - J_{y_{p2}})\sin2\beta_{xk} \sec\beta_{yk} \cos\beta_{zk} - 2J_{z_{p1}} \sin\beta_{xk} \sec\beta_{yk} (\sin\beta_{xk} \tan\beta_{yk} \sec\beta_{yk} \sin\beta_{zk} - \cos\beta_{xk} \sec^2\beta_{yk} \cos\beta_{zk}) + 2J_{x_{p2}} \sin\beta_{xk} \tan\beta_{yk} (\cos\beta_{xk} \tan\beta_{yk} \sec\beta_{yk} \cos\beta_{zk} - \sin\beta_{xk} \sec^2\beta_{yk} \sin\beta_{zk})] \omega_{x_p}\omega_{y_{p3}} - [(J_{z_{p2}} - J_{y_{p2}})\sin2\beta_{xk} \sec\beta_{yk} \sin\beta_{zk} + 2J_{z_{p1}} \sin\beta_{xk} \sec\beta_{yk} (\sin\beta_{xk} \tan\beta_{yk} \sec\beta_{yk} \cos\beta_{zk} + \cos\beta_{xk} \sec^2\beta_{yk} \sin\beta_{zk}) + 2J_{x_{p2}} \sin\beta_{xk} \tan\beta_{yk} (\cos\beta_{xk} \tan\beta_{yk} \sec\beta_{yk} \sin\beta_{zk} + \sin\beta_{xk} \sec^2\beta_{yk} \cos\beta_{zk})]\omega_{y_p}\omega_{y_{p3}} + [J_{x_{p2}} \sec\beta_{yk} \cos\beta_{zk} + (J_{y_{p2}} - J_{z_{p2}})\cos2\beta_{xk} \sec\beta_{yk} \cos\beta_{zk} + 2J_{z_{p1}} \sin\beta_{xk} \sec\beta_{yk} (\cos\beta_{xk} \tan\beta_{yk} \sec\beta_{yk} \sin\beta_{zk} + \sin\beta_{xk} \sec^2\beta_{yk} \cos\beta_{zk}) + 2J_{x_{p2}} \sin\beta_{xk} \tan\beta_{yk} (\sin\beta_{xk} \tan\beta_{yk} \sec\beta_{yk} \cos\beta_{zk} + \cos\beta_{xk} \sec^2\beta_{yk} \sin\beta_{zk})]\omega_{x_p}\omega_{z_{p3}} + [J_{x_{p2}} \sec\beta_{yk} \sin\beta_{zk} + (J_{y_{p2}} - J_{z_{p2}})\cos2\beta_{xk} \sec\beta_{yk} \sin\beta_{zk} - 2J_{z_{p1}} \sin\beta_{xk} \sec\beta_{yk} (\cos\beta_{xk} \tan\beta_{yk} \sec\beta_{yk} \cos\beta_{zk} - \sin\beta_{xk} \sec^2\beta_{yk} \sin\beta_{zk}) +$$

$$2J_{x_{p2}}\sin\beta_{xk}\tan\beta_{yk}(\sin\beta_{xk}\tan\beta_{yk}\sec\beta_{yk}\sin\beta_{zk}-\cos\beta_{xk}\sec^2\beta_{yk}\cos\beta_{zk})]$$
$$\omega_{y_p}\omega_{z_{p3}}+\frac{1}{2}(-J_{y_{p2}}+J_{z_{p2}}+J_{z_{p1}}\sec^2\beta_{yk}+J_{x_{p2}}\tan^2\beta_{yk})\omega_{x_{p3}}\omega_{y_{p3}}\sin2\beta_{xk}+$$
$$(J_{x_{p3}}-J_{z_{p3}}-J_{y_{p2}}\cos^2\beta_{xk}-J_{z_{p2}}\sin^2\beta_{xk}-J_{z_{p1}}\sin^2\beta_{xk}\sec^2\beta_{yk}-$$
$$J_{x_{p2}}\sin^2\beta_{xk}\tan^2\beta_{yk})\omega_{x_{p3}}\omega_{z_{p3}}+[(J_{x_{p2}}-J_{y_{p2}}+J_{z_{p2}})+2(J_{z_{p1}}+$$
$$J_{x_{p2}})\tan^2\beta_{yk}]\omega_{y_{p3}}^2\sin^2\beta_{xk}\cos\beta_{xk}\tan\beta_{yk}-[(J_{x_{p2}}+J_{y_{p2}}-J_{z_{p2}})$$
$$\sin2\beta_{xk}\cos\beta_{xk}-2(J_{z_{p1}}+J_{x_{p2}})\cos2\beta_{xk}\sin\beta_{xk}\sec^2\beta_{yk}]\omega_{y_{p3}}\omega_{z_{p3}}\tan\beta_{yk}-$$
$$[(J_{x_{p2}}+J_{y_{p2}}-J_{z_{p2}})\cos^3\beta_{xk}+(J_{z_{p1}}+J_{x_{p2}})\sin2\beta_{xk}\sin\beta_{xk}\sec^2\beta_{yk}]$$
$$\omega_{z_{p3}}^2\tan\beta_{yk}=-(M_{x_{p2}}-M_{D_{x2}})\tan\beta_{yk}\sin\beta_{xk}-(M_{y_{p1}}-M_{D_{y1}})\cos\beta_{xk}-$$
$$(M_{zp}-M_{D_{zp}})\sec\beta_{yk}\sin\beta_{xk}+M_{D_{y3}} \qquad (3-55)$$

整理后可得四轴平台框架系统的动力学方程如下

$$\begin{bmatrix} J'_{x_p} & J_{xy} & J_{xy'} & 0 \\ J_{xy} & J'_{y_p} & J_{yy'} & 0 \\ J_{xy'} & J_{yy'} & J'_{y'_k} & 0 \\ 0 & 0 & 0 & J'_{z_p} \end{bmatrix}\begin{bmatrix}\dot{\omega}_{x_p} \\ \dot{\omega}_{y_p} \\ \ddot{\beta}_{yk'} \\ \dot{\omega}_{z_p}\end{bmatrix}=\begin{bmatrix}M_{x3}\\ M_{y3}\\ M_{yk'}\\ M_{z3}\end{bmatrix}-\begin{bmatrix}M_{D_{x3}}\\ M_{D_{y3}}\\ M_{D_{y'}}\\ M_{D_{z3}}\end{bmatrix}+\begin{bmatrix}M'_{I_x}\\ M'_{I_y}\\ M'_{I_{y'}}\\ 0\end{bmatrix}+\begin{bmatrix}M_{G_x}\\ M_{G_y}\\ 0\\ M_{G_z}\end{bmatrix}-\begin{bmatrix}\Delta M_{x_p}\\ \Delta M_{y_p}\\ \Delta M_{y'_k}\\ \Delta M_{z_p}\end{bmatrix} \qquad (3-56)$$

式中

$$\begin{bmatrix}M_{x3}\\ M_{y3}\\ M_{z3}\end{bmatrix}=\begin{bmatrix}\sec\beta_{yk}\cos\beta_{zk} & -\sin\beta_{zk} & \tan\beta_{yk}\cos\beta_{zk}\\ \sec\beta_{yk}\sin\beta_{zk} & \cos\beta_{zk} & \tan\beta_{yk}\sin\beta_{zk}\\ 0 & 0 & 1\end{bmatrix}\begin{bmatrix}M_{x_{p2}}\\ M_{y_{p1}}\\ M_{zp}\end{bmatrix}$$

$$M_{yk'}=M_{x_{p2}}\tan\beta_{yk}\sin\beta_{xk}+M_{y_{p1}}\cos\beta_{xk}+M_{zp}\sec\beta_{yk}\sin\beta_{xk}$$

$$\begin{bmatrix}M_{D_{x3}}\\ M_{D_{y3}}\\ M_{D_{z3}}\end{bmatrix}=\begin{bmatrix}\sec\beta_{yk}\cos\beta_{zk} & -\sin\beta_{zk} & \tan\beta_{yk}\cos\beta_{zk}\\ \sec\beta_{yk}\sin\beta_{zk} & \cos\beta_{zk} & \tan\beta_{yk}\sin\beta_{zk}\\ 0 & 0 & 1\end{bmatrix}\begin{bmatrix}M_{D_{x2}}\\ M_{D_{y1}}\\ M_{D_{zp}}\end{bmatrix}$$

$$M_{D_{y'}}=M_{D_{x2}}\tan\beta_{yk}\sin\beta_{xk}+M_{D_{y1}}\cos\beta_{xk}+M_{D_{zp}}\sec\beta_{yk}\sin\beta_{xk}+M_{D_{y3}}$$

$$J'_{x_p} = J_{x_p} + J_{x_{p1}}\cos^2\beta_{zk} + J_{y_{p1}}\sin^2\beta_{zk} + J_{z_{p1}}\cos^2\beta_{zk}\tan^2\beta_{yk} + J_{x_{p2}}\cos^2\beta_{zk}\sec^2\beta_{yk}$$

$$J'_{y_p} = J_{y_p} + J_{x_{p1}}\sin^2\beta_{zk} + J_{y_{p1}}\cos^2\beta_{zk} + J_{z_{p1}}\sin^2\beta_{zk}\tan^2\beta_{yk} + J_{x_{p2}}\sin^2\beta_{zk}\sec^2\beta_{yk}$$

$$J'_{y'_k} = J_{y_{p3}} + J_{z_{p1}}\sin^2\beta_{xk}\sec^2\beta_{yk} + J_{x_{p2}}\sin^2\beta_{xk}\tan^2\beta_{yk} + J_{y_{p2}}\cos^2\beta_{xk} + J_{z_{p2}}\sin^2\beta_{xk}$$

$$J_{xy} = \frac{1}{2}(J_{x_{p1}} - J_{y_{p1}} + J_{z_{p1}}\tan^2\beta_{yk} + J_{x_{p2}}\sec^2\beta_{yk})\sin2\beta_{zk}$$

$$J_{xy'} = (J_{z_{p1}} + J_{x_{p2}})\sin\beta_{xk}\tan\beta_{yk}\sec\beta_{yk}\cos\beta_{zk}$$

$$J_{yy'} = (J_{z_{p1}} + J_{x_{p2}})\sin\beta_{xk}\tan\beta_{yk}\sec\beta_{yk}\sin\beta_{zk}$$

$$M'_{I_x} = (J_{z_{p1}} + J_{x_{p2}})\dot{\omega}_{z_{p3}}\cos\beta_{xk}\tan\beta_{yk}\sec\beta_{yk}\cos\beta_{zk} + (J_{z_{p1}} + J_{x_{p2}})\dot{\omega}_{x_1}\sin\beta_{xk}\tan\beta_{yk}\sec\beta_{yk}\cos\beta_{zk}$$

$$M'_{I_y} = (J_{z_{p1}} + J_{x_{p2}})\dot{\omega}_{z_{p3}}\cos\beta_{xk}\tan\beta_{yk}\sec\beta_{yk}\sin\beta_{zk} + (J_{z_{p1}} + J_{x_{p2}})\dot{\omega}_{x_1}\sin\beta_{xk}\tan\beta_{yk}\sec\beta_{yk}\sin\beta_{zk}$$

$$M'_{I_{y'}} = \frac{1}{2}(J_{z_{p1}}\sec^2\beta_{yk} + J_{x_{p2}}\tan^2\beta_{yk} - J_{y_{p2}} + J_{z_{p2}})\dot{\omega}_{z_{p3}}\sin2\beta_{xk} + (J_{y_{p3}} + J_{z_{p1}}\sin^2\beta_{xk}\sec^2\beta_{yk} + J_{x_{p2}}\sin^2\beta_{xk}\tan^2\beta_{yk} + J_{y_{p2}}\cos^2\beta_{xk} + J_{z_{p2}}\sin^2\beta_{xk})\dot{\omega}_{x_1}$$

ΔM_{x_p}，ΔM_{y_p}，ΔM_{z_p}，$\Delta M_{y'_k}$ 分别为 X_p，Y_p，Z_p，Y'_k 轴所受二阶非线性小量。

从式（3－56）可以看出，框架系统的转动惯量和惯量积将对台体轴造成惯性干扰力矩，其大小与 β_{xk}，β_{yk}，β_{zk} 有关；同时又可以看到，平台台体三轴与随动轴之间，由于转动惯量和惯量积的存在，产生了耦合。

但是，目前在平台稳定回路和随动回路设计中，都忽略了转动惯量和惯量积的影响。另一方面，忽略了二阶非线性项。因此，在以后的系统设计中，系统的鲁棒性必须考虑。

3.2.3　四轴平台力矩交链的解耦

平台框架各旋转轴上的外力矩，是作用在框架系统的主要外力矩，它通过框架直接作用在台体上，在列写平台某一轴的运动方程时，必须把外力矩变换到该轴上，因此必须了解这些轴之间的力矩变换关系。

设 M_{xk}，M_{yk}，M_{zk} 分别为作用在外框架轴、内框架轴、台体轴上的外力矩，以矢量形式表示

$$\overline{\boldsymbol{M}}_{\varepsilon} = [M_{xk} \quad M_{yk} \quad M_{zk}] \tag{3-57}$$

设 M_{x3}，M_{y3}，M_{z3} 为投影在台体三个轴上的外力矩，以矢量形式表示

$$\overline{\boldsymbol{M}}_{3} = [M_{x3} \quad M_{y3} \quad M_{z3}] \tag{3-58}$$

框架轴上各力矩 $\overline{\boldsymbol{M}}_{\varepsilon}$ 和台体各轴的力矩 $\overline{\boldsymbol{M}}_{3}$ 之间的变换关系由下式确定

$$\overline{\boldsymbol{M}}_{3} = B_{\varepsilon}^{3}\overline{\boldsymbol{M}}_{\varepsilon} \tag{3-59}$$

可以利用虚功原理，来求取变换矩阵 B_{ε}^{3} 的表达式。设 δ_{xk}，δ_{yk}，δ_{zk} 为主动力矩 M_{xk}，M_{yk}，M_{zk} 作用下所产生的虚位移，则主动力矩所做的元功和为

$$\delta_{W} = -(M_{xk}\delta_{xk} + M_{yk}\delta_{yk} + M_{zk}\delta_{zk}) \tag{3-60}$$

由式（3－26）得到

$$\begin{aligned}\delta_{xk} &= (\dot\beta_{xk} + \dot\beta_{yk'}\tan\beta_{yk}\sin\beta_{xk})\Delta t \\ &= (-\omega_{xp}\sec\beta_{yk}\cos\beta_{zk} - \omega_{yp}\sec\beta_{yk}\sin\beta_{zk})\Delta t + \\ &\quad [\omega_{x_1}\tan\beta_{yk}\sin\beta_{xk} + \omega_{y_1}(-\cos\beta_{yk'} + \tan\beta_{yk}\cos\beta_{xk}\sin\beta_{yk'}) + \\ &\quad \omega_{z_1}(\sin\beta_{yk'} + \tan\beta_{yk}\cos\beta_{xk}\cos\beta_{yk'})]\Delta t\end{aligned} \tag{3-61}$$

$$\begin{aligned}\delta_{yk} &= (\dot\beta_{yk} + \dot\beta_{yk'}\cos\beta_{xk})\Delta t \\ &= (\omega_{xp}\sin\beta_{zk} - \omega_{yp}\cos\beta_{zk})\Delta t + (\omega_{x_1}\cos\beta_{xk} - \\ &\quad \omega_{y_1}\sin\beta_{xk}\sin\beta_{yk'} - \omega_{z_1}\sin\beta_{xk}\cos\beta_{yk'})\Delta t\end{aligned} \tag{3-62}$$

$$\begin{aligned}\delta_{zk} &= (\dot\beta_{zk} + \dot\beta_{yk'}\sec\beta_{yk}\sin\beta_{xk})\Delta t \\ &= (-\omega_{xp}\tan\beta_{yk}\cos\beta_{zk} - \omega_{yp}\tan\beta_{yk}\sin\beta_{zk} - \omega_{zp})\Delta t + \\ &\quad (\omega_{x_1}\sec\beta_{yk}\sin\beta_{xk} + \omega_{y_1}\sec\beta_{yk}\cos\beta_{xk}\sin\beta_{yk'} + \\ &\quad \omega_{z_1}\sec\beta_{yk}\cos\beta_{xk}\cos\beta_{yk'})\end{aligned} \tag{3-63}$$

之所以虚位移采用这种表达式是因为四轴平台在相对惯性空间稳定时，四个框架角相对角速度的稳态值并不为零，而是满足

$$\begin{bmatrix}\dot{\beta}_{xk}\\ \dot{\beta}_{yk}\\ \dot{\beta}_{zk}\end{bmatrix}=-\begin{bmatrix}\tan\beta_{yk}\sin\beta_{xk}\\ \cos\beta_{xk}\\ \sec\beta_{yk}\sin\beta_{xk}\end{bmatrix}\dot{\beta}_{yk'} \tag{3-64}$$

这就不同于三轴平台。将虚位移表达式代入式（3—60）得

$$\begin{aligned}\delta_W = &(M_{xk}\sec\beta_{yk}\cos\beta_{zk}-M_{yk}\sin\beta_{zk}+M_{zk}\tan\beta_{yk}\cos\beta_{zk})\omega_{xp}\Delta t+\\ &(M_{xk}\sec\beta_{yk}\sin\beta_{zk}+M_{yk}\cos\beta_{zk}+M_{zk}\tan\beta_{yk}\sin\beta_{zk})\omega_{yp}\Delta t+\\ &(M_{zk})\omega_{zp}\Delta t-(M_{xk}\tan\beta_{yk}\sin\beta_{xk}+M_{yk}\cos\beta_{xk}+M_{zk}\sec\beta_{yk}\sin\beta_{xk})\\ &\omega_{x_1}\Delta t-[M_{xk}(-\cos\beta_{yk'}+\tan\beta_{yk}\cos\beta_{xk}\sin\beta_{yk'})-M_{yk}\sin\beta_{xk}\sin\beta_{yk'}+\\ &M_{zk}\sec\beta_{yk}\cos\beta_{xk}\sin\beta_{yk'}]\omega_{y_1}\Delta t-[M_{xk}(\sin\beta_{yk'}+\tan\beta_{yk}\cos\beta_{xk}\cos\beta_{yk'})-\\ &M_{yk}\sin\beta_{xk}\cos\beta_{yk'}+M_{zk}\sec\beta_{yk}\cos\beta_{xk}\cos\beta_{yk'}]\omega_{z_1}\Delta t\end{aligned} \tag{3-65}$$

式中 $\omega_{xp}\Delta t$，$\omega_{yp}\Delta t$，$\omega_{zp}\Delta t$ 实际上是台体绕其自身 3 个轴的转角。由于我们主要关心静基座（$\omega_{x_1}=\omega_{y_1}=\omega_{z_1}=0$）时框架轴所受外力矩作用到台体三个轴力矩之间的关系，所以在 $\omega_{x_1}=\omega_{y_1}=\omega_{z_1}=0$ 条件下，有

$$\begin{bmatrix}M_{x3}\\ M_{y3}\\ M_{z3}\end{bmatrix}=\begin{bmatrix}\sec\beta_{yk}\cos\beta_{zk} & -\sin\beta_{zk} & \tan\beta_{yk}\cos\beta_{zk}\\ \sec\beta_{yk}\sin\beta_{zk} & \cos\beta_{zk} & \tan\beta_{yk}\sin\beta_{zk}\\ 0 & 0 & 1\end{bmatrix}\begin{bmatrix}M_{xk}\\ M_{yk}\\ M_{zk}\end{bmatrix} \tag{3-66}$$

由此，可得力矩变换矩阵 $\boldsymbol{B}_{\varepsilon}^{3}$ 的表达式

$$\boldsymbol{B}_{\varepsilon}^{3}=\begin{bmatrix}\sec\beta_{yk}\cos\beta_{zk} & -\sin\beta_{zk} & \tan\beta_{yk}\cos\beta_{zk}\\ \sec\beta_{yk}\sin\beta_{zk} & \cos\beta_{zk} & \tan\beta_{yk}\sin\beta_{zk}\\ 0 & 0 & 1\end{bmatrix} \tag{3-67}$$

对上式求逆，可得

$$\boldsymbol{B}_{3}^{\varepsilon}=\boldsymbol{B}_{\varepsilon}^{3-1}=\begin{bmatrix}\cos\beta_{yk}\cos\beta_{zk} & \cos\beta_{yk}\sin\beta_{zk} & -\sin\beta_{yk}\\ -\sin\beta_{zk} & \cos\beta_{zk} & 0\\ 0 & 0 & 1\end{bmatrix} \tag{3-68}$$

上式是台体到外环轴、内环轴和台体轴的力矩变换矩阵，它适用于台体力矩与力矩电机力矩间的转换。由式（3—66）可知，当 β_{yk} 角比较大时，则框架轴上的干扰力矩将会对台体产生很大的干扰。

其次，由于主动力矩产生反作用力矩，大小相等，方向相反，因此被动力矩所做的元功和为

$$\begin{aligned}\delta_W &= M_{xk}\delta_{xk} + M_{yk}\delta_{yk} + M_{zk}\delta_{zk}\\ &= M_{xk}\dot{\beta}_{xk}\Delta t + M_{yk}\dot{\beta}_{yk}\Delta t + M_{zk}\dot{\beta}_{zk}\Delta t + \\ &\quad (M_{xk}\tan\beta_{yk}\sin\beta_{xk} + M_{yk}\cos\beta_{xk} + M_{zk}\sec\beta_{yk}\sin\beta_{xk})\dot{\beta}_{yk'}\Delta t \end{aligned} \tag{3-69}$$

得到

$$M_{yk'} = M_{xk}\tan\beta_{yk}\sin\beta_{xk} + M_{yk}\cos\beta_{xk} + M_{zk}\sec\beta_{yk}\sin\beta_{xk} \tag{3-70}$$

其中 $M_{yk'}$ 为框架轴外力矩 M_{xk}，M_{yk}，M_{zk} 投影到随动轴上的力矩分量。

从上面的分析可知，无论是角速度变换还是力矩的变换，受 β_{yk} 角的影响都比较大。因此，平台的内框架轴不能作为载体大姿态角的稳定轴。

由于四轴平台随动回路的作用，使得 $\beta_{yk}\approx 0$。实际上，箭体作滚动运动时，主要依靠随动框架轴的转动完成的。由此可见，四轴平台应具有“全姿态”的功能，而这是三轴平台所不具备的性质。

由式（3—66）和式（3—70）可知，由于力矩的交链，四轴平台框架轴上的外力矩在台体三个轴以及随动轴上都产生了分量，因此必须对其解耦。

在平台框架轴处于初始状态，即 $\beta_{yk}=\beta_{zk}=0$ 时，力矩变换矩阵 $\boldsymbol{B}_{\varepsilon}^{3}=\boldsymbol{I}$，因此 $\boldsymbol{M}_3=\boldsymbol{M}_{\varepsilon}$。说明框架轴上的外力矩投影在对应的台体三个轴上的力矩分量不产生交链，因而可以实现自主控制。但当 β_{xk}，β_{yk}，β_{zk} 角较大时，$\boldsymbol{B}_{\varepsilon}^{3}$ 不是一个严格的对角阵，表示框架轴上的外力矩在台体三个轴上的分量产生了耦合，因此稳定回路就不能达到自主控制。为此，必须对陀螺仪信号进行适当的坐标变换，以便对电机力矩进行合理的组合，以实现各条回路的自主控制。

平台稳定回路的方框图如图 3—6 所示。

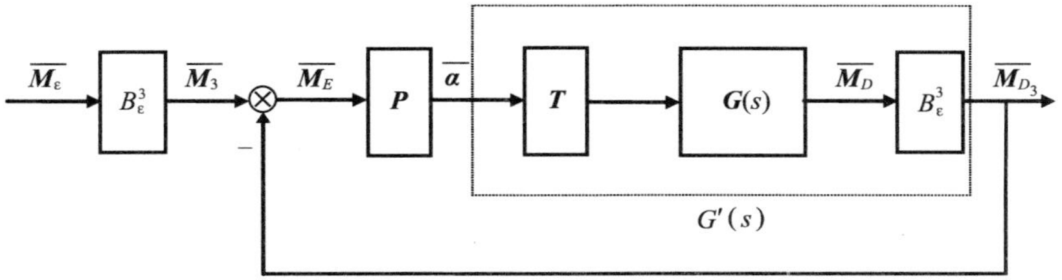

图 3—6　平台稳定回路方块图

其中，$\boldsymbol{P}$ 为从台体到陀螺仪输出的传输矩阵，$\boldsymbol{T}$ 为坐标变换阵，$\boldsymbol{G}(s)$为稳定回路的校正环节，$\bar{\boldsymbol{\alpha}}$ 为陀螺仪输出信号。

整个回路的作用如下：当框架轴受到外力矩 $\overline{\boldsymbol{M}}_\varepsilon$ 作用后，经过转换矩阵 $\boldsymbol{B}_\varepsilon^3$ 作用在台体上，其值为 $\overline{\boldsymbol{M}}_3$ ，将引起台体转动。陀螺仪敏感到这个转动信号，经过传输矩阵 P 输出信号 $\bar{\boldsymbol{\alpha}}$ 。经过坐标变换 $\boldsymbol{T}$ 与校正环节 $\boldsymbol{G}(s)$，作用到力矩电机 $\overline{\boldsymbol{M}}_D$ 。由于力矩电机安装在框架轴上，所以把 $\overline{\boldsymbol{M}}_D$ 还得变换到台体上，其值为 $\overline{\boldsymbol{M}}_{D_3}$ 。其核心思想是不管箭体如何使得框架角变化，台体始终相对惯性空间保持稳定，而不受外力矩的影响。

为了消除交链的影响，实现自主控制，希望 $\boldsymbol{G}'(s)=\boldsymbol{B}_\varepsilon^3\boldsymbol{G}(s)\boldsymbol{T}$ 是对角阵。由于 $\boldsymbol{G}(s)$ 是对角阵，一种选择是 $\boldsymbol{T}=\boldsymbol{B}_\varepsilon^{3\,-1}$，在 $\boldsymbol{G}(s)$ 各对角线元素近似相等情况下，使 $\boldsymbol{G}'(s)=\boldsymbol{B}_\varepsilon^3\boldsymbol{G}(s)\boldsymbol{T}=\boldsymbol{G}(s)$ 。

设

$$\boldsymbol{G}(s)=\begin{bmatrix} G_x(s) & 0 & 0 \\ 0 & G_y(s) & 0 \\ 0 & 0 & G_z(s) \end{bmatrix} \tag{3-71}$$

其逆为

$$\boldsymbol{G}^{-1}(s)=\begin{bmatrix} G_x^{-1}(s) & 0 & 0 \\ 0 & G_y^{-1}(s) & 0 \\ 0 & 0 & G_z^{-1}(s) \end{bmatrix} \tag{3-72}$$

将式（3－67）和 $\boldsymbol{G}(s)$，$\boldsymbol{G}^{-1}(s)$ 代入 $\boldsymbol{G}'(s)=\boldsymbol{B}_\varepsilon^3\boldsymbol{G}(s)\boldsymbol{T}$，得

$$\boldsymbol{T}=\begin{bmatrix} \cos\beta_{yk}\cos\beta_{zk} & G_x^{-1}(s)G_y(s)\cos\beta_{yk}\sin\beta_{zk} & -G_x^{-1}(s)G_z(s)\sin\beta_{yk} \\ -G_x(s)G_y^{-1}(s)\sin\beta_{zk} & \cos\beta_{zk} & 0 \\ 0 & 0 & 1 \end{bmatrix} \tag{3-73}$$

上式即使陀螺仪输出信号能独立地实施控制的变换矩阵。即当采用了上式所示的变换矩阵后，各通道完全实现了自主控制，且近似要求 $G_x(s)=G_y(s)=G_z(s)$ 。

但是式（3－73）所描述的坐标变换矩阵是相当复杂的，它不仅

与 β_{xk} 和 β_{zk} 角有关，还与 $\boldsymbol{G}(s)$ 和 $\boldsymbol{G}^{-1}(s)$ 传递函数（其中含回路增益）有关，因此在实践中实现起来比较困难。如果 $\boldsymbol{X}$，$\boldsymbol{Y}$，$\boldsymbol{Z}$ 三个通道有完全相同的传递函数（或近似相等），则 T 的表达式可简化为

$$\boldsymbol{T}=\begin{bmatrix}\cos\beta_{yk}\cos\beta_{zk} & \cos\beta_{yk}\sin\beta_{zk} & -\sin\beta_{yk}\\ -\sin\beta_{zk} & \cos\beta_{zk} & 0\\ 0 & 0 & 1\end{bmatrix}=\boldsymbol{B}_3^{\varepsilon}=\boldsymbol{B}_{\varepsilon}^{3-1} \tag{3-74}$$

这样，$\boldsymbol{T}$ 坐标变换矩阵即成为台体向各框架轴的力矩变换矩阵。能实现这种变换矩阵的装置称为空间坐标变换器，其信号流程图如图 3—7 所示，该空间坐标变换器接在陀螺仪和相应的稳定回路校正环节之间。

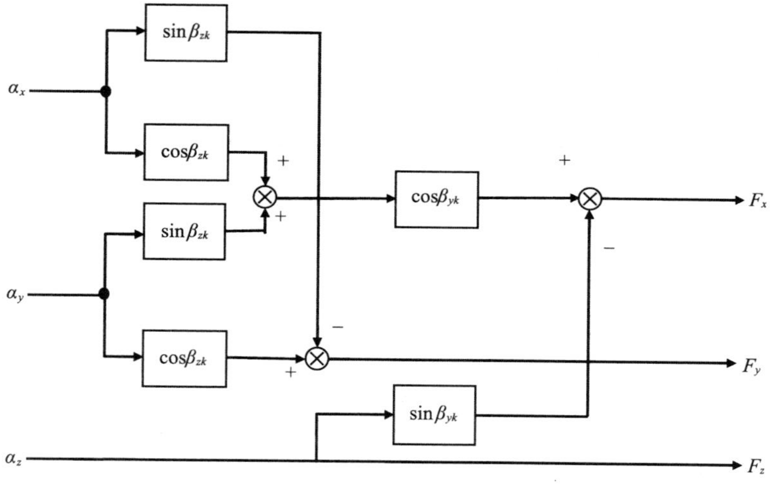

图 3—7　空间坐标变换器的信号流程图

将式（3—74）代入下式，有

$$\overline{\boldsymbol{M}}_{D_3}=\boldsymbol{B}_{\varepsilon}^{3}\boldsymbol{G}(s)\boldsymbol{T}\bar{\boldsymbol{\alpha}}$$

$$=\begin{bmatrix}G_x(s)\cos^2\beta_{zk}+G_y(s)\sin^2\beta_{zk} & [G_x(s)-G_y(s)]\cos\beta_{zk}\sin\beta_{zk} & [G_z(s)-G_x(s)]\cos\beta_{zk}\tan\beta_{yk}\\ [G_x(s)-G_y(s)]\sin\beta_{zk}\cos\beta_{zk} & G_x(s)\sin^2\beta_{zk}+G_y(s)\cos^2\beta_{zk} & [G_z(s)-G_x(s)]\sin\beta_{zk}\tan\beta_{yk}\\ 0 & 0 & G_z(s)\end{bmatrix}\times\begin{bmatrix}\alpha_x\\ \alpha_y\\ \alpha_z\end{bmatrix} \tag{3-75}$$

由上式可知，当采用空间坐标变换器时，只有各通道的传递函数完

全相等，即 $G_x(s) = G_y(s) = G_z(s)$，才能使各通道之间完全解耦。在实际应用中，只是简单采用平面

分解器，其变换矩阵如下

$$\boldsymbol{T}' = \begin{bmatrix} \cos\beta_{zk} & \sin\beta_{zk} & 0 \\ -\sin\beta_{zk} & \cos\beta_{zk} & 0 \\ 0 & 0 & 1 \end{bmatrix} \tag{3-76}$$

信号流程图如图 3—8 所示。

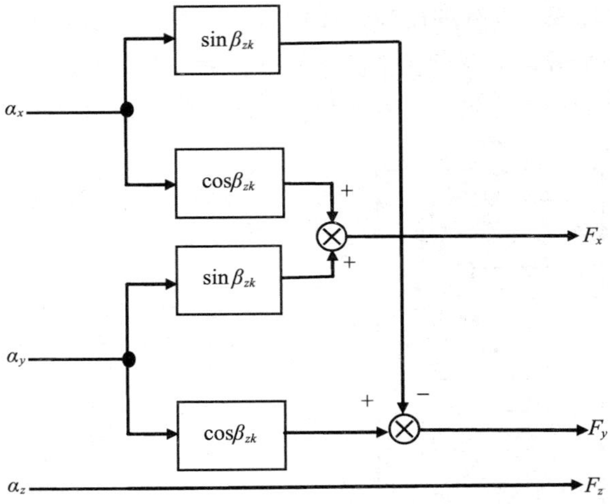

图 3—8　平面坐标变换器的信号流程图

如将式（3—76）代入下式，有

$$\overline{\boldsymbol{M}}'_{D_3} = \boldsymbol{B}_{\varepsilon}^{3}\boldsymbol{G}(s)\boldsymbol{T}'\bar{\boldsymbol{\alpha}}$$

$$= \begin{bmatrix} G_x(s)\cos^2\beta_{zk}\sec\beta_{yk} + G_y(s)\sin^2\beta_{zk} & [G_x(s)\sec\beta_{yk} - G_y(s)]\cos\beta_{zk}\sin\beta_{zk} & G_z(s)\cos\beta_{zk}\tan\beta_{yk} \\ [G_x(s)\sec\beta_{yk} - G_y(s)]\sin\beta_{zk}\cos\beta_{zk} & G_x(s)\sin^2\beta_{zk}\sec\beta_{yk} + G_y(s)\cos^2\beta_{zk} & G_z(s)\sin\beta_{zk}\tan\beta_{yk} \\ 0 & 0 & G_z(s) \end{bmatrix} \times \begin{bmatrix} \alpha_x \\ \alpha_y \\ \alpha_z \end{bmatrix} \tag{3-77}$$

由上式可以看到，采用平面分解器如果要获得 3 条通道完全解耦，则要求 $G_x(s) = G_y(s) = G_z(s)$ 和 $\beta_{yk} \approx 0$。

而由式（3－70）可知，随动轴所受到的外力矩为

$$M_{yk'} = M_{xk}\tan\beta_{yk}\sin\beta_{xk} + M_{yk}\cos\beta_{xk} + M_{zk}\sec\beta_{yk}\sin\beta_{xk}$$

其中 $M_{yk'}$ 为框架轴外力矩 M_{xk} ，M_{yk} ，M_{zk} 投影到随动轴上的力矩分量。

由于随动回路的作用是保持外环轴和台体轴始终垂直，因此，随动回路的输入信号主要考虑内环轴的力矩 M_{yk} 。但是，内框架轴力矩 M_{yk} 作用于随动框架的力矩衰减到 $M_{yk}\cos\beta_{xk}$ ，因此，在随动回路内所发生的情况如同引入一个“机械增益” $\cos\beta_{xk}$ ；而且，β_{xk} 越接近 90° 则这个值越小。可是当开环增益变小时，回路可能变为不稳定。所以在随动回路内引入一个增益可变的（正比于 $1/\cos\beta_{xk}$ ）电子放大级，以便通过电气增益的增大来补偿“机械增益”的降低。具体方块图如图 3－9 所示。

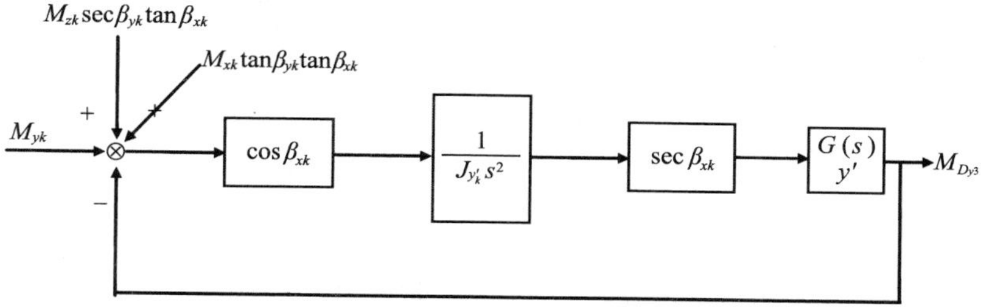

图 3－9　平台随动回路方块图

3.2.4　用动调陀螺仪构成的四轴平台稳定回路方块图

综合平台系统的动力学方程和动调陀螺仪运动学方程，可得用动调陀螺仪作敏感元件的四轴平台稳定回路方块图如图 3－10 所示。图中力矩变换矩阵为

$$\boldsymbol{B}_{\varepsilon}^{3} = \begin{bmatrix} \sec\beta_{yk}\cos\beta_{zk} & -\sin\beta_{zk} & \tan\beta_{yk}\cos\beta_{zk} \\ \sec\beta_{yk}\sin\beta_{zk} & \cos\beta_{zk} & \tan\beta_{yk}\sin\beta_{zk} \\ 0 & 0 & 1 \end{bmatrix} \qquad (3-78)$$

上式物理意义为外框架轴、内框架轴和台体轴上外力矩在台体上的投影分量。为了对其解耦，三个稳定回路采用平面坐标分解器，即

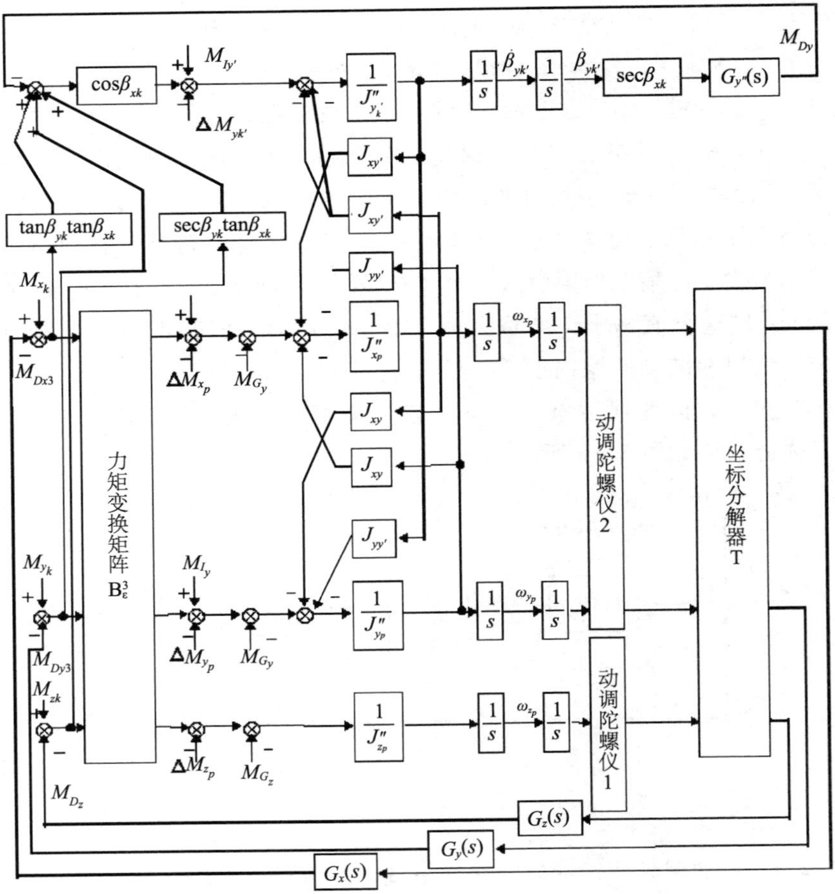

图 3－10　动调陀螺四轴平台稳定回路方块图

$$\boldsymbol{T}=\begin{bmatrix}\cos\beta_{zk} & \sin\beta_{zk} & 0\\ -\sin\beta_{zk} & \cos\beta_{zk} & 0\\ 0 & 0 & 1\end{bmatrix} \tag{3-79}$$

另外，随动回路采用正割分解器 $\sec\beta_{xk}$ 来对随动回路的增益进行补偿。

设台体轴、内环轴、外环轴同时受到幅值为 1 N·m 的阶跃力矩的作用（$\beta_{xk}=45°$，$\beta_{yk}=0$，$\beta_{zk}=0$，$\beta_{yk'}=0$）。仿真时不考虑力矩电机的饱和，结果如图 3－11 所示。

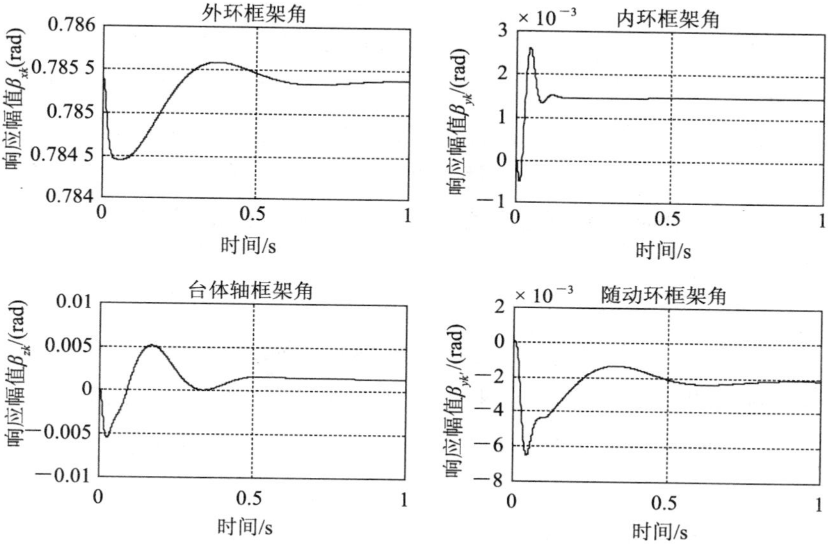

图 3－11　四个框架角输出

经过 1 s 后，各框架角的值分别如下

$$\beta_{xk}=7.854\times10^{-1}\text{rad},\quad \beta_{yk}=1.472\times10^{-3}\text{rad}$$

$$\beta_{zk}=1.483\times10^{-3}\text{rad},\quad \beta_{yk'}=-2.124\times10^{-3}\text{rad}$$

从图 3－7 可以看到，当内环轴与随动轴不重合时，为了消除内环轴转动对台体运动的影响，随动环带动内环、台体绕台体轴转动的角度与随动环绕随动轴转动的角度分别满足

$$\Delta\beta_{zk}=\tan\beta_{xk}\sec\beta_{yk}\Delta\beta_{yk}$$

$$\Delta\beta_{yk'}=-\sec\beta_{xk}\Delta\beta_{yk}$$

保证了平台台体相对惯性空间稳定。

至此，我们建立了四轴平台系统完整的动力学模型，给出了方块图。可以看出，平台台体三个轴及随动环运动方程为一个非线性多变量交链方程。在实际应用中，应该对此模型进行适当的简化，

这就要求所设计的控制器具有鲁棒稳定性。

3.2.5 平台稳定回路简化模型

经典控制理论以传递函数为基础研究单输入一单输出一类定常系统的分析与设计问题。由于在实际系统中，线性模型是不存在的，任何系统及元器件都不同程度存在着非线性。从前面建模部分可知，无论是平台还是动调陀螺仪都存在着非线性与耦合。为了利用经典控制理论，根据系统的适用范围，必须对系统模型线性化，建立平台稳定回路的线性模型。

3.2.5.1 平台台体动力学方程的简化

由式（3－56）可知，平台台体及随动环运动方程为一个非线性多变量交链方程。由于四轴平台可以保证 $\beta_{yk}\approx 0$，又假设 $\beta_{yk}\approx\beta_{zk}\approx 0$，此时模型可看作标称模型。四轴平台模型采取如下简化方法

1）转动惯量由时变参数简化为定常数

$$J''_{x_p}=J_{x_p}+J_{x_{p1}}+J_{x_{p2}}$$

$$J''_{y_p}=J_{y_p}+J_{y_{p1}}$$

$$J''_{y'_k}=J_{y_{p3}}+J_{z_{p1}}\sin^2\beta_{xk}+J_{y_{p2}}\cos^2\beta_{xk}+J_{z_{p2}}\sin^2\beta_{xk}$$

$$J_{xy}=J_{xy'}=J_{yy'}=0$$

其中随动回路的转动惯量将随着 β_{xk} 的变化而变化；

2）二阶非线性 ΔM_{x_p}，ΔM_{y_p}，ΔM_{z_p} 和 $\Delta M_{y'_k}$ 的值非常小，可以忽略；

3）动调陀螺仪是二自由度陀螺仪，所以其对平台台体的反作用力矩 M^{T}_{x3}，M^{T}_{y3}，M^{T}_{z3} 近似为零；

4）忽略惯性干扰力矩 M_{I_x}，M_{I_y}，$M_{I_{y'}}$，这是由于它们的值也相对较小。

所以从式（3－13）得到平台台体与随动环运动方程线性化标称模型

$$\begin{bmatrix} J''_{x_p} & 0 & 0 & 0 \\ 0 & J''_{y_p} & 0 & 0 \\ 0 & 0 & J'_{y'_k} & 0 \\ 0 & 0 & 0 & J''_{z_p} \end{bmatrix} \begin{bmatrix} \dot{\omega}_{x_p} \\ \dot{\omega}_{y_p} \\ \dot{\omega}_{y_{p3}} \\ \dot{\omega}_{z_p} \end{bmatrix} = \begin{bmatrix} M_{x3} \\ M_{y3} \\ M_{yk'} \\ M_{z3} \end{bmatrix} - \begin{bmatrix} M_{D_{x3}} \\ M_{D_{y3}} \\ M_{D_{y'}} \\ M_{D_{z3}} \end{bmatrix} = \begin{bmatrix} \Delta M_x \\ \Delta M_y \\ \Delta M_{y'} \\ \Delta M_z \end{bmatrix} \tag{3-80}$$

其方块图如图 3—12。其中，ΔM_x ，ΔM_y ，ΔM_z 和 $\Delta M_{y'}$ 为作用到平台三个轴与随动轴上的外力矩；ϕ_x ，ϕ_y ，ϕ_z 和 $\phi_{y'}$ 为平台台体与随动环在外力矩作用下相对惯性空间的偏角。

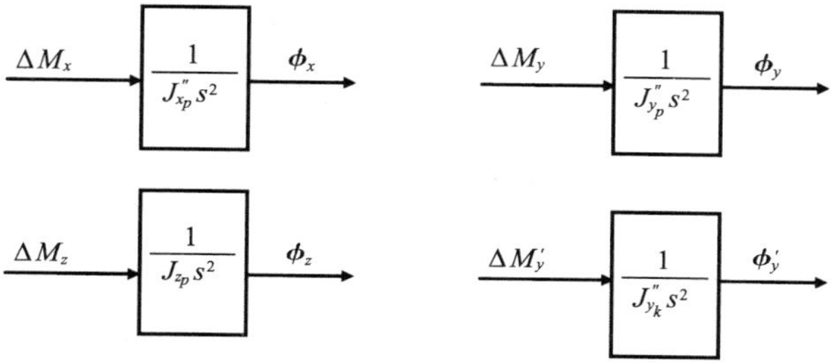

图 3—12　平台台体三个轴与随动轴简化模型方块图

3.2.5.2　动调陀螺仪动力学方程的简化

在忽略二次谐波力矩（假设 $M_x^* = M_y^* = 0$）以及剩余弹性力矩 $\Delta K = 0$ 的情况下，动调陀螺仪模型可以简化为

$$\begin{bmatrix} \alpha(s) \\ \beta(s) \end{bmatrix} = \begin{bmatrix} -\dfrac{H^* s}{B(s)} & 0 \\ 0 & -\dfrac{H^* s}{B(s)} \end{bmatrix} \begin{bmatrix} \phi_x(s) \\ \phi_y(s) \end{bmatrix} + \begin{bmatrix} 0 & -\dfrac{1}{B(s)} \\ -\dfrac{1}{B(s)} & 0 \end{bmatrix} \begin{bmatrix} M_{x0}(s) \\ M_{y0}(s) \end{bmatrix} \tag{3-81}$$

由于 $H \approx H^*$ ，以及一般用比较容易测得的时间常数 $\tau = H/\lambda$ 来表示传递函数。在平台系统中，动调陀螺仪工作在开环状态，作为伺服回路的敏感元件，模型可以简化为

$$\frac{\alpha(s)}{\phi_x(s)} = -\frac{Hs}{Hs + \lambda} = -\frac{\tau s}{\tau s + 1} \tag{3-82}$$

由上式可知，当 $s\to 0$ 时，$\alpha(t)=-\frac{H^*}{\lambda}\dot{\phi}_x$。说明动调陀螺在低频作用下，会引起“跟踪效应”。而系统在高频时，$\frac{\alpha(s)}{\phi_x(s)}=\frac{\beta(s)}{\phi_y(s)}=-1$，动调陀螺仪呈现自由转子特性。

由于动调陀螺仪在平台台体上安装方向与平台台体坐标系相反，所以在平台稳定回路中动调陀螺仪方块图如图 3—13 所示。

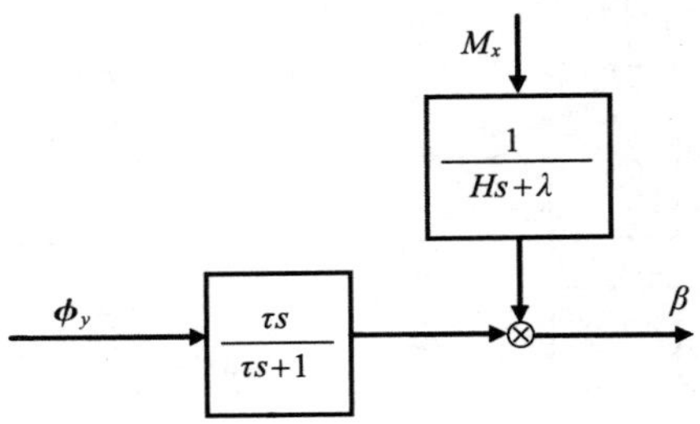

图 3—13　动调陀螺仪简化模型方块图

3.2.5.3　平台稳定回路方块图

通过以上简化，我们可得平台稳定回路方块图如图 3—14 所示。

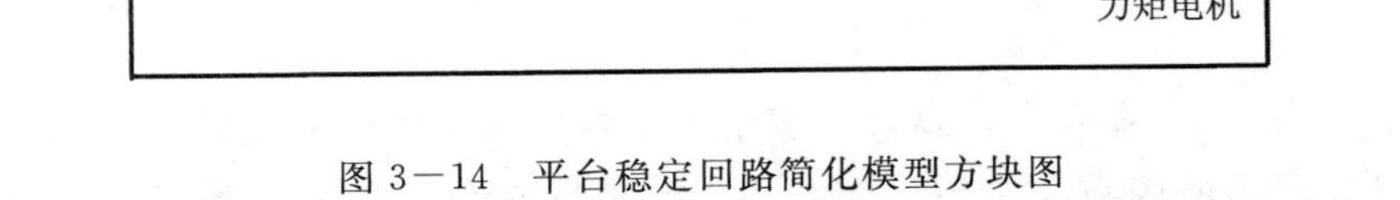

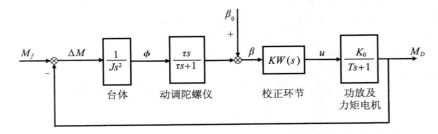

图 3—14　平台稳定回路简化模型方块图

J—台体三个轴转动惯量；τ—陀螺时间常数；K_0，T—力矩电机的比例系数及时间常数；

KW（s）—回路电子部分至力矩电机的增益及传递函数，是按伯德图所要确定的部分；

ϕ—平台转角；β—陀螺转角；β_0—陀螺转角初始值；u—力矩电机输入电压；

M_D—力矩电机输出力矩；M_f—外作用力矩

设陀螺仪漂移误差为

$$\varepsilon = \frac{M}{H} \tag{3-83}$$

则由图 3—13 和图 3—14 可得，

$$\begin{aligned}\phi &= \frac{1}{Js^2}S(s)M_f + T(s)\,\frac{Hs+\lambda}{Hs}\cdot\frac{M}{Hs+\lambda}\\ &= \frac{1}{Js^2}S(s)M_f + T(s)\,\frac{1}{s}\varepsilon\end{aligned} \tag{3-84}$$

由上式可以看出，对于外作用力矩 M_f 引起的平台转角希望越小越好，即力矩刚度 M_f/ϕ 越大越好。此时，S（s）趋于零意味着开环传递函数的幅值越大越好。但是，开环传递函数越大意味着 T（s）趋于 1。此时，由陀螺仪漂移引起的平台转角为 $\phi = \int \varepsilon \mathrm{d}t$。

3.3　动调陀螺捷联系统伺服回路模型

动调陀螺捷联系统也已广泛应用于工程中，由动调陀螺仪和石英加速度计组成。由于动调陀螺仪是一个两自由度仪表，其伺服回路的设计需要考虑解耦问题。在高精度捷联系统中，目前都采用石英加速度计作为敏感元件。

3.3.1　动调陀螺捷联系统的组成及功能

动调陀螺捷联系统中动调陀螺仪测量载体的角速度，石英加速度计测量载体的加速度，系统原理如图 3—15 所示。

从图 3—15 中可以看出，载体角速度信息通过陀螺仪伺服回路给出对应的电流，经 I/F 转换线路、计数器提供给计算机；加速度信息通过加速度计伺服回路给出对应的电流，经 I/F 转换、计数器提供给计算机。计算机把脉冲数转换为载体的角速度和加速度信息，或提供导航计算后的位置、速度和姿态角信息。

设动调陀螺捷联系统由两个动调陀螺仪和三个石英加速度计组

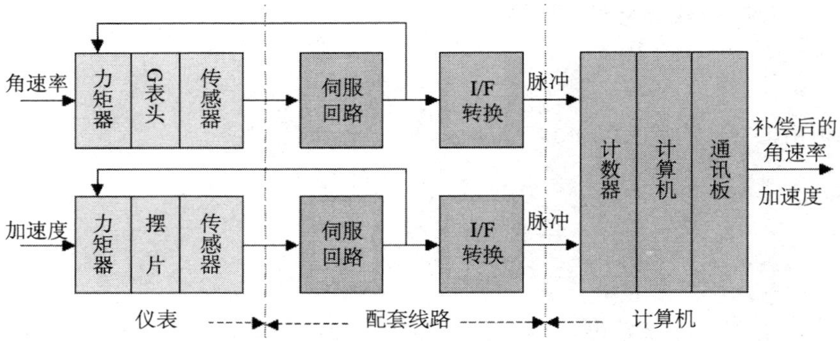

图 3－15 动调陀螺捷联系统的组成及原理

成，坐标系定义为 $OX_bY_bZ_b$，惯性仪表安装定向和极性规定如图 3－16 所示。

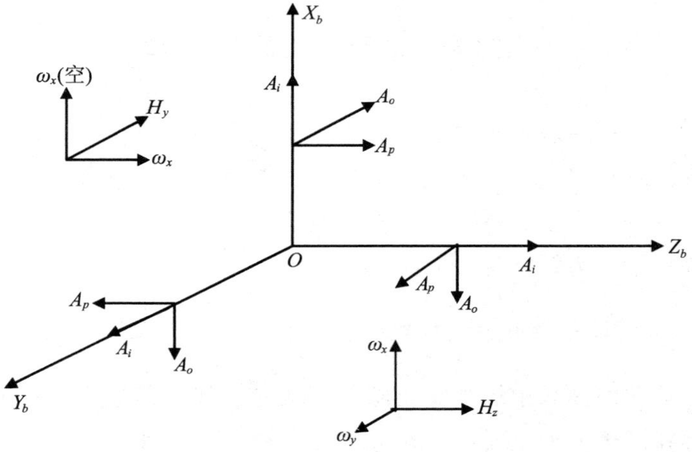

图 3－16 SIMU 坐标系及仪表安装定向示意图

3.3.2 动调陀螺仪伺服回路模型

受动调陀螺仪输出结构范围限制，输出角度 α 和 β 工作在小角度。在平台系统中，台体相对惯性空间稳定，动调陀螺仪工作在小角度，因此可直接使动调陀螺仪工作在开环模式下就能满足使用要求。

但在捷联系统中，动态环境较平台系统严苛，如果动调陀螺仪继续在开环模式下工作，将会使转子碰撞结构限制，引起仪表功能不正常。另外，陀螺仪的输出信息与敏感的角速度并不是比例关系，而是函数关系

$$\frac{\alpha(s)}{\dot{\phi}_x(s)}=-\frac{H}{Hs+\lambda}=-\frac{\tau}{\tau s+1} \tag{3-85}$$

因此，在陀螺仪表头的基础上增加了伺服系统（再平衡回路），使陀螺仪输出工作在零位状态来提高动态环境适应性，同时其输出与角速度有固定的比例关系。

动调陀螺仪伺服回路作为捷联系统角速度测试的直接环节，其精度直接影响到系统的精度。作为测量系统，希望伺服回路具有高增益、宽频带的特点。高增益意味着系统的稳态误差较小、测量精度较高；宽频带意味着测量信息复现载体角速度较真实。

两自由度动调陀螺仪存在耦合，其传递函数如式（3—86），用其构成的陀螺仪伺服回路如图 3—17 所示。

$$\begin{bmatrix}\alpha(s)\\ \beta(s)\end{bmatrix}=\begin{bmatrix}-\dfrac{H}{Hs+\lambda} & \dfrac{H^2(J_B\lambda-H^*\delta)s}{(Hs+\lambda)^2(J_B^2s^2+H^2)}\\ -\dfrac{H^2(J_B\lambda-H^*\delta)s}{(Hs+\lambda)^2(J_B^2s^2+H^2)} & -\dfrac{H}{Hs+\lambda}\end{bmatrix}\begin{bmatrix}\dot{\phi}_{X_0}(s)\\ \dot{\phi}_{Y_0}(s)\end{bmatrix}+$$
$$\begin{bmatrix}\dfrac{J_BH^2s^2}{(Hs+\lambda)^2(J_B^2s^2+H^2)} & -\dfrac{H^2}{(Hs+\lambda)(J_B^2s^2+H^2)}\\ \dfrac{H^2}{(Hs+\lambda)(J_B^2s^2+H^2)} & \dfrac{J_BH^2s^2}{(Hs+\lambda)^2(J_B^2s^2+H^2)}\end{bmatrix}\begin{bmatrix}M_X(s)\\ M_Y(s)\end{bmatrix} \tag{3-86}$$

陀螺仪伺服回路的物理意义为，当陀螺仪敏感到角速度后，其输出会有偏角，此角度经电信号转换后经过校正环节输出电流给陀螺仪的力矩器，产生的力矩使陀螺仪转子又回到零位。图 3—17 中 K_xW_x，K_yW_y 为校正环节；K_{tx}，K_{ty} 为力矩器比例系数；M_{DX}，

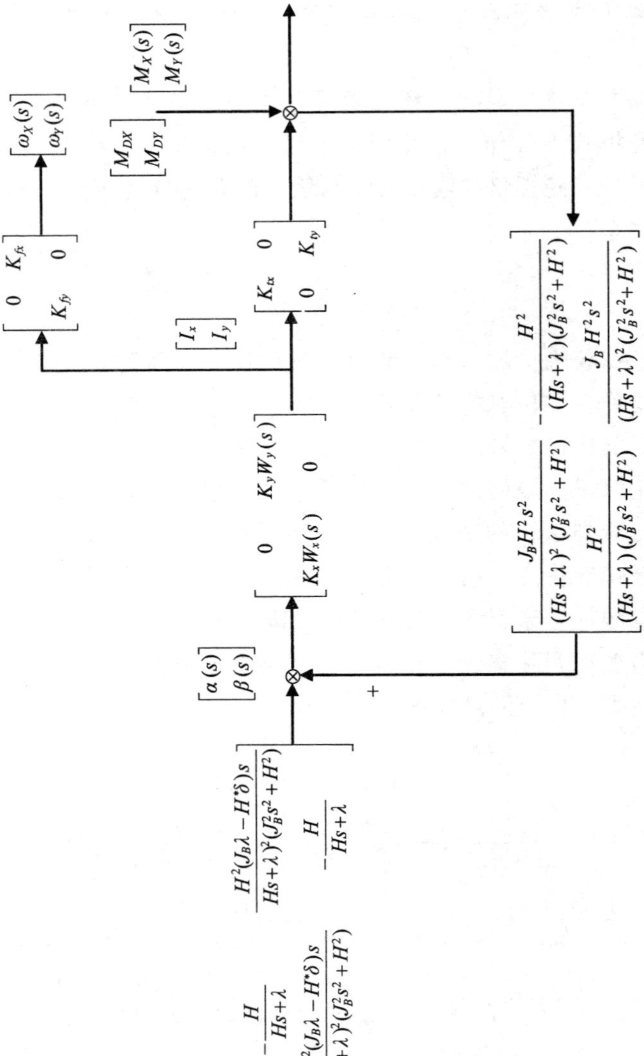

图3—17　动调陀螺仪伺服回路不解耦时的方框图

M_{DY}为力矩器产生的力矩；M_X，M_Y 为干扰力矩；K_{fx}，K_{fy} 为测量输出线路的比例系数；ω_X，ω_Y 为测量的输出信号。

在工程上为分析方便，陀螺仪单轴伺服回路方块图如图 3－18 所示。

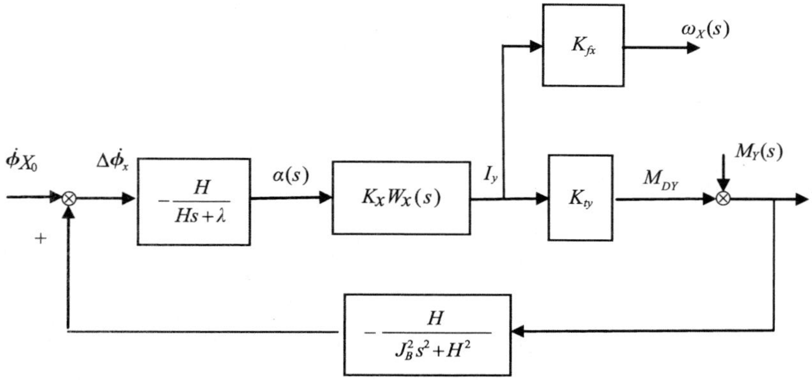

图 3－18　动调陀螺仪单轴伺服回路方框图

3.3.3　动调陀螺仪组合的输出

在捷联系统中，两个陀螺仪正交安装，伺服回路如图 3－19 所示。对于 II 型系统，其脉冲数输出方程为

$$\begin{bmatrix} N_{fgx} \\ N_{fgy} \\ N_{fgz} \end{bmatrix} = \begin{bmatrix} K_{fgx}\frac{N_{1x}(s)}{1+N_{1x}(s)} & 0 & 0 \\ 0 & K_{fgy}\frac{N_{1y}(s)}{1+N_{1y}(s)} & 0 \\ 0 & 0 & K_{fgz}\frac{N_{1z}(s)}{1+N_{1z}(s)} \end{bmatrix}$$

$$\begin{bmatrix} 1 & E_{XY} & E_{XZ} \\ E_{YX} & 1 & E_{YZ} \\ E_{ZX} & E_{ZY} & 1 \end{bmatrix} \begin{bmatrix} \omega_{bx} \\ \omega_{by} \\ \omega_{bz} \end{bmatrix} +$$

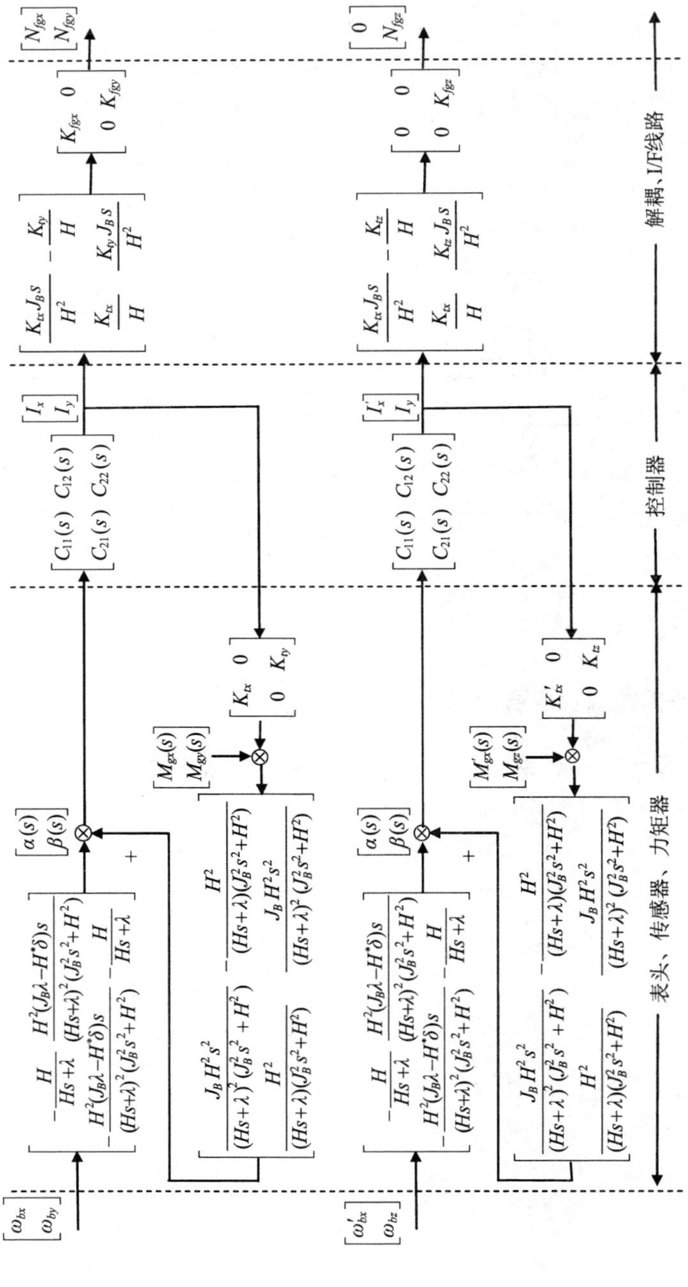

图3－19 动调陀螺仪伺服回路控制解耦及输出解耦时的方框图

$$
\begin{bmatrix} K_{fgx}\dfrac{N_{1x}(s)}{1+N_{1x}(s)} & 0 & 0 \\ 0 & K_{fgy}\dfrac{N_{1y}(s)}{1+N_{1y}(s)} & 0 \\ 0 & 0 & K_{fgz}\dfrac{N_{1z}(s)}{1+N_{1z}(s)} \end{bmatrix} \times
\begin{bmatrix} \dfrac{K_{tx}J_Bs}{H^2}M_{gx}-\dfrac{K_{ty}}{H}M_{gy} \\ \dfrac{K_{tx}}{H}M_{gx}+\dfrac{K_{ty}J_Bs}{H^2}M_{gy} \\ \dfrac{K'_{tx}}{H}M'_{gx}+\dfrac{K_{tz}J_Bs}{H^2}M_{gz} \end{bmatrix}
$$

$$
\approx \begin{bmatrix} K_{fgx} & 0 & 0 \\ 0 & K_{fgy} & 0 \\ 0 & 0 & K_{fgz} \end{bmatrix}\begin{bmatrix} 1 & E_{XY} & E_{XZ} \\ E_{YX} & 1 & E_{YZ} \\ E_{ZX} & E_{ZY} & 1 \end{bmatrix}\begin{bmatrix} \omega_{bx} \\ \omega_{by} \\ \omega_{bz} \end{bmatrix} -
\begin{bmatrix} \dfrac{K_{fgx}}{K_{agx}} & 0 & 0 \\ 0 & \dfrac{K_{fgy}}{K_{agy}} & 0 \\ 0 & 0 & \dfrac{K_{fgz}}{K_{agz}} \end{bmatrix}\begin{bmatrix} \ddot{\omega}_{bx} \\ \ddot{\omega}_{by} \\ \ddot{\omega}_{bz} \end{bmatrix} + \begin{bmatrix} K_{fgx} & 0 & 0 \\ 0 & K_{fgy} & 0 \\ 0 & 0 & K_{fgz} \end{bmatrix} \times
\begin{bmatrix} \dfrac{K_{tx}J_Bs}{H^2}M_{gx}-\dfrac{K_{ty}}{H}M_{gy} \\ \dfrac{K_{tx}}{H}M_{gx}+\dfrac{K_{ty}J_Bs}{H^2}M_{gy} \\ \dfrac{K'_{tx}}{H}M'_{gx}+\dfrac{K_{tz}J_Bs}{H^2}M_{gz} \end{bmatrix} \quad (3-87)
$$

式中　E_{XY}，E_{XZ}，E_{YX}，E_{YZ}，E_{ZX}，E_{ZY}——安装误差角，单位为 rad。

3.3.4　石英加速度计伺服回路

石英挠性加速度计是一种机械摆式加速度计。它一般是把挠性杆和电容传感器做成一体，因此结构简单、体积小，可靠性高。仪表主要由表头部分和伺服电路组成，其中表头部分又包括扼铁、磁钢、挠性摆片、力矩线圈和差动电容传感器等。其结构原理如图3—20 所示。

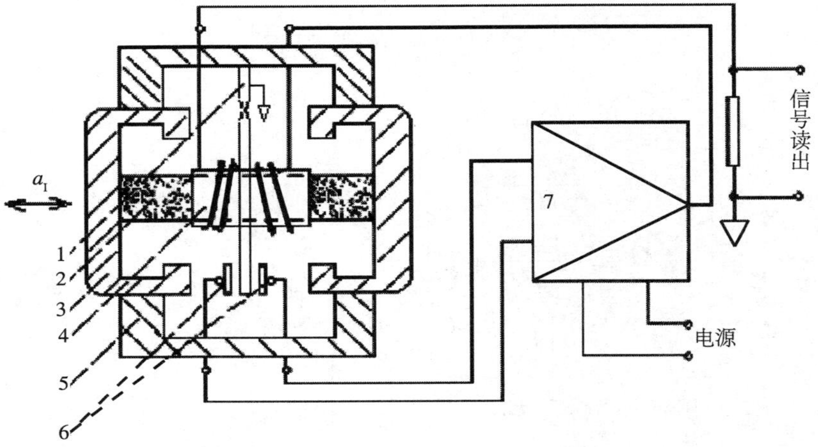

图 3—20　石英挠性加速度计结构原理图

1—摆片；2—磁钢；3—扼铁；4—力矩器线圈；
5—壳体；6—差动电容传感器；7—伺服放大器电路

石英挠性加速度计结构比较简单，除整体式石英摆片的制造需特种工艺外，其他零组件的生产与其他型式挠性表相比并无特殊要求，仪表零件少、不需灌油。易于装配和调整，大大降低了仪表的成本。这种一体化的加速度计，便于使用、维修和更换，是高精度捷联惯性导航系统中的理想部件。

在石英挠性加速度计中，加速度所引起的摆力矩是由差动电容传感器、伺服放大器和力矩器组成的伺服回路所产生的力矩来平衡。伺服回路应具有足够高的增益，使摆组件的偏转角 θ 足够小。伺服回路方块图如图 3—21 所示，其中 K_p，K_{tg} 分别为差动电容传感器和力矩器的放大系数，$C(s)$ 为伺服放大器。

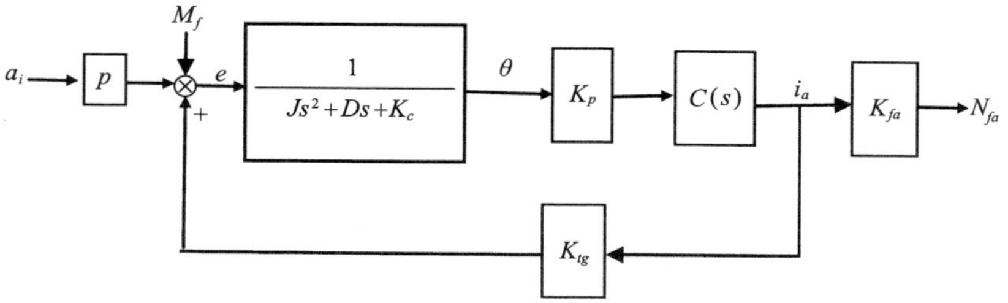

图 3－21　石英挠性加速度计伺服系统方块图

它的基本工作过程是：当有加速度输入时，由挠性摆片、差动电容传感器及力矩线圈组成的检测质量受到惯性力矩的作用而偏离平衡位置，这一偏差被电容检测器检测，经伺服放大器转换成电流信号，并被反馈到处于恒定磁场中的力矩器而产生再平衡力矩，使挠性摆片恢复到平衡位置。该电流信号同时作为加速度计的输出，通过采样电阻得到与输入加速度成比例的电压信号，极性取决于输入加速度的方向。

3.3.5　加速度计组合的输出

三个石英加速度计正交安装，伺服回路如图 3－22 所示。

脉冲数输出方程为

$$\begin{bmatrix} N_{fax} \\ N_{fay} \\ N_{faz} \end{bmatrix} = \begin{bmatrix} \frac{K_{fax}p_x}{K_{tgx}} & \frac{G_x(s)}{1+G_x(s)} & 0 & 0 \\ 0 & \frac{K_{fay}p_y}{K_{tgy}} & \frac{G_y(s)}{1+G_y(s)} & 0 \\ 0 & 0 & \frac{K_{faz}p_z}{K_{tgz}} & \frac{G_z(s)}{1+G_z(s)} \end{bmatrix} \begin{bmatrix} a_{ix} \\ a_{iy} \\ a_{iz} \end{bmatrix}$$

$$= \begin{bmatrix} \frac{K_{fax}p_x}{K_{tgx}} & 0 & 0 \\ 0 & \frac{K_{fay}p_y}{K_{tgy}} & 0 \\ 0 & 0 & \frac{K_{faz}p_z}{K_{tgz}} \end{bmatrix} \begin{bmatrix} a_{ix} \\ a_{iy} \\ a_{iz} \end{bmatrix} + \begin{bmatrix} \frac{K_{fax}}{K_{tgx}} & 0 & 0 \\ 0 & \frac{K_{fay}}{K_{tgy}} & 0 \\ 0 & 0 & \frac{K_{faz}}{K_{tgz}} \end{bmatrix} \begin{bmatrix} M_{fx} \\ M_{fy} \\ M_{fz} \end{bmatrix} -$$

$$\begin{bmatrix} \frac{K_{fax}p_x}{K_{tgx}}\frac{1}{1+G_x(s)} & 0 & 0 \\ 0 & \frac{K_{fay}p_y}{K_{tgy}}\frac{1}{1+G_y(s)} & 0 \\ 0 & 0 & \frac{K_{faz}p_z}{K_{tgz}}\frac{1}{1+G_z(s)} \end{bmatrix}\begin{bmatrix} a_{ix} \\ a_{iy} \\ a_{iz} \end{bmatrix} \tag{3-88}$$

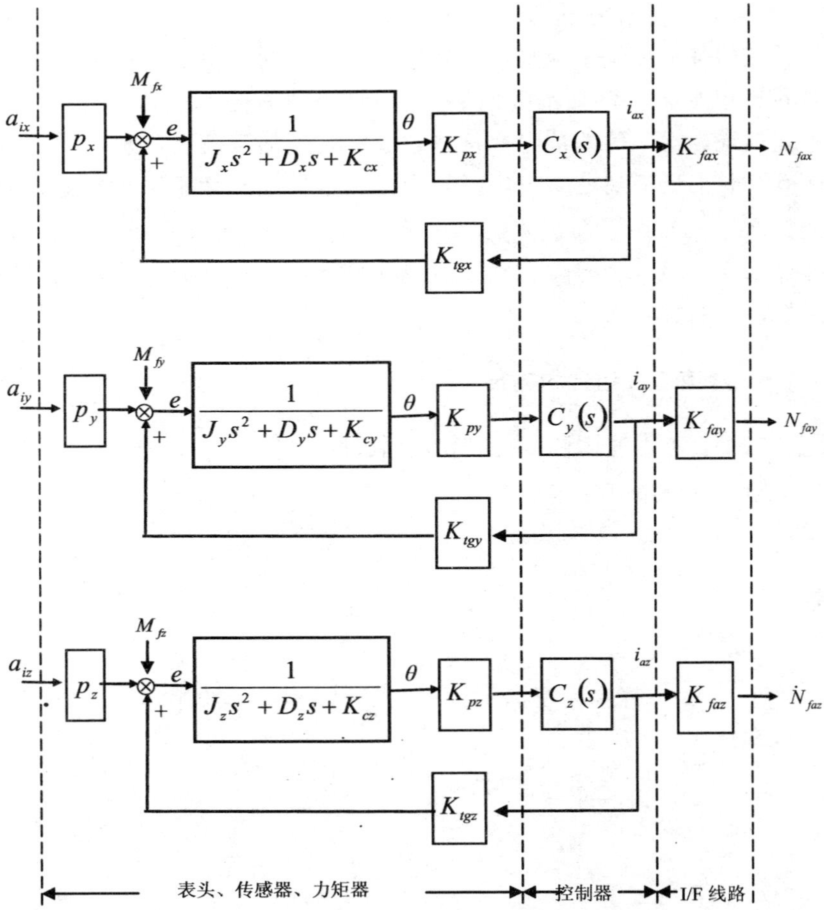

图 3－22　石英加速度计组合的伺服回路方块图

设 $K_{ai}=\dfrac{K_{fai}p_i}{K_{tgi}}$，　$i=x,y,z$，则有

1）系统为 I 型系统时，考虑到安装误差后的输出方程为

$$\begin{bmatrix}N_{fax}\\N_{fay}\\N_{faz}\end{bmatrix}\approx\begin{bmatrix}K_{ax}&0&0\\0&K_{ay}&0\\0&0&K_{az}\end{bmatrix}\begin{bmatrix}1&k_{XY}&k_{XZ}\\k_{YX}&1&k_{YZ}\\k_{ZX}&k_{ZY}&1\end{bmatrix}\begin{bmatrix}a_{bx}\\a_{by}\\a_{bz}\end{bmatrix}+$$

$$\begin{bmatrix}\dfrac{K_{ax}}{p_x}&0&0\\0&\dfrac{K_{ay}}{p_y}&0\\0&0&\dfrac{K_{az}}{p_z}\end{bmatrix}\begin{bmatrix}M_{fx}\\M_{fy}\\M_{fz}\end{bmatrix}-\begin{bmatrix}\dfrac{K_{ax}}{k_{vx}}&0&0\\0&\dfrac{K_{ay}}{k_{vy}}&0\\0&0&\dfrac{K_{az}}{k_{vz}}\end{bmatrix}\begin{bmatrix}\dot{a}_{bx}\\\dot{a}_{by}\\\dot{a}_{bz}\end{bmatrix}\qquad(3-89)$$

2）系统为 II 型系统时，考虑到安装误差后的输出方程为

$$\begin{bmatrix}N_{fax}\\N_{fay}\\N_{faz}\end{bmatrix}=\begin{bmatrix}K_{ax}&0&0\\0&K_{ay}&0\\0&0&K_{az}\end{bmatrix}\begin{bmatrix}1&k_{XY}&k_{XZ}\\k_{YX}&1&k_{YZ}\\k_{ZX}&k_{ZY}&1\end{bmatrix}\begin{bmatrix}a_{bx}\\a_{by}\\a_{bz}\end{bmatrix}+$$

$$\begin{bmatrix}\dfrac{K_{ax}}{p_x}&0&0\\0&\dfrac{K_{ay}}{p_y}&0\\0&0&\dfrac{K_{az}}{p_z}\end{bmatrix}\begin{bmatrix}M_{fx}\\M_{fy}\\M_{fz}\end{bmatrix}-\begin{bmatrix}\dfrac{K_{ax}}{k_{ax}}&0&0\\0&\dfrac{K_{ay}}{k_{ay}}&0\\0&0&\dfrac{K_{az}}{k_{az}}\end{bmatrix}\begin{bmatrix}\ddot{a}_{bx}\\\ddot{a}_{by}\\\ddot{a}_{bz}\end{bmatrix}\qquad(3-90)$$

式中，k_{XY}，k_{XZ}，k_{YX}，k_{YZ}，k_{ZX}，k_{ZY} 为安装误差角，单位为 rad；a_{bx}，a_{by}，a_{bz} 为载体的视加速度。

第 4 章　平台系统稳定回路 H_∞ 控制设计

本章利用 H_∞ 控制理论，根据不同的性能指标来设计控制器。分别介绍了平台稳定回路高增益控制器、稳定裕度宽范围控制器、多变量控制器、有饱和环节时的非线性控制器的设计方法，以及基于 w 平面的离散数字控制器的设计方法。

4.1　平台稳定回路高增益控制器的设计

设包含一阶积分的控制器传递函数为 $C(s)/s$ ，则有

$$e_M(s)=\frac{\dfrac{\tau K_1K_2K_3}{Js(\tau s+1)}}{1+\dfrac{\tau K_0K_1K_2K_3C(s)}{Js^2(\tau s+1)}}M_D(s)$$

$$=\frac{\tau K_1K_2K_3s}{Js^2(\tau s+1)+\tau K_0K_1K_2K_3C(s)}M_D(s) \tag{4-1}$$

稳态值为

$$e_M=\lim_{t\to+\infty}(t)=\lim_{s\to 0}s\times e_M(s)\times\frac{1}{s}=0 \tag{4-2}$$

另外，式（4－1）还可写为

$$\frac{e_M}{\dot{M}_D}=\frac{\tau K_1K_2K_3}{Js^2(\tau s+1)+\tau K_0K_1K_2K_3C(s)} \tag{4-3}$$

上式表明，$e_M(t)$ 可以看作单位脉冲响应，其稳态误差为 $1/K_OK$ 。$1/K_OK$ 可以看作动态误差系数，控制器增益 K 越高，$e_M(t)$ 趋近于零越快，控制效果越好。

因此，设计控制器时为了提高增益，可以把性能界函数写为

$$
\begin{aligned}
W_1(s) &= \frac{M/\phi_{\max}}{J}k \times \frac{T_{l1}}{T_{l2}} \times \frac{(1\,000+s)^2(T_{l2}s+1)}{(1+1\,000s)^2(T_{l1}s+1)} \\
&= \rho \frac{(1\,000+s)^2(s+\frac{1}{T_{l2}})}{(1+1\,000s)^2(s+\frac{1}{T_{l1}})}
\end{aligned}
\tag{4-4}
$$

其中 $\rho = k\frac{M/\phi_{\max}}{J}$。在上式中，有

$$10^{-3} < T_{l2} < T_{l1} < 10^3$$

当 $T_{l2}=0.1$，$T_{l1}=10$ 时，性能界函数伯德图如图 4—1 所示。

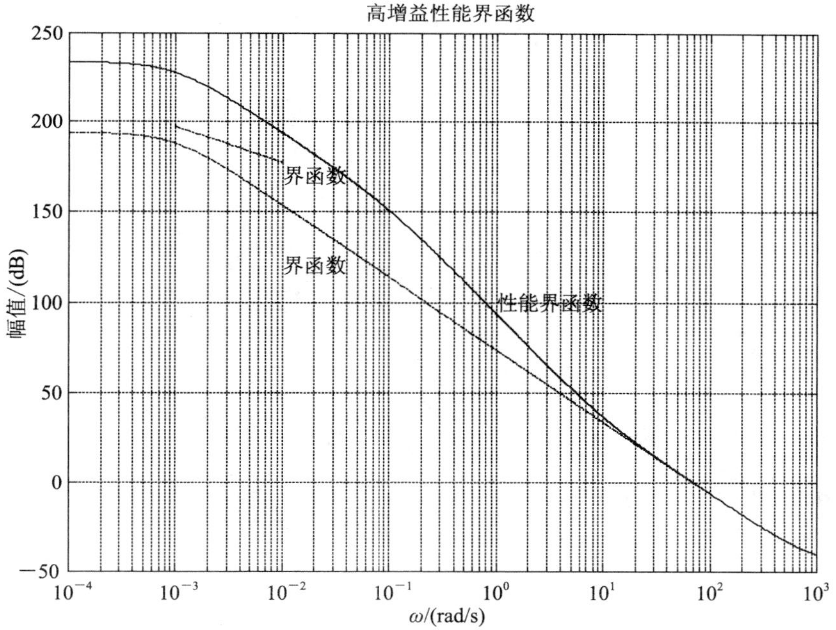

图 4—1　高增益时的性能界函数

取对象不确定性权函数为

$$W_2(s) = 0.0125(0.4s+1)(T_1 s+1)^2 \tag{4-5}$$

其中 $T_1 = 1/1250$。

我们下面研究在性能界函数式（4—4）和对象不确定性式（4—5）的约束下，设计一个带积分的高增益控制器，以提高系统的动态响应过程。

记 x 为 P 的状态矢量，则有

$$\dot{\boldsymbol{x}} = \boldsymbol{A}\boldsymbol{x} + \boldsymbol{B}_1 n + \boldsymbol{B}_2 u \tag{4-6}$$

$$\begin{bmatrix} z \\ e \end{bmatrix} = \begin{bmatrix} \boldsymbol{C}_1 \\ \boldsymbol{C}_2 \end{bmatrix} x + \begin{bmatrix} \boldsymbol{D}_{11} & \boldsymbol{D}_{12} \\ \boldsymbol{D}_{21} & \boldsymbol{D}_{22} \end{bmatrix} \begin{bmatrix} n \\ u \end{bmatrix} + \begin{bmatrix} 0 \\ \boldsymbol{I} \end{bmatrix} r \tag{4-7}$$

其中

$$\boldsymbol{A} = \begin{bmatrix} 0 & 0 & 0 & 0 & 0 & 0 \\ 1 & -\frac{1}{\tau} & 0 & 0 & 0 & 0 \\ 0 & K_3K_2K_1 & 0 & 0 & 0 & 0 \\ 0 & 0 & -1 & -(2\times10^{-3}+\frac{1}{T_{l1}}) & -(10^{-6}+\frac{2\times10^{-3}}{T_{l1}}) & -\frac{10^{-6}}{T_{l1}} \\ 0 & 0 & 0 & 1 & 0 & 0 \\ 0 & 0 & 0 & 0 & 1 & 0 \end{bmatrix}_{6\times6}$$

$$\boldsymbol{B}_1 = \begin{bmatrix} 0 \\ 0 \\ 0 \\ 1 \\ 0 \\ 0 \end{bmatrix}_{6\times1}, \quad \boldsymbol{B}_2 = \begin{bmatrix} \frac{K_0}{J} \\ 0 \\ 0 \\ 0 \\ 0 \\ 0 \end{bmatrix}_{6\times1}, \quad \boldsymbol{x} = \begin{bmatrix} x_1 \\ x_2 \\ x_3 \\ x_4 \\ x_5 \\ x_6 \end{bmatrix}_{6\times1}$$

$$\boldsymbol{C}_1 = \begin{bmatrix} 0 & 0 & -\rho\times10^{-6} & c_{14} & c_{15} & c_{16} \\ c_{21} & c_{22} & 0.0125 & 0 & 0 & 0 \end{bmatrix}_{2\times6}$$

$$\boldsymbol{C}_2 = \begin{bmatrix} 0 & 0 & -1 & 0 & 0 & 0 \end{bmatrix}_{1\times6}$$

$$c_{14} = \rho \times 10^{-6} \left(2 \times 10^{3} - 2 \times 10^{-3} + \frac{1}{T_{l2}} - \frac{1}{T_{l1}}\right)$$

$$c_{15} = \rho \times 10^{-6} \left(10^{6} - 10^{-6} + \frac{2 \times 10^{3}}{T_{l2}} - \frac{2 \times 10^{-3}}{T_{l1}}\right)$$

$$c_{16} = \rho \times 10^{-6} \left(\frac{10^{6}}{T_{l2}} - \frac{10^{-6}}{T_{l1}}\right)$$

$$c_{21} = 0.012\,5 K_3 K_2 K_1 \left(-\frac{0.4 T_1^2}{\tau} + 0.8 T_1 + T_1^2\right)$$

$$c_{22} = -0.012\,5 K_3 K_2 K_1 \left(-\frac{0.4 T_1^2}{\tau} + 0.8 T_1 + T_1^2\right) \times \frac{1}{\tau} + 0.012\,5 K_3 K_2 K_1 (0.4 + 2 T_1)$$

$$\boldsymbol{D}_{11} = \begin{bmatrix} \rho \times 10^{-6} \\ 0 \end{bmatrix}_{2\times 1}, \quad \boldsymbol{D}_{12} = \begin{bmatrix} 0 \\ \dfrac{0.005 K_3 K_2 K_1 K_0 T_1^2}{J} \end{bmatrix}_{2\times 1}$$

$$D_{21} = 1, \quad D_{22} = 0$$

根据以上分析，求得的一个控制器为

$$C(s) = \frac{18.527\left(\dfrac{s}{3.479\,9 \times 10^{-2}} + 1\right)\left(\dfrac{s}{10.126} + 1\right)\left(\dfrac{s}{60.045} + 1\right)}{s\left(\dfrac{s}{9.954\,3 \times 10^{-2}} + 1\right)\left[\dfrac{s^2 + 2 \times 1.338\,8 \times 10^{3} s}{(1.338\,8 \times 10^{3})^2 + (4.802\,7 \times 10^{2})^2} + 1\right]} \tag{4-8}$$

其伯德图如图 4—2 所示。

由图 4—2 可知，系统的剪切频率 $\omega_c = 163.23$ rad/s，相位裕度为 53.934°，满足精度和鲁棒稳定性要求。此时，$k = 1.93$。其单位阶跃响应如图 4—3 所示。

由图 4—3 可知，系统控制器输入动态响应过程比较理想。此时，力矩响应超调量为 27.36%，可以看出，控制器的增益为 18.527。因此，所设计的控制器是符合高增益的要求。

应该说，本小节设计的控制器式（4—8）对小信号输入时的线性系统是比较理想的。既满足精度和对象不确定性的要求，动态响应过程又比较理想。但是这种控制器的缺点是为了提高增益，在低

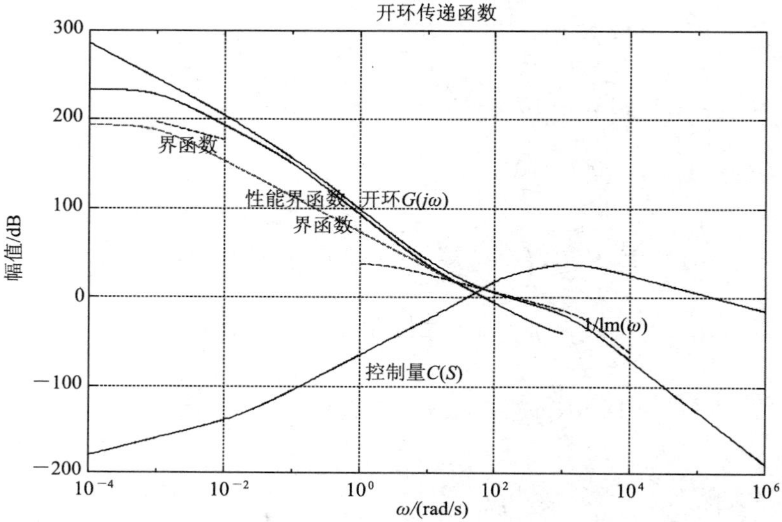

（a）幅值伯德图

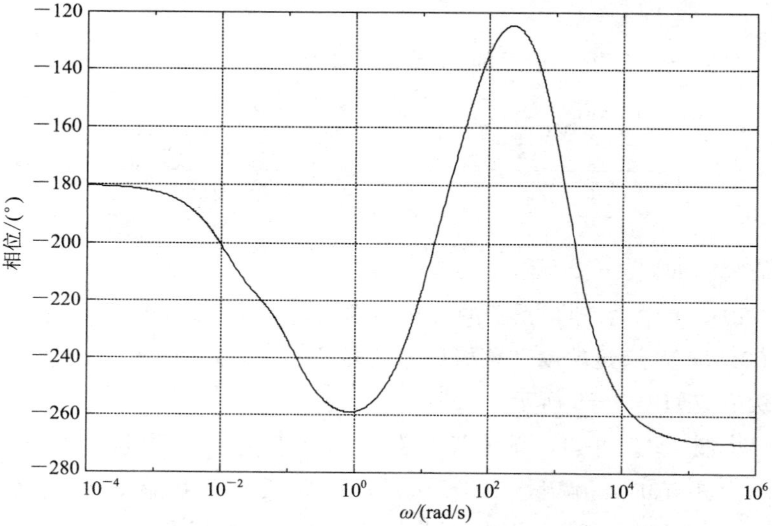

（b）相位伯德图

图 4−2　系统开环伯德图

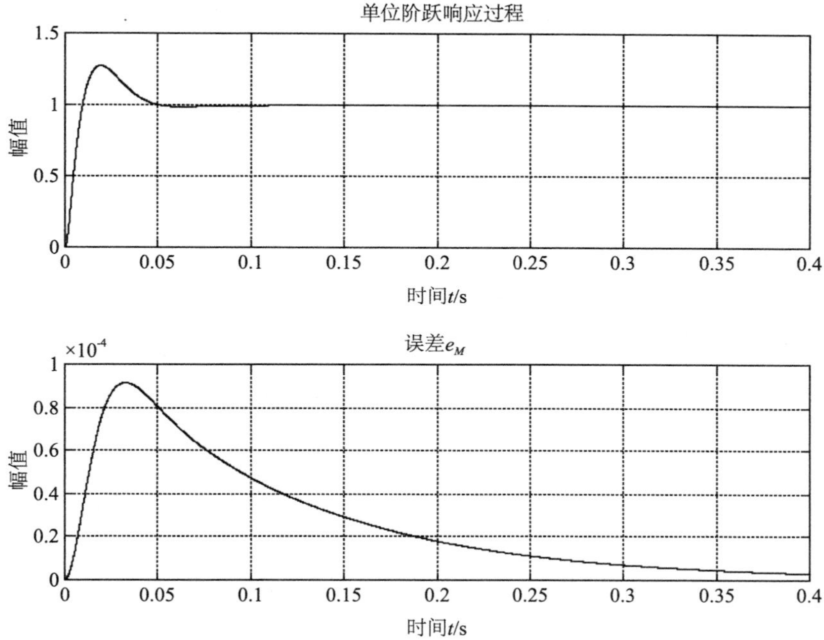

图 4－3　系统单位阶跃响应图

频段加了滞后环节，因此使系统为一个条件稳定系统。在系统存在饱和特性时，大信号输入容易不稳定。因此，本小节设计的控制器最好用在小信号输入时的线性系统中。

当然，本小节设计的控制器在小信号输入时还可以进一步完善。那就是考虑到参数的不确定性，在高增益控制器的基础上，使系统稳定裕度范围变宽。

4.2　稳定裕度宽范围控制器的设计

对平台来说，设计的控制器既要保证标称模型（$\beta_{xk}=0$，$\beta_{yk}=0$，$\beta_{zk}=0$，$\beta_{yk'}=0$）的幅值、相位裕度，又要保证不同框架角状态下系统的稳定裕度。由于不同框架角状态下转动惯量不同，因此平

台对象的增益不同，这就要求所设计的控制器使得系统相位在－180°线以上有较宽的范围。一种方法是取性能界函数为

$$W_1(s)=\rho\frac{(1\,000+s)^2\left(s^2+\frac{2\xi}{T_{l2}}s+\frac{1}{T_{l2}^2}\right)}{(1+1\,000s)^2\left(s+\frac{1}{T_{l1}}\right)\left(s+\frac{1}{T_{l3}}\right)} \tag{4-9}$$

其中 $\rho=k\frac{M/\phi_{\max}}{J}$。在上式中，有

$$10^{-3}<T_{l3}<T_{l2}<T_{l1}<10^3 \tag{4-10}$$

当 $T_{l3}=0.05$，$T_{l2}=0.1$，$T_{l1}=10$ 时，性能界函数伯德图如图 4－4 所示。

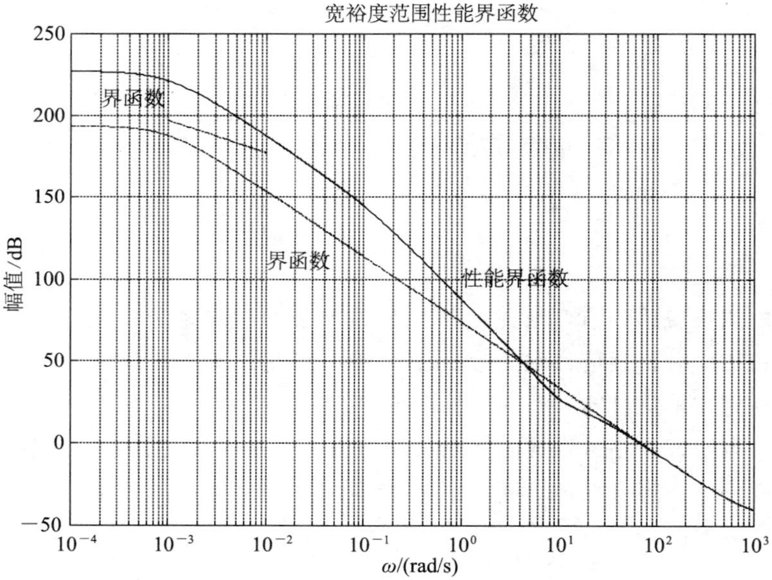

图 4－4　宽裕度范围性能界函数

对象不确定性权函数可取为

$$W_2(s) = 0.012\,5(0.4s+1)(T_1 s+1)^2 \tag{4-11}$$

其中 $T_1 = 1/1\,250$ 。

记 $\boldsymbol{x}$ 为 P 的状态矢量，则有

$$\dot{\boldsymbol{x}} = \boldsymbol{A}\boldsymbol{x} + \boldsymbol{B}_1\boldsymbol{n} + \boldsymbol{B}_2\boldsymbol{u} \tag{4-12}$$

$$\begin{bmatrix} z \\ e \end{bmatrix} = \begin{bmatrix} \boldsymbol{C}_1 \\ \boldsymbol{C}_2 \end{bmatrix} x + \begin{bmatrix} \boldsymbol{D}_{11} & \boldsymbol{D}_{12} \\ \boldsymbol{D}_{21} & D_{22} \end{bmatrix} \begin{bmatrix} n \\ u \end{bmatrix} + \begin{bmatrix} 0 \\ \boldsymbol{I} \end{bmatrix} r \tag{4-13}$$

其中

$$\boldsymbol{A} = \begin{bmatrix} 0 & 0 & 0 & 0 & 0 & 0 & 0 \\ 1 & -\frac{1}{\tau} & 0 & 0 & 0 & 0 & 0 \\ 0 & K_3K_2K_1 & 0 & 0 & 0 & 0 & 0 \\ 0 & 0 & -1 & -(2\times10^{-3}+\frac{1}{T_n}+\frac{1}{T_a}) & -[2\times10^{-3}(\frac{1}{T_n}+\frac{1}{T_a})+10^{-6}+\frac{1}{T_nT_a}] & -[10^{-6}(\frac{1}{T_n}+\frac{1}{T_a})+\frac{2\times10^{-3}}{T_nT_a}] & -\frac{10^{-6}}{T_nT_a} \\ 0 & 0 & 0 & 1 & 0 & 0 & 0 \\ 0 & 0 & 0 & 0 & 1 & 0 & 0 \\ 0 & 0 & 0 & 0 & 0 & 1 & 0 \end{bmatrix}_{7\times7}$$

$$\boldsymbol{B}_1 = \begin{bmatrix} 0 \\ 0 \\ 0 \\ 1 \\ 0 \\ 0 \\ 0 \end{bmatrix}_{7\times1}, \quad \boldsymbol{B}_2 = \begin{bmatrix} \frac{K_0}{J} \\ 0 \\ 0 \\ 0 \\ 0 \\ 0 \\ 0 \end{bmatrix}_{7\times1}, \quad \boldsymbol{x} = \begin{bmatrix} x_1 \\ x_2 \\ x_3 \\ x_4 \\ x_5 \\ x_6 \\ x_7 \end{bmatrix}_{7\times1}$$

$$\boldsymbol{C}_1 = \begin{bmatrix} 0 & 0 & -\rho\times10^{-6} & c_{14} & c_{15} & c_{16} & c_{17} \\ c_{21} & c_{22} & 0.012\,5 & 0 & 0 & 0 & 0 \end{bmatrix}_{2\times7}$$

$$\boldsymbol{C}_2 = \begin{bmatrix} 0 & 0 & -1 & 0 & 0 & 0 & 0 \end{bmatrix}_{1\times7}$$

$$c_{14} = \rho\times10^{-6}\left(2\times10^3 - 2\times10^{-3} + \frac{2\xi}{T_{l2}} - \frac{1}{T_{l1}} - \frac{1}{T_{l3}}\right)$$

$$c_{15} = \rho\times10^{-6}\left[10^6 - 10^{-6} + \frac{4\times10^3\xi}{T_{l2}} - 2\times\right.$$

$$10^{-3}\left(\frac{1}{T_{l1}}+\frac{1}{T_{l3}}\right)+\frac{1}{T_{l2}^2}-\frac{1}{T_{l1}T_{l3}}\Big]$$

$$c_{16}=\rho\times 10^{-6}\left[\frac{2\times 10^6\xi}{T_{l2}}-10^{-6}\left(\frac{1}{T_{l1}}+\frac{1}{T_{l3}}\right)+\frac{2\times 10^3}{T_{l2}^2}-\frac{2\times 10^{-3}}{T_{l1}T_{l3}}\right]$$

$$c_{17}=\rho\times 10^{-6}\left(\frac{10^6}{T_{l2}^2}-\frac{10^{-6}}{T_{l1}T_{l3}}\right)$$

$$c_{21}=0.0125K_3K_2K_1\left(-\frac{0.4T_1^2}{\tau}+0.8T_1+T_1^2\right)$$

$$c_{22}=-0.0125K_3K_2K_1\left(-\frac{0.4T_1^2}{\tau}+0.8T_1+T_1^2\right)\times\frac{1}{\tau}+0.0125K_3K_2K_1(0.4+2T_1)$$

$$\boldsymbol{D}_{11}=\begin{bmatrix}\rho\times 10^{-6}\\ 0\end{bmatrix}_{2\times 1},\quad \boldsymbol{D}_{12}=\begin{bmatrix}0\\ \dfrac{0.005K_3K_2K_1K_0T_1^2}{J}\end{bmatrix}_{2\times 1}$$

$$D_{21}=1,\quad D_{22}=0$$

根据以上分析，求得的一个控制器为

$$C(s)=\frac{8.131\left(\frac{s}{0.0252}+1\right)\left[\left(\frac{s}{10}\right)^2+2\xi\left(\frac{s}{10}\right)+1\right]\left(\frac{s}{75.484}+1\right)}{s\left(\frac{s}{0.1}+1\right)\left(\frac{s}{20}+1\right)\left(\frac{s^2+2\times 1.3323\times 10^3 s}{(1.3323\times 10^3)^2+(4.7686\times 10^2)^2}+1\right)}\tag{4-14}$$

其伯德图如图 4－5 所示。由图可知，系统的剪切频率 $\omega_c=163.62\ \mathrm{rad}/s$，相位裕度为 56.28°，满足精度和鲁棒稳定性要求。此时，$k=2.35$。但是，本小节设计的控制器仍然是一个条件稳定系统，在大信号输入时需要注意。

4.3 三轴平台稳定回路 MIMO 控制器设计

在惯性器件中，三轴平台得到广泛的应用。对于三轴平台，只需考虑台体、内环和外环。由于平台系统不仅存在力矩耦合，而且存在转动惯量的耦合。力矩耦合可以用坐标分解器来解耦，但是这种解耦的条件是非常严格的，比如 $G_x(s)=G_y(s)=G_z(s)$ 以及

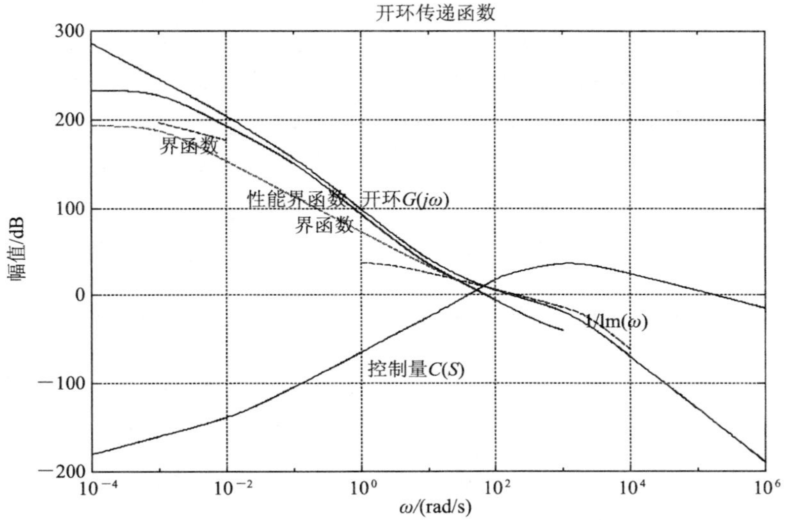

(a) 幅值伯德图

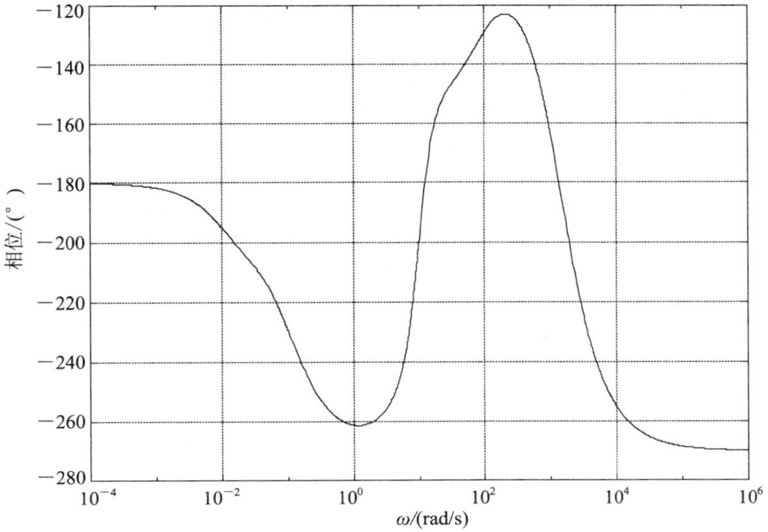

(b) 相位伯德图

图 4−5　系统开环伯德图

$\beta_{yk}=0$。另外，在目前稳定回路设计中，假设框架角都在零位状态，并不考虑转动惯量的耦合。这种假设带来的问题，是在大框架角状态下交链影响可能对平台稳定性造成影响。因此，下面研究考虑力矩、转动惯量耦合时的多变量稳定回路控制器设计方法。

需要强调的是，经典控制理论只能处理单变量系统的设计问题，对多变量系统往往无能为力。而设计多变量系统的控制器正是 H∞ 控制理论的特长，这也是 H∞ 控制理论显示出强大优越性的原因。

4.3.1　平台稳定回路 H∞ 性能指标

平台稳定回路方块图如图 4－6 所示。其物理意义为，当平台框架轴受到干扰力矩 M_f 作用时，引起框架轴所受外力矩不平衡，即 $\Delta M=M_f-M_D$。从而造成框架转动，$\Delta M=J\dot{\phi}$。动调陀螺仪作为敏感元件，敏感到框架角的转动。经过校正环节，作用到力矩电机。电机力矩 M_D 用来平衡干扰力矩 M_f 的作用，从而使平台框架轴相对惯性空间稳定。

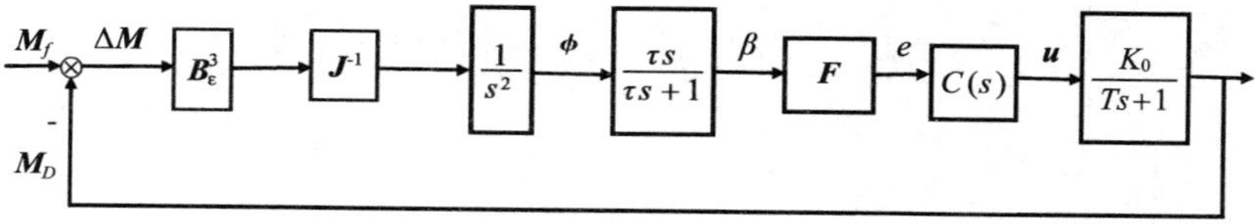

图 4－6　三轴平台稳定回路方块图

其中

$$\boldsymbol{M}_f=\begin{bmatrix}M_{fx}\\M_{fy}\\M_{fz}\end{bmatrix}_{3\times1},\quad \boldsymbol{M}_D=\begin{bmatrix}M_{Dx}\\M_{Dy}\\M_{Dz}\end{bmatrix}_{3\times1}$$

$$\Delta\boldsymbol{M}=\boldsymbol{M}_f-\boldsymbol{M}_D,\quad \boldsymbol{\phi}=\begin{bmatrix}\phi_x\\\phi_y\\\phi_z\end{bmatrix}_{3\times1},\quad \boldsymbol{u}=\begin{bmatrix}u_x\\u_y\\u_z\end{bmatrix}_{3\times1}$$

$$\boldsymbol{B}_\varepsilon^3 = \begin{bmatrix} \sec\beta_{yk}\cos\beta_{zk} & -\sin\beta_{zk} & \tan\beta_{yk}\cos\beta_{zk} \\ \sec\beta_{yk}\sin\beta_{zk} & \cos\beta_{zk} & \tan\beta_{yk}\sin\beta_{zk} \\ 0 & 0 & 1 \end{bmatrix}$$

$$\boldsymbol{F} = \begin{bmatrix} \cos\beta_{zk} & \sin\beta_{zk} & 0 \\ -\sin\beta_{zk} & \cos\beta_{zk} & 0 \\ 0 & 0 & 1 \end{bmatrix}$$

$$\boldsymbol{J} = \begin{bmatrix} J_2 & O_{2\times1} \\ O_{1\times2} & J_z \end{bmatrix}, \quad \boldsymbol{J}^{-1} = \begin{bmatrix} J_2^{-1} & O_{2\times1} \\ O_{1\times2} & J_z^{-1} \end{bmatrix}$$

$$\boldsymbol{J}_2 = \begin{bmatrix} J_x & J_{xy} \\ J_{xy} & J_y \end{bmatrix}_{2\times2}, \quad \boldsymbol{J}_2^{-1} = \frac{1}{J_xJ_y - J_{xy}^2}\begin{bmatrix} J_y & -J_{xy} \\ -J_{xy} & J_x \end{bmatrix}_{2\times2}$$

$$J_x = J_{x_p} + J_{x_{p1}}\cos^2\beta_{zk} + J_{y_{p1}}\sin^2\beta_{zk} + J_{z_{p1}}\cos^2\beta_{zk}\tan^2\beta_{yk} + J_{x_{p2}}\cos^2\beta_{zk}\sec^2\beta_{yk} \tag{4-15}$$

$$J_y = J_{y_p} + J_{x_{p1}}\sin^2\beta_{zk} + J_{y_{p1}}\cos^2\beta_{zk} + J_{z_{p1}}\sin^2\beta_{zk}\tan^2\beta_{yk} + J_{x_{p2}}\sin^2\beta_{zk}\sec^2\beta_{yk} \tag{4-16}$$

$$J_z = J_{zp} \tag{4-17}$$

$$J_{xy} = \frac{1}{2}(J_{x_{p1}} - J_{y_{p1}} + J_{z_{p1}}\tan^2\beta_{yk} + J_{x_{p2}}\sec^2\beta_{yk})\sin2\beta_{zk} \tag{4-18}$$

系统的灵敏度函数为

$$\boldsymbol{S}(s) = (\boldsymbol{I}_{3\times3} + \frac{K_0}{Ts+1}\times\boldsymbol{F}\times\boldsymbol{C}(s)\times\frac{\tau s}{\tau s+1}\times\frac{1}{s^2}\times\boldsymbol{J}^{-1}\times\boldsymbol{B}_\varepsilon^3)^{-1} \tag{4-19}$$

系统的补灵敏度函数为

$$\boldsymbol{T}(s) = \boldsymbol{I}_{3\times3} - \boldsymbol{S}(s) \tag{4-20}$$

由于系统要求在干扰力矩 $\boldsymbol{M}_f$ 下平台精度为 $\leqslant \phi_{\max}$（$\leqslant 1$ Hz），所以，性能界函数为

$$\boldsymbol{W}_1 = \frac{1}{s^2}\times(\boldsymbol{M\phi})_{3\times3}\times\boldsymbol{J}^{-1}\times\boldsymbol{B}_\varepsilon^3 \tag{4-21}$$

其中

$$(\boldsymbol{M\phi})_{3\times3}=\begin{bmatrix}(\boldsymbol{M}/\boldsymbol{\phi}_{\max})_x & 0 & 0\\ 0 & (\boldsymbol{M}/\boldsymbol{\phi}_{\max})_y & 0\\ 0 & 0 & (\boldsymbol{M}/\boldsymbol{\phi}_{\max})_z\end{bmatrix}\tag{4-22}$$

所以

$$\boldsymbol{W}_1=\frac{1}{s^2}\begin{bmatrix}\rho_{x1} & \rho_{x2} & \rho_{x3}\\ \rho_{y1} & \rho_{y2} & \rho_{y3}\\ 0 & 0 & \rho_z\end{bmatrix}\tag{4-23}$$

其中

$$\rho_{x1}=k_x(\boldsymbol{M}/\boldsymbol{\phi}_{\max})_x\frac{(J_y\cos\beta_{zk}-J_{xy}\sin\beta_{zk})\sec\beta_{yk}}{J_xJ_y-J_{xy}^2}$$

$$\rho_{x2}=k_x(\boldsymbol{M}/\boldsymbol{\phi}_{\max})_x\frac{-J_y\sin\beta_{zk}-J_{xy}\cos\beta_{zk}}{J_xJ_y-J_{xy}^2}$$

$$\rho_{x3}=k_x(\boldsymbol{M}/\boldsymbol{\phi}_{\max})_x\frac{(J_y\cos\beta_{zk}-J_{xy}\sin\beta_{zk})\tan\beta_{yk}}{J_xJ_y-J_{xy}^2}$$

$$\rho_{y1}=k_y(\boldsymbol{M}/\boldsymbol{\phi}_{\max})_y\frac{(J_x\sin\beta_{zk}-J_{xy}\cos\beta_{zk})\sec\beta_{yk}}{J_xJ_y-J_{xy}^2}$$

$$\rho_{y2}=k_y(\boldsymbol{M}/\boldsymbol{\phi}_{\max})_y\frac{J_{xy}\sin\beta_{zk}+J_x\cos\beta_{zk}}{J_xJ_y-J_{xy}^2}$$

$$\rho_{y3}=k_y(\boldsymbol{M}/\boldsymbol{\phi}_{\max})_y\frac{(J_x\sin\beta_{zk}-J_{xy}\cos\beta_{zk})\tan\beta_{yk}}{J_xJ_y-J_{xy}^2}$$

$$\rho_z=\frac{k_z(\boldsymbol{M}/\boldsymbol{\phi}_{\max})_z}{J_z}$$

$$k_x,\ k_y,\ k_z\geqslant 1$$

为避免计算过程中出现零、极点，对性能界函数取近似积分，即

$$\boldsymbol{W}_1=\begin{bmatrix}\rho_{x1}\dfrac{(1\,000+s)^2\left(s+\dfrac{1}{T_{x2}}\right)}{(1+1\,000s)^2\left(s+\dfrac{1}{T_{x1}}\right)} & \rho_{x2}\dfrac{(1\,000+s)^2\left(s+\dfrac{1}{T_{y2}}\right)}{(1+1\,000s)^2\left(s+\dfrac{1}{T_{y1}}\right)} & \rho_{x3}\dfrac{(1\,000+s)^2\left(s+\dfrac{1}{T_{z2}}\right)}{(1+1\,000s)^2\left(s+\dfrac{1}{T_{z1}}\right)}\\ \rho_{y1}\dfrac{(1\,000+s)^2\left(s+\dfrac{1}{T_{x2}}\right)}{(1+1\,000s)^2\left(s+\dfrac{1}{T_{x1}}\right)} & \rho_{y2}\dfrac{(1\,000+s)^2\left(s+\dfrac{1}{T_{y2}}\right)}{(1+1\,000s)^2\left(s+\dfrac{1}{T_{y1}}\right)} & \rho_{y3}\dfrac{(1\,000+s)^2\left(s+\dfrac{1}{T_{z2}}\right)}{(1+1\,000s)^2\left(s+\dfrac{1}{T_{z1}}\right)}\\ 0 & 0 & \rho_z\dfrac{(1\,000+s)^2\left(s+\dfrac{1}{T_{z2}}\right)}{(1+1\,000s)^2\left(s+\dfrac{1}{T_{z1}}\right)}\end{bmatrix}\tag{4-24}$$

T_{x1} ，T_{x2} 的选择满足 $10^{-3} < T_{x2} < T_{x1} < 10^{3}$ ；T_{y1} ，T_{y2} 的选择满足 $10^{-3} < T_{y2} < T_{y1} < 10^{3}$ ；T_{z1} ，T_{z2} 的选择满足 $10^{-3} < T_{z2} < T_{z1} < 10^{3}$ 。

对象不确定性界函数为

$$\boldsymbol{W}_2 = \begin{bmatrix} 0.0125(0.4s+1)(T_{dx}s+1)^2 & 0 & 0 \\ 0 & 0.0125(0.4s+1)(T_{dy}s+1)^2 & 0 \\ 0 & 0 & 0.0125(0.4s+1)(T_{dz}s+1)^2 \end{bmatrix}_{3\times 3} \tag{4-25}$$

性能界函数和对象不确定性界函数满足

$$\left\| \begin{matrix} W_1 S \\ W_2 T \end{matrix} \right\|_{\infty} \leqslant 1 \tag{4-26}$$

为了分析和设计方便，我们把图 4—6 等效变换为图 4—7。

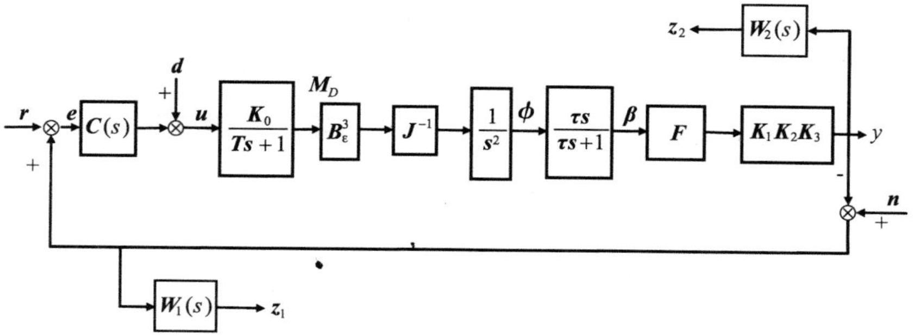

图 4—7　平台稳定回路方块图

其中

$$\boldsymbol{z}_1 = \begin{bmatrix} z_{1x} \\ z_{1y} \\ z_{1z} \end{bmatrix} = W_1 S ; \qquad \boldsymbol{z}_2 = \begin{bmatrix} z_{2x} \\ z_{2y} \\ z_{2z} \end{bmatrix} = \boldsymbol{W}_2 \boldsymbol{T} = \boldsymbol{W}_2 (\boldsymbol{I} - \boldsymbol{S}) ;$$

$\boldsymbol{r} = \begin{bmatrix} r_x \\ r_y \\ r_z \end{bmatrix}$ ——给定信号；$\boldsymbol{d} = \begin{bmatrix} d_x \\ d_y \\ d_z \end{bmatrix}$ ——干扰信号；

$\boldsymbol{n}=\begin{bmatrix} n_x \\ n_y \\ n_z \end{bmatrix}$——量测噪声。

图 4—7 物理意义为，当校正环节输入端信号 r 不为零时，其输出 u 作用到力矩电机。电机力矩 M_D 引起框架角转动，从而相对于动调陀螺仪转子转动 β。此转角经过传感器 K_1，前置放大器 K_2 和分解器 K_3，经过负反馈作用在校正环节的输入端，最终使得校正环节的输入 e 保持为零。

综上分析，我们下面研究在性能界函数和对象不确定性的约束下，设计一个带积分的高增益控制器 $\boldsymbol{C}(s)$，如下式

$$C(s)=\begin{bmatrix} C_{11}(s) & C_{12}(s) & C_{13}(s) \\ C_{21}(s) & C_{22}(s) & C_{23}(s) \\ C_{31}(s) & C_{32}(s) & C_{33}(s) \end{bmatrix} \tag{4-27}$$

其方块图结构如图 4—8 所示。

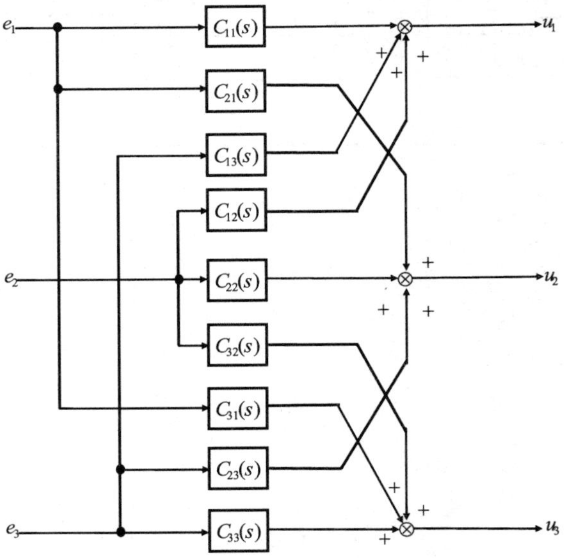

图 4—8　控制器方块图

4.3.2 增广对象

记 $\boldsymbol{x}_{18\times1}$ 为 P 的状态矢量，则有

$$\dot{\boldsymbol{x}} = \boldsymbol{A}\boldsymbol{x} + \boldsymbol{B}_1 n + \boldsymbol{B}_2 \boldsymbol{u} \tag{4-28}$$

$$\begin{bmatrix} \boldsymbol{z} \\ \boldsymbol{e} \end{bmatrix} = \begin{bmatrix} \boldsymbol{C}_1 \\ \boldsymbol{C}_2 \end{bmatrix} x + \begin{bmatrix} \boldsymbol{D}_{11} & \boldsymbol{D}_{12} \\ \boldsymbol{D}_{21} & \boldsymbol{D}_{22} \end{bmatrix} \begin{bmatrix} \boldsymbol{n} \\ \boldsymbol{u} \end{bmatrix} + \begin{bmatrix} 0 \\ \boldsymbol{I} \end{bmatrix} r \tag{4-29}$$

其中

$$\boldsymbol{A} = \begin{bmatrix} A_{x1} & A_{x2} & A_{x3} \\ A_{y1} & A_{y2} & A_{y3} \\ A_{z1} & A_{z2} & A_{z3} \end{bmatrix}_{18\times18}$$

$$\boldsymbol{B}_1 = \begin{bmatrix} B_{1x} & O_{6\times1} & O_{6\times1} \\ O_{6\times1} & B_{1y} & O_{6\times1} \\ O_{6\times1} & O_{6\times1} & B_{1z} \end{bmatrix}_{18\times3}, \quad \boldsymbol{B}_2 = \begin{bmatrix} B_{2x} \\ B_{2y} \\ B_{2z} \end{bmatrix}_{18\times3}$$

$$\boldsymbol{C}_1 = \begin{bmatrix} C'_{11} & C'_{12} & C'_{13} \\ C''_{11} & C''_{12} & C''_{13} \end{bmatrix}_{6\times18}$$

$$\boldsymbol{C}_2 = \begin{bmatrix} C'_2 & O_{1\times6} & O_{1\times6} \\ O_{1\times6} & C'_2 & O_{1\times6} \\ O_{1\times6} & O_{1\times6} & C'_2 \end{bmatrix}_{3\times18}$$

$$\boldsymbol{D}_{11} = \begin{bmatrix} \rho_{x1}\times10^{-6} & \rho_{x2}\times10^{-6} & \rho_{x3}\times10^{-6} \\ \rho_{y1}\times10^{-6} & \rho_{y2}\times10^{-6} & \rho_{y3}\times10^{-6} \\ 0 & 0 & \rho_z\times10^{-6} \\ 0 & 0 & 0 \\ 0 & 0 & 0 \\ 0 & 0 & 0 \end{bmatrix}_{6\times3}$$

$$\boldsymbol{D}_{12} = \begin{bmatrix} 0 & 0 & 0 \\ 0 & 0 & 0 \\ 0 & 0 & 0 \\ d_{41} & d_{42} & d_{43} \\ d_{51} & d_{52} & d_{53} \\ 0 & 0 & d_{63} \end{bmatrix}_{6\times3}, \quad \boldsymbol{D}_{21} = \begin{bmatrix} 1 & 0 & 0 \\ 0 & 1 & 0 \\ 0 & 0 & 1 \end{bmatrix}_{3\times3}$$

$$\boldsymbol{D}_{22}=\begin{bmatrix}0&0&0\\0&0&0\\0&0&0\end{bmatrix}_{3\times 3}$$

$$\boldsymbol{C}'_2=\begin{bmatrix}0&0&-1&0&0&0\end{bmatrix}_{1\times 6}$$

$$\boldsymbol{A}_{x1}=\begin{bmatrix}0&0&0&0&0&0\\1&-\frac{1}{\tau}&0&0&0&0\\0&K_3K_2K_1\cos\beta_{zk}&0&0&0&0\\0&0&-1&-\left(2\times 10^{-3}+\frac{1}{T_{x1}}\right)&-\left(10^{-6}+\frac{2\times 10^{-3}}{T_{x1}}\right)&-\frac{10^{-6}}{T_{x1}}\\0&0&0&1&0&0\\0&0&0&0&1&0\end{bmatrix}_{6\times 6}$$

$$\boldsymbol{A}_{x2}=\begin{bmatrix}0&0&0&0&0&0\\0&0&0&0&0&0\\0&K_3K_2K_1\sin\beta_{zk}&0&0&0&0\\0&0&0&0&0&0\\0&0&0&0&0&0\\0&0&0&0&0&0\end{bmatrix}_{6\times 6}$$

$$\boldsymbol{A}_{x3}=O_{6\times 6}$$

$$\boldsymbol{A}_{y1}=\begin{bmatrix}0&0&0&0&0&0\\0&0&0&0&0&0\\0&-K_3K_2K_1\sin\beta_{zk}&0&0&0&0\\0&0&0&0&0&0\\0&0&0&0&0&0\\0&0&0&0&0&0\end{bmatrix}_{6\times 6}$$

$$\boldsymbol{A}_{y2}=\begin{bmatrix}0&0&0&0&0&0\\1&-\frac{1}{\tau}&0&0&0&0\\0&K_3K_2K_1\cos\beta_{zk}&0&0&0&0\\0&0&-1&-\left(2\times 10^{-3}+\frac{1}{T_{y1}}\right)&-\left(10^{-6}+\frac{2\times 10^{-3}}{T_{y1}}\right)&-\frac{10^{-6}}{T_{y1}}\\0&0&0&1&0&0\\0&0&0&0&1&0\end{bmatrix}_{6\times 6}$$

$$\boldsymbol{A}_{y3} = O_{6\times 6}$$

$$\boldsymbol{A}_{z1} = O_{6\times 6}$$

$$\boldsymbol{A}_{z2} = O_{6\times 6}$$

$$\boldsymbol{A}_{z3} = \begin{bmatrix} 0 & 0 & 0 & 0 & 0 & 0 \\ 1 & -\dfrac{1}{\tau} & 0 & 0 & 0 & 0 \\ 0 & K_3 K_2 K_1 & 0 & 0 & 0 & 0 \\ 0 & 0 & -1 & -\left(2\times 10^{-3} + \dfrac{1}{T_{z1}}\right) & -\left(10^{-6} + \dfrac{2\times 10^{-3}}{T_{z1}}\right) & -\dfrac{10^{-6}}{T_{z1}} \\ 0 & 0 & 0 & 1 & 0 & 0 \\ 0 & 0 & 0 & 0 & 1 & 0 \end{bmatrix}_{6\times 6}$$

$$\boldsymbol{B}_{1x} = \begin{bmatrix} 0 \\ 0 \\ 0 \\ 1 \\ 0 \\ 0 \end{bmatrix}_{6\times 1}, \quad \boldsymbol{B}_{1y} = \begin{bmatrix} 0 \\ 0 \\ 0 \\ 1 \\ 0 \\ 0 \end{bmatrix}_{6\times 1}, \quad \boldsymbol{B}_{1z} = \begin{bmatrix} 0 \\ 0 \\ 0 \\ 1 \\ 0 \\ 0 \end{bmatrix}_{6\times 1}$$

$$\boldsymbol{B}_{2x} = \begin{bmatrix} \dfrac{K_0(J_y\cos\beta_{zk} - J_{xy}\sin\beta_{zk})\sec\beta_{yk}}{J_x J_y - J_{xy}^2} & \dfrac{K_0(-J_y\sin\beta_{zk} - J_{xy}\cos\beta_{zk})}{J_x J_y - J_{xy}^2} & \dfrac{K_0(J_y\cos\beta_{zk} - J_{xy}\sin\beta_{zk})\tan\beta_{yk}}{J_x J_y - J_{xy}^2} \\ 0 & 0 & 0 \\ 0 & 0 & 0 \\ 0 & 0 & 0 \\ 0 & 0 & 0 \\ 0 & 0 & 0 \end{bmatrix}_{6\times 3}$$

$$\boldsymbol{B}_{2y} = \begin{bmatrix} \dfrac{K_0(J_x\sin\beta_{zk} - J_{xy}\cos\beta_{zk})\sec\beta_{yk}}{J_x J_y - J_{xy}^2} & \dfrac{K_0(J_x\cos\beta_{zk} + J_{xy}\sin\beta_{zk})}{J_x J_y - J_{xy}^2} & \dfrac{K_0(J_x\sin\beta_{zk} - J_{xy}\cos\beta_{zk})\tan\beta_{yk}}{J_x J_y - J_{xy}^2} \\ 0 & 0 & 0 \\ 0 & 0 & 0 \\ 0 & 0 & 0 \\ 0 & 0 & 0 \\ 0 & 0 & 0 \end{bmatrix}_{6\times 3}$$

$$\boldsymbol{B}_{2z}=\begin{bmatrix}0 & 0 & \dfrac{K_0}{J_z}\\ 0 & 0 & 0\\ 0 & 0 & 0\\ 0 & 0 & 0\\ 0 & 0 & 0\\ 0 & 0 & 0\end{bmatrix}_{6\times 3}$$

$$\boldsymbol{C}'_{11}=\begin{bmatrix}0 & 0 & -\rho_{x1}\times 10^{-6} & c_{14x1} & c_{15x1} & c_{16x1}\\ 0 & 0 & -\rho_{y1}\times 10^{-6} & c_{14y1} & c_{15y1} & c_{16y1}\\ 0 & 0 & 0 & 0 & 0 & 0\end{bmatrix}_{3\times 6}$$

$$\boldsymbol{C}'_{12}=\begin{bmatrix}0 & 0 & -\rho_{x2}\times 10^{-6} & c_{14x2} & c_{15x2} & c_{16x2}\\ 0 & 0 & -\rho_{y2}\times 10^{-6} & c_{14y2} & c_{15y2} & c_{16y2}\\ 0 & 0 & 0 & 0 & 0 & 0\end{bmatrix}_{3\times 6}$$

$$\boldsymbol{C}'_{13}=\begin{bmatrix}0 & 0 & -\rho_{x3}\times 10^{-6} & c_{14x3} & c_{15x3} & c_{16x3}\\ 0 & 0 & -\rho_{y3}\times 10^{-6} & c_{14y3} & c_{15y3} & c_{16y3}\\ 0 & 0 & -\rho_{z}\times 10^{-6} & c_{14z} & c_{15z} & c_{16z}\end{bmatrix}_{3\times 6}$$

$$\boldsymbol{C}''_{11}=\begin{bmatrix}c_{11x1} & c_{12x1} & 0.012\,5 & 0 & 0 & 0\\ c_{11y1} & c_{12y1} & 0.012\,5 & 0 & 0 & 0\\ 0 & 0 & 0 & 0 & 0 & 0\end{bmatrix}_{3\times 6}$$

$$\boldsymbol{C}''_{12}=\begin{bmatrix}c_{11x2} & c_{12x2} & 0.012\,5 & 0 & 0 & 0\\ c_{11y2} & c_{12y2} & 0.012\,5 & 0 & 0 & 0\\ 0 & 0 & 0 & 0 & 0 & 0\end{bmatrix}_{3\times 6}$$

$$\boldsymbol{C}''_{13}=\begin{bmatrix}0 & 0 & 0 & 0 & 0 & 0\\ 0 & 0 & 0 & 0 & 0 & 0\\ c_{11z} & c_{12z} & 0.012\,5 & 0 & 0 & 0\end{bmatrix}_{3\times 6}$$

$$c_{14x1}=\rho_{x1}\times 10^{-6}\left(2\times 10^{3}-2\times 10^{-3}+\frac{1}{T_{x2}}-\frac{1}{T_{x1}}\right)$$

$$c_{15x1}=\rho_{x1}\times 10^{-6}\left(10^{6}-10^{-6}+\frac{2\times 10^{3}}{T_{x2}}-\frac{2\times 10^{-3}}{T_{x1}}\right)$$

$$c_{16x1}=\rho_{x1}\times10^{-6}\left(\frac{10^6}{T_{x2}}-\frac{10^{-6}}{T_{x1}}\right)$$

$$c_{14x2}=\rho_{x2}\times10^{-6}\left(2\times10^3-2\times10^{-3}+\frac{1}{T_{y2}}-\frac{1}{T_{y1}}\right)$$

$$c_{15x2}=\rho_{x2}\times10^{-6}\left(10^6-10^{-6}+\frac{2\times10^3}{T_{y2}}-\frac{2\times10^{-3}}{T_{y1}}\right)$$

$$c_{16x2}=\rho_{x2}\times10^{-6}\left(\frac{10^6}{T_{y2}}-\frac{10^{-6}}{T_{y1}}\right)$$

$$c_{14x3}=\rho_{x3}\times10^{-6}\left(2\times10^3-2\times10^{-3}+\frac{1}{T_{z2}}-\frac{1}{T_{z1}}\right)$$

$$c_{15x3}=\rho_{x3}\times10^{-6}\left(10^6-10^{-6}+\frac{2\times10^3}{T_{z2}}-\frac{2\times10^{-3}}{T_{z1}}\right)$$

$$c_{16x3}=\rho_{x3}\times10^{-6}\left(\frac{10^6}{T_{z2}}-\frac{10^{-6}}{T_{z1}}\right)$$

$$c_{14y1}=\rho_{y1}\times10^{-6}\left(2\times10^3-2\times10^{-3}+\frac{1}{T_{x2}}-\frac{1}{T_{x1}}\right)$$

$$c_{15y1}=\rho_{y1}\times10^{-6}\left(10^6-10^{-6}+\frac{2\times10^3}{T_{x2}}-\frac{2\times10^{-3}}{T_{x1}}\right)$$

$$c_{16y1}=\rho_{y1}\times10^{-6}\left(\frac{10^6}{T_{x2}}-\frac{10^{-6}}{T_{x1}}\right)$$

$$c_{14y2}=\rho_{y2}\times10^{-6}\left(2\times10^3-2\times10^{-3}+\frac{1}{T_{y2}}-\frac{1}{T_{y1}}\right)$$

$$c_{15y2}=\rho_{y2}\times10^{-6}\left(10^6-10^{-6}+\frac{2\times10^3}{T_{y2}}-\frac{2\times10^{-3}}{T_{y1}}\right)$$

$$c_{16y2}=\rho_{y2}\times10^{-6}\left(\frac{10^6}{T_{y2}}-\frac{10^{-6}}{T_{y1}}\right)$$

$$c_{14y3}=\rho_{y3}\times10^{-6}\left(2\times10^3-2\times10^{-3}+\frac{1}{T_{z2}}-\frac{1}{T_{z1}}\right)$$

$$c_{15y3}=\rho_{y3}\times10^{-6}\left(10^6-10^{-6}+\frac{2\times10^3}{T_{z2}}-\frac{2\times10^{-3}}{T_{z1}}\right)$$

$$c_{16y3}=\rho_{y3}\times10^{-6}\left(\frac{10^6}{T_{z2}}-\frac{10^{-6}}{T_{z1}}\right)$$

$$c_{14z}=\rho_{z}\times10^{-6}\left(2\times10^3-2\times10^{-3}+\frac{1}{T_{z2}}-\frac{1}{T_{z1}}\right)$$

$$c_{15z} = \rho_z \times 10^{-6}\left(10^6 - 10^{-6} + \frac{2\times 10^3}{T_{z2}} - \frac{2\times 10^{-3}}{T_{z1}}\right)$$

$$c_{16z} = \rho_z \times 10^{-6}\left(\frac{10^6}{T_{z2}} - \frac{10^{-6}}{T_{z1}}\right)$$

$$c_{11x1} = 0.0125K_3K_2K_1\left(-\frac{0.4T_{dx}^2}{\tau} + 0.8T_{dx} + T_{dx}^2\right)\cos\beta_{zk}$$

$$c_{12x1} = \left[-0.0125K_3K_2K_1\left(-\frac{0.4T_{dx}^2}{\tau} + 0.8T_{dx} + T_{dx}^2\right)\times\frac{1}{\tau} + 0.0125K_3K_2K_1(0.4 + 2T_{dx})\right]\cos\beta_{zk}$$

$$c_{11x2} = 0.0125K_3K_2K_1\left(-\frac{0.4T_{dx}^2}{\tau} + 0.8T_{dx} + T_{dx}^2\right)\sin\beta_{zk}$$

$$c_{12x2} = \left[-0.0125K_3K_2K_1\left(-\frac{0.4T_{dx}^2}{\tau} + 0.8T_{dx} + T_{dx}^2\right)\times\frac{1}{\tau} + 0.0125K_3K_2K_1(0.4 + 2T_{dx})\right]\sin\beta_{zk}$$

$$c_{11y1} = -0.0125K_3K_2K_1\left(-\frac{0.4T_{dy}^2}{\tau} + 0.8T_{dy} + T_{dy}^2\right)\sin\beta_{zk}$$

$$c_{12y1} = -\left[-0.0125K_3K_2K_1\left(-\frac{0.4T_{dy}^2}{\tau} + 0.8T_{dy} + T_{dy}^2\right)\times\frac{1}{\tau} + 0.0125K_3K_2K_1(0.4 + 2T_{dy})\right]\sin\beta_{zk}$$

$$c_{11y2} = 0.0125K_3K_2K_1\left(-\frac{0.4T_{dy}^2}{\tau} + 0.8T_{dy} + T_{dy}^2\right)\cos\beta_{zk}$$

$$c_{12y2} = \left[-0.0125K_3K_2K_1\left(-\frac{0.4T_{dy}^2}{\tau} + 0.8T_{dy} + T_{dy}^2\right)\times\frac{1}{\tau} + 0.0125K_3K_2K_1(0.4 + 2T_{dy})\right]\cos\beta_{zk}$$

$$c_{11z} = 0.0125K_3K_2K_1\left(-\frac{0.4T_{dz}^2}{\tau} + 0.8T_{dz} + T_{dz}^2\right)$$

$$c_{12z} = -0.0125K_3K_2K_1\left(-\frac{0.4T_{dz}^2}{\tau} + 0.8T_{dz} + T_{dz}^2\right)\times\frac{1}{\tau} + 0.0125K_3K_2K_1(0.4 + 2T_{dz})$$

$$d_{41} = 0.005K_3K_2K_1K_0T_{dx}^2\,\frac{(J_y\cos^2\beta_{zk} - J_{xy}\sin 2\beta_{zk} + J_x\sin^2\beta_{zk})\sec\beta_{yk}}{J_xJ_y - J_{xy}^2}$$

$$d_{42} = 0.005K_3K_2K_1K_0T_{dx}^2\,\frac{\frac{1}{2}(J_x - J_y)\sin 2\beta_{zk} - J_{xy}\cos 2\beta_{zk}}{J_xJ_y - J_{xy}^2}$$

$$d_{43}=0.005K_3K_2K_1K_0T_{dx}^2\frac{(J_y\cos^2\beta_{zk}-J_{xy}\sin 2\beta_{zk}+J_x\sin^2\beta_{zk})\tan\beta_{yk}}{J_xJ_y-J_{xy}^2}$$

$$d_{51}=0.005K_3K_2K_1K_0T_{dy}^2\frac{\left[\frac{1}{2}(J_x-J_y)\sin 2\beta_{zk}-J_{xy}\cos 2\beta_{zk}\right]\sec\beta_{yk}}{J_xJ_y-J_{xy}^2}$$

$$d_{52}=0.005K_3K_2K_1K_0T_{dy}^2\frac{J_y\sin^2\beta_{zk}+J_{xy}\sin 2\beta_{zk}+J_x\cos^2\beta_{zk}}{J_xJ_y-J_{xy}^2}$$

$$d_{53}=0.005K_3K_2K_1K_0T_{dy}^2\frac{\left[\frac{1}{2}(J_x-J_y)\sin 2\beta_{zk}-J_{xy}\cos 2\beta_{zk}\right]\tan\beta_{yk}}{J_xJ_y-J_{xy}^2}$$

$$d_{63}=\frac{0.005K_3K_2K_1K_0T_{dz}^2}{J_z}$$

4.3.3 零状态控制器设计

在框架角 $\beta_{zk}=0$，$\beta_{yk}=0$ 时，由于

$$\boldsymbol{B}_\varepsilon^3=\boldsymbol{F}=\boldsymbol{I}_{3\times 3} \tag{4-30}$$

为单位矩阵，以及转动惯量矩阵 $\boldsymbol{J}$ 为对角阵。因此，交链的影响可以忽略。用 H_∞ 控制求得的控制器为对角占优阵，如图 4—9 所示，因此，只需分析主对角线上的元素。

图 4—9 中

$$C_{11}(s)=\frac{8.7931\left(\frac{s}{1.6595\times10^{-2}}+1\right)\left(\frac{s}{10.126}+1\right)\left(\frac{s}{60.042}+1\right)}{s(10s+1)\left[\frac{s^2+2\times1.3390\times10^3 s}{(1.3390\times10^3)^2+(4.7970\times10^2)^2}+1\right]} \tag{4-31}$$

$$C_{21}(s)=\frac{1.0201\times10^{-2}\left[\frac{s^2+2\times8.859\times10^{-2}s}{(8.8593\times10^{-2})^2+(6.1752\times10^{-2})^2}+1\right]\left(-\frac{s}{10.573}+1\right)\left(\frac{s}{10.08}+1\right)\left(\frac{s}{80.296}+1\right)}{s(10s+1)^2\left[\frac{s^2+2\times1.3390\times10^3 s}{(1.3390\times10^3)^2+(4.7970\times10^2)}+1\right]} \tag{4-32}$$

$$C_{31}(s)=\frac{2.3868\times10^{-11}\left[\frac{s^2+2\times57.285s}{57.285^2+101.34^2}+1\right]\left(\frac{s}{10}+1\right)\left(\frac{s}{132.54}+1\right)\left(\frac{s}{1.267\times10^3}+1\right)}{s\left(\frac{s}{2.6035\times10^4}+1\right)\left[\frac{s^2+2\times1.3390\times10^3 s}{(1.3390\times10^3)^2+(4.7970\times10^2)}+1\right]\left[\frac{s^2+2\times2.0914\times10^3 s}{(2.0914\times10^3)^2+(6.3896\times10^2)^2}+1\right]} \tag{4-33}$$

同时，可求得主对角线另两个元素为

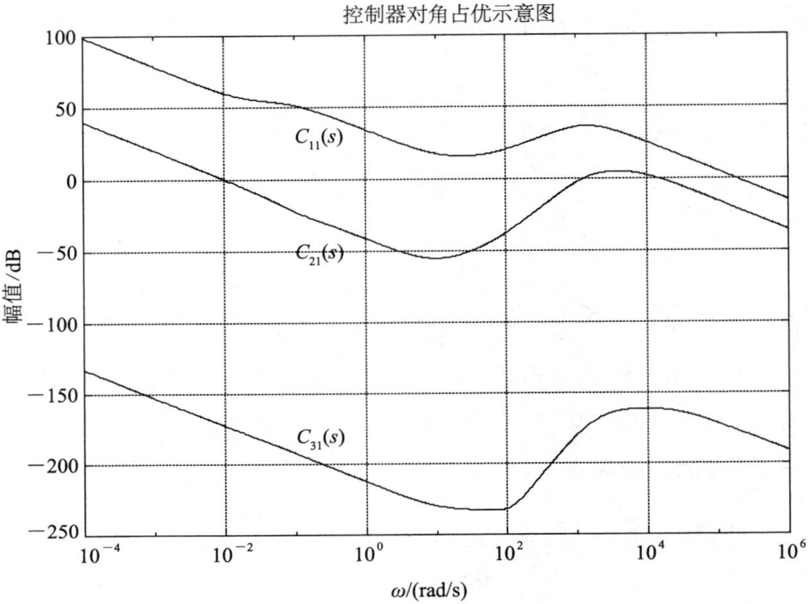

图 4—9　控制器对角占优示意图

$$C_{22}(s)=\frac{5.0242\left(\frac{s}{1.6628\times 10^{-2}}+1\right)\left(\frac{s}{10.130}+1\right)\left(\frac{s}{59.201}+1\right)}{s(10s+1)\left[\frac{s^{2}+2\times 1.3343\times 10^{3}s}{(1.3343\times 10^{3})^{2}+(5.2256\times 10^{2})^{2}}+1\right]} \tag{4-34}$$

$$C_{33}(s)=\frac{3.6356\left(\frac{s}{2.3540\times 10^{-2}}+1\right)\left(\frac{s}{28.747}+1\right)\left(\frac{s}{48.905}+1\right)}{s(10s+1)\left(\frac{s^{2}+2\times 2.0914\times 10^{3}s}{(2.0914\times 10^{3})^{2}+(6.3896\times 10^{2})^{2}}+1\right)} \tag{4-35}$$

此时，$k_x=1.93$，$k_y=1.1$，$k_z=0.45$；$T_{dx}=1/1\,250$，$T_{dy}=1/1\,250$，$T_{dz}=1/2\,000$；$T_{x1}=1/0.1$，$T_{x2}=1/10$；$T_{y1}=1/0.1$，$T_{y2}=1/10$；$T_{z1}=1/0.1$，$T_{z2}=1/25$。

外环开环伯德图如图 4—10 所示。

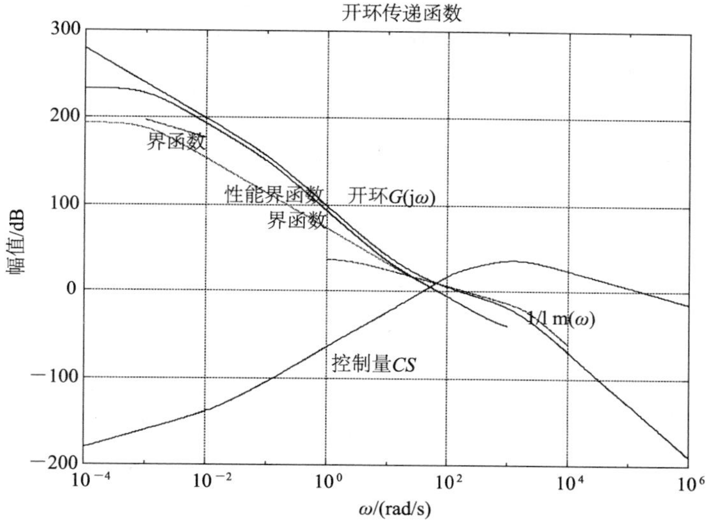

(a)幅值伯德图

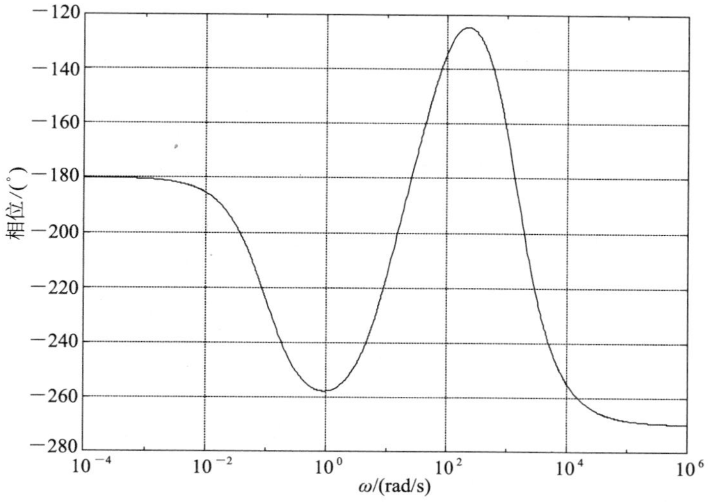

(b)相位伯德图

图 4—10　外环开环伯德图

由上图可知，外环轴稳定回路的剪切频率 $\omega_c = 163.22$ rad/s，相位裕度为 53.938°，满足精度和鲁棒稳定性要求。

内环轴开环伯德图如图 4－11 所示。

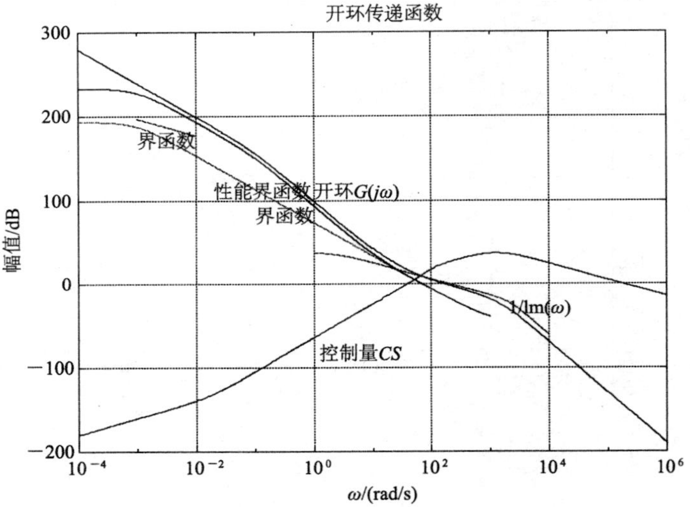

(a)幅值伯德图

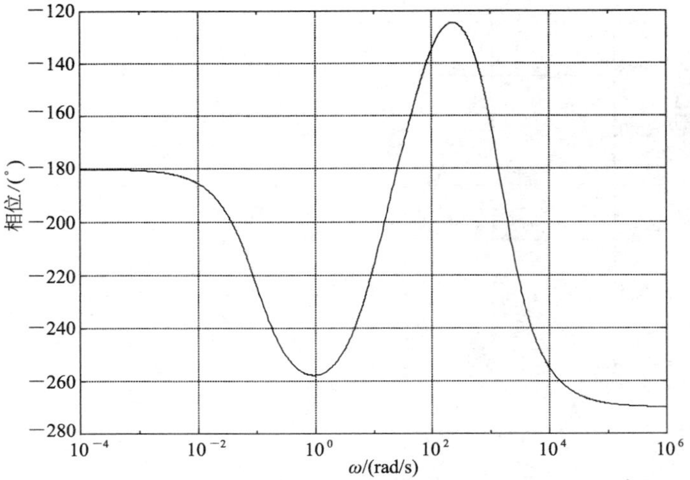

(b)相位伯德图

图 4－11　内环开环伯德图

由图 4－11 可知，内环轴稳定回路的剪切频率 ω_c = 160.84 rad/s ，相位裕度为 54.272°，满足精度和鲁棒稳定性要求。

台体轴开环伯德图如图 4－12 所示。

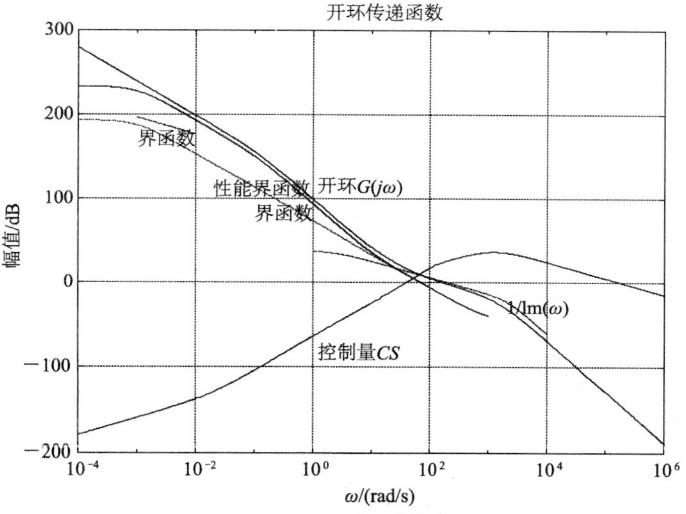

(a) 斜幅值伯德图

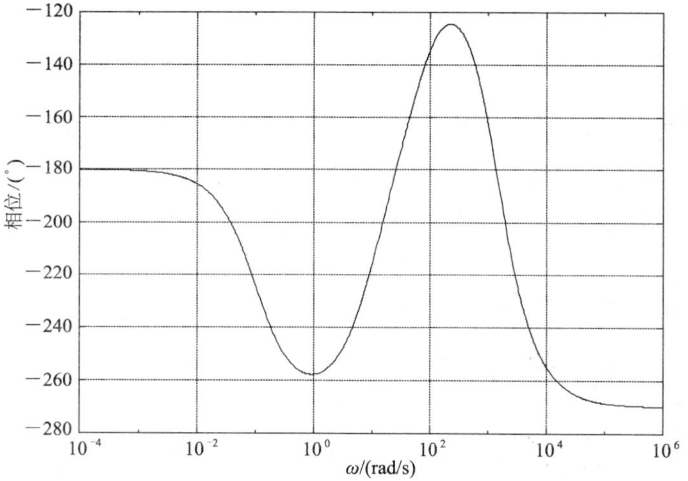

(b) 斜相位伯德图

图 4－12　台体轴开环伯德图

由图 4－12 可知，台体轴稳定回路的剪切频率 $\omega_c = 175.06$ rad/s，相位裕度为 56.336°，满足精度和鲁棒稳定性要求。

注意到 $k_z = 0.45 < 1$，这主要是由于性能界函数取得不合理造成的。设计要求在 $f \leqslant 1$ Hz 的低频段满足

$$|G(j\omega)| \geqslant \left| \frac{M/\phi_{\max}}{J\omega^2} \right| \tag{4-36}$$

而我们在前面分析中是假设所有的频率都满足上式。由于台体轴要求精度很高，导致采用上述界函数的性能指标与频率轴的交点在对象不确定性界函数与频率轴交点的右边。也就是说，当 $k_z \geqslant 1$ 时不存在一个控制器可以同时满足性能指标和对象不确定性指标。解决办法一个是修改性能界函数，即采用下式

$$W_z = \rho_z \frac{(1\,000 + s)^2 \left(s + \dfrac{1}{T_{z2}}\right)(T_{z4}s + 1)}{(1 + 1\,000s)^2 \left(s + \dfrac{1}{T_{z1}}\right)(T_{z3}s + 1)} \tag{4-37}$$

其中 $10^{-3} < T_{z4} < T_{z3} < T_{z2} < T_{z1}$。

另一种办法就是适当地减小 T_{z2}，比如在上述设计中就是取 $T_{z2} = 1/25$，可以看出，虽然此时 $k_z = 0.45 < 1$，但是所设计的控制器仍然满足精度和带宽的要求。由于现在主要关心平台的交链问题，所以暂时采用第二种办法。

4.3.4 平台稳定回路 MIMO 控制器设计

下面研究有交链时的 MIMO 控制器设计。首先，当 $\beta_{yk} = 45°$，$\beta_{zk} = -45°$ 时，有

$$\boldsymbol{B}_\varepsilon^3 = \begin{bmatrix} 1 & 0.707\,11 & 0.707\,11 \\ -1 & 0.707\,11 & -0.707\,11 \\ 0 & 0 & 1 \end{bmatrix}$$

$$\boldsymbol{F} = \begin{bmatrix} 0.707\,11 & -0.707\,11 & 0 \\ 0.707\,11 & 0.707\,11 & 0 \\ 0 & 0 & 1 \end{bmatrix}$$

$$J^{-1}=\begin{bmatrix}1.4209\times10^{-3} & 5.2152\times10^{-4} & 0\\ 5.2152\times10^{-4} & 1.4624\times10^{-3} & 0\\ 0 & 0 & 1.0132\times10^{-2}\end{bmatrix}\quad(4-38)$$

由于 $\boldsymbol{J}^{-1}$ 为严格对角占优阵，所以只需由 $\boldsymbol{F}\times\boldsymbol{B}_{\varepsilon}^{3}$ 来判断系统的交链程度。

$$\boldsymbol{F}\times\boldsymbol{B}_{\varepsilon}^{3}=\begin{bmatrix}1.4142 & 0 & 1\\ 0 & 1 & 0\\ 0 & 0 & 1\end{bmatrix}\quad(4-39)$$

由式（4—39）可以看出，除了转动惯量引起外环轴增益变换以外，力矩交链也引起外环轴稳定回路增益变大，导致系统稳定性变差。另外，虽然 $\boldsymbol{F}\times\boldsymbol{B}_{\varepsilon}^{3}$ 是严格对角占优阵，但不是对角阵。因此，用常规的控制器平台系统三轴不能解耦。

以下是求得的一组控制器

$$C_{11}(s)=\frac{6.8945\left(\frac{s}{1.9053\times10^{-2}}+1\right)\left(\frac{s}{10.240}+1\right)\left(\frac{s}{45.042}+1\right)}{s(10s+1)\left(\frac{s^2+2\times625.12s}{625.12^2+182.83^2}+1\right)}\quad(4-40)$$

$$C_{21}(s)=\frac{0.43087\left(\frac{s}{2.2239\times10^{-2}}+1\right)\left(\frac{s}{10}+1\right)\left(\frac{s}{94.667}+1\right)\left(\frac{s}{211.09}+1\right)\left(\frac{s}{765}+1\right)}{s(10s+1)\left(\frac{s^2+2\times625.12s}{625.12^2+182.83^2}+1\right)\left[\frac{s^2+2\times1.0926\times10^3s}{(1.0926\times10^3)^2+675.89^2}+1\right]}\quad(4-41)$$

$$C_{31}(s)=\frac{0.24751\left(\frac{s}{2.8395\times10^{-2}}+1\right)\left(\frac{s}{10}+1\right)\left(\frac{s^2+2\times103.85s}{103.85^2+66.728^2}+1\right)\left(\frac{s}{810.36}+1\right)}{s(10s+1)\left(\frac{s^2+2\times625.12s}{625.12^2+182.83^2}+1\right)\left[\frac{s^2+2\times1.0926\times10^3s}{(1.0926\times10^3)^2+675.89^2}+1\right]}\quad(4-42)$$

$$C_{12}(s)=\frac{0.65893\left(\frac{s}{2.4455\times10^{-2}}+1\right)\left(\frac{s}{10}+1\right)\left(\frac{s^2+2\times124.28s}{124.28^2+38.708^2}+1\right)}{s(10s+1)\left(\frac{s^2+2\times625.12s}{625.12^2+182.83^2}+1\right)\left[\frac{s}{1.9895\times10^3}+1\right]}\quad(4-43)$$

$$C_{22}(s)=\frac{0.3642\left(\frac{s}{1.6028\times10^{-2}}+1\right)\left(\frac{s}{10.149}+1\right)\left(\frac{s}{55.711}+1\right)}{s(10s+1)\left[\frac{s^2+2\times1.0926\times10^3s}{(1.0926\times10^3)^2+675.89^2}+1\right]}\quad(4-44)$$

$$C_{32}(s)=\frac{4.4027\times10^{-2}\left(\frac{s}{2.6618\times10^{-2}}+1\right)\left(\frac{s}{10}+1\right)\left(\frac{s^2+2\times129.94s}{129.94^2+98.488^2}+1\right)\left(\frac{s}{288.61}+1\right)}{s(10s+1)\left(\frac{s^2+2\times625.12s}{625.12^2+182.83^2}+1\right)\left[\frac{s^2+2\times1.0926\times10^3s}{(1.0926\times10^3)^2+675.89^2}+1\right]}\quad(4-45)$$

$$C_{13}(s)=\frac{4.4075\left(\frac{s}{7.5619\times10^{-2}}+1\right)\left(\frac{s}{22.482}+1\right)\left(\frac{s}{96.844}+1\right)^{2}}{s(10s+1)\left(\frac{s^{2}+2\times625.12s}{625.12^{2}+182.83^{2}}+1\right)\left[\frac{s}{1.2848\times10^{3}}+1\right]} \tag{4-46}$$

$$C_{23}(s)=\frac{1.8816\left(\frac{s}{8.3451\times10^{-2}}+1\right)\left(\frac{s}{25}+1\right)\left(\frac{s^{2}+2\times122.76s}{122.76^{2}+83.334^{2}}+1\right)\left(\frac{s}{395.29}+1\right)\left(\frac{s}{689.55}+1\right)}{s(10s+1)\left(\frac{s^{2}+2\times625.12s}{625.12^{2}+182.83^{2}}+1\right)\left[\frac{s^{2}+2\times1.0926\times10^{3}s}{(1.0926\times10^{3})^{2}+675.89^{2}}+1\right]\left(\frac{s}{1.9895\times10^{3}}+1\right)} \tag{4-47}$$

$$C_{33}(s)=\frac{3.1393\left(\frac{s}{2.2895\times10^{-2}}+1\right)\left(\frac{s}{29.104}+1\right)\left(\frac{s}{47.273}+1\right)}{s(10s+1)\left(\frac{s^{2}+2\times2.0389\times10^{3}s}{(2.0389\times10^{3}s)^{2}+583.4^{2}}+1\right)} \tag{4-48}$$

此时，$k_x=1.08$，$k_y=0.8$，$k_z=0.395$，此组数可保证系统满足稳定性要求。

再来观察控制器 $C(s)$ 的各元素的伯德图，如图 4—13 所示。

从图 4—13 可以看出，所设计的控制器可以看作对角占优阵，但是由于 $\boldsymbol{F}\times\boldsymbol{B}_{\varepsilon}^{3}$ 的第 1×3 个元素没有得到解耦，所以控制器 $C_{13}(s)$ 在低频段也靠近主对角线元素 $C_{11}(s)$，$C_{33}(s)$。

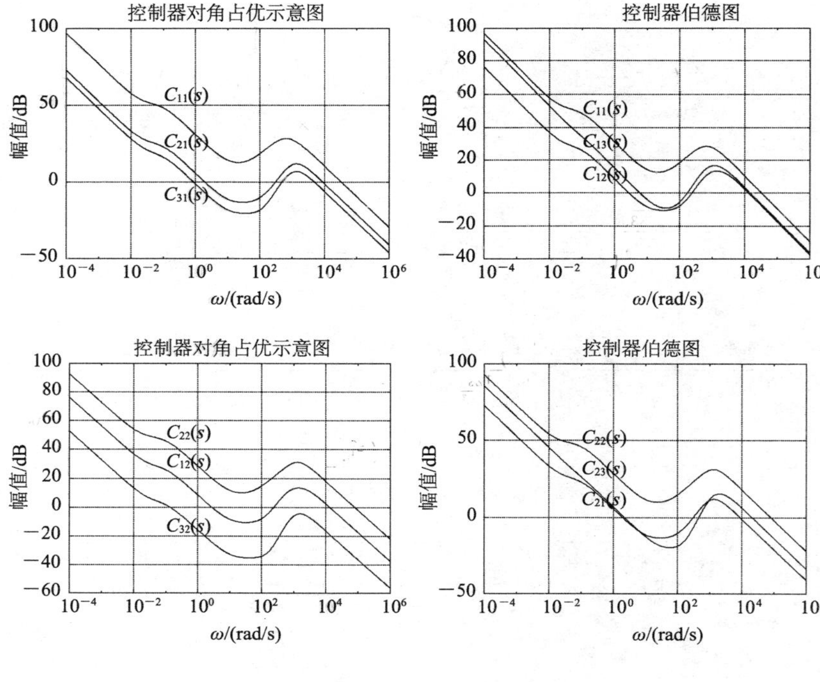

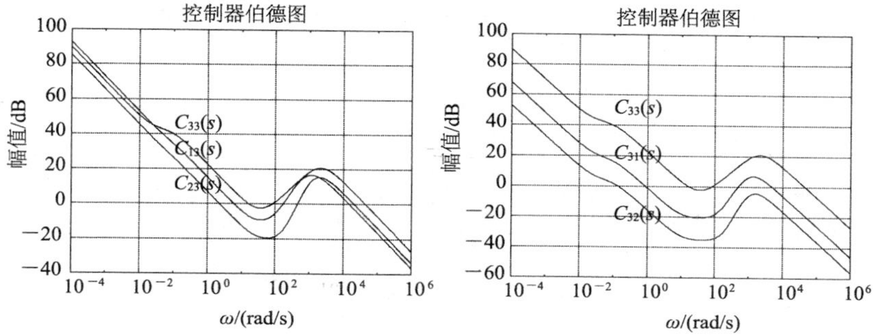

图 4—13　控制器各元素伯德图

下面对有交链的控制器进行仿真，如图 4—14 所示。

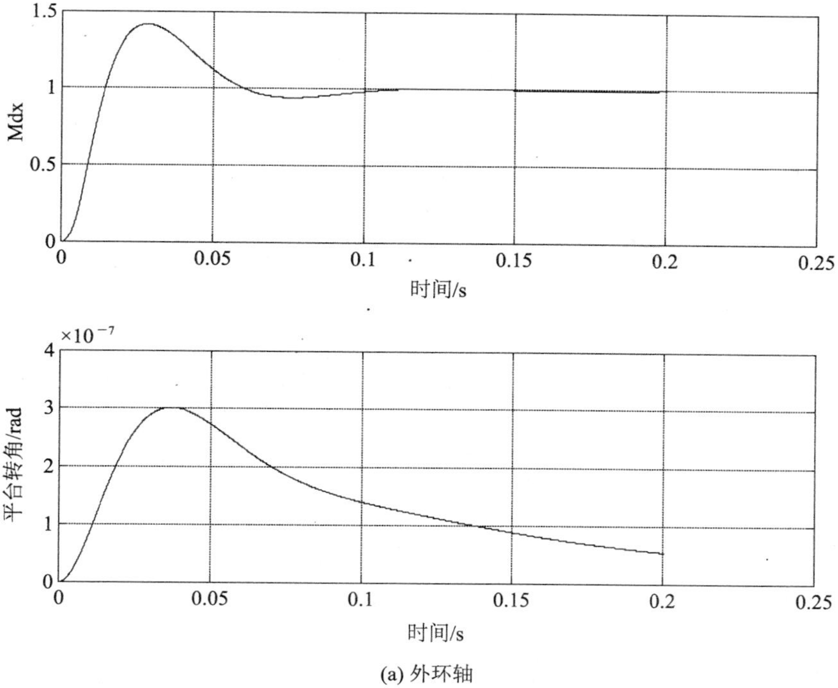

(a) 外环轴

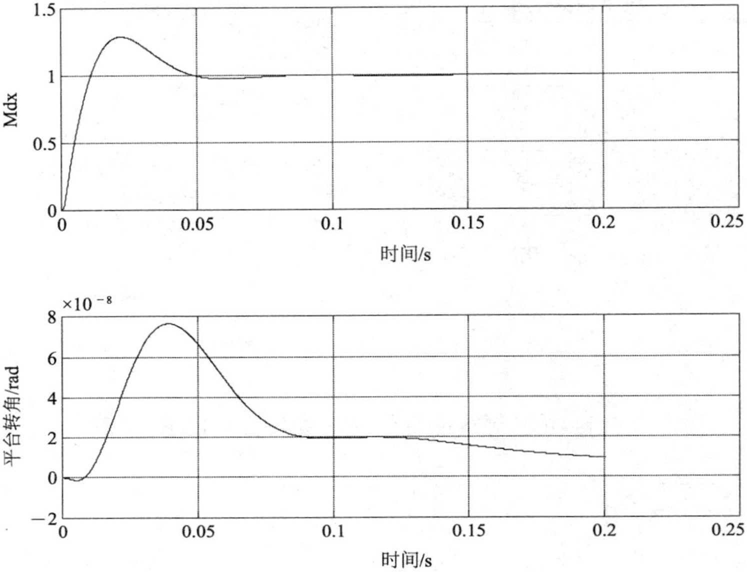

(b) 内环轴

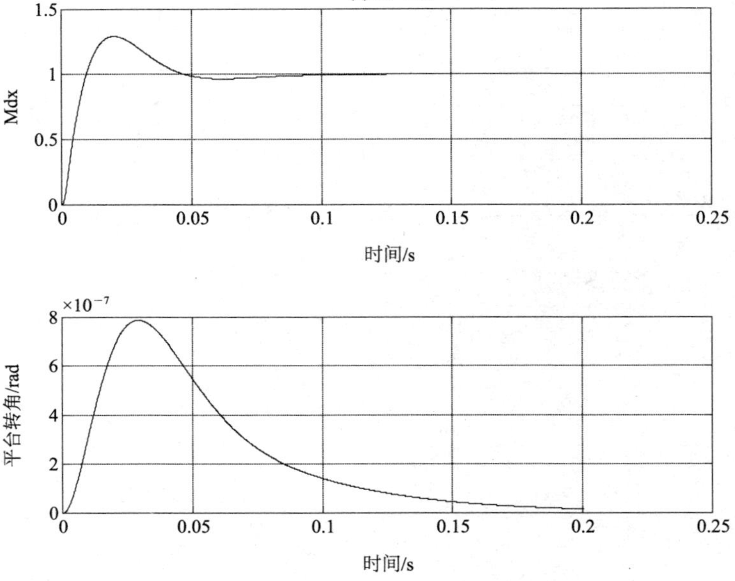

(c) 台体轴

图 4－14　有交链的控制器单位阶跃响应比较

因此，所设计的控制器是符合要求的。总之，由于三轴平台转动惯量矩阵是对角占优阵，力矩交链通过分解器得到解耦，因此，在 β_{yk} 不大时，只需把稳定回路看作三个独立的系统来进行设计。当然，对于 MIMO 系统，在不确定性限制下，可以使所有奇异值均达到最大的带宽。

4.4 平台稳定回路有饱和特性时的 H_∞ 控制设计

平台稳定回路的非线性主要体现在力矩电机的饱和特性上。但是，现在设计平台稳定回路控制器时，主要针对小信号输入时未饱和情况下的线性系统，使其满足稳定性、精度和带宽的要求，而没有充分考虑大信号输入时的饱和特性。

由于在平台稳定回路中，控制量的最大输出为

$$|u(t)| \leqslant 5\ \text{V} \qquad \forall t \tag{4-49}$$

校正环节的最大输入为 7.7 V，因此，在稳定回路闭合阶段，功率放大器必然工作在饱和状态。

由于没有任何一个频率域的设计程序能够精确地处理式（4－49）这样的指标；而时间域中的一个幅值的界也不可能准确地转化成频率域中易表达的指标，因此我们采用试凑法。

从参考输入 r 到对象输入 u 的传递函数是 CS ，因此，为了满足式（4－49），需要引入一个新的权函数 W_3 ，即

$$\| W_3 CS \|_\infty < 1 \tag{4-50}$$

由于 $u(t)$ 呈现一个初始峰值，所以取 W_3 为一个高通滤波器以罚高频控制激励，W_3 的形式为

$$W_3 = b\frac{s+0.01c}{s+c} \tag{4-51}$$

常数 c 取为 $c = 1/0.02 = 50\ \text{rad/s}$ ，这是因为峰值出现在时间［0，0.02］内。

由于 $u(t)$ 峰值的大小与性能权函数参数 k 有很大关系，k 值越

大，阶跃响应越好，精度越高，$u(t)$ 峰值越高。为了满足式（4－47），有必要降低 k 值。另一个参数 b 越大，对控制的罚越大，$u(t)$ 峰制越小。因此我们必须在 k 和 b 值之间取一个折衷。

为了分析方便，设

$$\xi = \frac{u_{\max}}{e_{\max}} = \frac{5}{7.7} = 0.649 \tag{4-52}$$

上式的物理意义为，当控制器输入信号为 7.7 V 时，控制器输出应该小于 5 V。也就是说，在单位阶跃响应中，控制量的最大值应该为 0.649 。下面是此种情况下设计的一个控制器

$$C(s) = \frac{2.7865 \times 10^{-3}(60s+1)\left(\frac{s}{12.147}+1\right)}{s\left(\frac{s}{58.914}+1\right)\left(\frac{s^2+2\times 257.35s}{257.35^2+241.46^2}+1\right)} \tag{4-53}$$

系统的开环伯德图如图 4－15 所示。

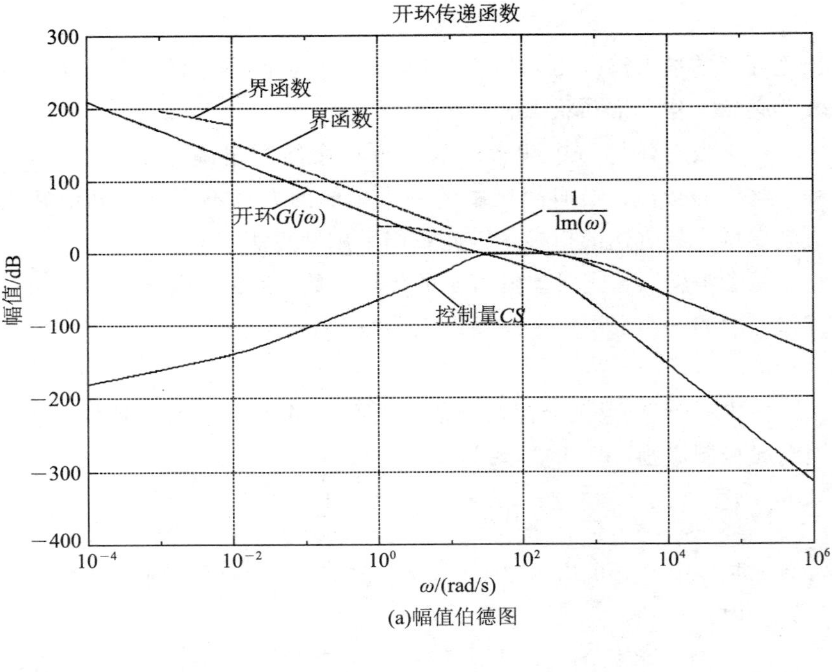

(a)幅值伯德图

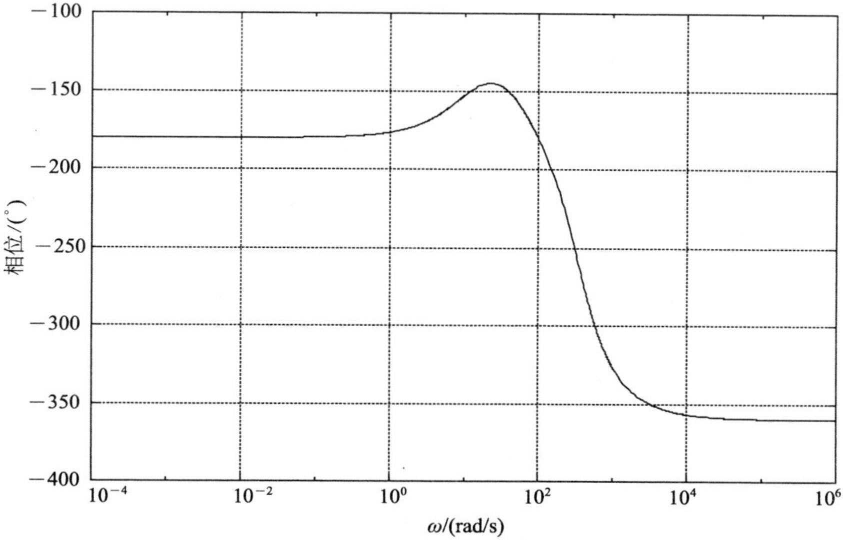

(b)相位伯德图

图 4—15　系统开环伯德图

从图 4—15 可见，系统的相位裕度为 35.168°（剪切频率 ω_c = 24.967 rad/s）。此时 $k = 0.017$ 。在控制器输入信号为 7.7 V 时阶跃响应如图 4—16 所示，由图可知，控制量 u 的最大值为 4.88 V，因此系统在大信号输入时仍然工作在线性范围内。

本小节中，在 $\| W_3 CS \|_\infty < 1$ 的限制下设计的控制器虽然在大信号输入时可以避免饱和，但是其缺点是不满足精度的要求。从另一个方面说明，在平台稳定回路高精度的要求下，设计一个固定参数的、同时满足

$$\| M \|_\infty < 1 \tag{4-54}$$

的控制器是比较困难的。其中

$$\boldsymbol{M} = \begin{bmatrix} W_1 S \\ W_2 T \\ W_3 CS \end{bmatrix} \tag{4-55}$$

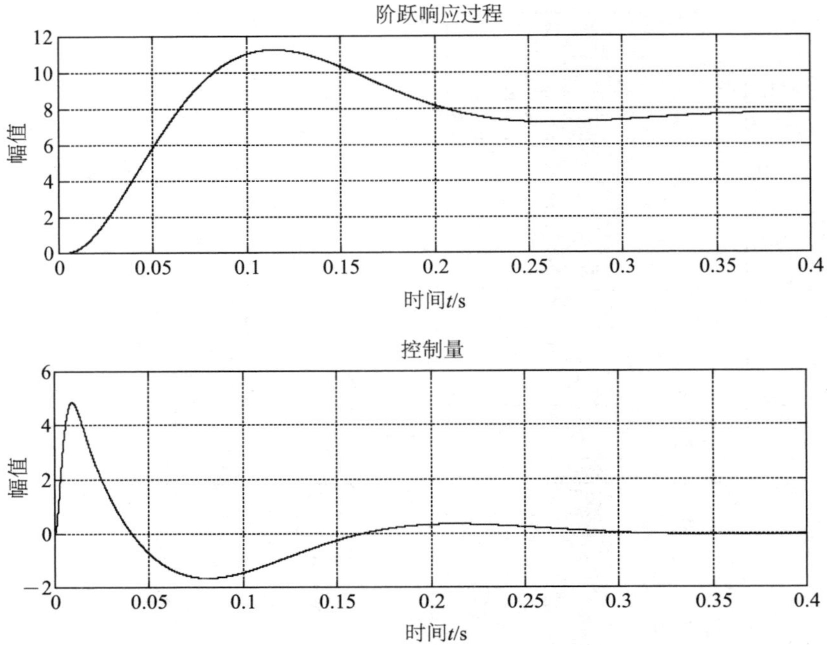

图 4－16　系统阶跃响应

因此，本文后面的几节内容不再盲目的追求一个线性控制器，使其同时满足精度、对象不确定性以及避免饱和特性的要求。而是根据输入信号的不同，考虑不同的性能指标。比如，小信号时精度和不确定性是主要的性能指标，大信号时稳定性是首先考虑的指标。

4.5　平台稳定回路非线性分析及控制思路

由于平台为弹（箭）提供测量基准，所以必须是一个高精度的系统。为了提高精度，在平台稳定回路和随动回路的设计中都使得系统为一个二型系统。稳定回路在校正环节中增加一个积分环节，随动回路对象本身具有二阶积分特性。

四轴平台设计的控制器主要有两种类型，一种是使系统为无条件稳定系统的控制器，另一种是使系统为条件稳定系统的控制器。

4.5.1 无条件稳定系统非线性分析

无条件稳定系统开环传递函数低频段为

$$G(s)=\frac{K(\tau s+1)}{s^2(Ts+1)},\quad (\tau>T) \tag{4-56}$$

其 Nyquist 图如图 4－17 所示。从图中可以看出，这类系统的 Nyquist 曲线横穿第三象限，因此可以克服饱和非线性特性。但是，有一个问题值得注意，如果系统中存在非线性环节的描述负倒特性 $-1/N(A)$ 位于第三象限，两者必然相交。图中以齿隙特性为例，这类系统从理论上说必然存在自振荡。而且，无论增益 K 取何值，都不可避免自持振荡。

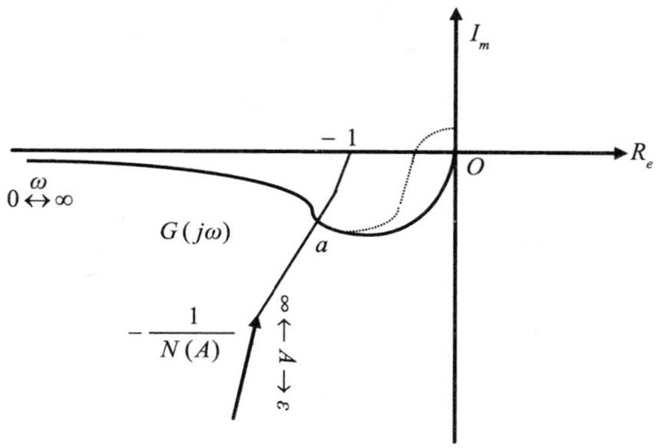

图 4－17　含第三象限非线性特性的无条件稳定系统的 Nyquist 图

4.5.2 条件稳定系统非线性分析及电路切换方法

平台稳定回路设计中，为了提高系统的精度，在保持带宽不变的条件下必须提高增益。增益的提高由低频段加滞后环节得到，滞后环节的传递函数为

$$D(s) = \frac{1 + Ts}{1 + aTs}, \quad a > 1 \tag{4-57}$$

滞后环节在低频段的相位滞后使得二型系统成为条件稳定系统。所谓条件稳定系统是指增益只能在某一范围内才能稳定工作的系统。增益大或小时，系统都是不稳定的。对于条件稳定系统来说，当信号比较大时，由于元器件饱和容易引起系统不稳定。图 4－18 就是带滞后环节的二型系统的频率特性和饱和元件描述函数的负倒特性的相对关系。

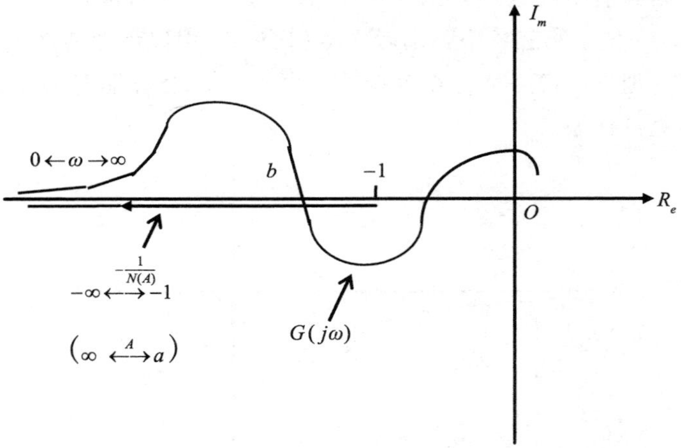

图 4－18　含饱和特性的条件稳定系统的 Nyquist 图

对二型条件稳定系统来说，线性部分频率响应 $G(j\omega)$ 通常与饱和特性的负倒描述函数 $-\dfrac{1}{N(A)}$ 有一个交点 b。其中 b 是不稳定交点，说明饱和特性的正弦输入的初始振幅小于交点 b 对应的振幅值时，系统收敛，使饱和特性系统进入线性工作状态；若初始振幅大于交点 b 对应的振幅值时，则系统不稳定。

总之，采用滞后校正的系统在大信号下的特性就变坏了。这种系统在承受干扰或者投入工作时，会出现大幅度的振荡，甚至不稳定。要解决这个问题，理论上当然是防止饱和现象的发生，但实际上往往做不到的。因此需要寻找另外的出路。一般的措施是从线路上保证在大信号下切除积分效应。图 4—19 就是这样一种校正线路的例子。当信号小的时候，由于二极管的作用，R_3 上没有电流，这时该线路就是一个普通的滞后校正网络，其传递函数为

$$D(s)=\frac{R_2Cs+1}{(R_1+R_2)Cs+1} \tag{4-58}$$

当信号增大时，电容 C 上的电压被钳位，失去了积分作用，传递函数就变为

$$D(s)=\frac{R_2}{R_1+R_2} \tag{4-59}$$

其中 $R_3 \ll R_2$ 。这样一来，在大信号下这个校正线路就不产生相移，提高了稳定性。

钳位的办法主要用于早期的无源校正，如图 4—19 所示。现在用有源校正，如图 4—20 所示，就可以利用线性组件本身的饱和特性来切除积分效应。应该注意的是，使用时应正确设计和分配增益，务使滞后校正首先进入饱和。其传递函数为

$$D(s)=\frac{R_3}{R_1}\times\frac{R_2Cs+1}{(R_2+R_3)Cs+1} \tag{4-60}$$

实践证明这种线路对消除条件稳定性是很有效的。

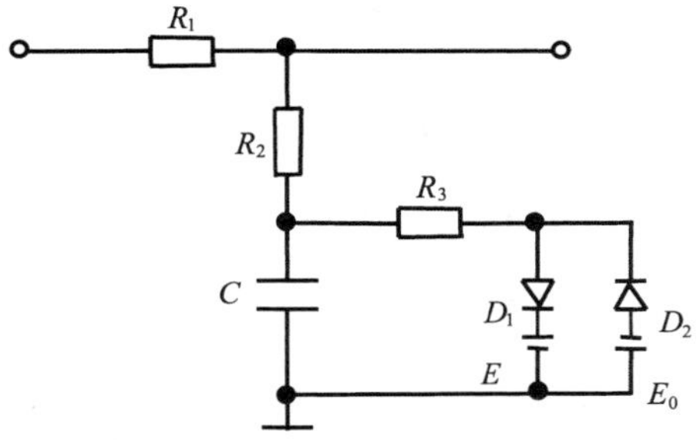

图 4—19　带钳位的滞后环节

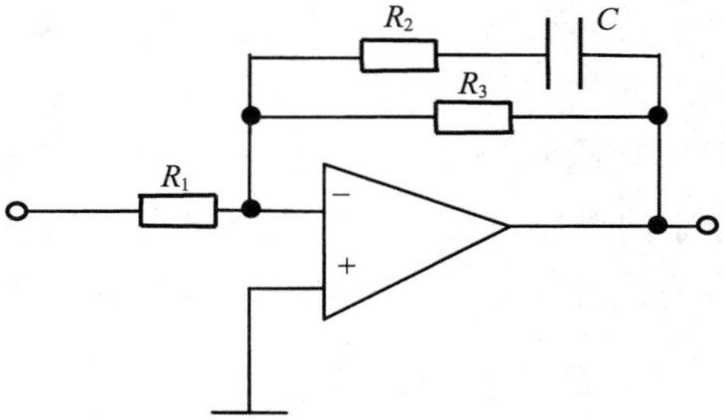

图 4－20　有源滞后环节

以平台外环为例，设被控对象为

$$P(s)=\frac{\tau K_0 K_1 K_2 K_3}{Js(\tau s+1)} \tag{4-61}$$

其中 $\tau=60$，$J=848$，$K_0=8\ 500/5$，$K_1=68$，$K_2=10$，$K_3=1.3$。由于功率放大器的限幅，系统存在饱和特性，即控制器的最大输出为 5 V。为了提高精度，稳定回路需设计成条件稳定系统。为了解决大信号闭合时平台容易倒台，可以采用带钳位的无源滞后环节。系统的方块图如图 4－21 所示。

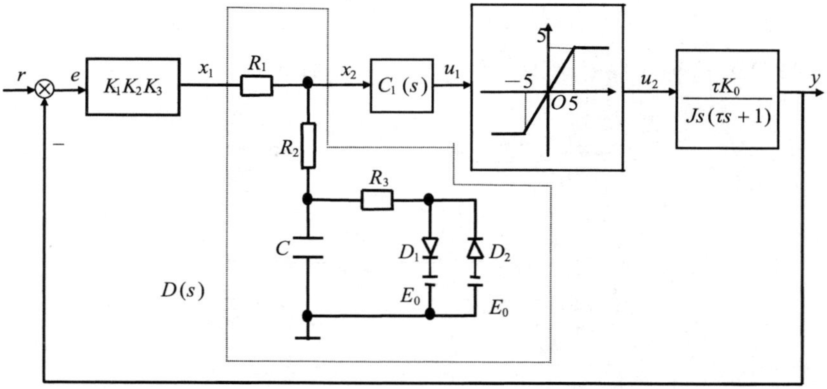

图 4－21　控制系统方块图

当误差信号绝对值 $|e(t)|$ 小于 $\frac{E_0}{K_1K_2K_3}$ 时，D_1 及 D_2 均不导通，这时采用的控制器为

$$C(s)=\frac{8.8(60s+1)\left(\frac{s}{10}+1\right)\left(\frac{s}{60}+1\right)}{s(10s+1)\left(\frac{s^2+2\times1.34\times10^3s}{(1.34\times10^3)^2+(4.80\times10^2)^2}+1\right)} \tag{4-62}$$

即

$$D(s)=\frac{\frac{s}{10}+1}{10s+1} \tag{4-63}$$

$$C_1(s)=\frac{8.8(60s+1)\left(\frac{s}{60}+1\right)}{s\left(\frac{s^2+2\times1.34\times10^3s}{(1.34\times10^3)^2+(4.80\times10^2)^2}+1\right)} \tag{4-64}$$

系统开环伯德图如图 4－22 所示。

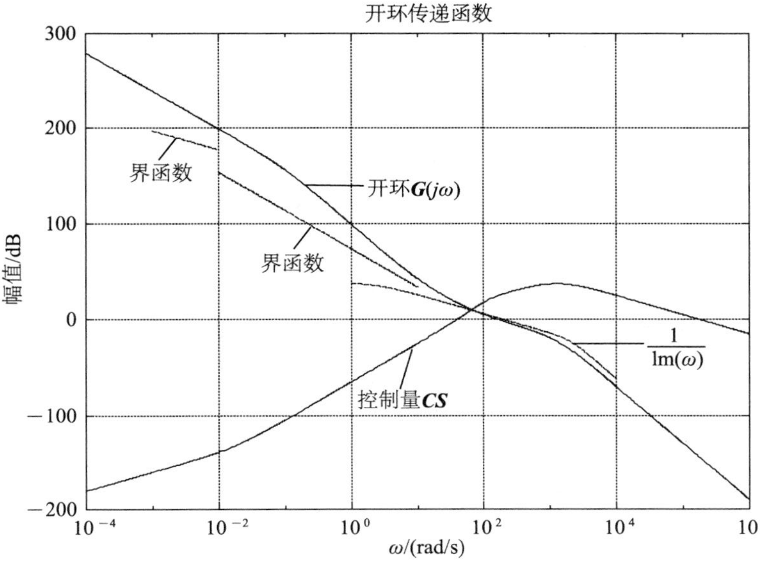

(a)幅值伯德图

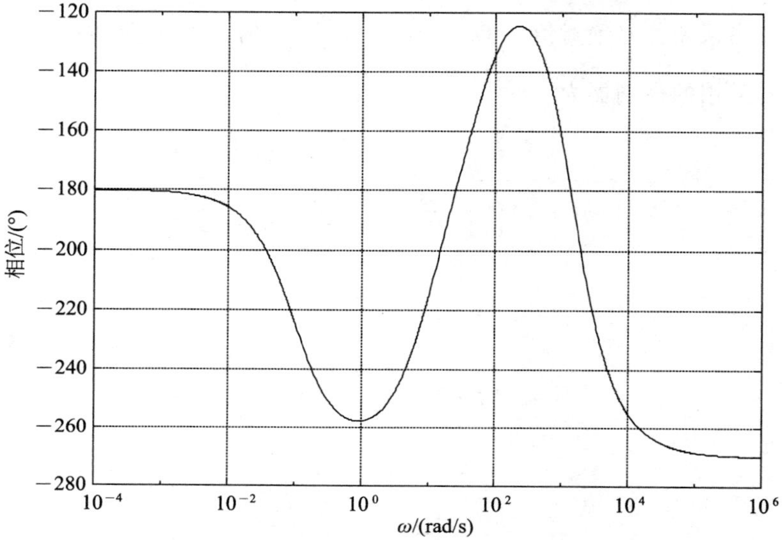

(b)相位伯德图

图 4—22 条件稳定系统开环伯德图

由图 4—22 可知，系统的剪切频率 $\omega_c = 164.59\ \text{rad/s}$，相位裕度为 54.08°，满足稳定性要求。

当误差信号的绝对值 $|e(t)|$ 超过 $\dfrac{E_0}{K_1K_2K_3}$ 时，D_1 与 D_2 导通，在忽略 D_1 及 D_2 的内阻并设 $R_3 \ll R_2$ 情况下，此时

$$D(s) = \frac{R_2}{R_1 + R_2} = \frac{1}{100} \tag{4-65}$$

因此，系统的校正环节为

$$C(s) = C_1(s)D(s) = \frac{0.088(60s+1)\left(\dfrac{s}{60}+1\right)}{s\left(\dfrac{s^2 + 2\times 1.34\times 10^3 s}{(1.34\times 10^3)^2 + (4.80\times 10^2)^2}+1\right)} \tag{4-66}$$

系统开环伯德图 4—23 所示。系统的剪切频率 $\omega_c = 164.32\ \text{rad/s}$，相位裕度为 57.51°，满足稳定性要求。

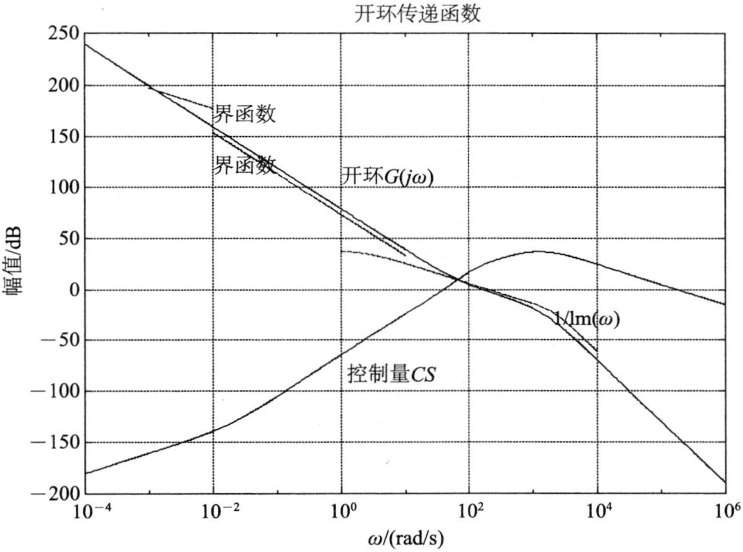

(a)幅值伯德图

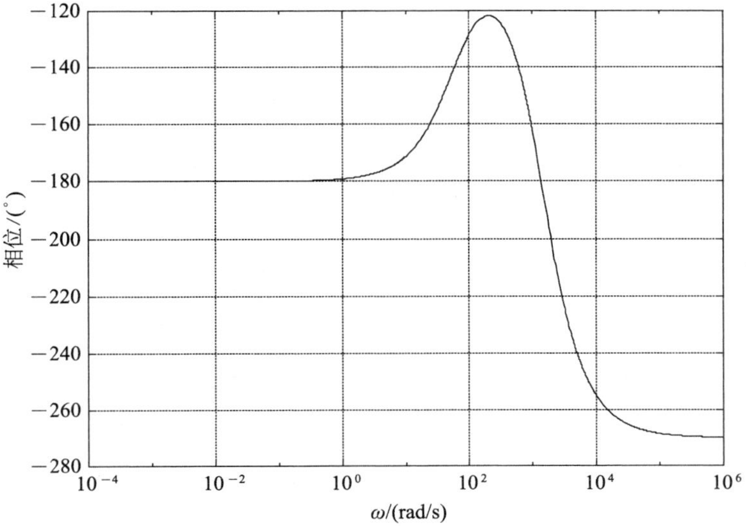

(b)相位伯德图

图 4－23　无条件稳定系统开环伯德图

综合上述两种控制器，有

$$C(s)=\begin{cases}\dfrac{8.8(60s+1)\left(\dfrac{s}{10}+1\right)\left(\dfrac{s}{60}+1\right)}{s(10s+1)\left(\dfrac{s^2+2\times 1.34\times 10^3 s}{(1.34\times 10^3)^2+(4.80\times 10^2)^2}+1\right)}, & |e|<\dfrac{E_0}{K_1K_2K_3}\\[2ex] \dfrac{0.088(60s+1)\left(\dfrac{s}{60}+1\right)}{s\left(\dfrac{s^2+2\times 1.34\times 10^3 s}{(1.34\times 10^3)^2+(4.80\times 10^2)^2}+1\right)}, & |e|>\dfrac{E_0}{K_1K_2K_3}\end{cases}$$

(4－67)

考察条件稳定系统有饱和特性时的 Nyquist 图，如图 4－24 所示。

由系统的 Nyquist 图可知，当 $\omega=25.55$ rad/s 时 $G(j\omega)$ 与负实轴的交点为 $b=-16.7$，其决定着使系统稳定的幅值的大小。由

$$-\frac{1}{N(A)}=-\frac{\pi}{2\left[\arcsin\dfrac{a}{A}+\dfrac{a}{A}\sqrt{1-\left(\dfrac{a}{A}\right)^2}\right]}=-16.7$$

(4－68)

求解，得

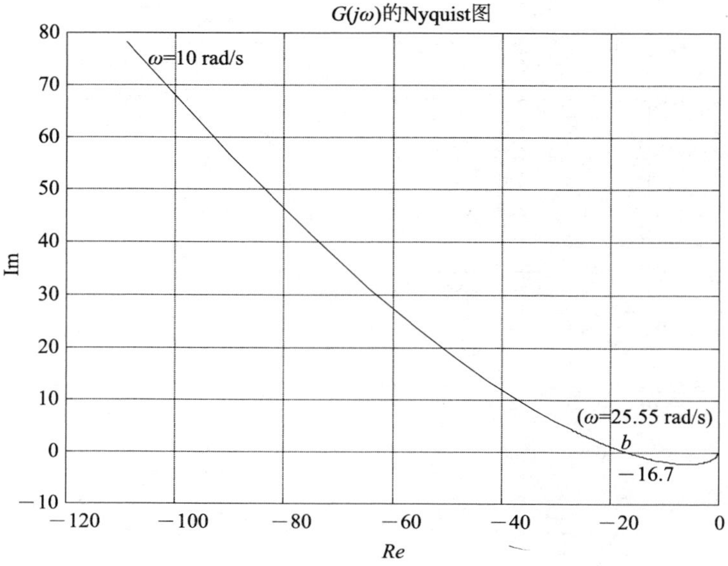

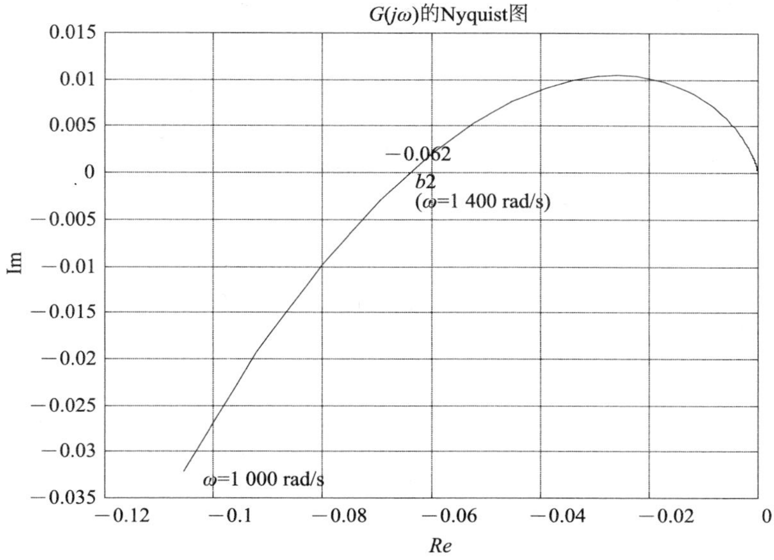

图 4—24　条件稳定系统 Nyquist 图

$$\frac{a}{A}=0.047 \tag{4—69}$$

上式中 a 代表饱和环节的最大输出，即 $a=5$ V。A 代表饱和环节输入正弦信号幅值，由上式可得 $A=106.383$ V。

下面分别对条件稳定系统和非线性系统分别进行仿真，如图 4—25 和图 4—26 所示。两图中的物理量与图 4—21 所示物理量相同。取频率 $\omega=25.55$ rad/s，对条件稳定系统，系统在 $r=0.02$ rad 时，系统就不稳定了。非线性控制器的切换条件为 $E_0=4$ V，系统稳定。可以看出非线性控制解决了大信号下条件稳定系统有饱和特性时的稳定性问题。可以说，设计是成功的。

由于高频特性是在闭合瞬时激发出来的，平台一旦闭合成功，则高频信号近似衰减为零，因此，在分析和设计闭合以后的系统，只需考虑低频特性。

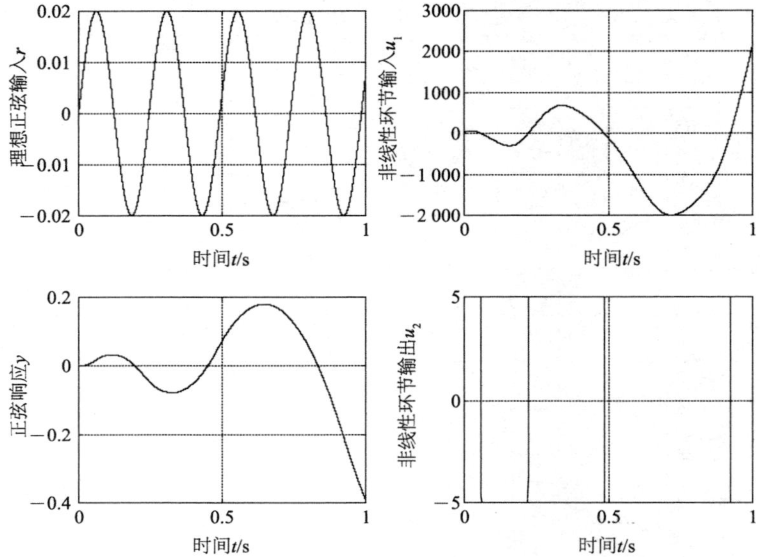

图 4-25　条件稳定系统

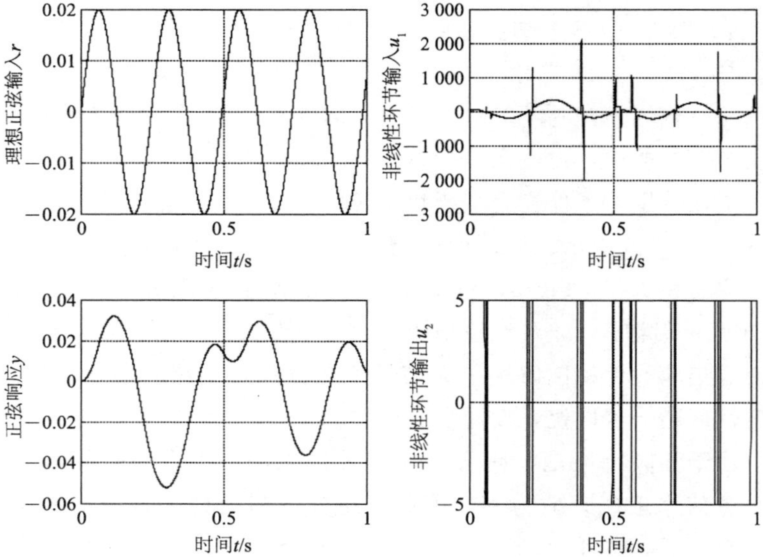

图 4-26　非线性控制

4.6　平台稳定回路数字控制设计

平台稳定回路的数字控制器与模拟稳定回路相比，二者在形式上唯一差别就是控制器部分不同。因此，数字控制稳定回路仍然沿用原模拟稳定回路的测量元件和执行机构，系统硬件的设计与实现主要是指数字控制器硬件的设计与实现。

4.6.1　采样频率选择及设计方法概述

采样频率 ω_s 是数字控制系统设计的一个关键因素。采样频率 ω_s 选得越高，对系统控制过程的信息了解便越多，控制效果越好。但是，如果采样频率过高，将增加不必要的计算负担，而采样频率过小又会给控制过程带来较大的误差，降低系统的动态性能，甚至有可能导致整个控制系统的不稳定。采样频率的选择，需遵循以下四条原则。

1）对于平台稳定回路来说，采样频率的选取在很大程度上取决于系统的性能指标。在一般情况下，稳定回路的闭环频率响应具有低通滤波特性，采样频率 ω_s 可选为

$$\omega_s \approx (10 \sim 20)\omega_c$$

其中 ω_c 为开环幅频特性的剪切频率。

2）控制系统中信号的时间延迟在频率域里的表现就是引入了相位滞后。零阶保持器的相位滞后与采样周期及信号频率 ω 成正比。为减少零阶保持器的相位滞后对稳定裕度的影响，通常希望在系统开环截止频率 ω_c 处由零阶保持器产生的相位滞后不大于 $5^\circ \sim 10^\circ$。

3）根据经验，为使系统具有满意的跟踪性能，在闭环系统阶跃响应上升时间里采样 4 ~ 8 次。

4）实时控制计算机在线运行，要求在一个 T_s 内完成控制运算。

数字控制器的设计有两种途径，一种是在 z 域内进行设计，即直接数字设计；另一种是先进行模拟控制器的设计，然后将其离散

化为数字控制器，即模拟—离散设计。

模拟—离散设计方法认为采样频率足够高（相对于系统的截止频率而言），以至于采样保持器所引起的附加相移可以忽略。因此可以把系统中的离散部分用连续环节来代替。整个系统完全用连续系统的设计方法来设计，待确定了校正装置以后，再用合适的离散化方法将连续的校正装置“离散”处理为数字校正装置，以便于计算机来实现。虽然这种方法是近似的，但由于工程技术人员对连续系统的设计方法已很熟悉，经验丰富，因此这种设计方法被广泛应用。

直接数字设计方法则是先把由保持器和被控对象组成的连续部分离散化，使整个系统变为离散系统，然后根据采样理论对系统进行分析，确定数字控制器并用计算机实现。

模拟—离散设计方法容易掌握，要求采样周期足够小，一般只能实现较简单的算法。当要选取较大的采样周期（例如控制回路数较多）或对控制质量要求较高时，就要应用直接数字设计法。

4.6.2　平台稳定回路模拟——离散设计

目前模拟量校正环节的离散化方法主要采用双线性变换法，双线性变换法也称为 Tustin 法或梯形法，实质上是数值积分中的梯形法，即用梯形面积近似代替积分面积。

设连续传递函数为

$$D(s)=\frac{Y(s)}{X(s)} \tag{4-70}$$

那么，Tustin 变换可以用下式表示

$$D(z)=D(s)\Big|_{s=\frac{2}{T}\frac{1-z^{-1}}{1+z^{-1}}} \tag{4-71}$$

其中 $z=\dfrac{2+Ts}{2-Ts}$。

Tustin 变换有以下特性：

1）若 $D(s)$ 是稳定的，则 $D(z)$ 也一定是稳定的。

2）Tustin 变换后的阶数不变，且分子、分母有相同的阶数。

3）Tustin 变换后的稳态增益不变。

4）Tustin 变换后无混迭现象，但频率轴产生了畸变。

由于模拟频率 ω_a 与双线性变换后的离散频率 ω_d 之间存在非线性（正切关系）

$$\omega_a \approx \frac{2}{T}\tan\frac{\omega_d T}{2} \tag{4-72}$$

这两者频率标度之间的非线性，使得双线性变换的使用受到限制，也使得由双线性所得到的离散频率响应（相位特性）产生畸变（高频段更为严重）。不过，频率的响应畸变可以通过修正来给以补偿。需要指出的是，修正一般也只是对几个特征频率（如转折频率）进行修正，未被修正的其他频率仍然有畸变。

双线性变换的修正（预畸变）的思路是先将模拟转折角频率 ω_a 按如下关系式预畸变成新的模拟角频率 ω_a^*。

$$\omega_a^* = \frac{2}{T}\tan\frac{\omega_a T}{2} \tag{4-73}$$

式中　ω_a^* 为修正后的模拟角频率。

然后，用 ω_a^* 去组成新的连续系统 $D_a^*(s)$，最后将 $D_a^*(s)$ 进行双线性变换，变成离散系统。这样所得到的离散系统的频率特性是在被修正的点上与原连续系统的频率特性上一致，实现了频率轴的修正。需要指出的是：考虑到 $\omega_a T/2$ 只能在 0°～90°之间选值，所以必须满足 $\omega_a < \pi/T$ 这个条件。

对平台稳定回路的校正环节进行离散化后的传递函数为

$$D(z)=\frac{109.5(z^6-5.0732z^5+10.5597z^4-11.4961z^3+6.8643z^2-2.1124z+0.2578)}{z^6-3.3834z^5+3.9455z^4-1.8121z^3+0.5986z^2-0.6263z+0.2776} \tag{4-74}$$

伯德图如图 4－27 所示。

可以看到，Tustin 变换不能保持离散化后的系统的频率响应与原连续系统的频率响应一致，这主要与采样频率有关。经过数字化后，在高频段幅频特性衰减，相位滞后。当采样频率增大时，高频段曲线拟合较好。

以采样频率为 1 kHz 为例，考虑到低通滤波器和陷波器，离散

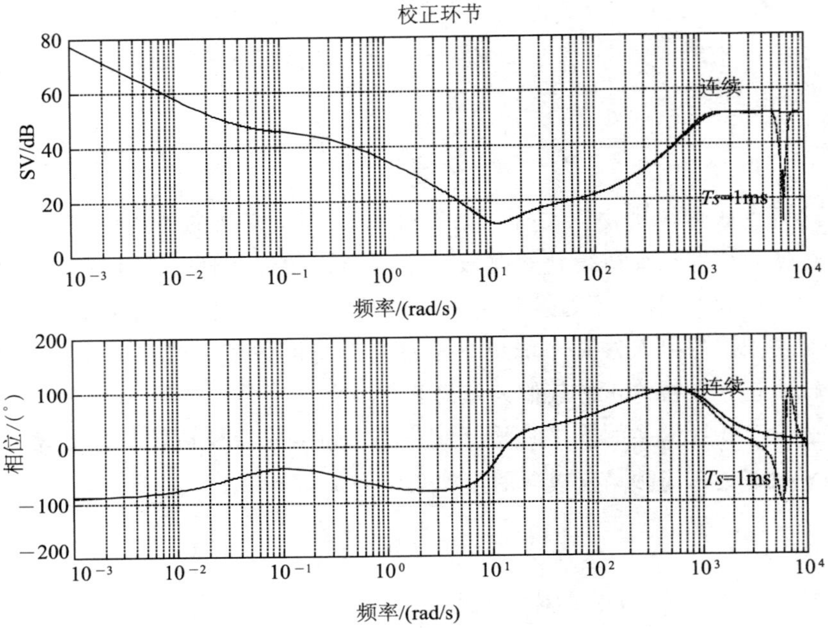

图 4－27　频率响应曲线

系统的单位阶跃响应如图 4－28 所示，控制量如图 4－29 所示。可以看出，此时超调量增大，这是由于滤波器引起相位滞后。

4.6.3　平台稳定回路基于 w 平面的数字控制器设计

数字控制器与模拟控制器的主要差别在于它引入了零阶保持器，其传递函数为

$$G_H(s) = \frac{1 - e^{-T_0 s}}{s} \tag{4-75}$$

频率响应为

$$G_H(j\omega) = T_0 \frac{\sin \frac{\omega T_0}{2}}{\frac{\omega T_0}{2}} e^{-j\frac{\omega T_0}{2}} \tag{4-76}$$

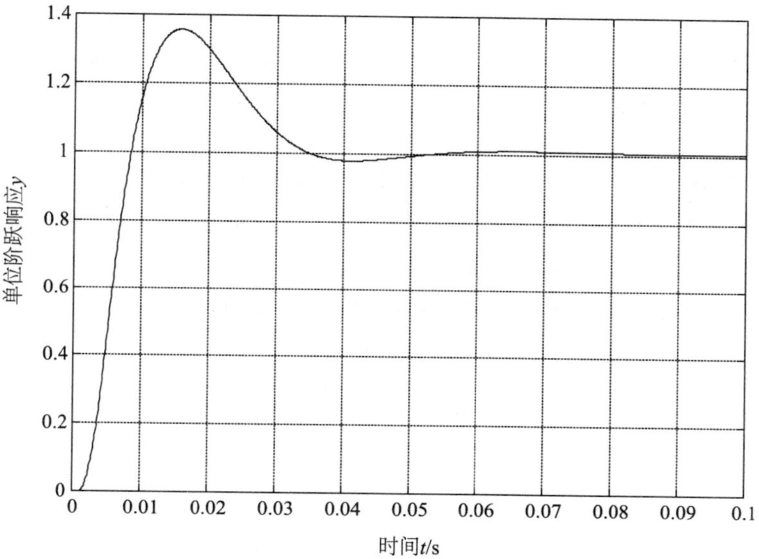

图 4－28　单位阶跃响应曲线

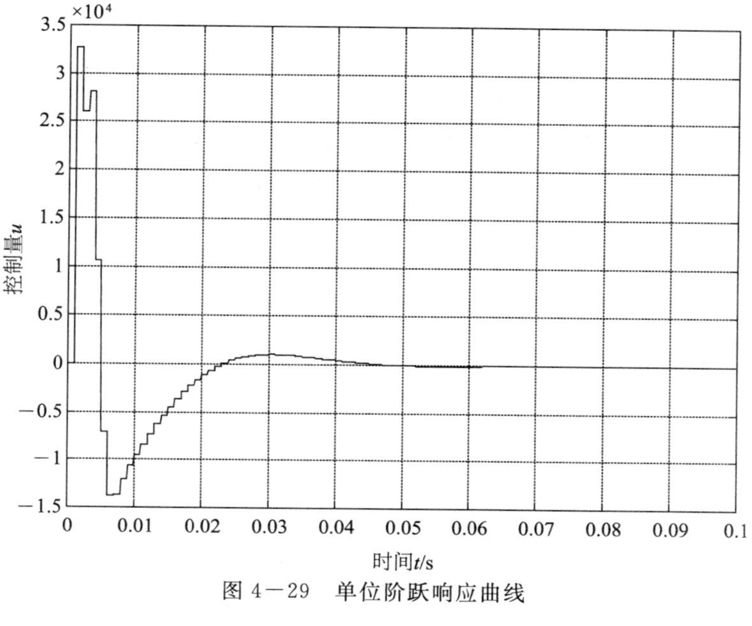

图 4－29　单位阶跃响应曲线

经由零阶保持器转换得到的连续信号具有阶梯形状，它并不等于采样前的连续信号。平均地看，由零阶保持器转换得到的连续信号在时间上要迟后于采样前的连续信号。这个迟后时间等于采样周期的一半，即 $T_0/2$ 。

可以看出，零阶保持器对数字控制系统相位的影响限制了双线性变换采样周期的增大。下面基于 w 平面设计的数字控制器考虑到了零阶保持器的影响，具体过程如下所示。

(1) 求加零阶保持器的被控对象脉冲传递函数

平台稳定回路被控对象的传递函数为

$$P_0(s)=\frac{\tau K_0}{Js(\tau s+1)}=\frac{K_0/J}{s(s+1/\tau)} \tag{4-77}$$

与零阶保持器相串联的脉冲传递函数为

$$\begin{aligned}P(z)&=(1-z^{-1})\cdot Z\left[\frac{1}{s}\cdot\frac{K_0/J}{s(s+1/\tau)}\right]\\&=\frac{\frac{K_0\tau^2}{J}\left[\left(\frac{T_0}{\tau}-1+e^{-\frac{T_0}{\tau}}\right)z+\left(1-e^{-\frac{T_0}{\tau}}-\frac{T_0}{\tau}e^{-\frac{T_0}{\tau}}\right)\right]}{(z-1)(z-e^{-\frac{T_0}{\tau}})}\end{aligned} \tag{4-78}$$

(2) 将 $P(z)$ 变换到 w 平面

采用双线性变换，把 $P(z)$ 变换到 w 平面。即由

$$z=\frac{b+w}{b-w} \tag{4-79}$$

可求得 $P(w)$ ，其中 $b=2/T_0$ 。

$$\begin{aligned}P(w)&=\frac{\frac{K_0\tau^2}{J}\{[2(1-e^{-\frac{T_0}{\tau}})-\frac{T_0}{\tau}(1+e^{-\frac{T_0}{\tau}})]w-\frac{T_0}{\tau}(1-e^{-\frac{T_0}{\tau}})b\}(w-b)}{2w[(1+e^{-\frac{T_0}{\tau}})w+b(1-e^{-\frac{T_0}{\tau}})]}\\&=\frac{\frac{K_0\tau^2}{J}\left\{\left[2\frac{(1-e^{-\frac{T_0}{\tau}})}{(1+e^{-\frac{T_0}{\tau}})}-\frac{T_0}{\tau}\right]w-\frac{T_0}{\tau}\frac{(1-e^{-\frac{T_0}{\tau}})}{(1+e^{-\frac{T_0}{\tau}})}b\right\}(w-b)}{2w\left[w+b\frac{(1-e^{-\frac{T_0}{\tau}})}{(1+e^{-\frac{T_0}{\tau}})}\right]}\end{aligned} \tag{4-80}$$

可以看出，上式有右半平面的零点，这主要是零阶保持器引起相位滞后。

对一般的离散系统 $\widetilde{\Sigma}_d$ ，其状态方程为

$$\widetilde{\Sigma}_d:\begin{cases}x(k+1)=\widetilde{\boldsymbol{A}}x(k)+\widetilde{\boldsymbol{B}}u(k)\\ y(k)\qquad\quad=\widetilde{\boldsymbol{C}}x(k)+\widetilde{\boldsymbol{D}}u(k)\end{cases}\tag{4-81}$$

其传递函数为

$$\boldsymbol{P}_d(z)=\widetilde{\boldsymbol{C}}(zI-\widetilde{\boldsymbol{A}})^{-1}\widetilde{\boldsymbol{B}}+\widetilde{\boldsymbol{D}}\tag{4-82}$$

对上式进行逆双线性变换，有

$$\boldsymbol{P}_c(w)=\widetilde{\boldsymbol{C}}\left(\frac{b+w}{b-w}\boldsymbol{I}-\widetilde{\boldsymbol{A}}\right)^{-1}\widetilde{\boldsymbol{B}}+\widetilde{\boldsymbol{D}}\tag{4-83}$$

$P_c(w)$ 的状态方程为

$$\sum\nolimits_c:\begin{cases}\dot{x}=\boldsymbol{A}x+\boldsymbol{B}u\\ y=\boldsymbol{C}x+\boldsymbol{D}x\end{cases}\tag{4-84}$$

其中

$$\begin{cases}\boldsymbol{A}=b(\widetilde{\boldsymbol{A}}+\boldsymbol{I})^{-1}(\widetilde{\boldsymbol{A}}-\boldsymbol{I})\\ \boldsymbol{B}=\sqrt{2b}(\widetilde{\boldsymbol{A}}+\boldsymbol{I})^{-1}\widetilde{\boldsymbol{B}}\\ \boldsymbol{C}=\sqrt{2b}\widetilde{\boldsymbol{C}}(\widetilde{\boldsymbol{A}}+\boldsymbol{I})^{-1}\\ \boldsymbol{D}=\widetilde{\boldsymbol{D}}-\widetilde{\boldsymbol{C}}(\widetilde{\boldsymbol{A}}+\boldsymbol{I})^{-1}\widetilde{\boldsymbol{B}}\end{cases}\tag{4-85}$$

上式假设 $\widetilde{\boldsymbol{A}}$ 没有特征值－1。

下面研究 w 平面与 s 平面的关系，设

$$s=j\omega\tag{4-86}$$

$$w=jv\tag{4-87}$$

则 w 平面上的频率 v 与 s 平面的频率 ω 的关系为

$$v=\frac{2}{T_0}\tan\frac{\omega T_0}{2}\tag{4-88}$$

比如，一个系统在 s 平面的带宽为 180 rad/s，当采样周期为 1 ms，则在 w 平面的带宽为 180.489 rad/s。当采样周期为 2.5 ms，则在 w 平面的带宽为 183.102 rad/s。

下面比较 $P_0(s)$ 与 $P(w)$ ，如图 4—30 所示。

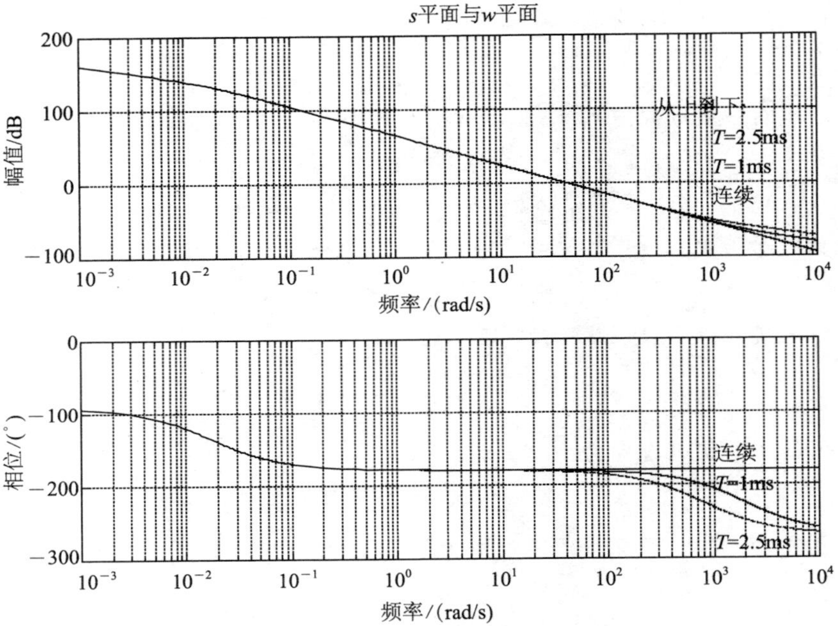

图 4—30　被控对象在 s 平面与 w 平面上的伯德图

(3) 在 w 平面设计校正环节 $H(w)$

由于 $P(w)$ 的零点

$$z_1 = \frac{\frac{T_0}{\tau}\frac{(1-e^{-\frac{T_0}{\tau}})}{(1+e^{-\frac{T_0}{\tau}})}b}{\left[2\frac{(1-e^{-\frac{T_0}{\tau}})}{(1+e^{-\frac{T_0}{\tau}})}-\frac{T_0}{\tau}\right]} \tag{4-89}$$

趋近于负无穷大，比如 $T_0 = 1$ ms 时，$z_1 = -7.0578\times10^8$；$T_0 = 2.5$ ms 时，$z_1 = -1.1567\times10^8$。所以可以忽略此项，即

$$P(w) = \frac{-\frac{K_0\tau}{J}\frac{(1-e^{-\frac{T_0}{\tau}})}{(1+e^{-\frac{T_0}{\tau}})}(w-b)}{w\left[w+b\frac{(1-e^{-\frac{T_0}{\tau}})}{(1+e^{-\frac{T_0}{\tau}})}\right]} \tag{4-90}$$

下面用 H_∞ 理论来设计控制器。由于平台回路的高精度，所以希望校正环节包含积分环节。又由于希望提高动态误差，所以校正环节低频段加一个滞后环节。因此，对权函数 $W_1(w)=k\dfrac{M/\phi_{\max}}{Jw^2}$ 采用近似积分表示，即

$$
\begin{aligned}
W_1(s) &= \frac{M/\phi_{\max}}{J}k\times\frac{T_{l1}}{T_{l2}}\times\frac{(1\,000+w)^2(T_{l2}w+1)}{(1+1\,000w)^2(T_{l1}w+1)} \\
&= \rho\frac{(1\,000+w)^2\left(w+\dfrac{1}{T_{l2}}\right)}{(1+1\,000w)^2\left(w+\dfrac{1}{T_{l1}}\right)}
\end{aligned}
\tag{4-91}
$$

其中 $\rho=k\dfrac{M/\phi_{\max}}{J}$。在上式中，有

$$
10^{-3}<T_{l2}<T_{l1}<10^3 \tag{4-92}
$$

对象不确定性权函数可取为

$$
\begin{aligned}
W_2(w) &= (0.004w+0.01)\times1.25=0.005w+0.012\,5 \\
&\approx 0.012\,5(0.4w+1)(T_1w+1)
\end{aligned}
\tag{4-93}
$$

其中 $T_1=1/1\,250$。

设 $T_0=1\ \text{ms}$，$T_{l2}=0.1$，$T_{l1}=10$，求得的一个控制器为

$$
H(w)=\frac{8.346\,6\left(\dfrac{w}{1.648\times10^{-2}}+1\right)\left(\dfrac{w}{10}+1\right)\left(\dfrac{w}{58.608}+1\right)}{w(10w+1)\left[\dfrac{w^2+2\times1.712\,5\times10^3w}{(1.712\,5\times10^3)^2+633.97^2}+1\right]}
\tag{4-94}
$$

系统的开环伯德图如图 4－31 所示。

此时，$k=1.83$，剪切频率为 162.65 rad/s，相位裕度为 52.49°。

(4) 将 $H(w)$ 变换到 z 平面

采用双线性变换，把 $H(w)$ 变换到 z 平面。即由

$$
w=b\frac{z-1}{z+1} \tag{4-95}
$$

可求得 $H(z)$，其中 $b=2/T_0$。

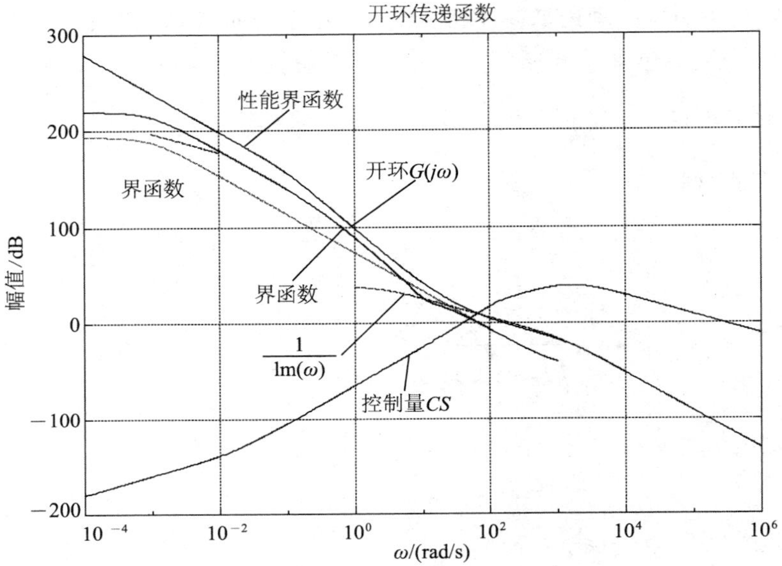

（a）幅值伯德图

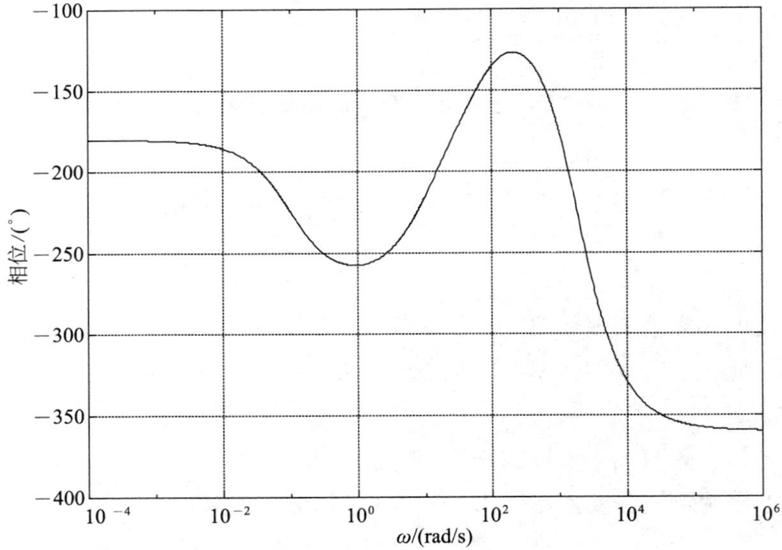

（b）相位伯德图

图 4－31　在 s 平面与 w 平面上的开环传递函数伯德图

对一般的常系数连续系统 $\sum_c$，其状态方程为

$$\sum\nolimits_c:\begin{cases}\dot{\boldsymbol{x}}=\boldsymbol{Ax}+\boldsymbol{Bu}\\ \boldsymbol{y}=\boldsymbol{Cx}+\boldsymbol{Dx}\end{cases} \tag{4-96}$$

传递函数为

$$\boldsymbol{P}_c(w)=\boldsymbol{C}(z\boldsymbol{I}-\boldsymbol{A})^{-1}\boldsymbol{B}+\boldsymbol{D} \tag{4-97}$$

对上式进行双线性变换，有

$$\boldsymbol{P}_d(z)=\boldsymbol{C}\left(b\frac{z-1}{z+1}\boldsymbol{I}-\boldsymbol{A}\right)^{-1}\boldsymbol{B}+\boldsymbol{D} \tag{4-98}$$

用状态空间表示为

$$\tilde{\Sigma}_d:\begin{cases}x(k+1)=\tilde{\boldsymbol{A}}x(k)+\tilde{\boldsymbol{B}}u(k)\\ y(k)=\tilde{\boldsymbol{C}}x(k)+\tilde{\boldsymbol{D}}u(k)\end{cases} \tag{4-99}$$

其中

$$\begin{cases}\tilde{\boldsymbol{A}}=(b\boldsymbol{I}+\boldsymbol{A})(b\boldsymbol{I}-\boldsymbol{A})^{-1}\\ \tilde{\boldsymbol{B}}=\sqrt{2b}(b\boldsymbol{I}-\boldsymbol{A})^{-1}\boldsymbol{B}\\ \tilde{\boldsymbol{C}}=\sqrt{2b}\boldsymbol{C}(b\boldsymbol{I}-\boldsymbol{A})^{-1}\\ \tilde{\boldsymbol{D}}=\boldsymbol{D}+\boldsymbol{C}(b\boldsymbol{I}-\boldsymbol{A})^{-1}\boldsymbol{B}\end{cases} \tag{4-100}$$

上式假设 A 没有特征值 b 。

根据以上分析，求得

$$H(z)=\frac{42.026(z-0.999\,98)(z-0.990\,05)(z^2+0.056\,939z-0.943\,06)}{(z-1)(z-0.999\,90)[z^2-0.093\,824z+0.034\,162]} \tag{4-101}$$

单位阶跃响应结果如图 4—32 所示。可以看出，所设计的控制器是满足精度和鲁棒稳定性要求的。

4.6.4 平台稳定回路试验结果

采样周期取为 0.5 ms，外环轴和内环轴的控制器分别为

$$C_w(z)=\frac{32.256\,6(1-0.999\,98z^{-1})(1+5.825\,2\times10^{-2}z^{-1}-0.941\,75z^{-2})}{(1-z^{-1})(1-0.346\,74z^{-1}+5.849\,3\times10^{-2}z^{-2})} \tag{4-102}$$

$$C_n(z)=\frac{32.256\,6\times0.57\times(1-0.999\,98z^{-1})(1+5.825\,2\times10^{-2}z^{-1}-0.941\,75z^{-2})}{(1-z^{-1})(1-0.346\,74z^{-1}+5.849\,3\times10^{-2}z^{-2})} \tag{4-103}$$

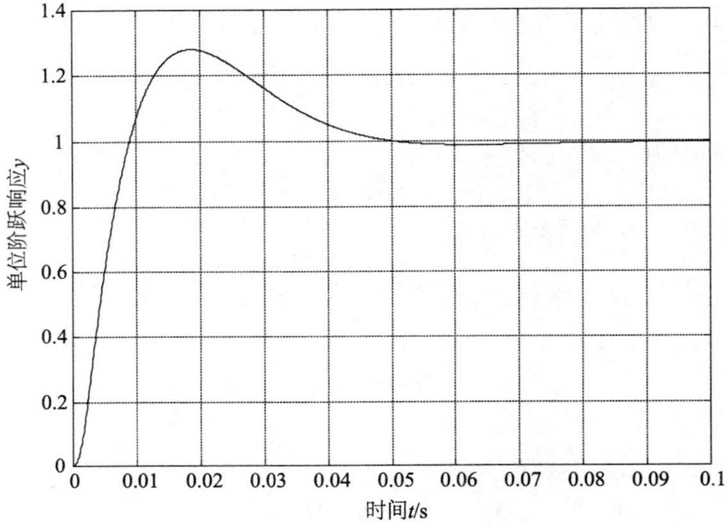

(a)单位阶跃响应曲线

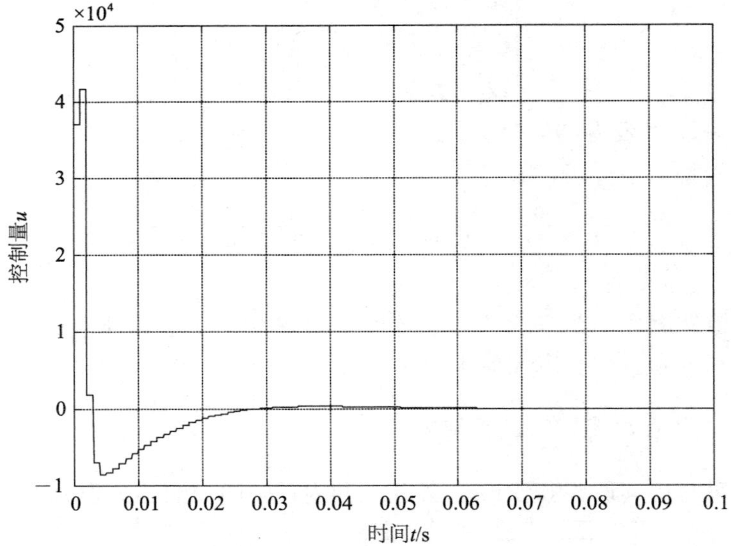

(b)控制量

图 4－32　单位阶跃响应

试验结果如图 4—33 所示。

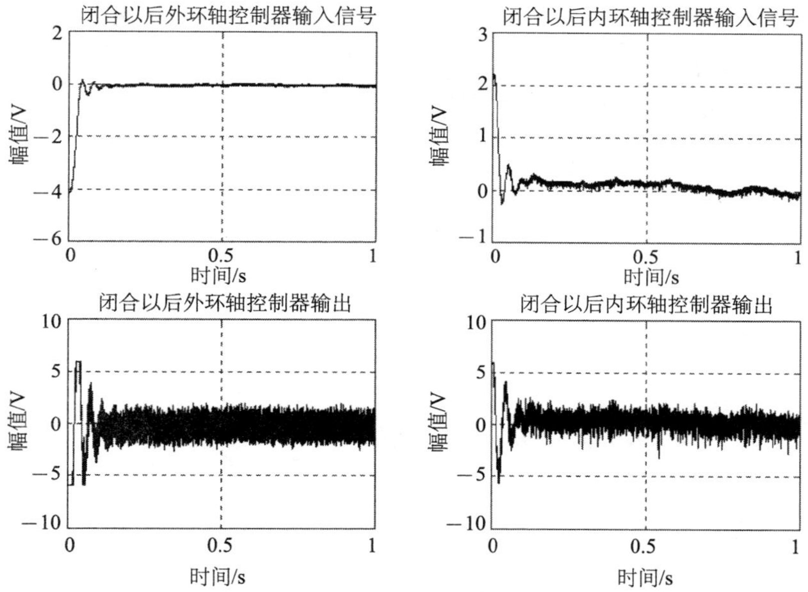

图 4—33　闭合以后外环轴、内环轴控制器输入和输出信号

图 4—33 是内、外环同时闭合时的过渡过程，从图中可以看出，控制器的输出噪声比较大。截取外环轴闭合以后的输入、输出信号，对其作频谱分析，如图 4—34 和 4—35 所示。其中图 4—34 是闭合以后控制器输入信号 u_{wi} 的频谱分析，图 4—35 是闭合以后控制器输出信号 u_{wo} 的频谱分析。从图中可以看出，控制器的输入和输出信号都包括章动频率的交流信号。

因此，由于动调陀螺仪的章动频率在 460～470 Hz 之间，需要设计一个带阻滤波器来减小动调陀螺仪章动运动对系统的影响。设计的带阻滤波器为

$$\frac{0.6429(1-8.3952\times10^{-2}z^{-1}+z^{-2})(1-0.22015z^{-1}+z^{-2})(1-0.35431z^{-1}+z^{-2})}{(1+0.17189z^{-1}+0.80256z^{-2})(1-0.17995z^{-1}+0.63480z^{-2})(1-0.55491z^{-1}+0.81039z^{-2})} \tag{4-104}$$

其伯德图如图 4—36 所示。

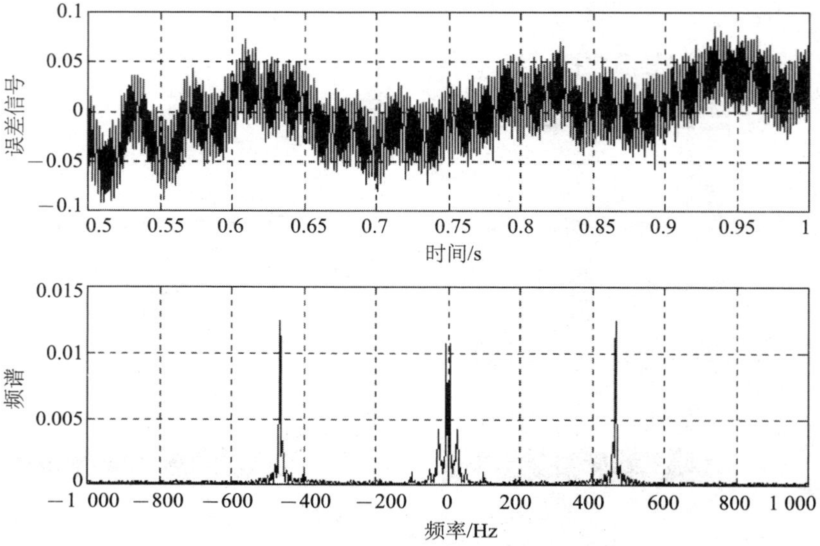

图 4-34　闭合以后外环轴控制器输入信号频谱分析（0.5～1 s）

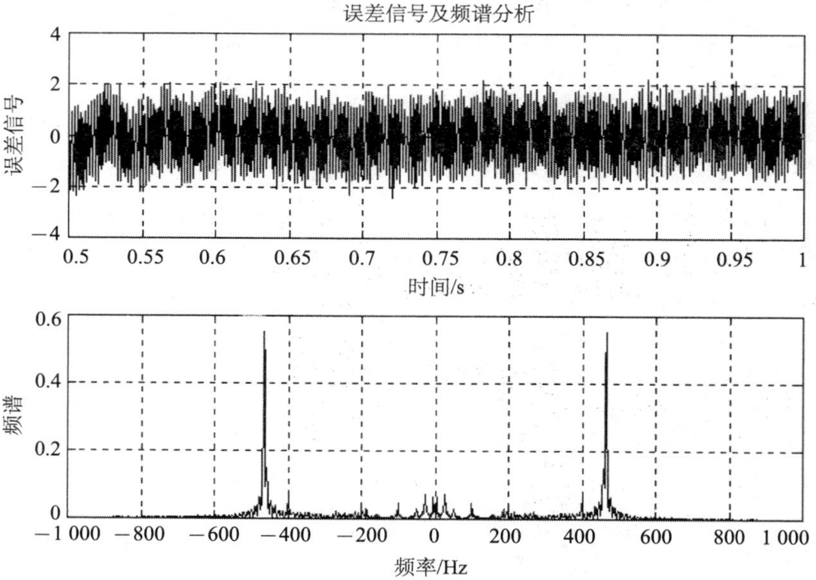

图 4-35　闭合以后外环轴控制器输出信号频谱分析（0.5～1 s）

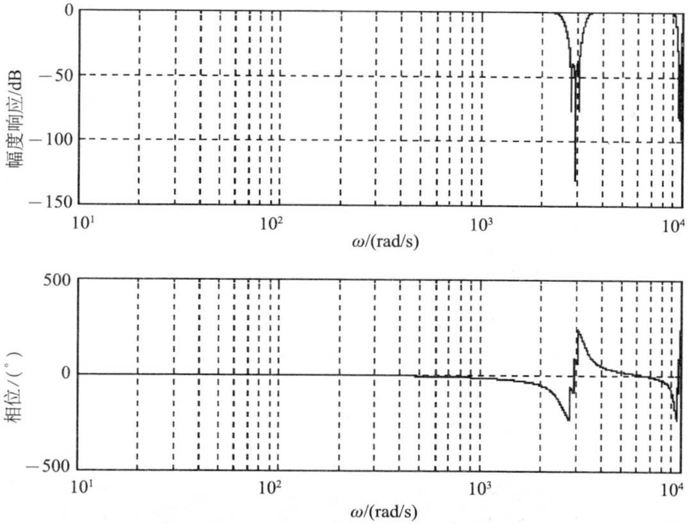

图 4—36　双线性变换法设计的数字带阻滤波器

在控制器中加数字带阻滤波器后的试验结果如图 4—37 所示。

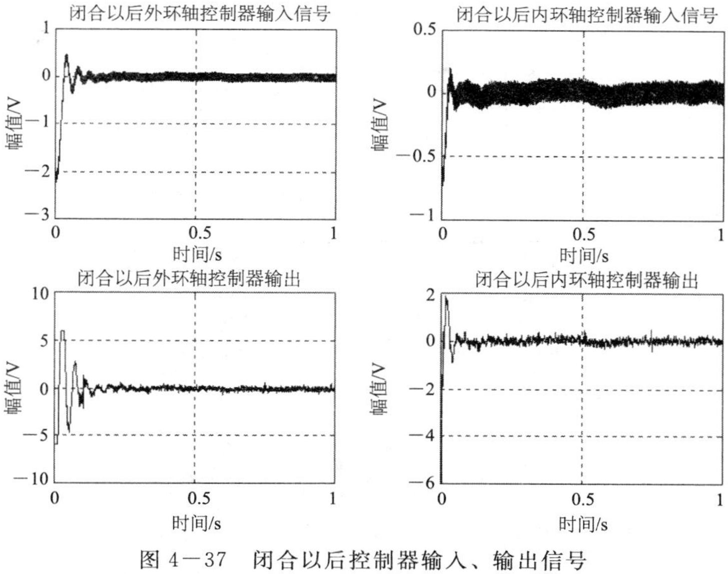

图 4—37　闭合以后控制器输入、输出信号

为了分析带阻滤波器对动调陀螺仪章动运动的抑制效果，截取外环轴和内环轴闭合以后 0.5～1 s 的输入、输出信号，对其作频谱分析。其中图 4－38 是闭合以后外环轴控制器输入信号的频谱分析，此时，外环轴控制器输入信号平均值为 -1.007×10^{-2} V，协方差为 3.8690×10^{-3}。图 4－39 是闭合以后控制器输出信号的频谱分析，此时，外环轴控制器输处平均值为 -6.4356×10^{-2} V，协方差为 4.7691×10^{-3}。从图中可以看出，控制器的输入包括章动频率的交流信号，而输出信号没有章动频率的交流信号。图 4－39 中的 400 Hz 交流信号可能是随动回路中的电源干扰进来的。

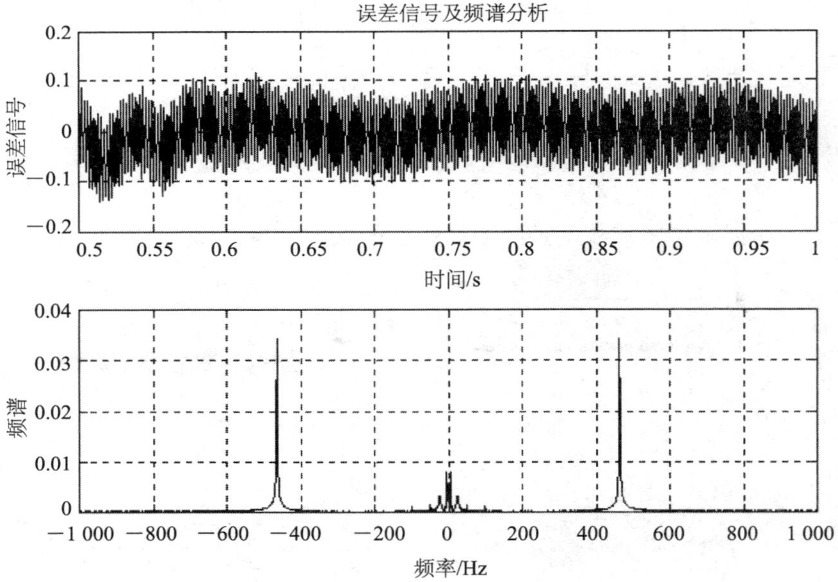

图 4－38　闭合以后外环控制器输入误差频谱分析

比较图 4－35 和图 4－39 可以看出，在控制器中采用带阻滤波器后，动调陀螺仪的章动运动得到有效抑制，噪声减小。另外，对提高系统的精度具有重要意义。至于排除 400 Hz 的干扰后，其余的噪声可以看作白噪声来处理。

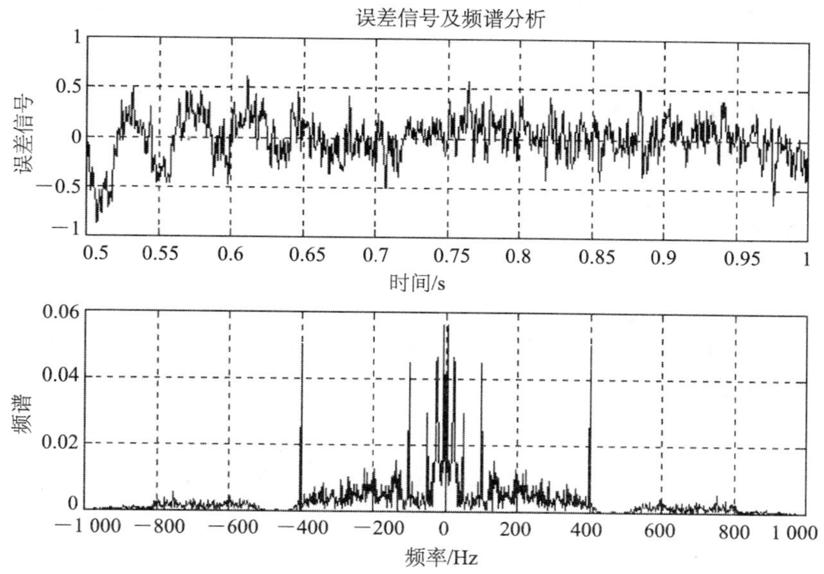

图 4—39　闭合以后外环控制器输出误差频谱分析

4.7　平台稳定回路智能复合控制设计

平台稳定回路是一种高精度的伺服系统，为了提高精度，把系统设计成二型系统。但是系统存在饱和特性以及陀螺仪限幅，因此线性系统必须工作在小信号输入。对于大信号输入时的情况，用常规的线性控制器系统容易不稳定。本章主要探讨保证大信号输入时系统稳定的智能控制器设计思路。

4.7.1　平台稳定回路快速最优（Bang-Bang）控制设计

平台稳定回路校正环节输入、输出都受限制，那么能不能在这种条件下设计一种校正环节，使得系统不仅稳定，而且调整时间最短，超调较小？答案是肯定的，那就是快速最优控制。

快速最优（Bang-Bang）控制也称继电型控制或开关控制，其主要特点是控制向量的各个分量都取控制域的边界值，而且不断的从一个边界值切换到另一个边界值，从而构成一种最强的控制作用。

设能控的线性定常系统状态方程为

$$\dot{\boldsymbol{x}}(t)=\boldsymbol{A}\boldsymbol{x}(t)+\boldsymbol{B}\boldsymbol{u}(t) \tag{4-105}$$

边界条件为 $x(0)=x_0$，$x(t_f)=0$，且 t_f 未知。

目标泛函为

$$J=\int_{t_0}^{t_f}\mathrm{d}t \tag{4-106}$$

约束条件为

$$|u_i(t)|\leqslant M \tag{4-107}$$

寻求最优控制 $u^*(t)$，使系统以最短时间从给定初始状态 $x(t_0)$ 转移到 $x(t_f)=0$。

应用最小值原理。哈密尔顿函数为

$$\begin{aligned}H[x,u,\lambda]&=1+\boldsymbol{\lambda}^{\mathrm{T}}[\boldsymbol{A}\boldsymbol{x}+\boldsymbol{B}\boldsymbol{u}]\\&=1+\boldsymbol{\lambda}^{\mathrm{T}}\boldsymbol{A}\boldsymbol{x}+\boldsymbol{\lambda}^{\mathrm{T}}\boldsymbol{B}\boldsymbol{u}\\&=1+\boldsymbol{x}^{\mathrm{T}}\boldsymbol{A}^{\mathrm{T}}\boldsymbol{\lambda}+\boldsymbol{u}^{\mathrm{T}}B^{\mathrm{T}}\boldsymbol{\lambda}\end{aligned} \tag{4-108}$$

状态方程为

$$\dot{\boldsymbol{x}}=\frac{\partial H}{\partial \lambda}[\boldsymbol{x},\boldsymbol{u},\boldsymbol{\lambda}]=\boldsymbol{A}\boldsymbol{x}+\boldsymbol{B}\boldsymbol{u} \tag{4-109}$$

协态方程为

$$\dot{\boldsymbol{\lambda}}=\frac{\partial H}{\partial \lambda}[\boldsymbol{x},\boldsymbol{u},\boldsymbol{\lambda}]=-\boldsymbol{A}^{\mathrm{T}}\lambda \tag{4-110}$$

极值条件为

$$\boldsymbol{H}[\boldsymbol{x}^*,\boldsymbol{u}^*,\boldsymbol{\lambda}]=\min_{|u(t)\leqslant M|}\boldsymbol{H}[\boldsymbol{x}^*,\boldsymbol{u},\boldsymbol{\lambda}] \tag{4-111}$$

要使 H 取极小值，即寻求最优控制 $u^*(t)$，就取决于 $\boldsymbol{B}^{\mathrm{T}}\boldsymbol{\lambda}$ 的符号。显然，

当 $\boldsymbol{B}^{\mathrm{T}}\boldsymbol{\lambda}>0$ 时，$u^*(t)=-M$；

当 $\boldsymbol{B}^{\mathrm{T}}\boldsymbol{\lambda}<0$ 时，$u^*(t)=+M$；

即

$$u^*(t)=\begin{cases}-M, & \text{当 } \boldsymbol{B}^{\mathrm{T}}\boldsymbol{\lambda}>0\\ +M, & \text{当 } \boldsymbol{B}^{\mathrm{T}}\boldsymbol{\lambda}<0\end{cases} \tag{4-112}$$

这种根据 $\boldsymbol{B}^{\mathrm{T}}\boldsymbol{\lambda}$ 符号取 $u^*(t)$ 的容许边界值的开关控制，就是 Bang-Bang 控制，它要求的控制变量只取边界值。

平台稳定回路采用 Bang-Bang 控制时，考虑到了力矩电机的饱和特性，使得校正环节的输出不超过 5 V，所以可以忽略力矩电机的饱和特性。校正环节的输入一般不超过 7.7 V，所以也可以忽略陀螺仪的输出限幅。这样，我们最终得到平台 Bang-Bang 控制时的方块图如图 4—40 所示。

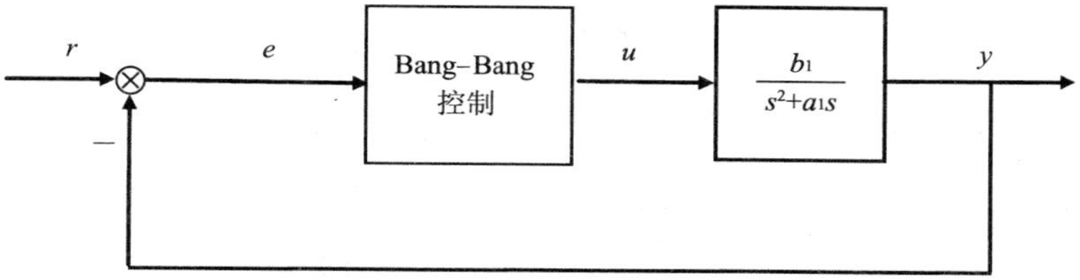

图 4—40　平台稳定回路 Bang-Bang 控制方框图

图 4—40 中被控对象参数为

$$a_1=1/\tau \tag{4-113}$$

$$b_1=K_0K_1K_2K_3/J \tag{4-114}$$

被控对象写成微分方程，有

$$\ddot{y}+a_1\dot{y}=b_1u \tag{4-115}$$

因 $e=r-y$，所以

$$\ddot{e}+a_1\dot{e}=\ddot{r}+a_1\dot{r}-b_1u \tag{4-116}$$

设 r 为常值，以及

$$\begin{cases}x_1=e\\ x_2=\dot{e}=\dot{x}_1\end{cases} \tag{4-117}$$

则有

$$\begin{bmatrix}\dot{x}_1\\ \dot{x}_2\end{bmatrix}=\begin{bmatrix}0 & 1\\ 0 & -a_1\end{bmatrix}+\begin{bmatrix}0\\ -b_1\end{bmatrix}u \tag{4-118}$$

即

$$\dot{\boldsymbol{x}} = \boldsymbol{A}\boldsymbol{x} + \boldsymbol{B}\boldsymbol{u} \tag{4-119}$$

其中

$$\boldsymbol{A} = \begin{bmatrix} 0 & 1 \\ 0 & -a_1 \end{bmatrix}, \quad \boldsymbol{B} = \begin{bmatrix} 0 \\ -b_1 \end{bmatrix}$$

对此系统，由于

$$\mathrm{rank}[B \quad \boldsymbol{AB}] = \mathrm{rank}\begin{bmatrix} 0 & -b_1 \\ -b_1 & +a_1 b_1 \end{bmatrix} = 2 \tag{4-120}$$

所以其是能控的。

在应用最优控制时，其协态方程为

$$\dot{\boldsymbol{\lambda}} = -\frac{\partial H}{\partial x}[\boldsymbol{x},\boldsymbol{u},\boldsymbol{\lambda}] = -\boldsymbol{A}^{\mathrm{T}}\boldsymbol{\lambda} = \begin{bmatrix} 0 & 0 \\ -1 & a_1 \end{bmatrix}\boldsymbol{\lambda} \tag{4-121}$$

即

$$\begin{cases} \dot{\lambda}_1(t) = 0 \\ \dot{\lambda}_2(t) = -\lambda_1(t) + a_1\lambda_2(t) \end{cases} \qquad \begin{cases} \lambda_1(t) = c_1 \\ \lambda_2(t) = \dfrac{c_1}{a_1} + c_2 e^{a_1 t} \end{cases}$$

其中 c_1，c_2 为常数。

极值条件为

$$\begin{aligned} u^*(t) &= -\mathrm{sgn}[B^{\mathrm{T}}\lambda(t)] \times M = -\mathrm{sgn}[-b_1\lambda_2(t)] \times M \\ &= -\mathrm{sgn}\left[-\frac{b_1 c_1}{a_1} - b_1 c_2 e^{a_1 t}\right] \times M \end{aligned} \tag{4-122}$$

由于 $\lambda_2(t)$ 过零的时间 t_T 便是 $u^*(t)$ 的切换时刻，故最优控制 $u^*(t)$ 是一个分段取常值的逐段常值函数，要么取 $+M$，要么取 $-M$，并且在取上述常值过程中最多切换一次，即 $u^*(t)$ 的极性最多只改变一次。

1）当 $u(t)=M$ 时，状态方程为

$$\begin{cases} \dot{x}_1 = x_2 \\ \dot{x}_2 = -a_1 x_2 - b_1 M \end{cases} \tag{4-123}$$

求解，得

$$\begin{cases} x_1 = -\dfrac{b_1 M}{a_1}t - \dfrac{c_3}{a_1}e^{-a_1 t} + c_4 \\ x_2 = -\dfrac{b_1 M}{a_1} + c_3 e^{-a_1 t} \end{cases} \tag{4-124}$$

由初态 x（0）求得

$$\begin{cases} c_3 = x_2(0) + \dfrac{b_1 M}{a_1} \\ c_4 = x_1(0) + \dfrac{1}{a_1}x_2(0) + \dfrac{b_1 M}{a_1^2} \end{cases} \tag{4-125}$$

其轨迹方程为

$$x_1 = \frac{b_1 M}{a_1^2}\ln\left[\frac{1}{c_3}\left(x_2 + \frac{b_1 M}{a_1}\right)\right] - \frac{1}{a_1}\left(x_2 + \frac{b_1 M}{a_1}\right) + c_4 \tag{4-126}$$

2）当 u（t）$=-M$ 时，状态方程为

$$\begin{cases} \dot{x}_1 = x_2 \\ \dot{x}_2 = -a_1 x_2 + b_1 M \end{cases} \tag{4-127}$$

求解，得

$$\begin{cases} x_1 = \dfrac{b_1 M}{a_1}t - \dfrac{c_5}{a_1}e^{-a_1 t} + c_6 \\ x_2 = \dfrac{b_1 M}{a_1} + c_5 e^{-a_1 t} \end{cases} \tag{4-128}$$

由初态 x（0）求得

$$\begin{cases} c_5 = x_2(0) - \dfrac{b_1 M}{a_1} \\ c_6 = x_1(0) + \dfrac{1}{a_1}x_2(0) - \dfrac{b_1 M}{a_1^2} \end{cases} \tag{4-129}$$

其轨迹方程为

$$x_1 = -\frac{b_1 M}{a_1^2}\ln\left[\frac{1}{c_5}\left(x_2 - \frac{b_1 M}{a_1}\right)\right] - \frac{1}{a_1}\left(x_2 - \frac{b_1 M}{a_1}\right) + c_6 \tag{4-130}$$

3）开关曲线

$u(t)=M$ 时，当

$$c_4=\frac{b_1M}{a_1^2}\ln\frac{c_3a_1e}{b_1M} \tag{4-131}$$

时，通过零点。

$$x_1=\frac{b_1M}{a_1^2}\ln\left(x_2+\frac{b_1M}{a_1}\right)-\frac{1}{a_1}\left(x_2+\frac{b_1M}{a_1}\right)+\frac{b_1M}{a_1^2}\ln\frac{a_1e}{b_1M} \tag{4-132}$$

$u(t)=-M$ 时，当

$$c_4=-\frac{b_1M}{a_1^2}\ln\left(-\frac{c_5a_1e}{b_1M}\right) \tag{4-133}$$

时，通过零点。

$$x_1=-\frac{b_1M}{a_1^2}\ln\left(-x_2+\frac{b_1M}{a_1}\right)+\frac{1}{a_1}\left(-x_2+\frac{b_1M}{a_1}\right)-\frac{b_1M}{a_1^2}\ln\frac{a_1e}{b_1M} \tag{4-134}$$

统一两式，有

$$\begin{aligned}x_1=\operatorname{sgn}(x_2)\times\Big[&\frac{b_1M}{a_1^2}\ln\left(\frac{b_1M}{a_1}+|x_2|\right)-\\&\frac{1}{a_1}\left(\frac{b_1M}{a_1}+|x_2|\right)+\frac{b_1M}{a_1^2}\ln\frac{a_1e}{b_1M}\Big]\end{aligned} \tag{4-135}$$

所以我们可得开关函数为

$$\begin{aligned}h(x_1,x_2)=x_1-\operatorname{sgn}(x_2)\times\Big[&\frac{b_1M}{a_1^2}\ln\left(\frac{b_1M}{a_1}+|x_2|\right)-\\&\frac{1}{a_1}\left(\frac{b_1M}{a_1}+|x_2|\right)+\frac{b_1M}{a_1^2}\ln\frac{a_1e}{b_1M}\Big]\end{aligned} \tag{4-136}$$

此时，平台系统的快速最优控制可表达为

$$u^*(t)=\begin{cases}-M, & \text{当 } h(x_1,x_2)>0 \text{ 时}\\-\operatorname{sgn}[x_2(t)], & \text{当 } h(x_1,x_2)=0 \text{ 时}\\+M, & \text{当 } h(x_1,x_2)<0 \text{ 时}\end{cases} \tag{4-137}$$

对上述控制算法可以通过仿真进行验证。采用五阶龙格-库塔法对式（4－118）积分，求出 x_1，x_2 的运行轨迹以及系统对输入的响应。设 $a_1 = 0.0167$，$b_1 = 1.7722e+003$，$M = 5$，下面我们对系统在不同的初始点进行单位阶跃仿真，如图 4－41 所示。其中，$(x_1, x_2) = (-1, 4)$，$(7.7085, 0)$，$(1, -3)$，$(-3, -4)$。

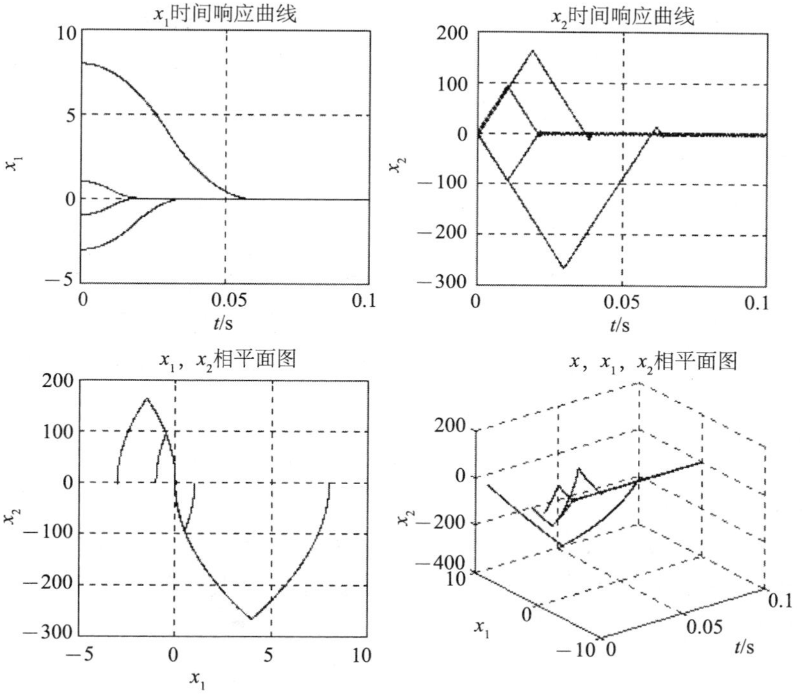

图 4－41　平台稳定回路 Bang-Bang 控制在不同初始状态仿真结果

仿真时五阶龙格-库塔法中用到的采样时间 $T=0.1$ ms。仿真结果可以看出，所设计的快速最优系统可以无超调的快速调整到指定目标。

从图 4－41 可以看到，陀螺仪偏差角越大，转子恢复到平衡位置的时间越长；在相平面图中，陀螺仪偏差角加速向平衡点逼近，一旦与开关曲线重合，又以减速度制动，使陀螺仪偏差角实现快速无超调至平衡点。在这个过程中，将会引起力矩电机在正、负最大值之间转换。前面研究中，a_1，b_1 以及开关函数是根据平台标称模型确定的。但是，平台在不同框架角状态下 a_1 和 b_1 的取值不同于标称模型时的情况，而且开关函数在实际中不可能随框架角的不同而实时改变，因此采用 Bang-Bang 控制的系统在不同框架角状态下不仅最优性受到影响，而且还存在鲁棒稳定性问题，这是其不利的一面。为了发挥快速最优控制的优点，而又能克服其缺点，我们希望在陀螺仪偏差较大时采用快速最优控制，而在偏差相对较小时采用模糊控制，这是由于模糊控制将随着陀螺仪偏差减小，其控制量也将减小。

4.7.2　平台稳定回路模糊控制设计

模糊控制是以模糊集合论、模糊语言变量及模糊逻辑推理为基础的一种计算机数字控制。从线性控制与非线性控制的角度分类，模糊控制是一种非线性控制，从控制器的智能性看，模糊控制属于智能控制的范畴。其主要特点为：

1）模糊集的引入扩展了古典逻辑中“生硬”的分类方法，使控制逻辑更加接近于人类思维。

2）模糊控制系统可以解决复杂系统的控制问题。当系统为多输入多输出、强外线性、时变及滞后系统时，系统的数学模型非常复杂或根本就不存在，不能用常规控制方法控制的系统，都可以用模糊控制。模糊控制建立在对过程的语言型经验之上，不需要精确的数学模型。

3）模糊控制也适合于一般控制问题。对于一般的控制问题，尽管可以采用常规控制方法，同样也可以采用模糊控制方法。模糊控制器的控制效果在快速性和鲁棒性等方面都优于常规控制器。

4）由于在模糊控制系统中直接采用人类语言型控制规则，使得控制机理和控制策略易于理解和接受，设计简单，便于维护和推广。

5）在常规控制方法中干扰或参数的变动可能会引起整个系统工作不正常。在模糊控制中由于采用了模糊集概念和模糊联接，干扰和参数的变化对控制效果影响非常小。

模糊控制方框图如图 4—42 所示。

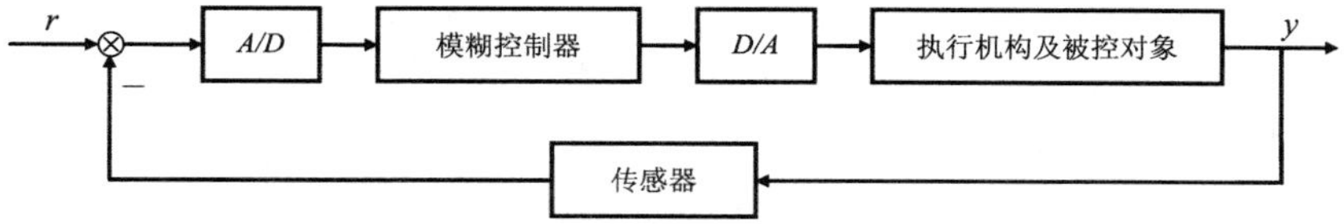

图 4－42　模糊控制一般方块图

图 4－42 中模糊控制器即模糊逻辑系统。这里需强调的是，被控对象和执行机构构成广义对象。其可以是线形或非线性的、定常或时变的，也可以是单变量或多变量的、有时滞或无时滞的以及有强干扰的多种情况。被控对象缺乏精确数学模型的情况适宜选择模糊控制，但也不排斥有较精确的数学模型的被控对象，也可以采用模糊控制方案。

目前被广泛采用的均为二维模糊控制器，这种控制器以误差和误差的变化为输入变量，以控制量为输出变量。

一般选用“大、中、小”三个词汇来描述模糊控制器的输入、输出变量的状态，由于人的行为在正、负两个方向的判断基本上是对称的，将大、中、小再加上正、负两个方向并考虑变量的零状态，共有七个词汇，即

{负大，负中，负小，零，正小，正中，正大}

一般用英文字头缩写为

{NB，NM，NS，O，PS，PM，PB}

描述输入、输出变量的词汇都具有模糊特性，可用模糊集合来表示。因此，模糊概念的确定问题就直接转化为求取模糊集合隶属函数的问题。而隶属函数曲线形状不同会导致不同的控制特性，隶属函数曲线较尖的模糊子集分辨率较高，控制灵敏度也较高；相反，隶属函数曲线形状较缓，控制特性也较平缓，系统稳定性较好。因此，在选择模糊变量的模糊集的隶属函数时，在误差较大的区域采用低分辨率的模糊集，在误差较小的区域采用较高分辨率的模糊集，当误差接近于零时选用高分辨率的模糊集。

模糊控制器的控制规则是基于手动控制策略，而手动控制策略又是人们通过学习、试验以及长期经验积累而逐渐形成的，存储在操作者头脑中的一种技术知识集合。利用语言归纳手动控制策略的过程，实际上就是建立模糊控制器的控制规则的过程，而手动控制策略一般都可以用条件语句加以描述。

现将控制策略汇总为表 4—1。

表 4—1　模糊控制规则表

U　CE / E	NB	NM	NS	O	PS	PM	PB
NB	PB	PB	PB	PB	PM	O	O
NM	PB	PB	PB	PB	PM	O	O
NS	PM	PM	PM	PM	O	NS	NS
O	PM	PM	PS	O	NS	NM	NM
PS	PS	PS	O	NM	NM	NM	NM
PM	O	O	NM	NB	NB	NB	NB
PB	O	O	NM	NB	NB	NB	NB

把模糊控制器的输入变量误差、误差变化的实际范围称为这些变量的基本论域，显然基本论域内的量为精确量。设误差的基本论域为［$-x_e$，x_e］，误差变化的基本论域为［$-x_c$，x_c］。被控对象实际所要求的控制量的变化范围，称为模糊控制器输出变量（控制量）的基本论域，设其为［$-y_u$，y_u］。控制量的基本论域内的量也是精确量。

设误差变量所取的模糊子集的论域为

$$\{-n,\ -n+1,\ \cdots,\ 0,\ \cdots,\ n-1,\ n\}$$

误差变化变量所取的模糊子集的论域为

$$\{-m,\ -m+1,\ \cdots,\ 0,\ \cdots,\ m-1,\ m\}$$

控制量所取的模糊子集的论域为

$$\{-l,\ -l+1,\ \cdots,\ 0,\ \cdots,\ l-1,\ l\}$$

关于基本论域的选择，由于对被控对象缺乏先验知识，所以误差及误差变化的基本论域只能作初步的选择，待系统调整时再进一步确定。控制量的基本论域根据被控对象提供的数据选定。

为了进行模糊化处理，必须将输入变量从基本论域转换到相应的模糊集的论域，这中间须将输入变量乘以相应的因子，从而引出量化因子的概念。量化因子一般用 K 表示，误差的量化因子 K_e 及误差变化的量化因子 K_c 分别由下面两个公式来确定，即

$$K_e = n/x_e \tag{4-138}$$

$$K_c = m/x_c \tag{4-139}$$

此外，每次采样经模糊控制算法给出的控制量（精确量），还不能直接控制对象，还必须将其转换到为控制对象所能接受的基本论域中去。输出控制量的比例因子由下式确定，即

$$K_u = y_u/l \tag{4-140}$$

比较量化因子和比例因子，不难看出，两者均是考虑两个论域变换而引出的，但对输入变量而言的量化因子确实具有量化效应，而对输出而言的比例因子只起比例作用。

量化因子 K_e 及 K_c 的大小对控制系统的动态性能影响很大。K_e 选的较大时，系统的超调也较大，过渡过程较长。K_c 选择较大时，超调量减小，K_c 选择越大系统超条越小，但系统的响应时间变长。K_c 对超调的遏至作用十分明显。

此外，输出比例因子 K_u 的大小也影响着模糊控制系统的特性。K_u 选择过小会使系统动态响应过程变长，而 K_u 选择过大会导致系统振荡。输出比例因子 K_u 作为模糊控制器的总的增益，它的大小影响着控制器的输出，通过调整 K_u 可以改变对被控对象（过程）输入的大小。

在模糊控制系统中，其输入变量为误差和误差变化，而这两个变量又是通过两次间隔得到的。因此，为了获得较精细的控制规律，应使误差变化的值较大，从这一点来看，采样周期不能太短。但从一次响应过程中控制作用的次数来看，一般不能低于 5 次，否则，会使控制不精细。因此，在模糊控制系统中，选择采样时间受到误差变化最大值与一次响应过程中控制作用次数两方面的制约，在实际控制系统设计中，选择采样时间要综合各方面因素进行折衷考虑。

在系统调试过程中，通过对不同采样时间进行试验，从中确定本系统的最佳采样时间。

从前面分析可知，用经典控制理论设计系统的校正环节时，只考虑系统的线性模型。而采用模糊控制理论，在设计过程中可以考虑这两个非线性环节，即校正环节输入的限制和输出的饱和特性。陀螺仪限幅特性确定了模糊控制输入误差 e 的范围为 $[-a_1, a_1]$，力矩电机饱和特性确定了控制量 u 的范围为 $\left[-\frac{a_2}{K_0}, \frac{a_2}{K_0}\right]$。因此，我们可以确定在模糊控制算法中

$$K_1 = \frac{6}{a_1} = 6/4 = 1.5$$

$$K_3 = \frac{a_2}{6K_0} = 5/6 = 0.833$$

如果出现 a_1 与 a_2 大于规定值，则可能出现不可控现象，所以可以适当减小 K_1 与 K_3 的值。另外，我们可以通过调节模糊控制算法中的参数 K_2 来满足系统性能要求。

系统的方块图如图 4－43 所示。

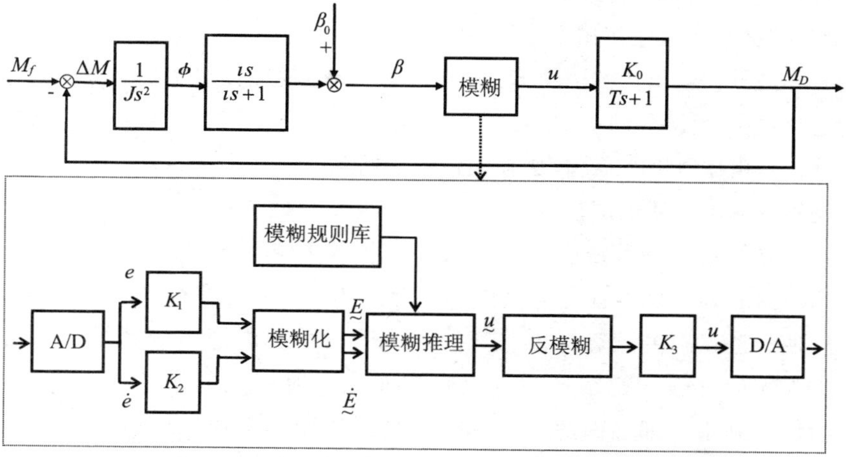

图 4－43　平台稳定回路模糊控制方块图

把 e，$\dot{e}$，u 的论域都分为 13 个等级，即：

$$[-6,-5,-4,-3,-2,-1,0,1,2,3,4,5,6]$$

而把［－6，6］之间连续变化的量分成 7 个模糊子集，即

［NB，NM，NS，O，PS，PM，PB］

模糊子集是通过隶属函数来描述的，隶属函数取高斯型

$$\mu(x)=\exp\left\{-\left[\left(\frac{x-c}{a}\right)^2\right]^b\right\} \tag{4-141}$$

高斯型隶属函数的特点是连续且可求导，比较适合于自适应、自学习模糊控制的隶属函数修正。根据 a，b，c 的不同取值，可得各档隶属函数如图 4－44 所示。

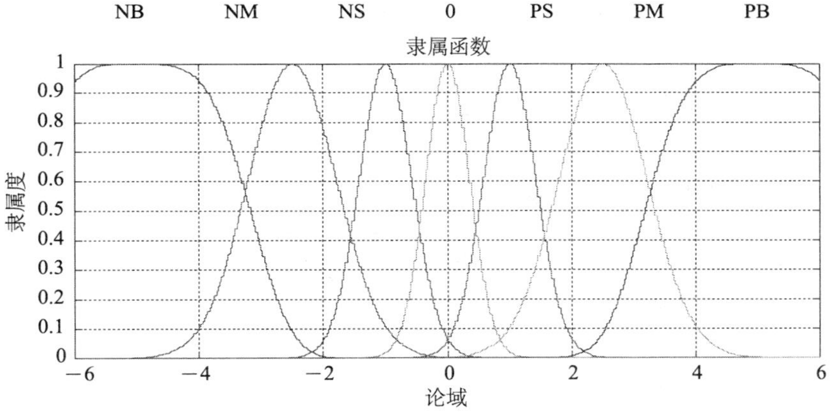

图 4－44　隶属函数表示的模糊子集

模糊控制器由模糊化、模糊规则库、模糊推理和反模糊化四部分组成。

模糊规则库由若干模糊推理规则组成，其形式为

$R^{(l)}$：If　x_1　is　$F_1^l,\cdots,x_n$　is　F_n^l　then　y　is　G^l

其中，F_i^l 和 G^l 分别为 $U_i\subset R$ 和 $V\subset R$ 上的模糊集合，且 $x=(x_1,\cdots,x_n)^{\mathrm{T}}\in U_1\times\cdots\times U_n$ 和 $y\in V$ 均为语言变量，$l=1,2,\cdots,M$，亦即 M 为规则总数。可以看出，x，y 是模糊逻辑系统的输入、输出。由于

多输入多输出系统可以分解为单输入单输出系统，故只考虑多输入单输出模糊逻辑系统。

模糊推理的功用在于，根据模糊逻辑规则把模糊规则库中的模糊“if－then”规则转换成某种映射，即将 $U=U_1\times\cdots\times U_n\subset R^n$ 上的模糊集合映射成 V 上的模糊集合。模糊规则

$$R^{(l)}:\ \text{If}\quad x_1\quad \text{is}\quad F_1^l,\cdots,x_n\quad \text{is}\quad F_n^l\quad \text{then}\quad y\quad \text{is}\quad G^l$$

可以被表示成一个积空间 $U\times V$ 上的模糊蕴涵 $F_1^l\times F_2^l\times\cdots\times F_n^l\rightarrow G^l$。设 U 上的模糊集合 A' 为模糊推理机的输入，若采用 sup－∗合成运算，则由每一条模糊推理规则所导出的 V 上的模糊集合 B^l 为

$$\mu_{B^l}(y)=\sup_{x\in U}[\mu^l_{F_1}\times\mu^l_{F_2}\times\cdots\times\mu^l_{F_n}\rightarrow G^l(x,y)*\mu_{A'}(x)] \tag{4－142}$$

由于规则库中有 M 条规则，即 $l=1,2,\cdots,M$，故对于模糊推理机的输入 A'，模糊推理机有两种输出形式：

1）M 个 B^l 组成的模糊集合群体；

2）M 个模糊集合 B^l 之和组成的模糊集合 B'，即

$$\mu_{B'}(y)=\mu_{B^1}(y)\oplus\mu_{B^2}(y)\oplus\cdots\oplus\mu_{B^M}(y) \tag{4－143}$$

式中，$\oplus$ 表示 max，$\times$ 或其他算子。

模糊化的功用在于将 $U\subset R^n$ 上的一个确定点 $x=(x_1,\cdots,x_n)^{\mathrm{T}}$ 映射为一个模糊集合 A'。其映射公式有两种

1） 单值模糊产生器

$$\mu_{A'}(x)=\begin{cases}1, & x'=x\\ 0, & x'\neq x\end{cases} \tag{4－144}$$

2） 非单值模糊产生器

$$\mu_{A'}(x)=\begin{cases}1, & x'=x\\ 1\rightarrow 0, & (x'-x)\rightarrow\infty\end{cases} \tag{4－145}$$

比如，－4 在 NB 的隶属函数取值最大，所以其模糊化后为 NB。

反模糊化的功用在于把 $V \subset R$ 上的一个模糊集合 G 映射为一个确定的点 $y \in V$ 。比较常见的有：

1）最大值反模糊化器，其定义为

$$y = \sup_{y \in V} [\mu_{B'}(y)] \tag{4-146}$$

2）中心平均反模糊化器，其定义为

$$y = \frac{\sum_{l=1}^{M} \bar{y}^l [\mu_{B^l}(\bar{y}^l)]}{\sum_{l=1}^{M} [\mu_{B^l}(\bar{y}^l)]} \tag{4-147}$$

式中，$\bar{y}^l$ 是模糊集合 G^l 的中心，即 $\mu_{G^l}(y)$ 在 V 上的 $\bar{y}^l$ 点取最大值。

3）改进型中心平均反模糊化器，其定义为

$$y = \frac{\sum_{l=1}^{M} \bar{y}^l [\mu_{B^l}(\bar{y}^l)/\delta^l]}{\sum_{l=1}^{M} [\mu_{B^l}(\bar{y}^l)/\delta^l]} \tag{4-148}$$

式中，δ^l 为决定 $\mu_{G^l}(y)$ 形状的特征参数，如曲线的宽窄等。

当模糊推理规则 $A \to B$ 取 $\mu_{A\to B}(x,y) = \mu_A(x)\mu_B(y)$ 时，有

$$\bar{y} = \frac{\sum_{l=1}^{M} \bar{y}^l [\prod_{i=1}^{n} \mu_{F_i}^l(x_i)]}{\sum_{l=1}^{M} [\prod_{i=1}^{n} \mu_{F_i}^l(x_i)]} \tag{4-149}$$

当模糊推理规则 $A \to B$ 取 min 运算时，有

$$\bar{y} = \frac{\sum_{l=1}^{M} \bar{y}^l \{\min[\mu_{F_1^l}(x_1),\cdots,\mu_{F_n^l}(x_n)]\}}{\sum_{l=1}^{M} \{\min[\mu_{F_1^l}(x_1),\cdots,\mu_{F_n^l}(x_n)]\}} \tag{4-150}$$

把上式由中心平均反模糊化器、乘积推理规则、单值模糊化以及高斯型隶属函数构成的模糊控制器简称为高斯型模糊控制器。

设 $K_2=0.05$，控制器输入初值为 3.85 V，对平台稳定回路进行仿真，控制器输入偏差运行轨迹如图 4—45 所示。

可以看出，采用模糊控制可以使得系统稳定，但是在平衡点附

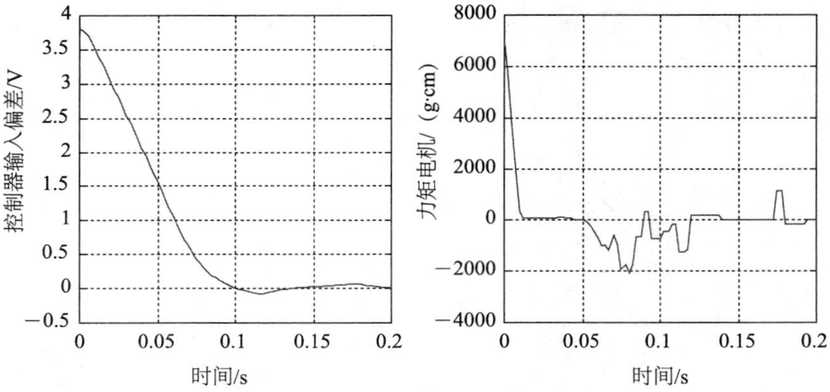

图 4—45　模糊控制仿真结果

近容易自激振荡，这是由模糊控制的自身特点决定的，所以我们在误差较小时拟采用经典（模拟或数字）控制。

4.7.3　平台稳定回路智能复合控制设计

通过对 Bang-Bang 控制、模糊控制和数字控制的研究，为了实现不同指标要求的最优控制，可对平台稳定回路采用智能复合控制。基本思路为：根据动调陀螺仪转子偏差角的不同位置采用不同的控制方案。当偏差角大时，主要解决饱和问题，希望转子无超调地快速调整，对控制精度要求相对降低，所以拟采用快速最优（Bang-Bang）控制方案；当偏差不太大时，希望兼顾快速性和精度，并保证系统的鲁棒稳定性，所以拟采用模糊控制方案；当偏差较小时，希望有较高的控制精度，因此采用数字控制方案。这就是智能复合控制的基本出发点。其方块如图 4—46 所示。

根据动调陀螺仪转子偏移量 e_i 组成简单规则集来实现智能复合控制，主要规则有：

IF　$|e|>7$　　THEN　　u=Bang-Bang 控制；

IF　$4<|e|\leqslant 7$　　THEN　　u=模糊控制算法；

IF　$|e|\leqslant 4$　　THEN　　u=数字控制算法。

上述规则集符合二次满映射条件，因此这种规则控制的系统是完全可控的。

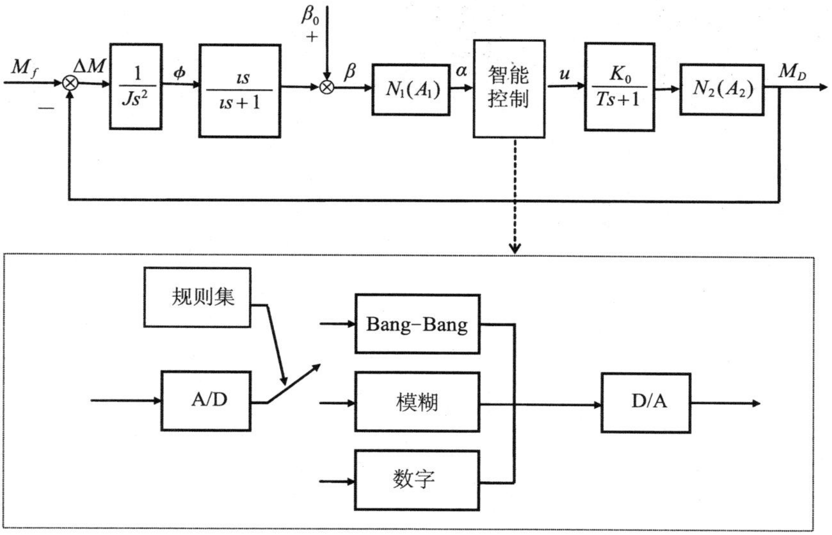

图 4—46 平台稳定回路智能复合控制方块图

为了说明上述智能控制器能够解决平台稳定回路大信号闭合时容易失稳这个问题，我们对现在采用的模拟校正环节双线性变换，采样周期为 2.5 ms。先看阶跃仿真的情况，设动调陀螺仪转子初始偏移角为 $\beta_0 = 30'$，外力矩为 $M_f = 5\,000$ g · cm，仿真结果如图 4—47 所示。

可以看出，采用智能控制可以充分发挥 Bang-Bang 控制、模糊控制和数字控制的优点。在动调陀螺仪转子偏移角比较大的情况下，可以快速调整到零位状态，而且有较高的精度。

下面研究动态输入时的非线性。由于外力矩 M_f 对系统的干扰最终表现在动调陀螺仪失调角 β 上，所以在研究非线性时，外力矩干扰 M_f 可暂不考虑，只看陀螺仪的外加正弦输入信号 β_0 即可。

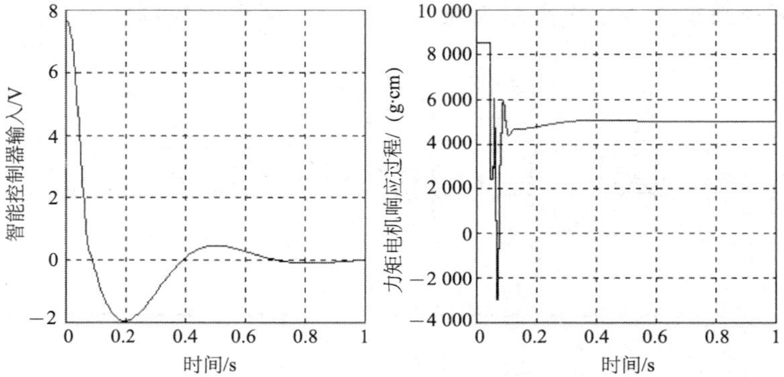

图 4—47　智能控制阶跃仿真结果

首先，控制器只包含数字控制器，输入信号 β_0 的频率为 14 rad/s，幅值为 0.04 rad 时的仿真结果如图 4—48 所示。

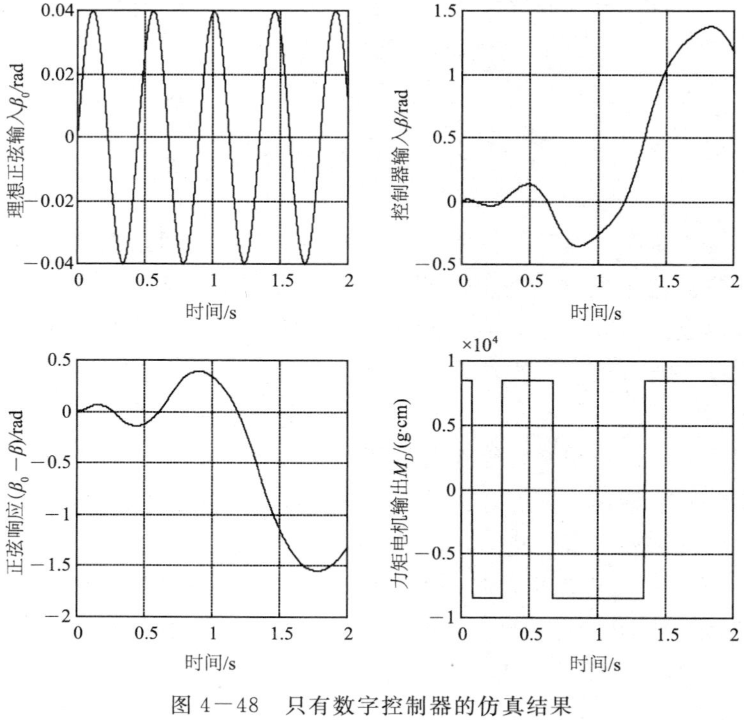

图 4—48　只有数字控制器的仿真结果

从图 4—48 中可以看到，当输入信号幅值为 0.04 rad 时，系统不稳定。这主要是由于只采用数字控制，系统条件稳定，因此在大信号输入不稳定。

其次，采用智能控制器的仿真结果如图 4—49 所示。从仿真结果可以看出，当输入信号幅值为 0.04 rad 时，采用智能控制器系统稳定。因此，采用智能控制可以有效解决平台在大信号闭合容易失稳这个问题。

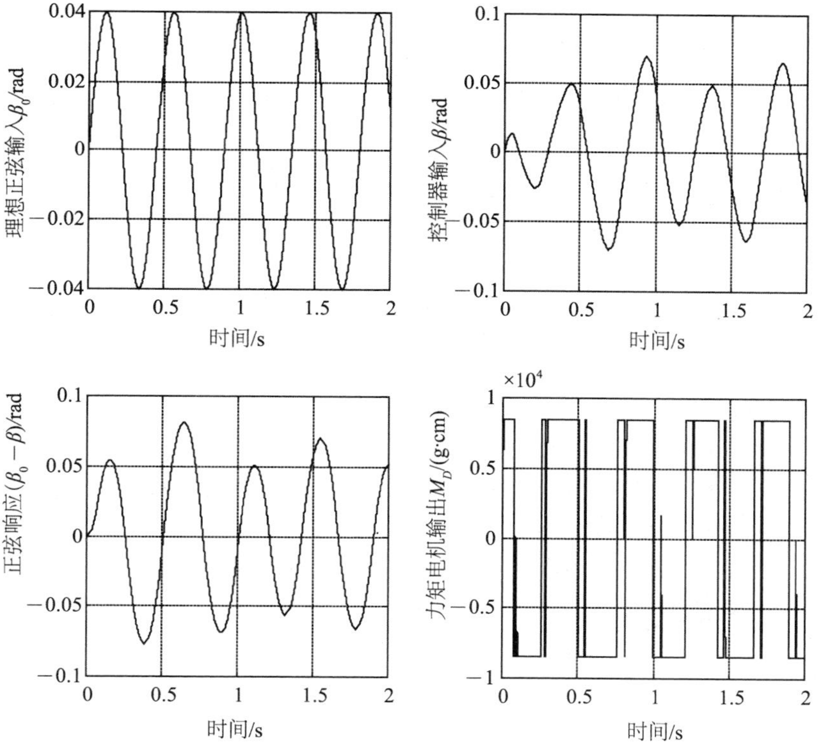

图 4—49　智能控制仿真结果

4.7.4 平台稳定回路智能复合控制试验结果

智能控制根据不同的输入信号采取不同的控制策略，信号大时采用 Bang-Bang 控制来解决系统有饱和特性时的稳定性问题；信号小时采用条件稳定系统来提高精度；由于 Bang-Bang 控制的输出量在最大值之间切换，所以从 Bang-Bang 控制切换到条件稳定系统之间应该有个过渡过程，我们采用模糊控制。

具体思路为

$$u(k)=\begin{cases}\text{Bang-Bang 控制}, & |e(k)|>e_2\\ \text{模糊控制}, & e_1<|e(k)|\leqslant e_2\\ \text{数字控制}, & |e(k)|\leqslant e_1\end{cases} \tag{4-151}$$

由于 Bang-Bang 控制虽然可以做到无超调地快速调整，但是它是以 LQG 理论为基础，对模型的精确性要求非常高。但是，平台在闭合时是个非线性模型。因此，在实际应用中，借鉴 Bang-Bang 控制的思路，可把程序编写为

$$u(k)=\begin{cases}+M, & e(k)>+e_2\\ -M, & e(k)<-e_2\end{cases} \tag{4-152}$$

模糊控制是以模糊数学为基础，论域划分得越细、控制规则越多，计算机算完一个循环的时间越长。因此，可对模糊控制规则简化，把模糊控制作成查表的方式，如表 4－2。表中第一行代表误差变化的论域，第一列代表误差的论域，中间量表示根据误差和误差变化量应该采取的控制量。

表 4－2 的选取既考虑到精度的要求，又考虑到快速性的要求。采用查表的方式，计算机程序得到简化，运算速度明显加快，可以用于实时控制。

模糊查询表采用的的模糊化公式为

$$E=\langle k_e e\pm 0.5\rangle \tag{4-153}$$

$$Ed=\langle k_c e\pm 0.5\rangle \tag{4-154}$$

其中 k_e 为误差的量化因子，k_c 为误差变化的量化因子。$\langle\cdot\rangle$ 表示取

整运算，若 $E>6$，则 $E=6$；若 $E<-6$，则 $E=-6$。同理，若 $Ed>6$，则 $Ed=6$；若 $Ed<-6$，则 $Ed=-6$。

反模糊化公式为

$$u=k_u \cdot u^* \tag{4-155}$$

其中 u^* 为模糊查询表的取值，k_u 为比例因子。

考虑到平台稳定回路输入和输出的范围，取 $k_e=1.5$，$k_c=20$，$k_u=1$。

表 4—2　模糊控制规则简化表

U		E												
		−6	−5	−4	−3	−2	−1	0	1	2	3	4	5	6
Ed	−6	−6	−6	−5	−5	−5	−4	−4	−3	−3	−3	−2	−2	−2
	−5	−5	−5	−5	−4	−4	−4	−3	−3	−2	−2	−2	−1	−1
	−4	−5	−4	−4	−4	−3	−3	−3	−2	−2	−1	−1	−1	0
	−3	−4	−4	−3	−3	−3	−2	−2	−2	−1	−1	0	0	0
	−2	−4	−3	−3	−2	−2	−2	−1	−1	−1	0	0	0	1
	−1	−3	−3	−2	−2	−1	−1	−1	0	0	1	1	1	2
	0	−2	−2	−2	−1	−1	0	0	0	1	1	2	2	2
	1	−2	−1	−1	−1	0	0	1	1	1	2	2	3	3
	2	−1	0	0	0	1	1	1	2	2	2	3	3	4
	3	0	0	0	1	1	2	2	2	3	3	3	4	4
	4	0	1	1	1	2	2	3	3	3	4	4	4	5
	5	1	1	1	2	2	3	3	4	4	4	5	5	5
	6	2	2	2	3	3	3	4	4	5	5	5	6	6

模糊控制本质上属于非线性控制，其稳定性分析还未从理论上得到圆满解决，主要靠简单模型定性仿真分析和试验调试解决，这是模糊控制技术有待发展完善的一个方面。由于模糊控制在物理实现上是分段的多级控制，Kickert 和 Mamdani 提出 FC 可以等效为多维多级继电器模型，从而可利用常规的非线性系统分析方法讨论其

稳定性，如描述函数法、相平面法、Lyapunov 法和 Popov 判据等。近年来国内外在 FC 稳定性分析方面进行了大量的理论工作，但总体上看，这些理论分析和有关稳定性的充要条件还远未象基于模型的控制系统分析方法那样，得到统一的解决。

数字控制外环轴和内环轴分别为

$$C_w(z)=\frac{32.2566(1-0.99998z^{-1})(1+5.8252\times10^{-2}z^{-1}-0.94175z^{-2})(1-0.99005z^{-1})}{(1-z^{-1})(1-0.34674z^{-1}+5.8493\times10^{-2}z^{-2})(1-0.99990z^{-1})} \tag{4-156}$$

$$C_n(z)=\frac{32.2566\times0.57\times(1-0.99998z^{-1})(1+5.8252\times10^{-2}z^{-1}-0.94175z^{-2})(1-0.99005z^{-1})}{(1-z^{-1})(1-0.34674z^{-1}+5.8493\times10^{-2}z^{-2})(1-0.99990z^{-1})} \tag{4-157}$$

采用智能复合控制，关键在于如何确定两个切换点，即从 Bang-Bang 控制到模糊控制的切换点 e_2 和从模糊控制到数字控制的切换点 e_1。这两个值的选取主要靠经验和分析。

e_2 的值选取为 7 V，主要是考虑到控制器输入有效范围最大值为 7.8 V。为避免碰撞档钉，输入信号超过 7 V 时，控制器输出应该为最大值。当然，也可适当减小 e_2 的值，比如取 6.5 V。

e_1 的值在仿真时取为 4 V，效果比较理想。为了考察从模糊控制到数字控制的切换过程，考虑到控制器输入一般小于 4 V，所以在做试验时，适当减小切换值 e_1。下面为不同切换值时的试验结果。

1）控制器只采用模糊控制。模糊控制采用前面的查表方式，试验结果如图 4—50 所示。

可以看出，单纯采用模糊控制系统自持振荡，这是由模糊控制自身的特点决定的。振荡幅值在 1 V 左右，主要是由于控制器输入信号的论域分档所致。

2）控制器采用智能复合控制。从模糊控制切换到数字控制 $e_1=2$ V，试验结果如图 4—51 所示。

3）控制器采用智能复合控制。从模糊控制切换到数字控制 $e_1=1$ V，试验结果如图 4—52 所示。

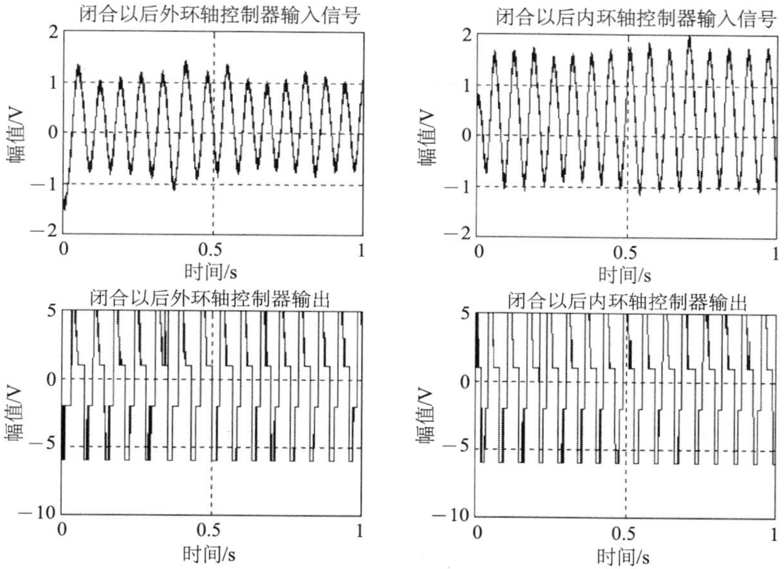

图 4—50　采用模糊控制试验结果

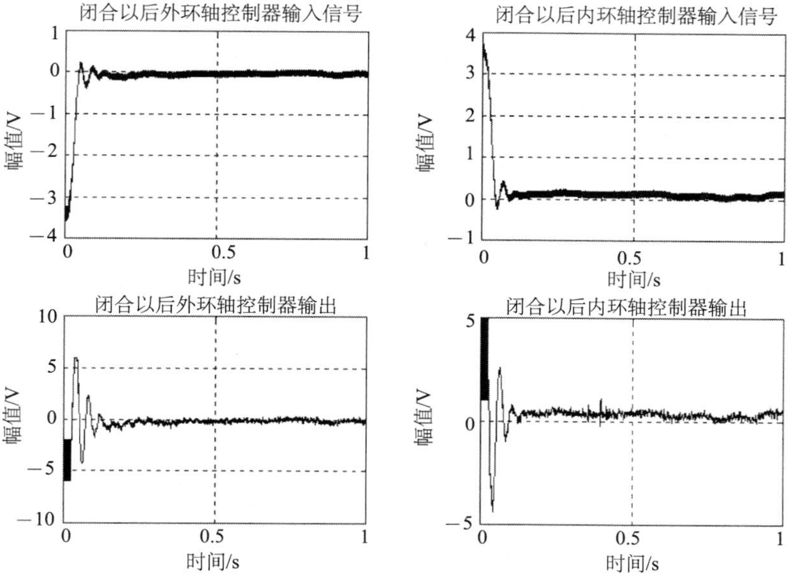

图 4—51　$e_1=2$ V 时闭合以后控制器输入、输出信号

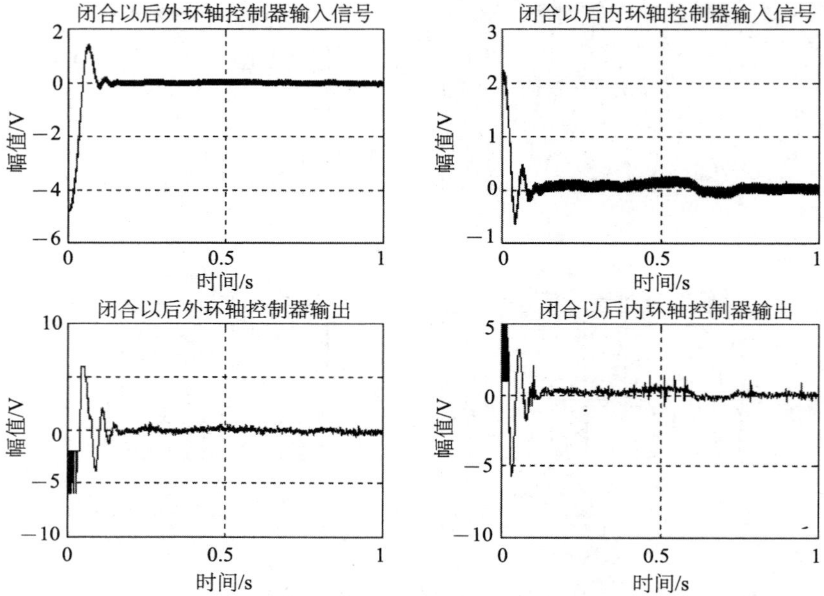

图 4－52　闭合以后控制器输入、输出信号

4）控制器采用智能复合控制。从模糊控制切换到数字控制 $e_1=0.5$ V，试验结果如图 4－53 所示。

5）控制器采用智能复合控制。从模糊控制切换到数字控制 $e_1=0.25$ V，试验结果如图 4－54 所示。

通过以上试验可以看出，切换值 $e_1 \geqslant 0.5$ V 时，采用智能控制器可以消除模糊控制的自持振荡。通过仿真及试验，切换值 e_1 应该取 2～4 V。

由于模糊控制和 Bang-Bang 控制之间的切换值 $e_2=7$ V，而试验时控制器最大输入值不超过 6 V，所以 Bang-Bang 控制在试验时并没有工作。

总之，通过试验可以验证，采用智能控制可以有效解决平台在大信号闭合时的稳定性问题。

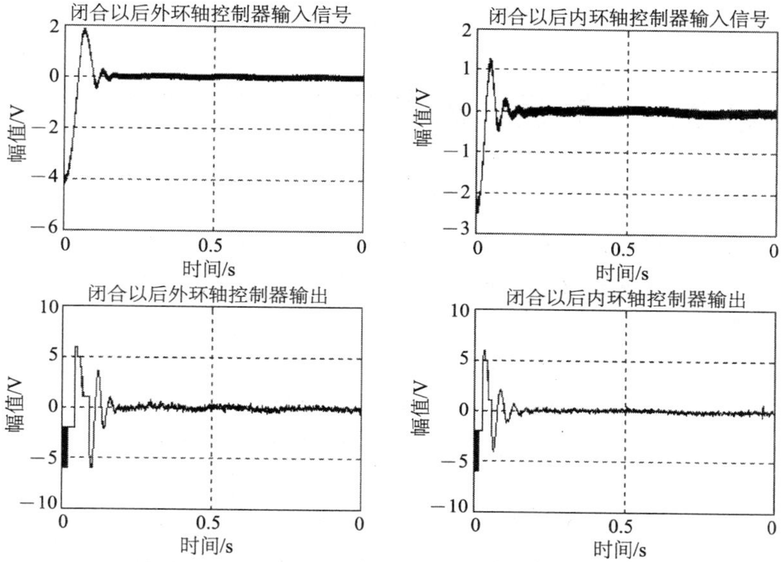

图 4－53　闭合以后控制器输入、输出信号

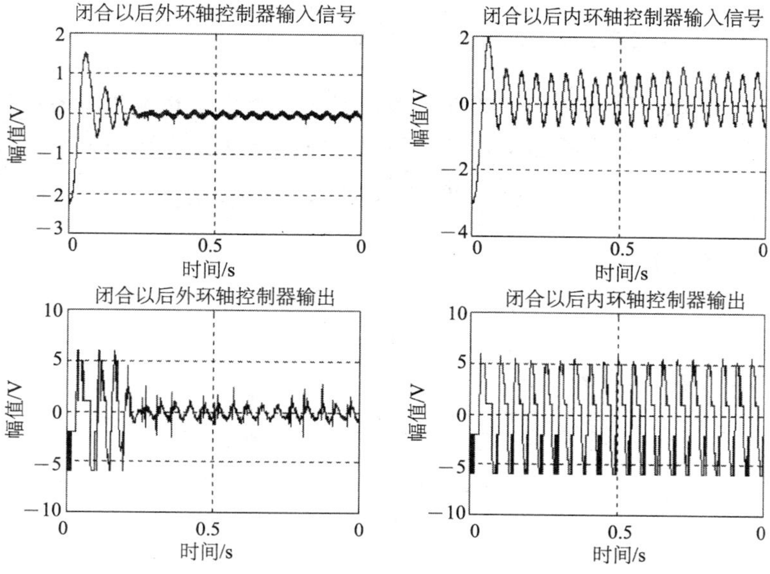

图 4－54　闭合以后控制器输入、输出信号

第 5 章　捷联系统伺服回路 H_∞ 控制设计

动调陀螺仪为两自由度陀螺仪，而石英加速度计为单自由度仪表，因此在捷联系统中一般采用至少两个动调陀螺仪和三个石英加速度计。

本章利用 H_∞ 控制理论，根据不同的性能指标来设计控制器。分别介绍了动调陀螺捷联系统中动调陀螺仪伺服系统单回路控制器、MIMO 控制器的设计方法，以及石英加速度计伺服系统控制器的设计方法。

5.1　动调陀螺仪伺服系统单回路 H_∞ 控制设计

5.1.1　不考虑章动环节时的控制器设计

在陀螺仪伺服回路带宽确定的情况下，下面分析精度指标要求。在图 3－18 的理想状态下，希望输出电流与角速度成比例关系。

$$\Delta\dot{\phi}_x = \dot{\phi}_{X_0} - \frac{K_{ty}}{H}I_y = 0 \Rightarrow I_y = \frac{H}{K_{ty}}\dot{\phi}_{X_0} \qquad (5-1)$$

但是，实际输出为

$$I'_y = \frac{G(s)}{1+G(s)}\frac{H}{K_{ty}}\dot{\phi}_{X_0} \qquad (5-2)$$

其测量相对误差为

$$\delta I_y = \frac{I_y - I'_y}{I_y} = \frac{1}{1+G(s)} \approx \frac{1}{G(s)} \qquad (5-3)$$

因此，在系统的带宽范围内，开环传递函数的幅值越大，测量精度越高。

在图 3－18 中的一个特殊环节是 $\frac{H}{J_B^2 s^2 + H^2}$，其含有章动频率

$\omega_n=\dfrac{H}{J_B}$，约为陀螺仪马达转速的 2 倍。对动态较小的系统，由于陀螺仪伺服回路带宽远小于章动频率，有

$$\frac{H}{J_B^2 s^2+H^2}\approx\frac{1}{H},\quad \omega\ll\omega_n \tag{5-4}$$

在实际设计中，经常采用如图 5—1 所示的方块图。

由于原系统校正环节不含积分环节（如图 5—2 中的虚线），为考核系统的最优性，在用 H∞ 理论设计控制器时不加积分环节，取性能界函数为

$$W_1(s)=\rho\frac{(1\,000+s)^2}{(1+1\,000s)^2} \tag{5-5}$$

取对象不确定性权函数为

$$W_2(s)=0.012\,5(0.4s+1) \tag{5-6}$$

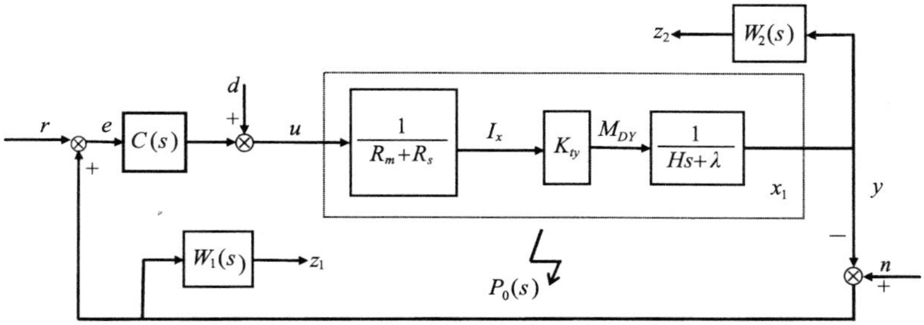

图 5—1　陀螺仪单轴伺服回路方块图

记 $\boldsymbol{x}$ 为增广对象 P 的状态矢量，则有

$$\dot{\boldsymbol{x}}=\boldsymbol{A}\boldsymbol{x}+\boldsymbol{B}_1\boldsymbol{n}+\boldsymbol{B}_2\boldsymbol{u} \tag{5-7}$$

$$\begin{bmatrix}\boldsymbol{z}\\ \boldsymbol{e}\end{bmatrix}=\begin{bmatrix}\boldsymbol{C}_1\\ \boldsymbol{C}_2\end{bmatrix}x+\begin{bmatrix}\boldsymbol{D}_{11} & \boldsymbol{D}_{12}\\ \boldsymbol{D}_{21} & \boldsymbol{D}_{22}\end{bmatrix}\begin{bmatrix}\boldsymbol{n}\\ \boldsymbol{u}\end{bmatrix}+\begin{bmatrix}0\\ I\end{bmatrix}r \tag{5-8}$$

其中

$$\boldsymbol{A}=\begin{bmatrix}-\dfrac{\lambda}{H} & 0 & 0\\ -1\times10^{-3} & -1\times10^{-3} & 0\\ 0 & 1\times10^{-3} & -1\times10^{-3}\end{bmatrix}_{3\times3}$$

$$\boldsymbol{B}_1=\begin{bmatrix}0\\1\times10^{-3}\\0\end{bmatrix}_{3\times1},\quad \boldsymbol{B}_2=\begin{bmatrix}\dfrac{K_{ty}/H}{R_m+R_s}\\0\\0\end{bmatrix}_{3\times1},\quad \boldsymbol{x}=\begin{bmatrix}x_1\\x_2\\x_3\end{bmatrix}_{3\times1}$$

$$\boldsymbol{C}_1=\begin{bmatrix}-\rho\times10^{-6} & 2\rho\times(1-10^{-6}) & \rho\times(10^6-2+10^{-6})\\0.012\,5-\dfrac{0.005\lambda}{H} & 0 & 0\end{bmatrix}_{2\times3}$$

$$\boldsymbol{C}_2=\begin{bmatrix}-1 & 0 & 0 & 0\end{bmatrix}_{1\times3}$$

$$\boldsymbol{D}_{11}=\begin{bmatrix}\rho\times10^{-6}\\0\end{bmatrix}_{2\times1},\ \boldsymbol{D}_{12}=\begin{bmatrix}0\\\dfrac{0.005K_{ty}/H}{R_m+R_s}\end{bmatrix}_{2\times1},\ \boldsymbol{D}_{21}=1,\ \boldsymbol{D}_{22}=0$$

根据以上分析，求得的一个控制器为

$$C(s)=\frac{1.028\,9\times10^9(50s+1)\left[\dfrac{s}{72.821}+1\right]}{(1\,000s+1)(291.64s+1)\left[\dfrac{s^2+2\times1.338\,8\times10^3s}{(1.338\,8\times10^3)^2+(4.802\,7\times10^2)^2}+1\right]}\tag{5-9}$$

开环传递函数如图 5—2 中实线所示。可以看出，新设计的伺服回路相对原系统在低频段具有较高的增益。

在设计时，在高频段增加了一个对马达驱动交流信号的带阻滤波环节，可以减小系统中噪声。比如，在一次陀螺仪闭合过程的实测结果如图 5—3 所示。

对闭合以后 Y 轴控制器输入、输出信号进行频谱分析，如图 5—4和图 5—5 所示。

可以看出，在控制器的输入端含有 166.7 Hz 的交流信号，经过滤波器后在控制器的输出端对此噪声进行了有效的滤波。

为提高系统的稳态精度，可给系统增加一个积分环节，此时对象不确定性权函数取为

$$W_2(s)=0.012\,5(0.4s+1)(T_1s+1)\tag{5-10}$$

其中 $T_1=1/1\,250$。

根据上述分析，可得增广对象矩阵为

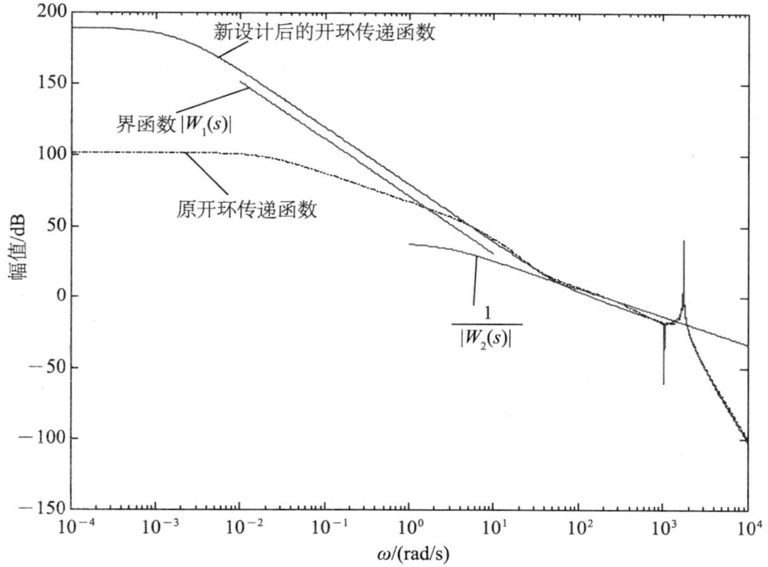

图 5－2　不含积分环节的陀螺仪伺服回路幅值伯德图

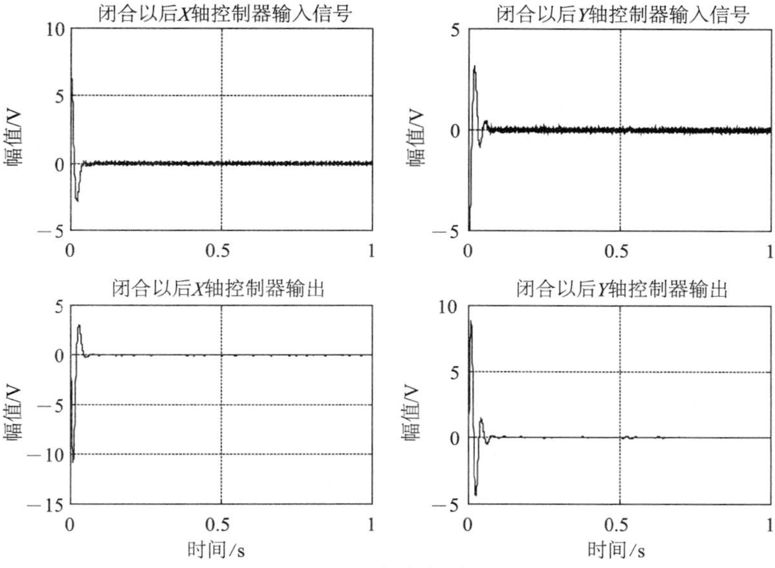

图 5－3　陀螺仪闭合过程

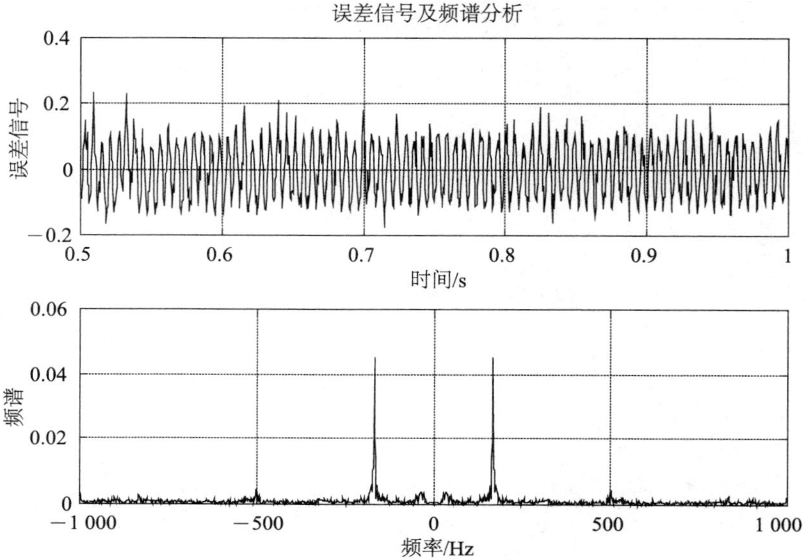

图 5－4　*Y* 轴控制器输入信号频谱分析

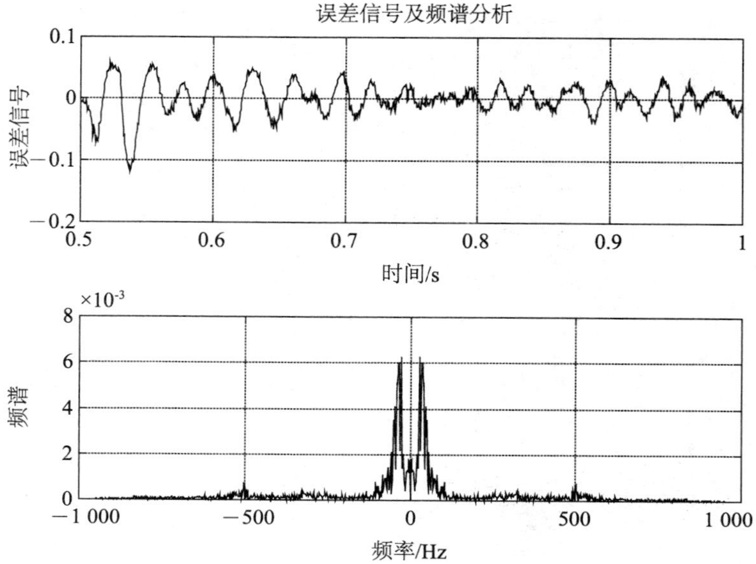

图 5－5　*Y* 轴控制器输出信号频谱分析

$$\boldsymbol{A}=\begin{bmatrix} -\dfrac{\lambda}{H} & 0 & 0 & 0 \\ 1 & 0 & 0 & 0 \\ 0 & -1\times10^{-3} & -1\times10^{-3} & 0 \\ 0 & 0 & 1\times10^{-3} & -1\times10^{-3} \end{bmatrix}_{4\times4},$$

$$\boldsymbol{B}_1=\begin{bmatrix} 0 \\ 0 \\ 1\times10^{-3} \\ 0 \end{bmatrix}_{4\times1},\ \boldsymbol{B}_2=\begin{bmatrix} \dfrac{K_{ty}/H}{R_m+R_s} \\ 0 \\ 0 \\ 0 \end{bmatrix}_{4\times1},$$

$$\boldsymbol{C}_1=\begin{bmatrix} 0 & -\rho\times10^{-6} & 2\rho\times(1-10^{-6}) & \rho\times(10^6-2+10^{-6}) \\ 0.005\left(1-\dfrac{T_1\lambda}{H}\right)+0.012\,5T_1 & 0.012\,5 & 0 & 0 \end{bmatrix}_{2\times4},$$

$$\boldsymbol{C}_2=\begin{bmatrix} 0 & -1 & 0 & 0 \end{bmatrix}_{1\times4},$$

$$\boldsymbol{D}_{11}=\begin{bmatrix} \rho\times10^{-6} \\ 0 \end{bmatrix}_{2\times1},$$

$$\boldsymbol{D}_{12}=\begin{bmatrix} 0 \\ \dfrac{0.005T_1K_{ty}/H}{R_m+R_s} \end{bmatrix}_{2\times1},$$

$\boldsymbol{D}_{21}=1$，$\boldsymbol{D}_{22}=0$。

求得的一个控制器为

$$C(s)=\frac{4.126\times10^6(50.744s+1)\left[\dfrac{s}{71.068}+1\right]}{s(1\,000s+1)\left[\dfrac{s^2+2\times1.338\,8\times10^3s}{(1.338\,8\times10^3)^2+(4.802\,7\times10^2)^2}+1\right]} \tag{5-11}$$

开环传递函数如图 5—6 所示。可以看出，带积分环节的系统可使常值角速度输入时的稳态误差为零。

另外，新设计的两个开环系统与原系统的相位伯德图如图 5—7 所示。可以看出，三者都为无条件稳定系统。

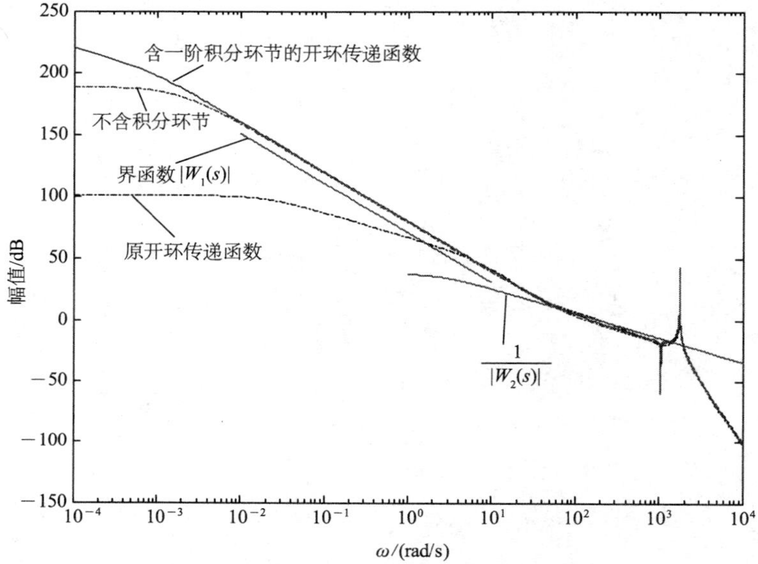

图 5－6 陀螺仪伺服回路幅值伯德图

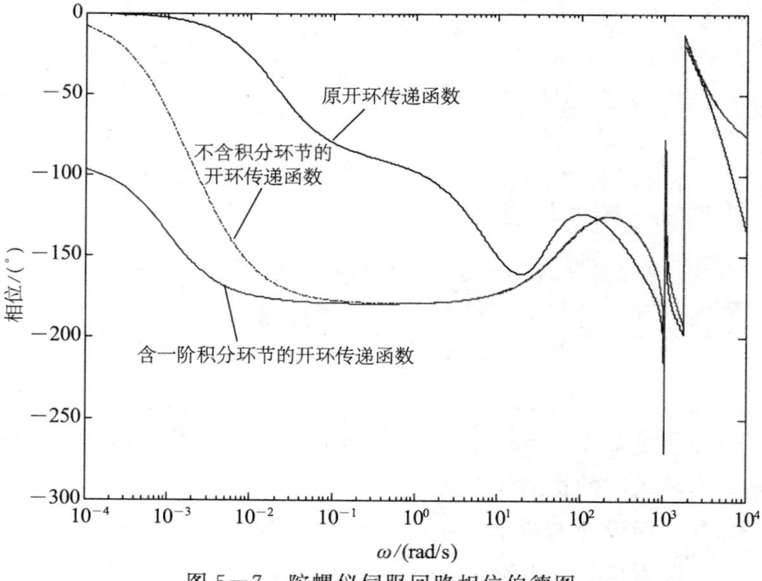

图 5－7 陀螺仪伺服回路相位伯德图

5.1.2　考虑章动环节时的控制器设计

在回路带宽（$\omega_c \leqslant 200$ rad/s）较低时，可不考虑章动因素。但在有些高动态系统中，要求具有较高的精度。此时，章动频率处的伺服回路的幅值超过 0 dB，容易引起噪声增大，甚至系统不稳定。

图 5－8 为改变校正环节参数后的一次通电时陀螺仪闭合过程，从图中可以看出，系统虽然稳定，但噪声幅值达到 0.2 V。

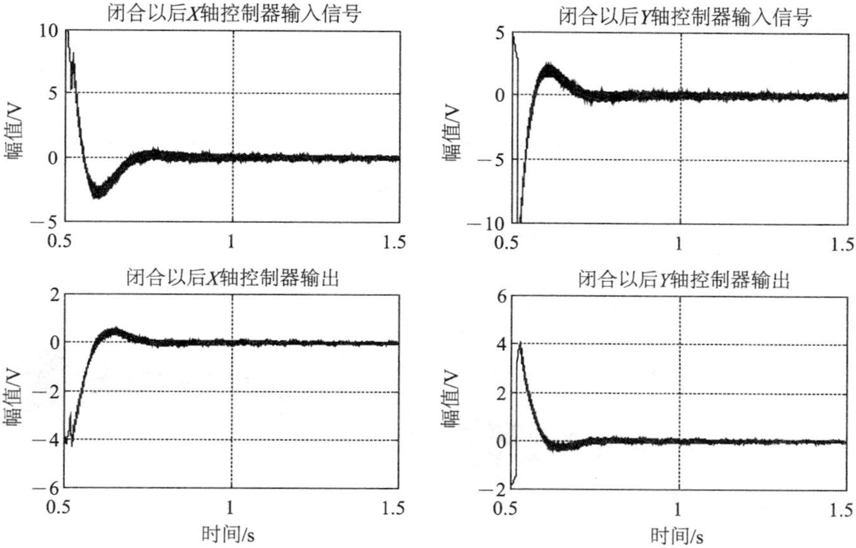

图 5－8　陀螺仪闭合过程实测结果

对闭合以后 Y 轴控制器输入信号进行频谱分析，有图 5－9。可以看出，数据中含有 500 Hz 和 274 Hz 的干扰信号。而在图 5－10 中陀螺仪闭合过程中，章动运动过大时会引起系统不稳定。

对闭合以后 Y 轴控制器输入信号进行频谱分析，有图 5－11。可以看出，噪声信号主要为 274 Hz 的章动频率。

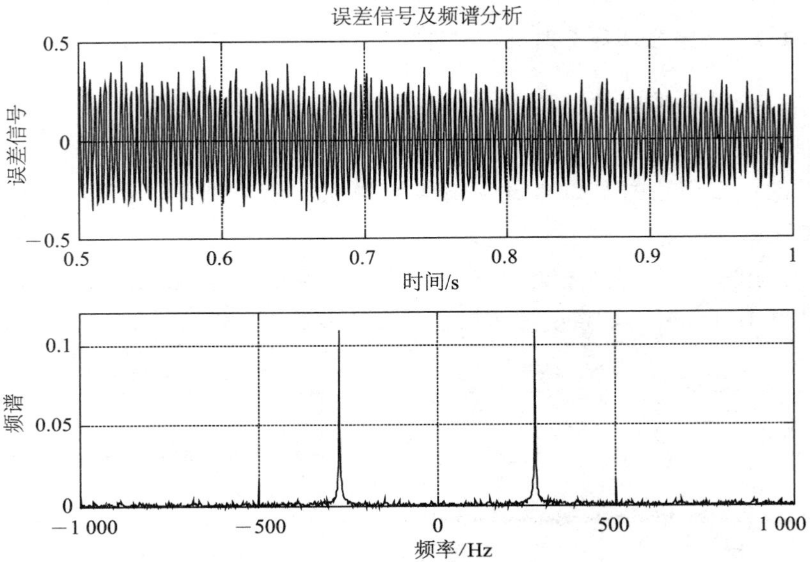

图 5−9　频谱分析结果

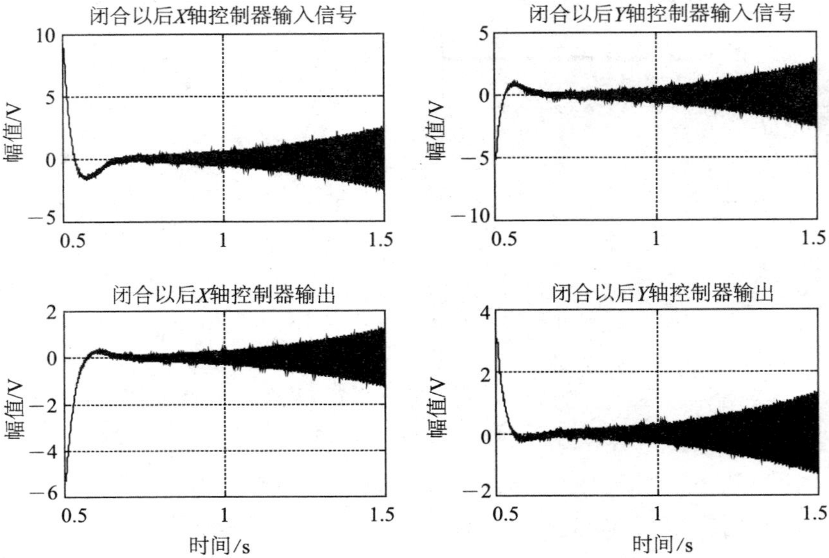

图 5−10　陀螺仪伺服回路闭合实测结果

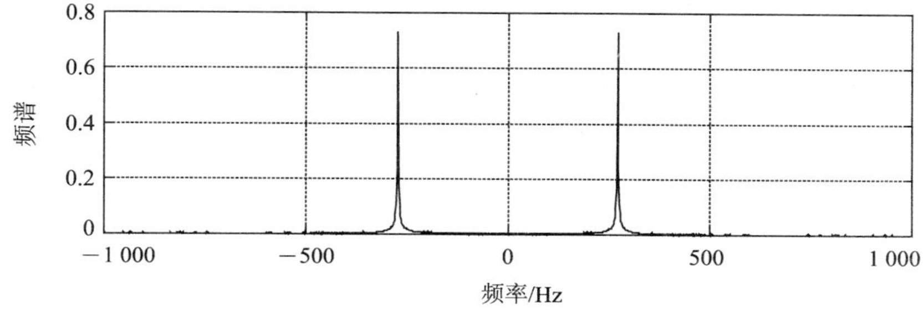

图 5－11　频谱分析结果

因此，为提高系统的稳定性，设计时应考虑章动环节，如图 5－12 所示。图中，R_s 为采样电阻，R_m 为力矩器阻抗。

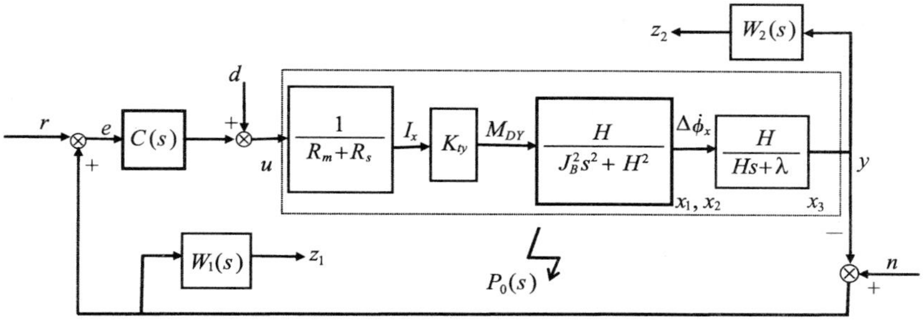

图 5－12　陀螺仪伺服回路方块图

为比较考虑章动环节的不同效果，在用 H_∞ 理论设计控制器时不加积分环节，取性能界函数为

$$W_1(s) = \rho \frac{(1\,000 + s)^2}{(1 + 1\,000s)^2} \tag{5-12}$$

取对象不确定性权函数为

$$W_2(s) = 0.012\,5(T_1 s + 1)(T_2 s + 1)^2 \tag{5-13}$$

其中 $T_1 = 0.4$，$T_2 = 1/1\,250$。根据上述分析，可得增广对象矩阵为

$$
\boldsymbol{A}=\begin{bmatrix} 0 & 1 & 0 & 0 & 0 \\ -\dfrac{H^2}{J_B^2} & 0 & 0 & 0 & 0 \\ 1 & 0 & -\dfrac{\lambda}{H} & 0 & 0 \\ 0 & 0 & -1\times 10^{-3} & -1\times 10^{-3} & 0 \\ 0 & 0 & 0 & 1\times 10^{-3} & -1\times 10^{-3} \end{bmatrix}_{5\times 5}
$$

$$
\boldsymbol{B}_1=\begin{bmatrix} 0 \\ 0 \\ 0 \\ 1\times 10^{-3} \\ 0 \end{bmatrix}_{5\times 1}
$$

$$
\boldsymbol{B}_2=\begin{bmatrix} 0 \\ \dfrac{K_{ty}H}{J_B^2(R_m+R_s)} \\ 0 \\ 0 \\ 0 \end{bmatrix}_{5\times 1}
$$

$$
\boldsymbol{C}_1=\begin{bmatrix} 0 & 0 & -\rho\times 10^{-6} & 2\rho\times(1-10^{-6}) & \rho\times(10^6-2+10^{-6}) \\ c_{11} & c_{12} & c_{13} & 0 & 0 \end{bmatrix}_{2\times 5}
$$

$$
c_{11}=0.012\,5\left(T_1+2T_2-\frac{T_1T_2^2H^2}{J_B^2}-T_1\times 2T_2\frac{\lambda}{H}-T_2^2\frac{\lambda}{H}+T_1T_2^2\frac{\lambda^2}{H^2}\right)
$$

$$
c_{12}=0.012\,5\left(T_1\times 2T_2+T_2^2-T_1T_2^2\frac{\lambda}{H}\right)
$$

$$
c_{13}=0.012\,5\left(1-T_1\frac{\lambda}{H}-2T_2\frac{\lambda}{H}+T_1\times 2T_2\frac{\lambda^2}{H^2}+T_2^2\frac{\lambda^2}{H^2}-\frac{T_1T_2^2\lambda^3}{H^3}\right)
$$

$$
\boldsymbol{C}_2=\begin{bmatrix} 0 & 0 & -1 & 0 & 0 \end{bmatrix}_{1\times 5}
$$

$$
\boldsymbol{D}_{11}=\begin{bmatrix} \rho\times 10^{-6} \\ 0 \end{bmatrix}_{2\times 1}
$$

$$\boldsymbol{D}_{12}=\begin{bmatrix}0\\ \dfrac{0.0125T_1T_2^2K_{ty}H}{J_B^2(R_m+R_s)}\end{bmatrix}_{2\times 1},$$

$\boldsymbol{D}_{21}=1$，$\boldsymbol{D}_{22}=0$

求得的一个控制器为

$$C(s)=\frac{2.002\times 10^9(50.0s+1)\left(\dfrac{s}{68.38}+1\right)\left(s^2+\dfrac{H^2}{J_B^2}\right)}{(1\,473.8s+1)(375.80s+1)\left(\dfrac{s^2+2\times 1.338\,8\times 10^3 s}{(1.338\,8\times 10^3)^2+(4.802\,7\times 10^2)^2}+1\right)}\tag{5-14}$$

开环传递函数如图 5－13 和图 5－14 所示。图中，实线为考虑章动环节时的开环传递函数，而虚线为未考虑章动环节时的开环传递函数。可以看出，在设计时把章动环节引入到增广对象中，所设计的控制器可使章动频率处的幅值小于 0 dB，有利于噪声的减小和系统带宽的提高。

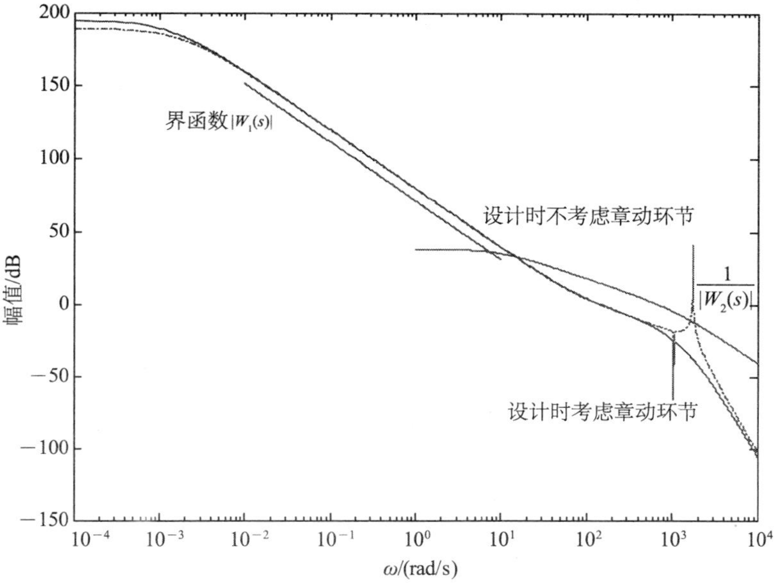

图 5－13　陀螺仪伺服回路幅值伯德图

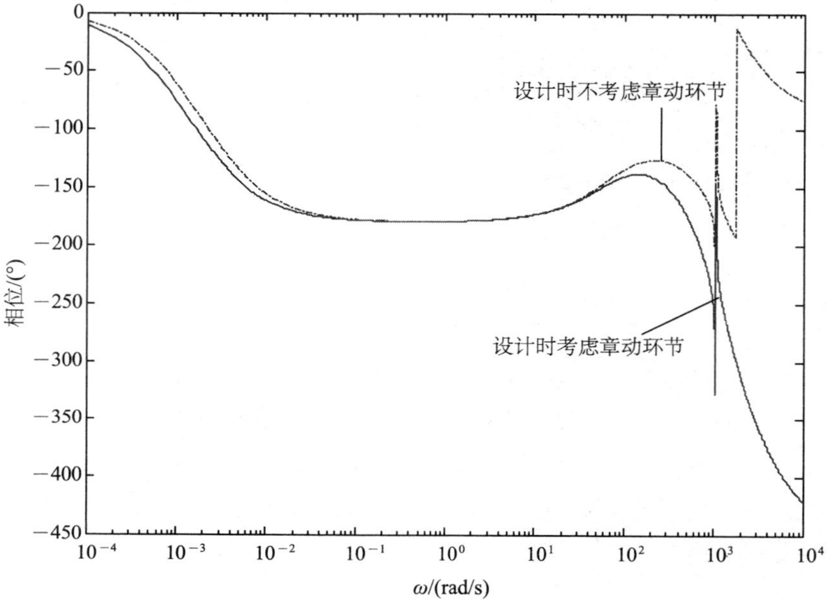

图 5—14　陀螺仪伺服回路相位伯德图

5.1.3　提高系统带宽的制约环节

为提高系统带宽，在式（5—13）中，取 $T_1=0.1$，$T_2=1/1\,250$，则可求得一个控制器式（5—15），使系统具有相对高的带宽 $\omega_c=400$ rad/s，如图 5—15 和 5—16 所示。

$$C(s)=\frac{1.446\times10^{10}(50.0s+1)\left(\frac{s}{174.822}+1\right)\left(s^2+\frac{H^2}{J_B^2}\right)}{(1\,027.4s+1)(562.786s+1)\left(\frac{s^2+2\times1.338\,8\times10^3 s}{(1.338\,8\times10^3)^2+(4.802\,7\times10^2)^2}+1\right)} \tag{5—15}$$

可以看出，由于电路中包含对马达驱动频率的带阻滤波，使系统带宽增加的同时，相位裕度减小。因此，在系统需要较高带宽的同时，除模型中考虑章动环节外，还需要提高马达的驱动频率。

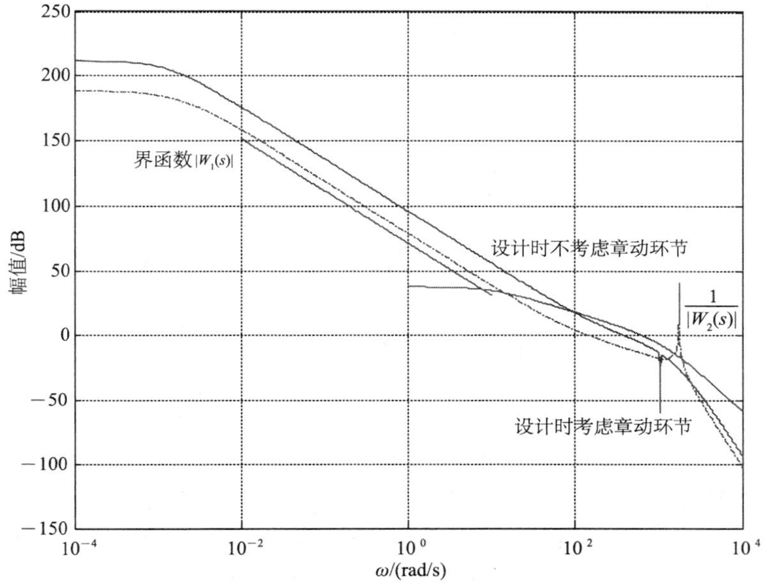

图 5—15　陀螺仪伺服回路幅值伯德图

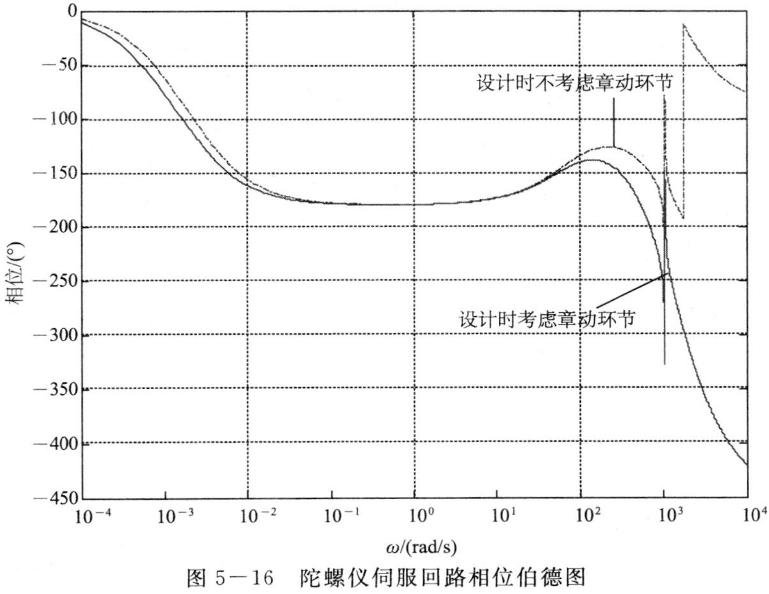

图 5—16　陀螺仪伺服回路相位伯德图

5.2　动调陀螺仪伺服回路 MIMO 控制器设计

动调陀螺仪伺服系统是一个多变量耦合系统，虽然在低频段可以忽略耦合的影响，但在中频段的影响相对较大。本节利用 H∞ 控制理论对陀螺仪伺服回路进行多变量控制器的设计，以提高系统的动态性能。

5.2.1　多变量控制系统的解耦技术

从图 3－11 可以看出，动调陀螺仪是一个两自由度的多变量系统，下面介绍一种基于解耦技术的多变量控制器设计方法。原理是使开环传递函数矩阵化成对角矩阵，并使闭环反馈回路也是对角矩阵，以消除输出值间的交连影响，从而使每一输出值只和一个输入值相对应，而彼此间消除了相互影响。

由于被控对象为

$$\boldsymbol{P}_0(s)=\begin{bmatrix}\dfrac{J_BH^2s^2}{(Hs+\lambda)^2(J_B^2s^2+H^2)} & -\dfrac{H^2}{(Hs+\lambda)(J_B^2s^2+H^2)}\\ \dfrac{H^2}{(Hs+\lambda)(J_B^2s^2+H^2)} & \dfrac{J_BH^2s^2}{(Hs+\lambda)^2(J_B^2s^2+H^2)}\end{bmatrix}\begin{bmatrix}K_{tx} & 0\\ 0 & K_{ty}\end{bmatrix}$$

$$=\begin{bmatrix}\dfrac{K_{tx}J_BH^2s^2}{(Hs+\lambda)^2(J_B^2s^2+H^2)} & -\dfrac{K_{ty}H^2}{(Hs+\lambda)(J_B^2s^2+H^2)}\\ \dfrac{K_{tx}H^2}{(Hs+\lambda)(J_B^2s^2+H^2)} & \dfrac{K_{ty}J_BH^2s^2}{(Hs+\lambda)^2(J_B^2s^2+H^2)}\end{bmatrix}\tag{5－16}$$

其逆矩阵为

$$\boldsymbol{D}(s)=\begin{bmatrix}D_{11}(s) & D_{12}(s)\\ D_{21}(s) & D_{22}(s)\end{bmatrix}=\begin{bmatrix}\dfrac{J_Bs^2}{K_{tx}} & \dfrac{Hs+\lambda}{K_{tx}}\\ -\dfrac{Hs+\lambda}{K_{ty}} & \dfrac{J_Bs^2}{K_{ty}}\end{bmatrix}\tag{5－17}$$

上式实现陀螺仪伺服回路的解耦，因此在控制器的设计时，对两个回路可进行独立的设计。

设两个回路在解耦后预设计的控制器为

$$C'(s)=\begin{bmatrix} C'_1(s) & 0 \\ 0 & C'_2(s) \end{bmatrix} \tag{5-18}$$

则整个控制器为

$$\begin{aligned} \boldsymbol{C}(s) &= \begin{bmatrix} C_{11}(s) & C_{12}(s) \\ C_{21}(s) & C_{22}(s) \end{bmatrix} \\ &= \begin{bmatrix} D_{11}(s) & D_{12}(s) \\ D_{21}(s) & D_{22}(s) \end{bmatrix} C'(s) \\ &= \begin{bmatrix} \dfrac{J_B s^2}{K_{tx}} C'_1(s) & \dfrac{Hs+\lambda}{K_{tx}} C'_2(s) \\ -\dfrac{Hs+\lambda}{K_{ty}} C'_1(s) & \dfrac{J_B s^2}{K_{ty}} C'_2(s) \end{bmatrix} \end{aligned} \tag{5-19}$$

陀螺仪伺服系统的方块图如图 5—17 所示。

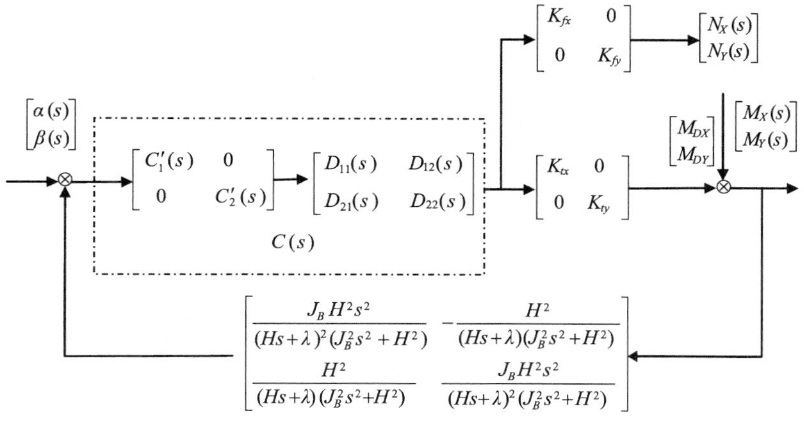

图 5—17　动调陀螺仪伺服回路方框图

5.2.2　多变量系统的 H∞ 设计

H∞ 控制理论对多变量系统也具有解耦能力，为分析方便，动调陀螺仪伺服系统的方块图如图 5—18 所示。

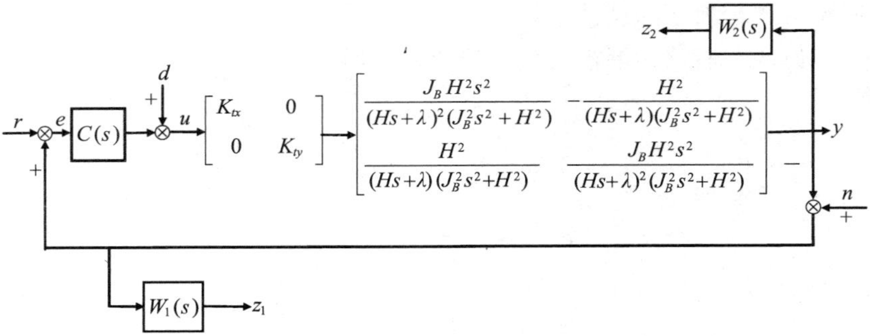

图 5—18　平台稳定回路方块图

其中，性能界函数为

$$\boldsymbol{W}_1(s)=\begin{bmatrix}\rho_x\dfrac{(1\,000+s)^2}{(1+1\,000s)^2} & 0\\ 0 & \rho_y\dfrac{(1\,000+s)^2}{(1+1\,000s)^2}\end{bmatrix} \tag{5-20}$$

对象不确定性权函数为

$$\boldsymbol{W}_2(s)=\begin{bmatrix}0.012\,5(T_{1x}s+1)(T_{2x}s+1) & 0\\ 0 & 0.012\,5(T_{1y}s+1)(T_{2y}s+1)\end{bmatrix} \tag{5-21}$$

设　$\boldsymbol{z}_1=\begin{bmatrix}z_{1x}\\ z_{1y}\end{bmatrix}=W_1S$，　　$\boldsymbol{z}_2=\begin{bmatrix}z_{2x}\\ z_{2y}\end{bmatrix}=\boldsymbol{W}_2\boldsymbol{T}=\boldsymbol{W}_2(\boldsymbol{I}-\boldsymbol{S})$

$\boldsymbol{r}=\begin{bmatrix}r_x\\ r_y\end{bmatrix}$为给定信号；$\boldsymbol{d}=\begin{bmatrix}d_x\\ d_y\end{bmatrix}$为干扰信号；$\boldsymbol{n}=\begin{bmatrix}n_x\\ n_y\end{bmatrix}$为量测噪声。

记 $\boldsymbol{x}_{12\times1}$ 为 P 的状态矢量，则有

$$\dot{\boldsymbol{x}}=\boldsymbol{A}\boldsymbol{x}+\boldsymbol{B}_1\boldsymbol{n}+\boldsymbol{B}_2\boldsymbol{u} \tag{5-22}$$

$$\begin{bmatrix}\boldsymbol{z}\\ \boldsymbol{e}\end{bmatrix}=\begin{bmatrix}\boldsymbol{C}_1\\ \boldsymbol{C}_2\end{bmatrix}x+\begin{bmatrix}\boldsymbol{D}_{11} & \boldsymbol{D}_{12}\\ \boldsymbol{D}_{21} & \boldsymbol{D}_{22}\end{bmatrix}\begin{bmatrix}\boldsymbol{n}\\ \boldsymbol{u}\end{bmatrix}+\begin{bmatrix}0\\ \boldsymbol{I}\end{bmatrix}\boldsymbol{r} \tag{5-23}$$

其中

$$\boldsymbol{A}=\begin{bmatrix} A_{x1} & A_{x2} \\ A_{y1} & A_{y2} \end{bmatrix}_{12\times 12},\quad \boldsymbol{B}_1=\begin{bmatrix} O_{6\times 1} & O_{6\times 1} \\ B_{11y} & B_{12y} \end{bmatrix}_{12\times 2}$$

$$\boldsymbol{B}_2=\begin{bmatrix} B_{2x} \\ B_{2y} \end{bmatrix}_{12\times 2}$$

$$\boldsymbol{C}_1=\begin{bmatrix} C'_{11} & C'_{12} \\ C''_{11} & C''_{12} \end{bmatrix}_{4\times 12}$$

$$\boldsymbol{C}_2=\begin{bmatrix} C'_{21} & C'_{22} \\ C''_{21} & C''_{22} \end{bmatrix}_{2\times 12}$$

$$\boldsymbol{D}_{11}=\begin{bmatrix} \rho_x\times 10^{-6} & 0 \\ 0 & \rho_y\times 10^{-6} \\ 0 & 0 \\ 0 & 0 \end{bmatrix}_{4\times 2}$$

$$\boldsymbol{D}_{12}=\begin{bmatrix} 0 & 0 \\ 0 & 0 \\ \dfrac{0.012\,5T_{1x}T_{2x}K_{tx}}{J_B} & 0 \\ 0 & \dfrac{0.012\,5T_{1y}T_{2y}K_{ty}}{J_B} \end{bmatrix}_{4\times 2}$$

$$\boldsymbol{D}_{21}=\begin{bmatrix} 1 & 0 \\ 0 & 1 \end{bmatrix}_{2\times 2},\quad \boldsymbol{D}_{22}=\begin{bmatrix} 0 & 0 \\ 0 & 0 \end{bmatrix}_{2\times 2}$$

$$\boldsymbol{A}_{x1}=\begin{bmatrix} 0 & 1 & 0 & 0 & 0 & 0 \\ -\dfrac{H^2}{J_B^2} & 0 & 0 & 0 & 0 & 0 \\ \dfrac{1}{H} & 0 & -\dfrac{\lambda}{H} & 0 & 0 & 0 \\ 0 & 0 & \dfrac{1}{H} & -\dfrac{\lambda}{H} & 0 & 0 \\ 0 & 0 & 0 & 0 & 0 & 1 \\ 0 & 0 & 0 & 0 & -\dfrac{H^2}{J_B^2} & 0 \end{bmatrix}_{6\times 6}$$

$$\boldsymbol{A}_{x2}=O_{6\times 6}$$

$$\boldsymbol{A}_{y1}=\begin{bmatrix} 0 & 0 & 0 & 0 & \dfrac{1}{H} & 0 \\ 0 & 0 & 0 & 0 & 0 & 0 \\ -10^{-3}K_{tx}J_B & 0 & 2\times 10^{-3}K_{tx}J_B\lambda & -10^{-3}K_{tx}J_B\lambda^2 & 0 & 0 \\ 0 & 0 & 0 & 0 & 0 & 0 \\ 0 & 0 & -10^{-3}K_{tx}H^2 & 0 & -10^{-3}K_{ty}J_B & 0 \\ 0 & 0 & 0 & 0 & 0 & 0 \end{bmatrix}_{6\times 6}$$

$$\boldsymbol{A}_{y2}=\begin{bmatrix} -\dfrac{\lambda}{H} & 0 & 0 & 0 & 0 & 0 \\ \dfrac{1}{H} & -\dfrac{\lambda}{H} & 0 & 0 & 0 & 0 \\ 10^{-3}K_{ty}H^2 & 0 & -10^{-3} & 0 & 0 & 0 \\ 0 & 0 & 10^{-3} & -10^{-3} & 0 & 0 \\ 2\times 10^{-3}K_{ty}J_B\lambda & -10^{-3}K_{ty}J_B\lambda^2 & 0 & 0 & -10^{-3} & 0 \\ 0 & 0 & 0 & 0 & 10^{-3} & -10^{-3} \end{bmatrix}_{6\times 6}$$

$$\boldsymbol{B}_{11y}=\begin{bmatrix} 0 \\ 0 \\ 10^{-3} \\ 0 \\ 0 \\ 0 \end{bmatrix}_{6\times 1},\ \boldsymbol{B}_{12y}=\begin{bmatrix} 0 \\ 0 \\ 0 \\ 0 \\ 10^{-3} \\ 0 \end{bmatrix}_{6\times 1}$$

$$\boldsymbol{B}_{2x}=\begin{bmatrix} 0 & 0 \\ \dfrac{1}{J_B^2} & 0 \\ 0 & 0 \\ 0 & 0 \\ 0 & 0 \\ 0 & \dfrac{1}{J_B^2} \end{bmatrix}_{6\times 2},\ \boldsymbol{B}_{2y}=\begin{bmatrix} 0 & 0 \\ 0 & 0 \\ 0 & 0 \\ 0 & 0 \\ 0 & 0 \\ 0 & 0 \end{bmatrix}_{6\times 2}$$

$$\boldsymbol{C}'_{11}=\begin{bmatrix} -\rho_x\times 10^{-6}K_{tx}J_B & 0 & 2\rho_x\times 10^{-6}K_{tx}J_B\lambda & -\rho_x\times 10^{-6}K_{tx}J_B\lambda^2 & 0 & 0 \\ 0 & 0 & -\rho_y\times 10^{-6}K_{tx}H^2 & 0 & -\rho_y\times 10^{-6}K_{ty}J_B & 0 \end{bmatrix}_{2\times 6}$$

$$\boldsymbol{C}'_{12}=\begin{bmatrix}\rho_x\times10^{-6}K_{ty}H^2 & 0 & 2\rho_x(1-10^{-6}) & \rho_x(10^6-2+10^{-6}) & 0 & 0\\ 2\rho_y\times10^{-6}K_{ty}J_B\lambda & -\rho_y\times10^{-6}K_{ty}J_B\lambda^2 & 0 & 0 & 2\rho_y(1-10^{-6}) & \rho_y(10^6-2+10^{-6})\end{bmatrix}_{2\times6}$$

$$\boldsymbol{C}''_{11}=\begin{bmatrix}c_{11x1} & c_{12x1} & c_{13x1} & c_{14x1} & c_{15x1} & c_{16x1}\\ c_{11y1} & c_{12y1} & c_{13y1} & 0 & c_{15y1} & c_{16y1}\end{bmatrix}_{2\times6}$$

$$c_{11x1}=0.012\,5K_{tx}\left[J_B-(T_{1x}+T_{2x})\frac{2J_B\lambda}{H}+T_{1x}T_{2x}\left(\frac{3J_B\lambda^2}{H^2}-\frac{H^2}{J_B}\right)\right]$$

$$c_{12x1}=0.012\,5K_{tx}J_B\left[(T_{1x}+T_{2x})-T_{1x}T_{2x}\frac{2\lambda}{H}\right]$$

$$c_{13x1}=0.012\,5K_{tx}J_B\left[-2\lambda+(T_{1x}+T_{2x})\frac{3\lambda^2}{H}-T_{1x}T_{2x}\frac{4\lambda^3}{H^2}\right]$$

$$c_{14x1}=0.012\,5K_{tx}J_B\left[\lambda^2-(T_{1x}+T_{2x})\frac{\lambda^3}{H}+T_{1x}T_{2x}\frac{\lambda^4}{H^2}\right]$$

$$c_{15x1}=0.012\,5K_{ty}[-(T_{1x}+T_{2x})H+T_{1x}T_{2x}\lambda]$$

$$c_{16x1}=-0.012\,5K_{ty}T_{1x}T_{2x}H$$

$$c_{11y1}=0.012\,5K_{tx}[(T_{1y}+T_{2y})H-T_{1y}T_{2y}\lambda]$$

$$c_{12y1}=0.012\,5K_{tx}T_{1y}T_{2y}H$$

$$c_{13y1}=0.012\,5K_{tx}[H^2-(T_{1y}+T_{2y})H\lambda+T_{1y}T_{2y}\lambda^2]$$

$$c_{15y1}=0.012\,5K_{ty}\left[J_B-(T_{1y}+T_{2y})\frac{2J_B\lambda}{H}+T_{1y}T_{2y}\left(\frac{3J_B\lambda^2}{H^2}-\frac{H^2}{J_B}\right)\right]$$

$$c_{16y1}=0.012\,5K_{ty}J_B\left[(T_{1y}+T_{2y})-T_{1y}T_{2y}\frac{2\lambda}{H}\right]$$

$$\boldsymbol{C}''_{12}=\begin{bmatrix}c_{11x2} & 0 & 0 & 0 & 0 & 0\\ c_{11y2} & c_{12y2} & 0 & 0 & 0 & 0\end{bmatrix}_{2\times6}$$

$$c_{11x2}=0.012\,5K_{ty}[-H^2+(T_{1x}+T_{2x})H\lambda-T_{1x}T_{2x}\lambda^2]$$

$$c_{11y2}=0.012\,5K_{ty}J_B\left[-2\lambda+(T_{1y}+T_{2y})\frac{3\lambda^2}{H}-T_{1y}T_{2y}\frac{4\lambda^3}{H^2}\right]$$

$$c_{12y2}=0.012\,5K_{ty}J_B\left[\lambda^2-(T_{1y}+T_{2y})\frac{\lambda^3}{H}+T_{1y}T_{2y}\frac{\lambda^4}{H^2}\right]$$

$$\boldsymbol{C}'_{21}=[-K_{tx}J_B\quad 0\quad 2K_{tx}J_B\lambda\quad -K_{tx}J_B\lambda^2\quad 0\quad 0]_{1\times6}$$

$$\boldsymbol{C}'_{22}=[K_{ty}H^2\quad 0\quad 0\quad 0\quad 0\quad 0]_{1\times6}$$

$$\boldsymbol{C}''_{21}=[0\quad 0\quad -K_{tx}H^2\quad 0\quad -K_{ty}J_B\quad 0]_{1\times6}$$

$$\boldsymbol{C}''_{22}=[2K_{ty}J_B\lambda\quad -K_{ty}J_B\lambda^2\quad 0\quad 0\quad 0\quad 0]_{1\times6}$$

其中 $T_{1x}=T_{1y}=0.4$，$T_{2x}=T_{2y}=1/1\,250$，$K_{tx}=K_{ty}=K_t$。

根据上述分析，利用 H∞ 控制理论，求得的控制器为

$$
\boldsymbol{C}(s)=\begin{bmatrix} C_{11}(s) & C_{12}(s) \\ C_{21}(s) & C_{22}(s) \end{bmatrix}
=\begin{bmatrix} \dfrac{k_c J_B/K_t\left(\dfrac{s}{T_{c1}}+1\right)}{\dfrac{s}{T_{c2}}+1} & \dfrac{k_c/K_t\left(\dfrac{s}{T_{c1}}+1\right)(Hs+\lambda)}{s^2\left(\dfrac{s}{T_{c2}}+1\right)} \\ -\dfrac{k_c/K_t\left(\dfrac{s}{T_{c1}}+1\right)(Hs+\lambda)}{s^2\left(\dfrac{s}{T_{c2}}+1\right)} & \dfrac{k_c J_B/K_t\left(\dfrac{s}{T_{c1}}+1\right)}{\dfrac{s}{T_{c2}}+1} \end{bmatrix} \tag{5-24}
$$

其中，$T_{c1}=69.5$，$T_{c2}=1\,406.3$，$k_c=1.024\times10^4$。

对上式进行分解，可以得到

$$
\begin{aligned}
\boldsymbol{C}(s)&=\begin{bmatrix} C_{11}(s) & C_{12}(s) \\ C_{21}(s) & C_{22}(s) \end{bmatrix} \\
&=\begin{bmatrix} D_{11}(s) & D_{12}(s) \\ D_{21}(s) & D_{22}(s) \end{bmatrix}\boldsymbol{C}'(s) \\
&=\begin{bmatrix} \dfrac{J_B s^2}{K_{tx}} & \dfrac{Hs+\lambda}{K_{tx}} \\ -\dfrac{Hs+\lambda}{K_{ty}} & \dfrac{J_B s^2}{K_{ty}} \end{bmatrix}
\begin{bmatrix} \dfrac{k_c\left(\dfrac{s}{T_{c1}}+1\right)}{s^2\left(\dfrac{s}{T_{c2}}+1\right)} & 0 \\ 0 & \dfrac{k_c\left(\dfrac{s}{T_{c1}}+1\right)}{s^2\left(\dfrac{s}{T_{c2}}+1\right)} \end{bmatrix}
\end{aligned} \tag{5-25}
$$

比较式（5－19）和式（5－25），可以看出，二者具有相同的结构形式，这说明 H∞ 控制理论对多变量系统具有解耦能力。

控制器方块图结构如图 5－19 所示。

此时，系统的开环传递函数为

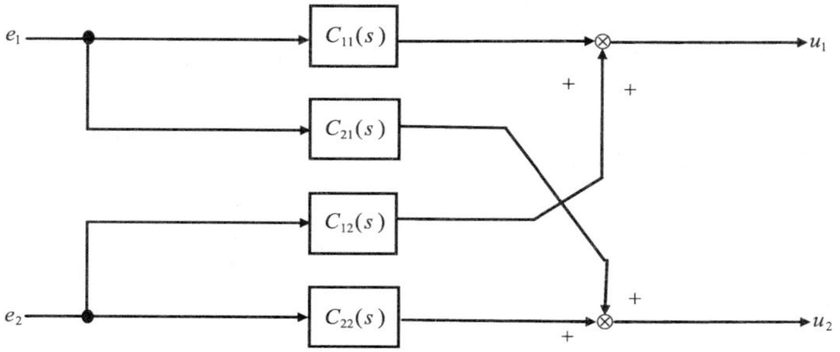

图 5－19　控制器方块图

$$
\boldsymbol{N}(s)=\begin{bmatrix} N_1(s) & N_2(s) \\ -N_2(s) & N_1(s) \end{bmatrix}=\begin{bmatrix} \dfrac{k_c\left(\dfrac{s}{T_{c1}}+1\right)}{s^2\left(\dfrac{s}{T_{c2}}+1\right)} & 0 \\ 0 & \dfrac{k_c\left(\dfrac{s}{T_{c1}}+1\right)}{s^2\left(\dfrac{s}{T_{c2}}+1\right)} \end{bmatrix} \tag{5-26}
$$

可以看出，N_2（s）＝0，N_1（s）的幅值和相位伯德图如图 5－20 所示。系统的相位裕度为 47.5°（ω_c＝156 rad/s），幅值裕度为 16.9 dB

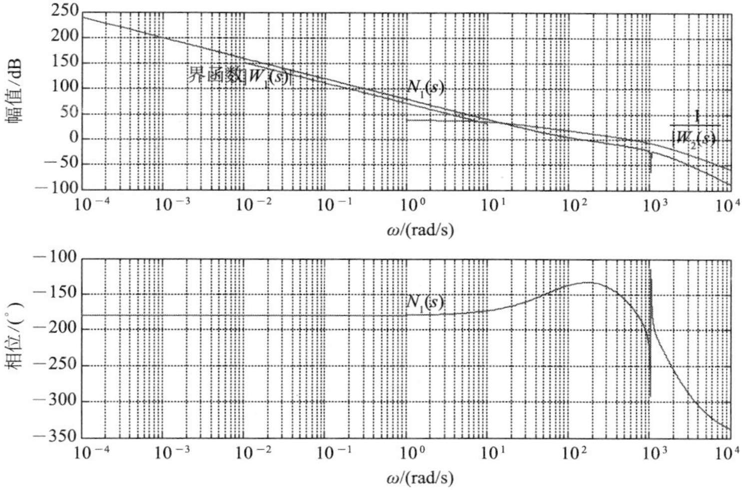

图 5－20　陀螺仪伺服回路 $N_1(s)$ 幅值伯德图

($\omega_m = 738$ rad/s)。

对控制器进行离散化后的实测结果如图 5－21 所示。

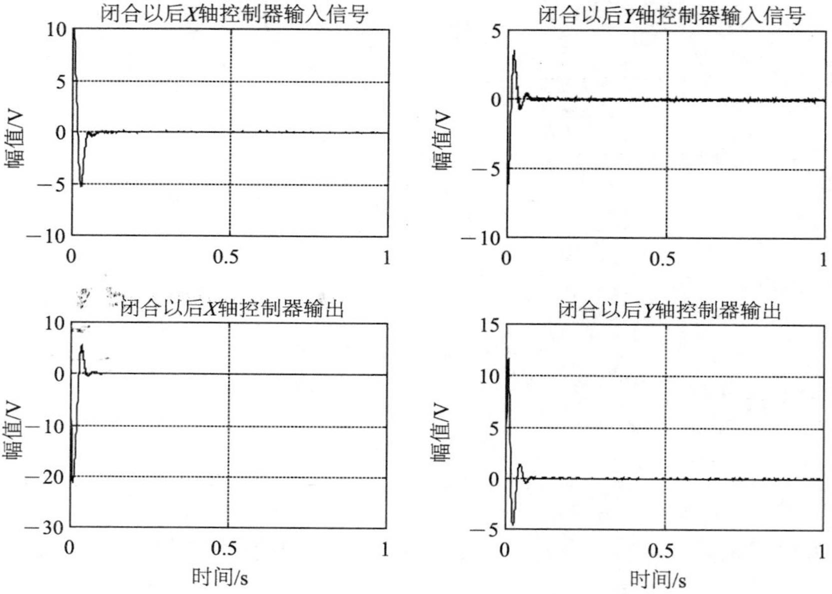

图 5－21　控制器离散化后回路闭合时的实测结果

对闭合以后 Y 轴控制器输入、输出信号进行频谱分析，有图 5－22和图 5－23。可以看出，所设计的控制器具有较好的快速性，并且噪声幅值较小。

5.2.3　动调陀螺仪输出系统解耦设计

在图 3－19 中，捷联系统角速度测量值直接取自陀螺仪的输出电流值 I_x，I_y，利用 I/F 电路转换为频率信号，其比例系数分别为 K_{fx}，K_{fy}。由于电流与角速度之间的关系为

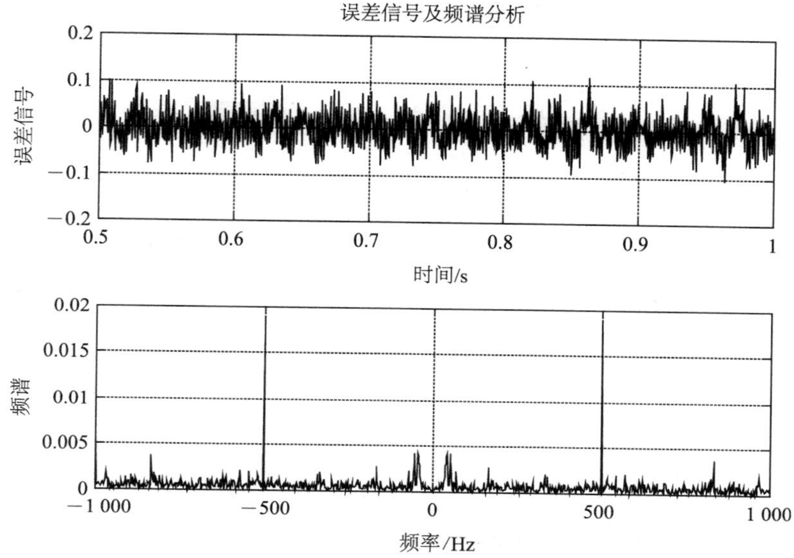

图 5—22　控制器输入的频谱分析结果

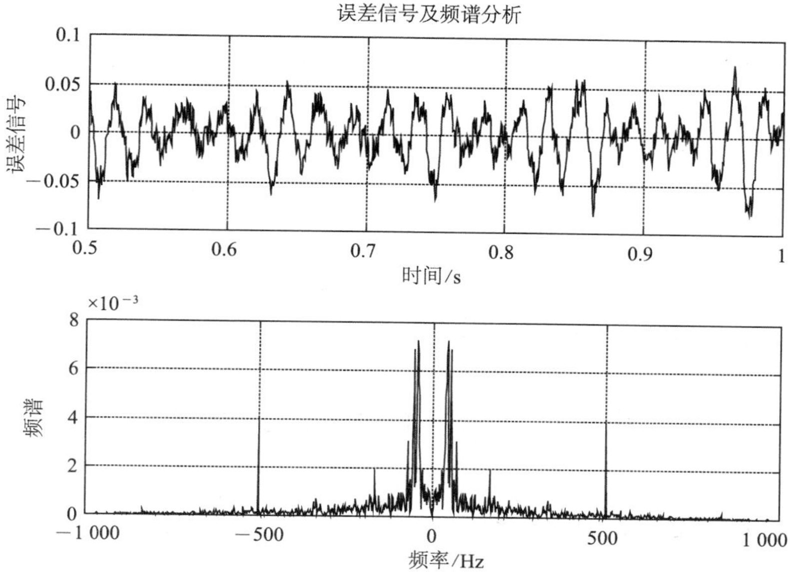

图 5—23　控制器输出的频谱分析结果

$$
\begin{bmatrix} I_x \\ I_y \end{bmatrix} = - \begin{bmatrix} \dfrac{K_{tx} J_B H^2 s^2}{(Hs+\lambda)^2 (J_B^2 s^2 + H^2)} & -\dfrac{K_{ty} H^2}{(Hs+\lambda)(J_B^2 s^2 + H^2)} \\ \dfrac{K_{tx} H^2}{(Hs+\lambda)(J_B^2 s^2 + H^2)} & \dfrac{K_{ty} J_B H^2 s^2}{(Hs+\lambda)^2 (J_B^2 s^2 + H^2)} \end{bmatrix}^{-1} \times
$$

$$
\begin{bmatrix} -\dfrac{H}{Hs+\lambda} & \dfrac{H^2 (J_B\lambda - H^* \delta) s}{(Hs+\lambda)^2 (J_B^2 s^2 + H^2)} \\ -\dfrac{H^2 (J_B\lambda - H^* \delta) s}{(Hs+\lambda)^2 (J_B^2 s^2 + H^2)} & -\dfrac{H}{Hs+\lambda} \end{bmatrix} \begin{bmatrix} \dot{\phi}_{X_0}(s) \\ \dot{\phi}_{Y_0}(s) \end{bmatrix}
$$

$$
= \begin{bmatrix} \dfrac{J_B s}{K_{tx}} & \dfrac{H}{K_{tx}} \\ -\dfrac{H}{K_{ty}} & \dfrac{J_B s}{K_{ty}} \end{bmatrix} \begin{bmatrix} \dot{\phi}_{X_0}(s) \\ \dot{\phi}_{Y_0}(s) \end{bmatrix} \tag{5-27}
$$

可以看出，输出电流值与角速度之间并不是严格一一对应。测量值除包含相应的角速度外，还包含另一个输出轴的角加速度误差项，为补偿此项误差，可在输出电路中增加解耦环节。

$$
\begin{bmatrix} \dfrac{J_B s}{K_{tx}} & \dfrac{H}{K_{tx}} \\ -\dfrac{H}{K_{ty}} & \dfrac{J_B s}{K_{ty}} \end{bmatrix}^{-1} = \begin{bmatrix} \dfrac{K_{tx} J_B s}{J_B^2 s^2 + H^2} & -\dfrac{K_{ty} H}{J_B^2 s^2 + H^2} \\ \dfrac{K_{tx} H}{J_B^2 s^2 + H^2} & \dfrac{K_{ty} J_B s}{J_B^2 s^2 + H^2} \end{bmatrix} \approx \begin{bmatrix} \dfrac{K_{tx} J_B s}{H^2} & -\dfrac{K_{ty}}{H} \\ \dfrac{K_{tx}}{H} & \dfrac{K_{ty} J_B s}{H^2} \end{bmatrix} \tag{5-28}
$$

即输出方程为

$$
\begin{bmatrix} \omega_x \\ \omega_y \end{bmatrix} = \begin{bmatrix} \dfrac{K_{tx} J_B s}{H^2} & -\dfrac{K_{ty}}{H} \\ \dfrac{K_{tx}}{H} & \dfrac{K_{ty} J_B s}{H^2} \end{bmatrix} \begin{bmatrix} I_x \\ I_y \end{bmatrix} \tag{5-29}
$$

考虑到控制回路解耦与输出解耦的方块图如图 5－24 所示。

5.3　石英加速度计伺服回路 H∞控制设计

5.3.1　石英加速度计伺服原理

根据图 3－21 可以求出开环传递函数为

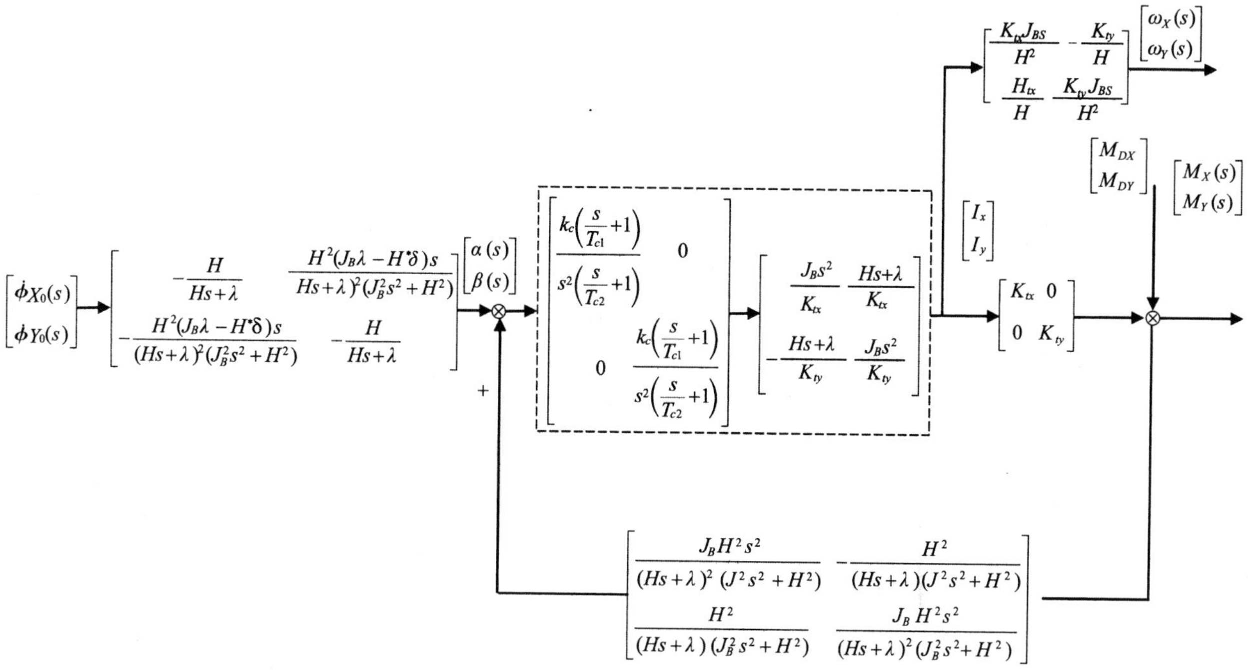

图5－24　动调陀螺仪伺服回路控制解耦及输出解耦时的方框图

$$G(s) = \frac{K_p C(s) K_{tg}}{Js^2 + Ds + K_c} \tag{5-30}$$

系统的输入输出特性为

$$\frac{i(s)}{a_i(s)} = \frac{pK_p C(s)}{Js^2 + Ds + K_p C(s) K_{tg} + K_c} \tag{5-31}$$

式中　J——摆组件绕输出轴的转动惯量；

D——阻尼系数；

K_c——挠性杆的弹性系数；

M_f——输出轴上的干扰力矩。

根据加速度计原理，在力平衡状态下有

$$pa_i = K_{tg} i \tag{5-32}$$

即理论上的电流输出为

$$i = \frac{pa_i}{K_{tg}} \tag{5-33}$$

而实际测量的电流输出

$$i_c = \frac{\frac{G(s)}{K_{tg}}}{1+G(s)} \times pa_i = \frac{G(s)}{1+G(s)} \times \frac{pa_i}{K_{tg}} = \frac{G(s)}{1+G(s)} i \tag{5-34}$$

根据相对误差的定义

$$\frac{i - i_c}{i} = \frac{1}{1+G(s)} \approx \frac{1}{G(s)}, \qquad G(s) \gg 1 \tag{5-35}$$

因此，在系统的带宽范围内，开环传递函数的幅值越大，测量精度越高。

5.3.2　伺服系统性能指标分析

石英加速度计精度指标要求

$$\left| \frac{i - i_c}{i} \right| = \frac{1}{|G(s)|} \leqslant \sigma(s) \tag{5-36}$$

即系统的开环传递函数需满足

$$|G(s)| \geqslant \frac{1}{\sigma(s)} \tag{5-37}$$

根据动态设计要求，在频率 10 Hz 以内的测量精度不低于 0.02％，50 Hz 以内的测量精度不低于 0.5％，100 Hz 以内的测量精度不低于 2.5％。这就意味着系统开环传递对数幅频特性曲线相应频率的增益应分别高于 74 dB，46 dB 和 32 dB。

为满足上述指标，取性能界函数为

$$W_1(s) = \frac{1}{\sigma(s)} = \frac{\rho}{s^2} \approx \rho \frac{(10^6 + s)^2}{(1 + 10^6 s)^2} \tag{5-38}$$

其中，$\rho = k \times 2 \times 10^7$，$k \geqslant 1$。采用此性能界函数可满足增益指标，如图 5－25 所示。可以看出，石英加速度计具有较高的带宽要求。

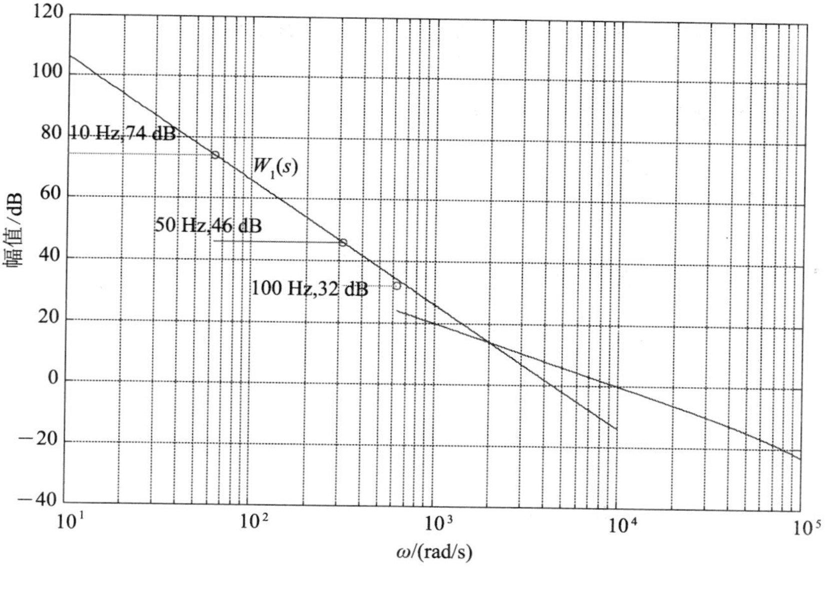

图 5－25　性能界函数伯德图

对象不确定性界函数取为

$$W_2(s) = k_l(T_{11}s + 1)(T_{12}s + 1)^2 \tag{5-39}$$

其中 $k_l=0.01$，$T_{11}=0.01$，$T_{12}=6.3\times10^{-6}$。

5.3.3　包含一阶积分环节的 H∞ 控制设计

石英加速度计伺服回路方块图如图 5－26 所示。

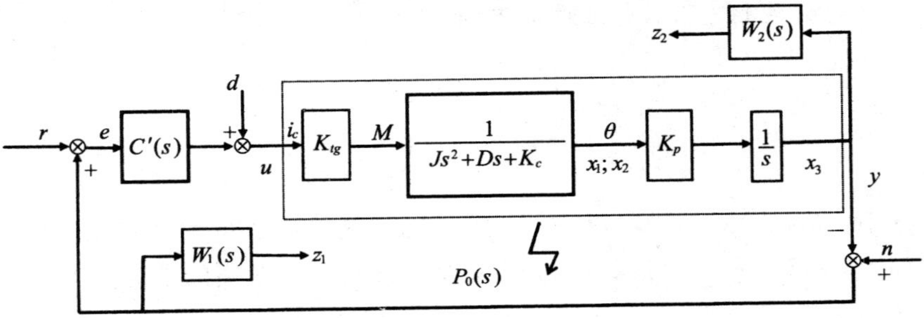

图 5－26　石英加速度计伺服回路方块图

增广对象 P 的系数矩阵为

$$
\boldsymbol{A}=\begin{bmatrix}-\frac{D}{J} & -\frac{K_c}{J} & 0 & 0 & 0\\ 1 & 0 & 0 & 0 & 0\\ 0 & K_p & 0 & 0 & 0\\ 0 & 0 & -10^{-6} & -10^{-6} & 0\\ 0 & 0 & 0 & 10^{-6} & -10^{-6}\end{bmatrix}_{5\times5}
$$

$$
\boldsymbol{B}_1=\begin{bmatrix}0\\0\\0\\10^{-6}\\0\end{bmatrix}_{5\times1},\ \boldsymbol{B}_2=\begin{bmatrix}\frac{K_{tg}}{J}\\0\\0\\0\\0\end{bmatrix}_{5\times5}
$$

$$
\boldsymbol{C}_1=\begin{bmatrix}0 & 0 & -\rho\times10^{-12} & 2\rho\times(1-10^{-12}) & \rho\times(10^{12}-2+10^{-12})\\ k_lK_pT_{12}\left(2T_{11}+T_{12}-\frac{T_{11}T_{12}D}{J}\right) & k_lK_p\left(T_{11}+2T_{12}-\frac{T_{11}T_{12}^2K_c}{J}\right) & k_l & 0 & 0\end{bmatrix}_{2\times5}
$$

$$
\boldsymbol{C}_2=\begin{bmatrix}0 & 0 & -1 & 0 & 0\end{bmatrix}_{1\times5}
$$

$$\boldsymbol{D}_{11}=\begin{bmatrix}\rho\times10^{-12}\\0\end{bmatrix}_{2\times1},\ \boldsymbol{D}_{12}=\begin{bmatrix}0\\\dfrac{k_l T_{11}T_{12}^2K_pK_{tg}}{J}\end{bmatrix}_{2\times1}$$

$$\boldsymbol{D}_{21}=1,\qquad \boldsymbol{D}_{22}=0$$

求得的一个控制器为

$$C(s)=\frac{1}{s}C'(s)=\frac{2.645\,9\times10^6\left(\dfrac{s}{2.890\,1\times10^3}+1\right)\left(\dfrac{s}{1.440\times10^3}+1\right)}{s\left(\dfrac{s^2+2\times1.592\,6\times10^5 s}{(1.592\,6\times10^5)^2+(1.404\,8\times10^4)^2}+1\right)}\tag{5-40}$$

开环传递函数如图 5—27 所示。其中，系统的相位裕度为 67.3°（在 2.8×10^4 rad/s），幅值裕度为 20.7 dB（在 1.58×10^5 rad/s）。

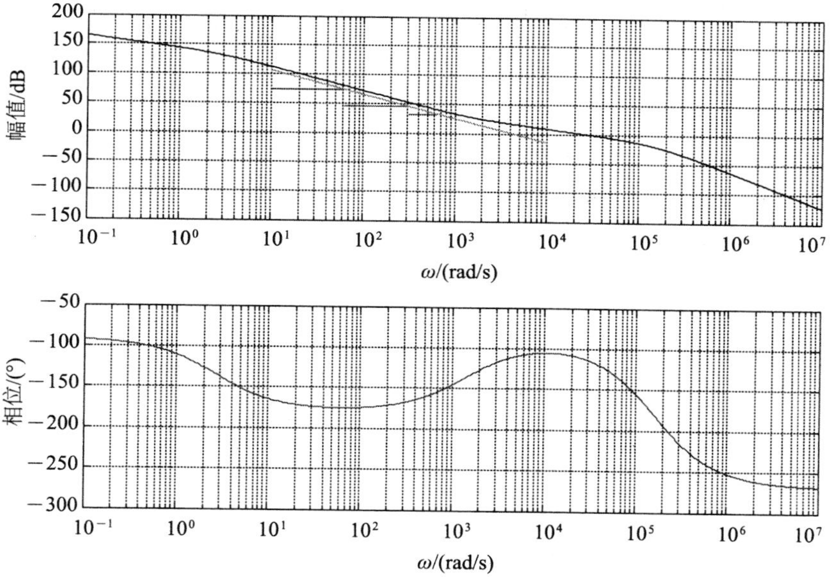

图 5—27　含一阶积分环节的加速度计伺服回路伯德图

从图 5—29 中可以看出，石英加速度计的伺服回路满足动态指标要求。由于伺服回路为 I 型系统，开环传递函数的增益 $k_v=1.530$

$8\times10^{7}(s^{-1})$，因此，静态误差可表示为

$$e(t)=C_0a+C_1\dot{a}+\frac{C_2}{2!}\ddot{a}\approx\frac{1}{k_v}\dot{a} \tag{5-41}$$

5.3.4 包含二阶积分环节的 H∞ 控制设计

从图 5—27 可以看出，石英加速度计的二阶环节中包含一个由于极点为 2.71 rad/s，此极点远小于系统的带宽。因此，在求取包含二阶积分环节的控制器时，石英加速度计伺服回路方块图如图 5—28 所示。

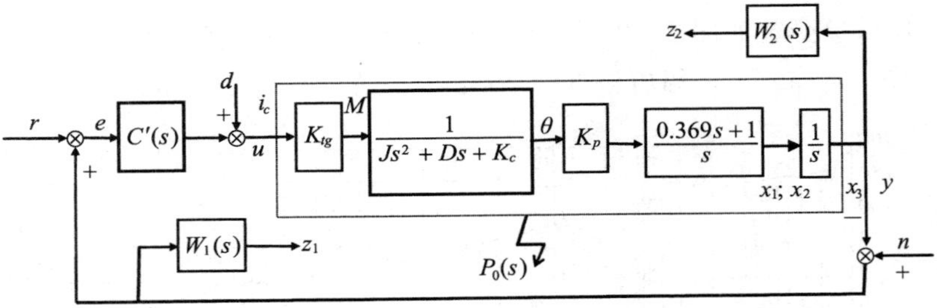

图 5—28　石英加速度计伺服回路含二阶积分环节的方块图

根据上述条件求得的一个控制器为

$$\begin{aligned}C(s)&=\frac{0.369s+1}{s^2}C'(s)\\&=\frac{5.08\times10^{6}\left(\dfrac{s}{2.71}+1\right)\left(\dfrac{s}{2.89\times10^{3}}+1\right)\left(\dfrac{s}{3.25\times10^{3}}+1\right)}{s^2\left[\dfrac{s^2+2\times1.64\times10^{5}s}{(1.64\times10^{5})^2+(3.86\times10^{4})^2}+1\right]}\end{aligned} \tag{5-42}$$

开环传递函数如图 5—29 所示。其中，系统的相位裕度为 64.9°（在 9.53×10^{3} rad/s），幅值裕度为 30.9 dB（在 1.65×10^{5} rad/s）。

从图中可以看出，石英加速度计的伺服回路满足动态指标要求。由于伺服回路为 II 型系统，开环传递函数的增益 $k_a=2.939\times10^{7}(s^{-2})$，因此，静态误差可表示为

$$e(t)=C_0a+C_1\dot{a}+\frac{C_2}{2!}\ddot{a}\approx\frac{1}{k_a}\ddot{a} \tag{5-43}$$

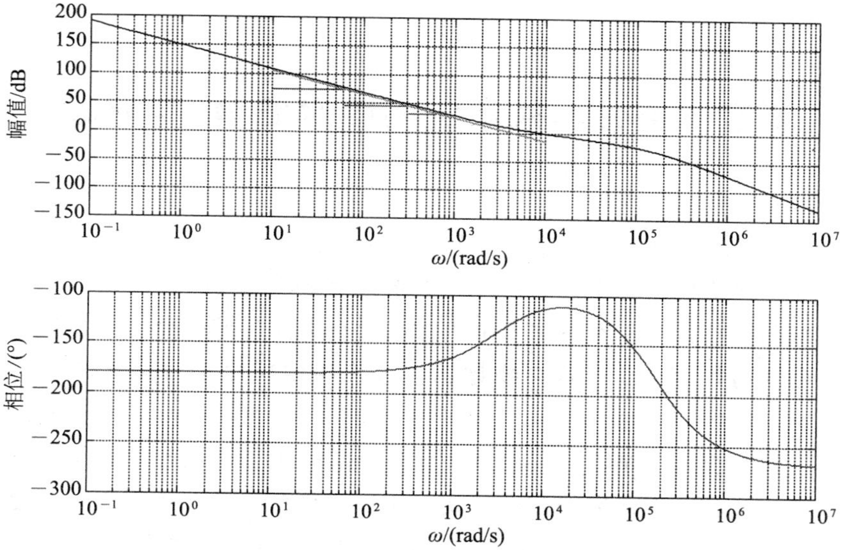

图 5—29　含二阶积分环节的加速度计伺服回路伯德图

第 6 章 惯性导航系统初始对准 H_∞ 控制设计

在指北半解析式惯性导航系统工作的整个过程中，要求稳定平台始终保持当地地理水平和方位指北。为保证刚刚起动的惯性平台系统能够顺利地进入导航工作状态，首先要调整平台台体使其具有精确的初始定向，把这个物理调整过程叫做惯性平台系统的初始对准。

而对于以地理坐标系作为导航坐标系的捷联惯性导航系统，也需要通过初始对准来确定载体相对于地理坐标系的 3 个姿态角。与平台系统的区别在于，这个过程是通过数学解算来实现的。

本章对捷联系统和平台系统的初始对准过程建立了模型，提出了一种基于罗经原理采用 4 种不同输入方式，实现捷联系统全象限方位角的确定以及平台系统四个物理位置。并对静基座和晃动基座调平回路的性能指标作了系统分析，主要侧重于抑制晃动干扰和减小调平时间之间的矛盾。对初始对准中多回路控制方法进行了分析，利用 H_∞ 控制理论设计了一个近似最优控制器，其既能满足抑制晃动干扰的要求，同时在给定的对象不确定性界函数的约束下，可使调整时间最小。

6.1 捷联系统初始对准运动学方程及流程图

6.1.1 捷联系统静基座对准

本章研究有两个假设，第一是系统处于近似于静止状态，第二是已知当地地理纬度。

若以地理坐标系（用 L 系表示）为基础，如图 6—1 所示，经过三次旋转就可以把它变到平台台体坐标系（简称台体坐标系，用 p 系表示）或捷联本体坐标系（简称载体坐标系，用 b 系表示）。首先绕地理坐标系的 Oz 轴旋转 γ 角度，得到一个新坐标系 $Ox'y'z$，然后 $Ox'y'z$ 坐标系绕 Ox' 轴旋转 ϕ_x 角度，又得到一个坐标系 $Ox'y''z'$，最后 $Ox'y''z'$ 坐标系绕 Oy'' 旋转 ϕ_y 角度，得到 $Ox''y''z''$（b 系或 p 系）。

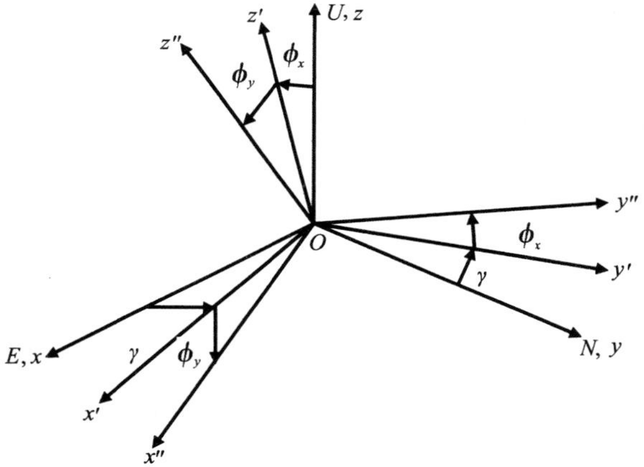

图 6—1　台体坐标系与地理坐标系

令 R_L^b 表示由地理坐标系 L 到捷联本体坐标系 b 之间的坐标变换矩阵，则有

$$
\begin{aligned}
\boldsymbol{R}_L^b &= \begin{bmatrix} \cos\phi_y & 0 & -\sin\phi_y \\ 0 & 1 & 0 \\ \sin\phi_y & 0 & \cos\phi_y \end{bmatrix} \begin{bmatrix} 1 & 0 & 0 \\ 0 & \cos\phi_x & \sin\phi_x \\ 0 & -\sin\phi_x & \cos\phi_x \end{bmatrix} \begin{bmatrix} \cos\gamma & \sin\gamma & 0 \\ -\sin\gamma & \cos\gamma & 0 \\ 0 & 0 & 1 \end{bmatrix} \\
&= \begin{bmatrix} \cos\phi_y\cos\gamma - \sin\phi_y\sin\phi_x\sin\gamma & \cos\phi_y\sin\gamma + \sin\phi_y\sin\phi_x\cos\gamma & -\sin\phi_y\cos\phi_x \\ -\cos\phi_x\sin\gamma & \cos\phi_x\cos\gamma & \sin\phi_x \\ \sin\phi_y\cos\gamma + \cos\phi_y\sin\phi_x\sin\gamma & \sin\phi_y\sin\gamma - \cos\phi_y\sin\phi_x\cos\gamma & \cos\phi_y\cos\phi_x \end{bmatrix}
\end{aligned}
\tag{6-1}
$$

捷联系统在静基座时，有

$$\boldsymbol{\omega}_{Lb}^b = 0 \tag{6-2}$$

由于捷联系统与基座固连，陀螺仪的输出反映的是地球自转角速度

$$\boldsymbol{\omega}_{ib}^{b} = \boldsymbol{\omega}_{iL}^{b} + \boldsymbol{\omega}_{Lb}^{b} = \boldsymbol{\omega}_{iL}^{b} = R_{L}^{b}\boldsymbol{\omega}_{iL}^{L} \tag{6-3}$$

此时，坐标变换矩阵和速度微分方程为

$$\dot{\boldsymbol{R}}_{b}^{L} = \boldsymbol{R}_{b}^{L}(\boldsymbol{\Omega}_{ib}^{b} - \boldsymbol{\Omega}_{iL}^{b}) = 0 \tag{6-4}$$

$$\begin{aligned}\dot{\boldsymbol{V}}^{L} &= \boldsymbol{R}_{b}^{L}\boldsymbol{f}^{b} - (2\boldsymbol{\Omega}_{ie}^{L} + \boldsymbol{\Omega}_{eL}^{L})\boldsymbol{V}^{L} + \boldsymbol{g}^{L} \\ &= \boldsymbol{R}_{b}^{L}\boldsymbol{f}^{b} + \boldsymbol{g}^{L} \\ &= 0\end{aligned} \tag{6-5}$$

式中　$\boldsymbol{g}^{L}$ 为当地水平坐标系里表示的重力向量，$\boldsymbol{f}^{b}$ 为三个加速度计敏感的视加速度向量。

根据式（6—3）和式（6—5），得到捷联系统静基座对准方程为

$$\begin{cases}\boldsymbol{\omega}_{ib}^{b} = \boldsymbol{R}_{L}^{b}\boldsymbol{\omega}_{iL}^{L} \\ \boldsymbol{f}^{b} = -\boldsymbol{R}_{L}^{b}\boldsymbol{g}^{L}\end{cases} \tag{6-6}$$

其中，$\boldsymbol{\omega}_{ib}^{b} = \begin{bmatrix}\omega_x \\ \omega_y \\ \omega_z\end{bmatrix}$，$\boldsymbol{f}^{b} = \begin{bmatrix}a_x \\ a_y \\ a_z\end{bmatrix}$。

在静基座情况下，捷联系统在启动后其台体相对地理坐标系基本保持不变，因此可直接由两个水平加速度计的输出确定姿态角。

$$\begin{cases}\phi_x = \arcsin\dfrac{a_y}{g} \\ \phi_y = -\arctan\dfrac{a_x}{a_z}\end{cases} \tag{6-7}$$

方位角可通过 3 个陀螺仪的输出来确定，考虑到方位角在［$-180°, +180°$］时的情况，公式为

$$\begin{cases}\sin\gamma = \dfrac{\omega_x\cos\phi_y + \omega_z\sin\phi_y}{\omega_{ie}\cos\varphi} \\ \cos\gamma = \dfrac{\omega_y\cos\phi_x + \omega_x\sin\phi_y\sin\phi_x - \omega_z\cos\phi_y\sin\phi_x}{\omega_{ie}\cos\varphi}\end{cases} \tag{6-8}$$

影响捷联系统水平对准时间的主要因素是克服量化误差，时间越长，量化误差越小，对准精度越高。因此，捷联系统的水平对准方程为

$$
\begin{cases}
\phi_x = \arcsin \dfrac{\dfrac{1}{T}\displaystyle\int_0^T a_y \mathrm{d}t}{g} \\
\phi_y = -\arctan \dfrac{\dfrac{1}{T}\displaystyle\int_0^T a_x \mathrm{d}t}{\dfrac{1}{T}\displaystyle\int_0^T a_z \mathrm{d}t}
\end{cases}
\tag{6-9}
$$

方位对准方程为

$$
\begin{cases}
\sin\gamma = \dfrac{\dfrac{1}{T}\displaystyle\int_0^T \omega_x \mathrm{d}t\cos\phi_y + \dfrac{1}{T}\displaystyle\int_0^T \omega_z \mathrm{d}t\sin\phi_y}{\omega_{ie}\cos\varphi} \\
\cos\gamma = \dfrac{\dfrac{1}{T}\displaystyle\int_0^T \omega_y \mathrm{d}t\cos\phi_x + \dfrac{1}{T}\displaystyle\int_0^T \omega_x \mathrm{d}t\sin\phi_y\sin\phi_x - \dfrac{1}{T}\displaystyle\int_0^T \omega_z \mathrm{d}t\cos\phi_y\sin\phi_x}{\omega_{ie}\cos\varphi}
\end{cases}
\tag{6-10}
$$

图 6—2 所示为某一捷联系统加速度计和陀螺仪在 4 s 的输出，可以看出，信号中包含 I/F 线路引起的量化噪声。

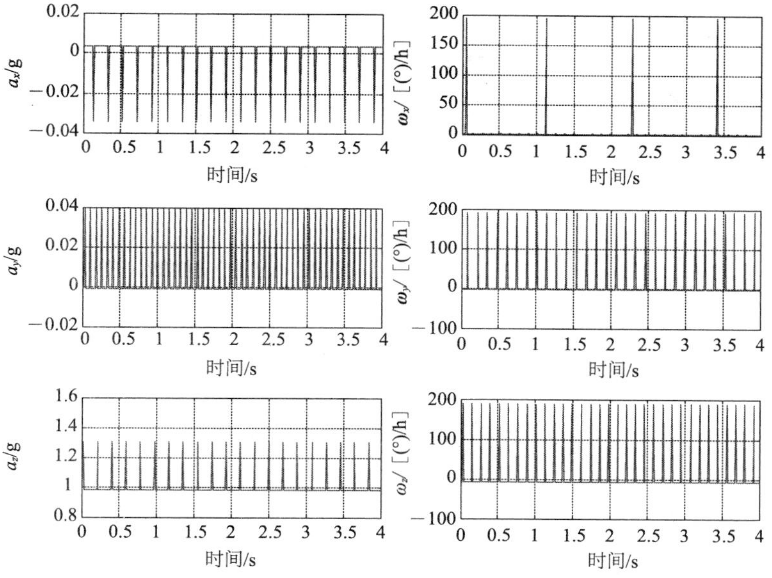

图 6—2　捷联系统在某一位置时的加速度计和陀螺仪输出

为克服量化噪声的影响，可通过提高系统的灵敏度来解决，也可增加对准时间。对准快速性与克服量化误差之间存在矛盾，这两者之间的折衷应根据式（6－11）来确定。

$$f(t) = \sqrt{\sin^2\gamma(t) + \cos^2\gamma(t)} \tag{6-11}$$

图 6－3 为 T＝1 s，2 s，…，55 s 时的水平角和方位角变化过程，图 6－4 为对应的 $f(t)$ 变化过程。从图 6－4 可以看出，随着对准时间 T 的增加，$f(t)$ 逐渐趋于 1，意味着量化误差将逐渐减小，三个角度也越接近真值。

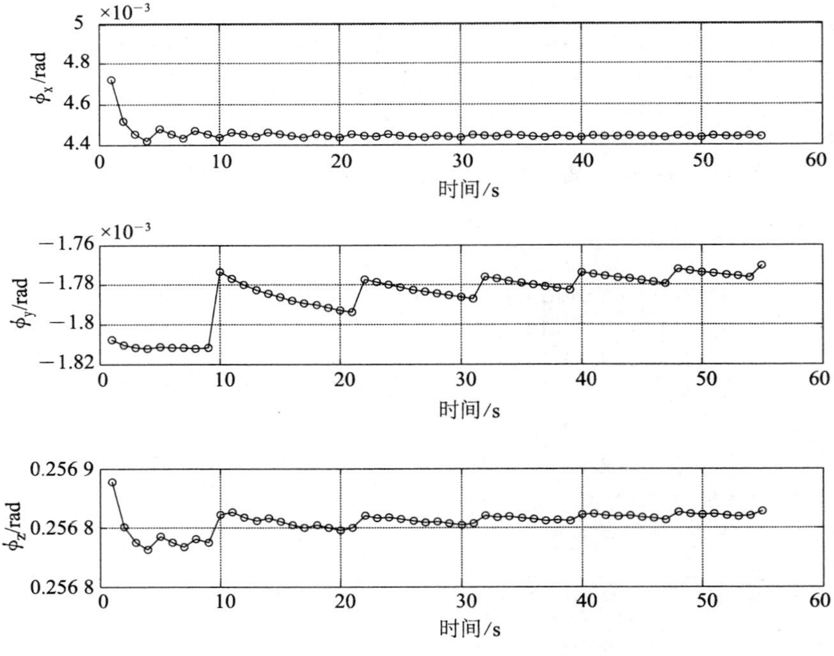

图 6－3　捷联系统对准时间与量化误差的关系

通过提高系统的灵敏度和分辨率克服掉量化误差后，系统的水平对准精度取决于加速度计的零偏，方位对准取决于陀螺仪的漂移。比如，在方位角较小时，有

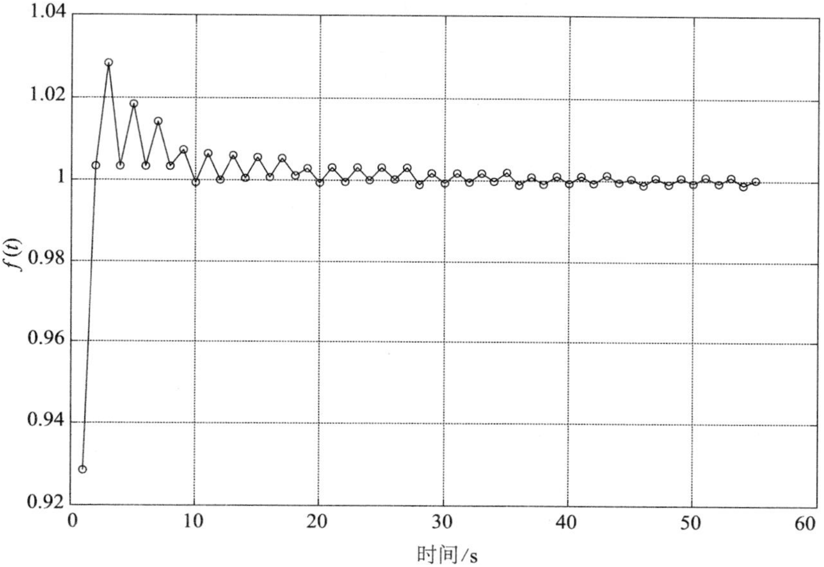

图 6—4　捷联系统对准时间对 $f(t)$ 的影响

$$\begin{cases}\Delta\phi_x = \dfrac{1}{\sqrt{1-a_y^2/g^2}} \cdot \dfrac{\nabla_y}{g} \\ \Delta\phi_y = -\dfrac{1}{1+a_x^2/a_z^2}\left(\dfrac{\nabla_x}{a_z} - \dfrac{a_x\nabla_z}{a_z^2}\right) \\ \Delta\gamma = \dfrac{\varepsilon_x\cos\phi_y + \varepsilon_z\sin\phi_y - \omega_x\sin\phi_y \cdot \Delta\phi_y + \omega_z\cos\phi_y \cdot \Delta\phi_y}{\omega_{ie}\cos\varphi}\end{cases} \tag{6-12}$$

总之，在静基座对准时，捷联系统的三个角度可直接通过解方程得到。

6.1.2　捷联系统晃动基座对准

捷联系统在晃动基座时，虽然地理位置没有变化使得 $\omega_{eL}^L = 0$，但捷联系统相对地理坐标系的姿态是一个时变函数。此时，坐标变换矩阵和速度微分方程为

$$\dot{\boldsymbol{R}}_b^L = \boldsymbol{R}_b^L(\boldsymbol{\Omega}_{ib}^b - \boldsymbol{\Omega}_{ie}^b) \tag{6-13}$$

$$\dot{\boldsymbol{V}}^L = \boldsymbol{R}_b^L \boldsymbol{f}^b - 2\boldsymbol{\Omega}_{ie}^L \boldsymbol{V}^L + \boldsymbol{g}^L \tag{6-14}$$

设 $\boldsymbol{R}_L^b$ 取式（6—1）的表达形式，则式（6—13）等效于

$$\dot{\boldsymbol{\phi}} = \boldsymbol{U}\boldsymbol{R}_b^w(\boldsymbol{\omega}_{ib}^b - \boldsymbol{R}_L^b\boldsymbol{\omega}_{ie}^L) = \boldsymbol{U}\boldsymbol{R}_b^w\boldsymbol{\omega}_{ib}^b - \boldsymbol{U}\boldsymbol{R}_L^w\boldsymbol{\omega}_{ie}^L \tag{6-15}$$

其中

$$\boldsymbol{U} = \begin{bmatrix} 1 & 0 & 0 \\ 0 & \sec\phi_x & 0 \\ 0 & -\tan\phi_x & 1 \end{bmatrix}$$

$$\boldsymbol{R}_b^w = \begin{bmatrix} \cos\phi_y & 0 & \sin\phi_y \\ \sin\phi_y\sin\phi_x & \cos\phi_x & -\cos\phi_y\sin\phi_x \\ -\sin\phi_y\cos\phi_x & \sin\phi_x & \cos\phi_y\cos\phi_x \end{bmatrix}$$

$$\boldsymbol{R}_L^w = \begin{bmatrix} \cos\gamma & \sin\gamma & 0 \\ -\sin\gamma & \cos\gamma & 0 \\ 0 & 0 & 1 \end{bmatrix}$$

由于在晃动基座下，$\boldsymbol{\omega}_{Lb}^b = \boldsymbol{\omega}_{ib}^b - R_L^b\boldsymbol{\omega}_{ie}^L \neq 0$，因此，三个角度 $\boldsymbol{\phi}_x$，$\boldsymbol{\phi}_y$，$\boldsymbol{\gamma}$ 为一个时变量。

设三个加速度计的质心为同一点（由“尺寸效应误差”引起的向心加速度可补偿），捷联系统的质心相对地理坐标系没有平移，而且仪表的角加速度误差得到补偿时，则有 $\boldsymbol{V}^L = 0$。此时，有两种求解方法。第一种是以加速度求解出水平角作为观测量，第二种是加速度积分后以速度作为观测量。首先介绍第一种方法。

式（6—14）等价于

$$\boldsymbol{f}^b = -\boldsymbol{R}_L^b\boldsymbol{g}^L$$

写成分量形式，为

$$\begin{cases} a_x = -g\sin\phi_y\cos\phi_x \\ a_y = g\sin\phi_x \\ a_z = g\cos\phi_y\cos\phi_x \end{cases} \tag{6-16}$$

考虑到加速度计的误差，由上式可求解得到两个水平角度

$$\begin{cases}\phi_x = \arcsin\dfrac{a_y}{g} + \dfrac{1}{\sqrt{1-a_y^2/g^2}}\cdot\dfrac{\nabla_y}{g} \\ \phi_y = -\arctan\dfrac{a_x}{a_z} - \dfrac{1}{1+a_x^2/a_z^2}\left(\dfrac{\nabla_x}{a_z} - \dfrac{a_x\nabla_z}{a_z^2}\right)\end{cases} \tag{6-17}$$

同时，式（6—15）写为分量形式

$$\begin{bmatrix}\dot{\phi}_x \\ \dot{\phi}_y \\ \dot{\gamma}\end{bmatrix} = \begin{bmatrix}\cos\phi_y & 0 & \sin\phi_y \\ \sin\phi_y\tan\phi_x & 1 & -\cos\phi_y\tan\phi_x \\ -\sin\phi_y\sec\phi_x & 0 & \cos\phi_y\sec\phi_x\end{bmatrix}\boldsymbol{\omega}_{ib}^b - \begin{bmatrix}\cos\gamma & \sin\gamma & 0 \\ -\sin\gamma\sec\phi_x & \cos\gamma\sec\phi_x & 0 \\ \sin\gamma\tan\phi_x & -\cos\gamma\tan\phi_x & 1\end{bmatrix}\boldsymbol{\omega}_{ie}^L \tag{6-18}$$

由上式可以看出，如果已知三个角度的初始值 $\phi_{x0},\phi_{y0},\gamma_0$，则可对式（6—18）进行积分后也可实时得到 $\hat{\phi}_x,\hat{\phi}_y,\hat{\gamma}$。

$$\begin{cases}\hat{\phi}_x = \phi_{x0} + \int_0^t(\omega_x\cos\hat{\phi}_y + \omega_z\sin\hat{\phi}_y - \omega_{ie}\cos\phi\sin\hat{\gamma})\mathrm{d}t + \int_0^t(\varepsilon_x\cos\hat{\phi}_y + \\ \quad \varepsilon_z\sin\hat{\phi}_y)\mathrm{d}t \\ \hat{\phi}_y = \phi_{y0} + \int_0^t(\omega_x\sin\hat{\phi}_y\tan\hat{\phi}_x + \omega_y - \omega_z\cos\hat{\phi}_y\tan\hat{\phi}_x - \omega_{ie}\cos\varphi\cos\hat{\gamma}\sec\hat{\phi}_x) \\ \quad \mathrm{d}t + \int_0^t(\varepsilon_x\sin\hat{\phi}_y\tan\hat{\phi}_x + \varepsilon_y - \varepsilon_z\cos\hat{\phi}_y\tan\hat{\phi}_x)\mathrm{d}t \\ \hat{\gamma} = \phi_{z0} + \int_0^t(-\omega_x\sin\hat{\phi}_y\sec\hat{\phi}_x + \omega_z\cos\hat{\phi}_y\sec\hat{\phi}_x + \omega_{ie}\cos\varphi\cos\hat{\gamma}\tan\hat{\phi}_x - \\ \quad \omega_{ie}\sin\varphi)\mathrm{d}t + \int_0^t(-\varepsilon_x\sin\hat{\phi}_y\sec\hat{\phi}_x + \varepsilon_z\cos\hat{\phi}_y\sec\hat{\phi}_x)\mathrm{d}t\end{cases} \tag{6-19}$$

从上式可以看出，由于陀螺仪误差 ε_x，ε_y，ε_z 或初始值的偏差，使得两个水平角度的计算值相对真实值误差发散，与通过加速度计的测量值之间存在偏差。另外，由于加速度计的输出含有干扰和噪声。因此，为了既能够克服陀螺仪积分后的误差发散，又能克服加速度计

的干扰和噪声，需要通过设计水平通道的控制环节来克服仪表误差和初始偏角的影响。捷联系统对准时两个水平通道的运动学方程为

$$\begin{cases}\dot{\hat{\phi}}_x = \omega_x \cos\hat{\phi}_y + \omega_z \sin\hat{\phi}_y - \omega_{ie}\cos\phi\sin\hat{\gamma} + \varepsilon_x \cos\hat{\phi}_y + \varepsilon_z \sin\hat{\phi}_y + u_x \\ u_x = C_x(s)(\phi_x - \hat{\phi}_x)\end{cases} \tag{6-20}$$

和

$$\begin{cases}\dot{\hat{\phi}}_y = \omega_x \sin\hat{\phi}_y \tan\hat{\phi}_x + \omega_y - \omega_z \cos\hat{\phi}_y \tan\hat{\phi}_x - \omega_{ie}\cos\varphi\sec\hat{\phi}_x\cos\hat{\gamma} + \\ \qquad \varepsilon_x \sin\hat{\phi}_y \tan\hat{\phi}_x + \varepsilon_y - \varepsilon_z \cos\hat{\phi}_y \tan\hat{\phi}_x + u_y \\ u_y = C_y(s)(\phi_y - \hat{\phi}_y)\end{cases} \tag{6-21}$$

根据式（6－20）、式（6－21），得到水平对准时的流程图如图6－5所示。在图6－5中，观测量直接取自角度信息。也可以加速度计的输出值作为观测量，此时，捷联系统对准时两个水平通道的运动学方程为

$$\begin{cases}\dot{\hat{\phi}}_x = \omega_x \cos\hat{\phi}_y + \omega_z \sin\hat{\phi}_y - \omega_{ie}\cos\varphi\sin\hat{\gamma} + \varepsilon_x \cos\hat{\phi}_y + \varepsilon_z \sin\hat{\phi}_y + u_x \\ \delta\dot{v}_y = a_y - g\sin\phi_x \\ u_x = C_x(s)\delta v_y\end{cases} \tag{6-22}$$

$$\begin{cases}\dot{\hat{\phi}}_y = \omega_x \sin\hat{\phi}_y \tan\hat{\phi}_x + \omega_y - \omega_z \cos\hat{\phi}_y \tan\hat{\phi}_x - \omega_{ie}\cos\varphi\sec\hat{\phi}_x\cos\hat{\gamma} + \\ \qquad \varepsilon_x \sin\hat{\phi}_y \tan\hat{\phi}_x + \varepsilon_y - \varepsilon_z \cos\hat{\phi}_y \tan\hat{\phi}_x + u_y \\ \delta\dot{v}_x = a_x + g\sin\phi_y\cos\phi_x \\ u_y = C_y(s)\delta v_x\end{cases} \tag{6-23}$$

根据式（6－22）、式（6－23），得到水平对准时的流程图如图6－6所示。

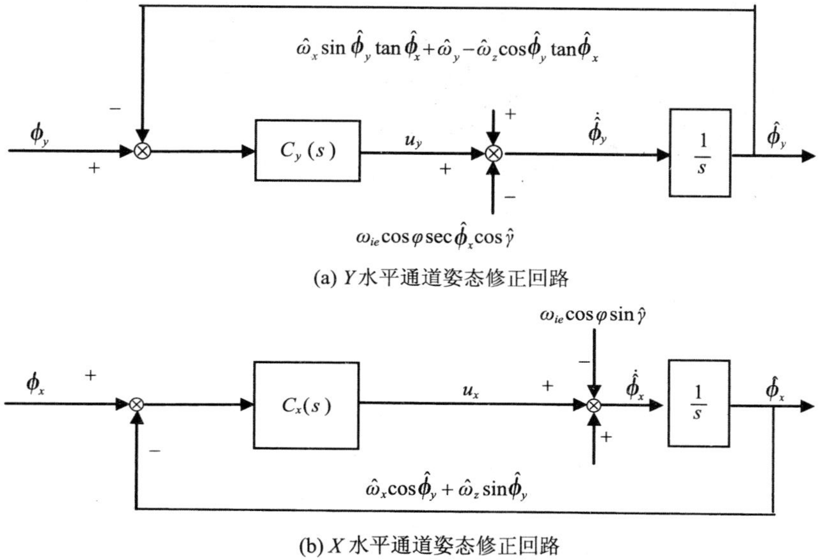

图 6－5　捷联系统初始对准的水平通道

以图 6－5 为例，对于 X 水平通道，设开环传递函数为

$$G_x(s) = \frac{1}{s}C_x(s)$$

则角度输出传递函数为

$$\hat{\phi}_x = \frac{G(s)}{1+G(s)}\phi_x + \frac{1}{1+G(s)} \times \frac{1}{s} \times (\omega_x\cos\hat{\phi}_y + \omega_z\sin\hat{\phi}_y - \omega_{ie}\cos\varphi\sin\hat{\gamma}) + \frac{1}{1+G(s)} \times \frac{1}{s} \times (\varepsilon_x\cos\hat{\phi}_y + \varepsilon_z\sin\hat{\phi}_y) \tag{6－24}$$

由于水平对准时，ϕ_x 已知，因此希望水平通道具有较高的开环增益，即 $G(s) \gg 1$。此时，有

$$\frac{G(s)}{1+G(s)} \approx 1,$$

和

$$\frac{1}{1+G(s)} \approx 0。$$

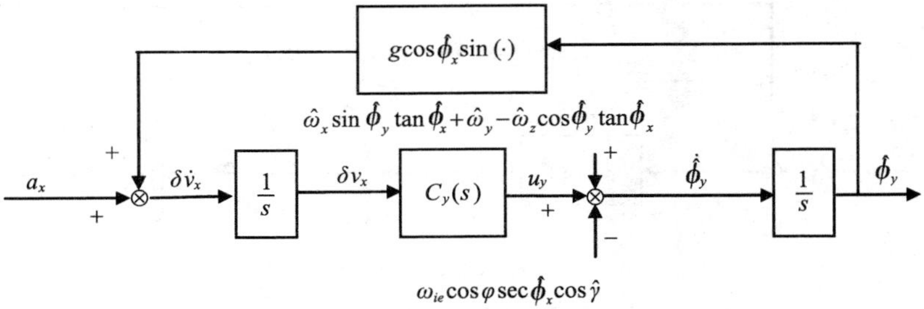

(a) Y水平通道姿态修正回路

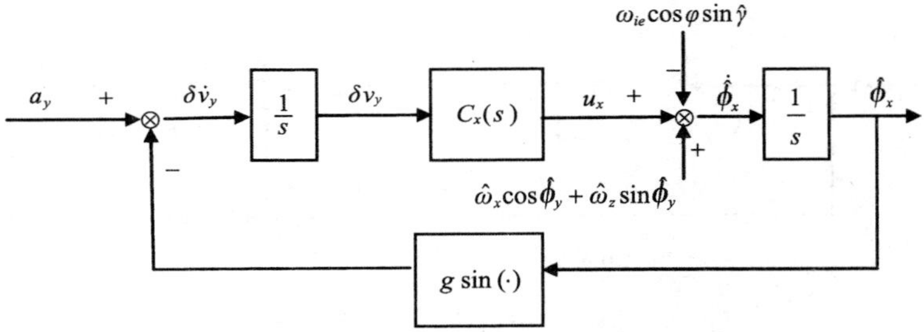

(b) X水平通道姿态修正回路

图 6－6　捷联系统初始对准的水平通道

式（6－24）在低频段等效为 $\hat{\phi}_x \approx \phi_x$ 。

对于 Y 通道，其输出方程为

$$\hat{\phi}_y = \frac{G(s)}{1+G(s)}\phi_y + \frac{1}{1+G(s)} \times \frac{1}{s}(\omega_x \sin\hat{\phi}_y \tan\hat{\phi}_x + \omega_y - \omega_z \cos\hat{\phi}_y \tan\hat{\phi}_x - \omega_{ie}\cos\varphi\sec\hat{\phi}_x\cos\hat{\gamma}) + \frac{1}{1+G(s)} \times \frac{1}{s}(\varepsilon_x \sin\hat{\phi}_y \tan\hat{\phi}_x + \varepsilon_y - \varepsilon_z \cos\hat{\phi}_y \tan\hat{\phi}_x) \qquad (6-25)$$

闭环传递函数 $\frac{G(s)}{1+G(s)}$ 相当于一个低通滤波器，可以消除加速度计敏感到的晃动干扰。同时，由于开环传递函数具有较高的增益，可以消除陀螺仪输出量的影响，使 $\hat{\phi}_y \approx \phi_y$。而且，在闭环状态下，避免了陀螺仪输出直接积分造成的误差发散。

在复现水平角度的同时，回路具有较快的响应速度。但是，增益的提高使得回路的带宽增加，从而使输出噪声变大。

而对于航向角 γ，如果有外部航向信息则可按照上述思路进行控制环节的设计，以修正航向通道的误差发散。如果没有外部信息，则可按照罗经效应进行方位对准。由于在水平对准稳态时，有

$$
\begin{aligned}
u_x &= \frac{G(s)}{1+G(s)} \times (\dot{\phi}_x - \omega_x \cos\hat{\phi}_y - \omega_z \sin\hat{\phi}_y - \varepsilon_x \cos\phi_y - \varepsilon_z \sin\phi_y + \omega_{ie}\cos\varphi\sin\hat{\gamma}) \\
&\approx \dot{\phi}_x - \omega_x \cos\phi_y - \omega_z \sin\phi_y + \omega_{ie}\cos\varphi\sin\gamma - \\
&\quad \varepsilon_x \cos\phi_y - \varepsilon_z \sin\phi_y + \omega_{ie}\cos\varphi\sin\hat{\gamma} - \omega_{ie}\cos\varphi\sin\gamma \\
&\approx \omega_{ie}\cos\varphi\sin\hat{\gamma} - \omega_{ie}\cos\varphi\sin\gamma - \varepsilon_x\cos\phi_y - \varepsilon_z\sin\phi_y
\end{aligned} \tag{6-26}
$$

从上式可以看出，在方位角 $\hat{\gamma}=\gamma$ 精确已知以及陀螺仪漂移较小的条件下，有 $u_x=0$。但在方位角的初始值未知时，u_x 包含有方位角的信息。基于罗经效应的方位对准回路如图 6－7 所示。

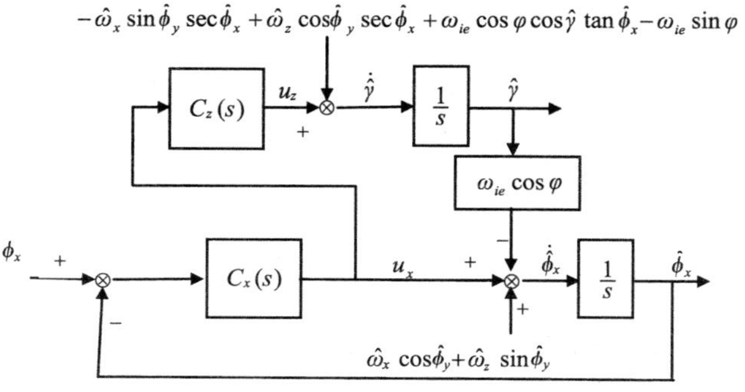

图 6－7　捷联系统 $\gamma\in$ [－45°，＋45°] 时的水平通道及方位修正回路

在方位对准时，由于 u_x 噪声较大，使得方位回路的带宽较低，响应时间变长。由于水平通道的带宽远大于方位通道的带宽，所以在进行方位对准时，水平通道等效于放大环节－1。对于方位通道，利用式（6－26）可得其流程图，如图 6－8 所示。

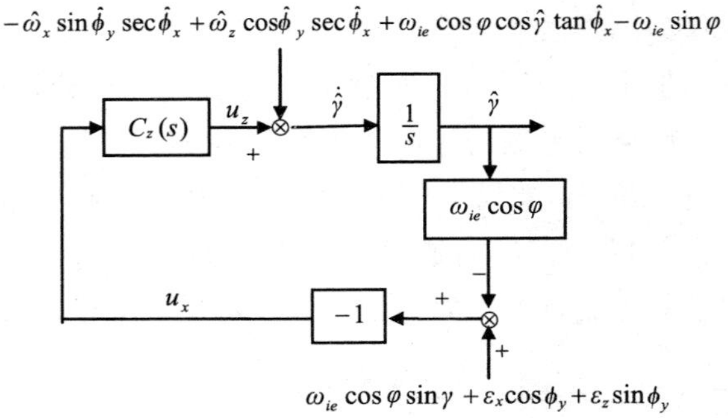

图 6－8　Z 通道方位修正回路

设

$$u_z = -\frac{K(Ts+1)}{s}u_x \tag{6-27}$$

可得方位通道的稳态解为

$$\begin{aligned}\hat{\gamma} = &\frac{G_z(s)}{1+G_z(s)}\gamma + \frac{G_z(s)}{1+G_z(s)} \cdot \frac{\varepsilon_x\cos\phi_y + \varepsilon_z\sin\phi_y}{\omega_{ie}\cos\varphi} + \\ &\frac{1}{1+G_z(s)} \times \frac{1}{s}(-\omega_x\sin\hat{\phi}_y\sec\hat{\phi}_x + \omega_z\cos\hat{\phi}_y\sec\hat{\phi}_x + \\ &\quad \omega_{ie}\cos\varphi\cos\hat{\gamma}\tan\hat{\phi}_x - \omega_{ie}\sin\varphi) + \frac{1}{1+G_z(s)} \times \\ &\quad \frac{1}{s}(-\varepsilon_x\sin\hat{\phi}_y\sec\hat{\phi}_x + \varepsilon_z\cos\hat{\phi}_y\sec\hat{\phi}_x) \\ = &\ \gamma + \frac{\varepsilon_x\cos\phi_y + \varepsilon_z\sin\phi_y}{\omega_{ie}\cos\varphi}\end{aligned} \tag{6-28}$$

由于方位回路的带宽小于晃动频率，所以在晃动频率处 $G_z(s) \ll 1$，但是对于方位角的初始误差来说，有 $G_z(s) \gg 1$。因此，可实现方位角的对准。

6.2　捷联系统晃动条件初始对准 H∞控制设计

对捷联系统初始对准来说，在晃动条件下系统的带宽应尽量高有利于实时跟踪载体的运动，但带宽的过高不能有效得衰减噪声。因此，系统带宽的选择必须在不同指标之间取折中，在本文中以某一晃动条件为例介绍捷联系统初始对准的 H_∞ 控制器设计方法。

6.2.1　捷联系统晃动基座水平对准性能分析

设某一低频晃动条件为：1）X 轴以频率为 0.33 Hz，幅值为 4°；2）Y 轴以频率为 0.2 Hz，幅值为 5°；3）Z 轴以频率为 0.4 Hz，幅值为 3°。相对于地理坐标系的角度如图 6—9 所示。

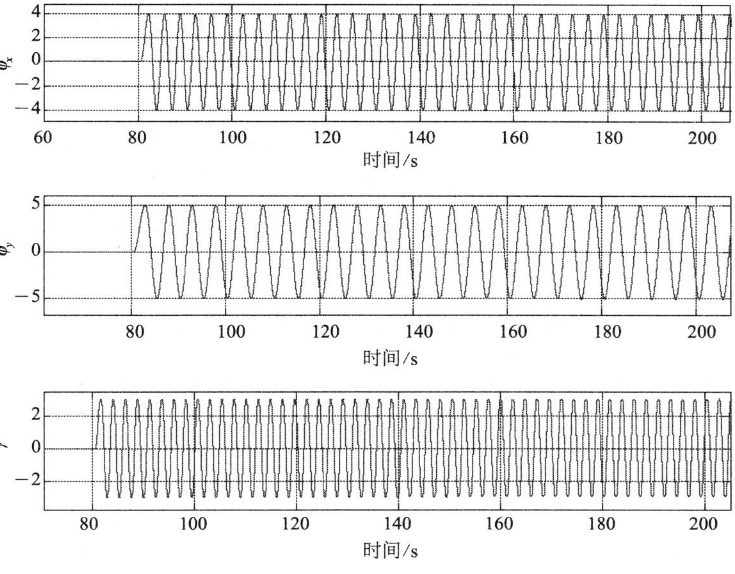

图 6—9　捷联系统晃动条件下相对于地理坐标系的姿态角

在晃动条件下，由于初始值的不确定，使得通过导航算法解算的两个水平角度的计算值与通过加速度计测量得到的角度值之间存在偏差。另外，由于加速度计的输出含有干扰和噪声（如图 6—10），图中阴影曲线为摇摆状态下利用加速度计输出数据式（6—17）得到的姿态角，蓝色曲线为导航算法式（6—19）得到的姿态角。可以看出，利用导航算法得到的数据较平滑，但由于初值的不准确，使得解算的姿态角偏离真实值一个固定角度。因此，为了既能够克服陀螺仪积分后的误差发散，又能克服加速度计的干扰和噪声，需要通过设计水平通道的控制环节来克服仪表误差和初始偏角的影响。

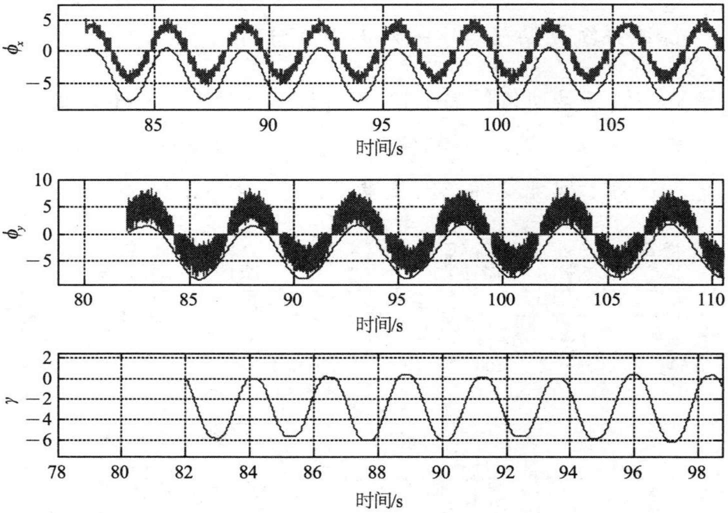

图 6—10　导航算法得到的姿态角与加速度计输出解算的姿态角

在图 6—5 中，对式（6—20）和（6—21）的水平通道进行控制器的设计时，主要考虑带宽的合理选择。由于采样频率为 200 Hz，设带宽为 100 rad/s 时的控制器为

$$C_x(s)=C_y(s)=\frac{2\,500\left(\dfrac{s}{32}+1\right)}{s\left(\dfrac{s^2}{300^2}+\dfrac{s}{300}+1\right)} \tag{6-29}$$

则对准时的两个水平角及其误差如图 6—11 所示。

另外，设带宽为 10 rad/s 时的控制器为

$$C_x(s)=C_y(s)=\frac{25\left(\dfrac{s}{3.2}+1\right)}{s\left(\dfrac{s^2}{30^2}+\dfrac{s}{30}+1\right)} \tag{6-30}$$

则对准时的两个水平角及其误差如图 6—12 所示。

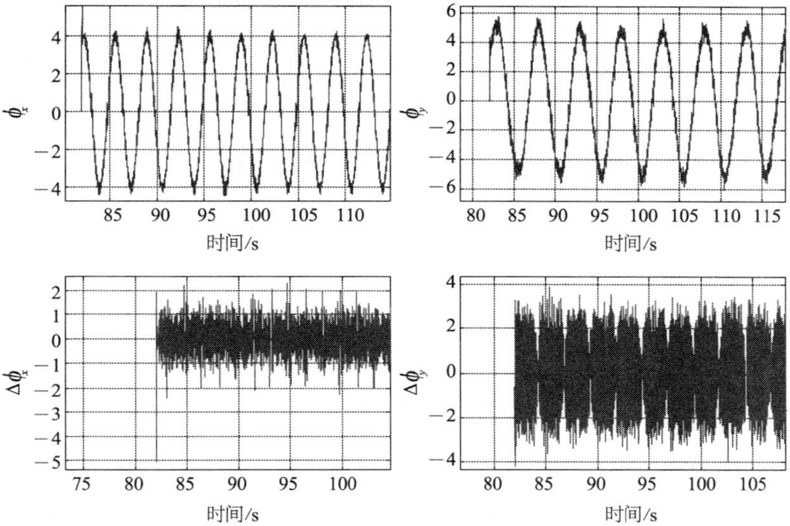

图 6－11　水平对准时的姿态角及其误差（带宽为 100 rad/s）

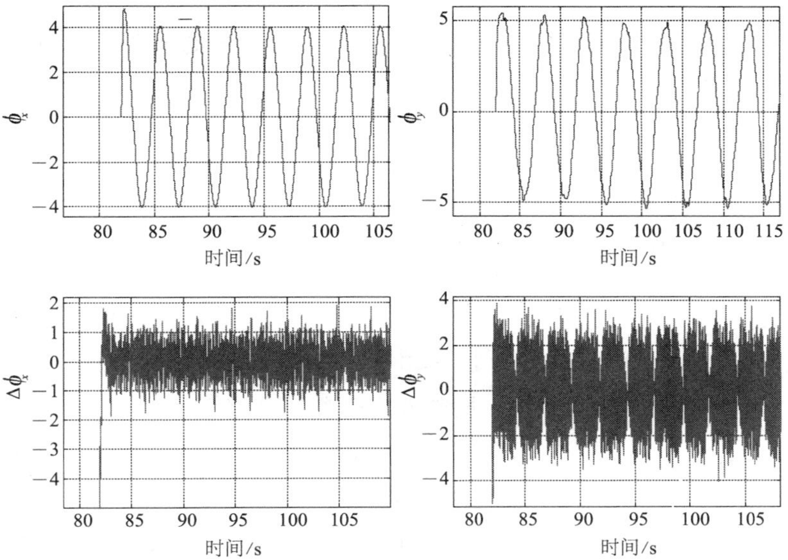

图 6－12　水平对准时的姿态角及其误差（带宽为 10 rad/s）

比较图 6—11 和图 6—12 可以看出，带宽较大时，系统响应速度快，但噪声较大。而带宽较小时，尽管稳定后的噪声较小，但调整时间较长。

6.2.2　捷联系统晃动基座水平对准回路 H∞ 控制设计

考虑到性能界函数，捷联系统晃动基座 X 轴水平对准回路方块图如图 6—13 所示。

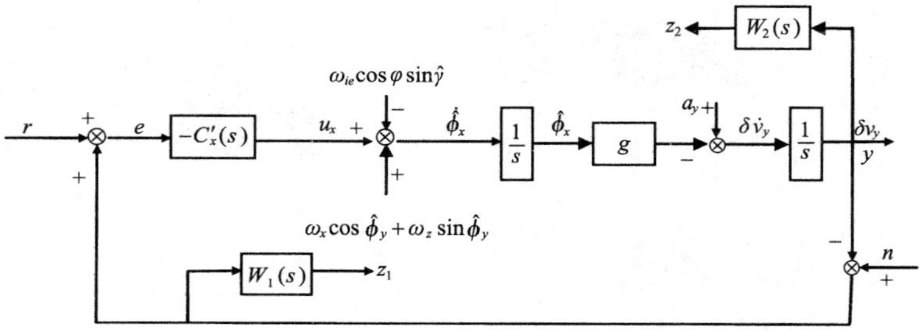

图 6—13　X 轴水平对准回路方块图

为提高系统复现信号的精度，应该增大系统的增益，可通过调节性能界函数

$$W_1(s) = \rho \frac{(s+1\,000)^2}{(1\,000s+1)^2}, \text{其中 } \rho = 700k, \qquad (6-31)$$

k≥1 的 k 值来实现。

带宽的限制条件可由对象不确定性界函数

$$W_2(s) = K_{w2}\left(\frac{s}{T_1}+1\right)\left(\frac{s}{T_2}+1\right) \qquad (6-32)$$

来实现。其中 $k_{w2} = 0.1$，$T_1 = 5$，$T_2 = 400$。

基于混合灵敏度的 H∞ 控制方法要求

$$\left\| \begin{matrix} W_1(s)S(s) \\ W_2(s)T(s) \end{matrix} \right\|_\infty \leqslant 1 \qquad (6-33)$$

其中 $S(s)$ 为系统的灵敏度函数，$T(s) = 1 - S(s)$ 为补灵敏度函数。

由于 $\begin{bmatrix} W_1 S \\ W_2 T \end{bmatrix}$ 即图 6－13 中从 ▽ 到 z 的闭环传递函数，其状态方程如下

$$\begin{cases} \dot{\boldsymbol{x}} = \boldsymbol{A}\boldsymbol{x} + \boldsymbol{B}_1\boldsymbol{n} + \boldsymbol{B}_2\boldsymbol{u} \\ \boldsymbol{z} = \boldsymbol{C}_1\boldsymbol{x} + \boldsymbol{D}_{11}\boldsymbol{n} + \boldsymbol{D}_{12}\boldsymbol{u} \\ \boldsymbol{e} = \boldsymbol{C}_2\boldsymbol{x} + \boldsymbol{D}_{21}\boldsymbol{n} + \boldsymbol{D}_{22}\boldsymbol{u} \end{cases} \tag{6－34}$$

其中

$$\boldsymbol{A} = \begin{bmatrix} 0 & -g & 0 & 0 \\ 0 & 0 & 0 & 0 \\ -10^{-3} & 0 & -10^{-3} & 0 \\ 0 & 0 & 10^{-3} & -10^{-3} \end{bmatrix}$$

$$\boldsymbol{B}_1 = \begin{bmatrix} 0 \\ 0 \\ 10^{-3} \\ 0 \end{bmatrix}, \boldsymbol{B}_2 = \begin{bmatrix} 0 \\ 1 \\ 0 \\ 0 \end{bmatrix}$$

$$\boldsymbol{C}_1 = \begin{bmatrix} -\rho \times 10^{-6} & 0 & 2\rho(1 - 10^{-6}) & \rho(10^6 - 2 + 10^{-6}) \\ K_{w2} & K_{w2}\, g\, \dfrac{T_1 + T_2}{T_1 T_2} & 0 & 0 \end{bmatrix}$$

$$\boldsymbol{D}_{11} = \begin{bmatrix} \rho \times 10^{-6} \\ 0 \end{bmatrix}, \boldsymbol{D}_{12} = \begin{bmatrix} 0 \\ \dfrac{K_{w2}\, g}{T_1 T_2} \end{bmatrix}$$

$$\boldsymbol{C}_2 = \begin{bmatrix} -1 & 0 & 0 & 0 \end{bmatrix}, \boldsymbol{D}_{21} = 1, \boldsymbol{D}_{22} = 0$$

利用 H_∞ 控制理论，求得的一个近似最优控制器

$$C'_x(s) = \frac{89.70\left(\dfrac{s}{19.767\,6} + 1\right)}{\dfrac{s}{447.277} + 1} \tag{6－35}$$

此时 k=1.0。系统开环伯德图如图 6－14 所示。从图中可以看出，在系统带宽 ω_{no}=47.8 rad/s 时，相位裕度为 61.4°。

开环传递函数与性能界函数之间的关系如图 6－15 所示。

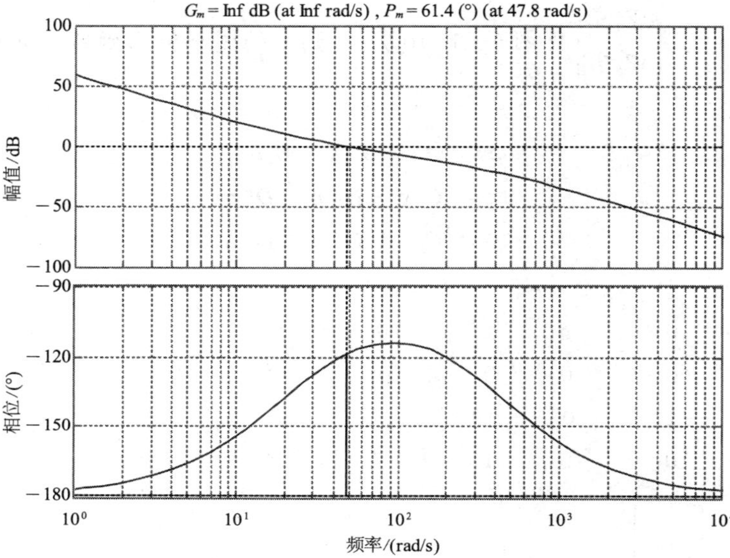

图 6－14　**X** 轴水平对准回路开环传递函数伯德图

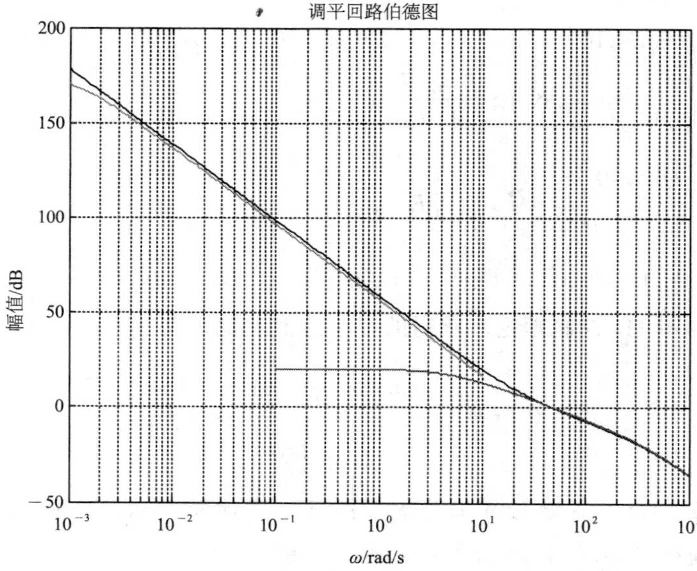

图 6－15　**X** 轴水平对准回路开环传递函数与性能界函数之间的关系

设某一低频晃动条件为：1）X 轴以频率为 0.2 Hz，幅值为 5°；2）Y 轴以频率为 0.3 Hz，幅值为 4°；3）Z 轴以频率为 0.4 Hz，幅值为 3°。在静基座时，捷联系统的坐标系与地理坐标系差别在于方位角为－30°。

在水平对准解算时，设 X 轴的初始偏角为－30°，Y 轴的初始偏角为＋30°，Z 轴的初始偏角为 0，则水平对准时的角度响应过程如图 6－16 所示。

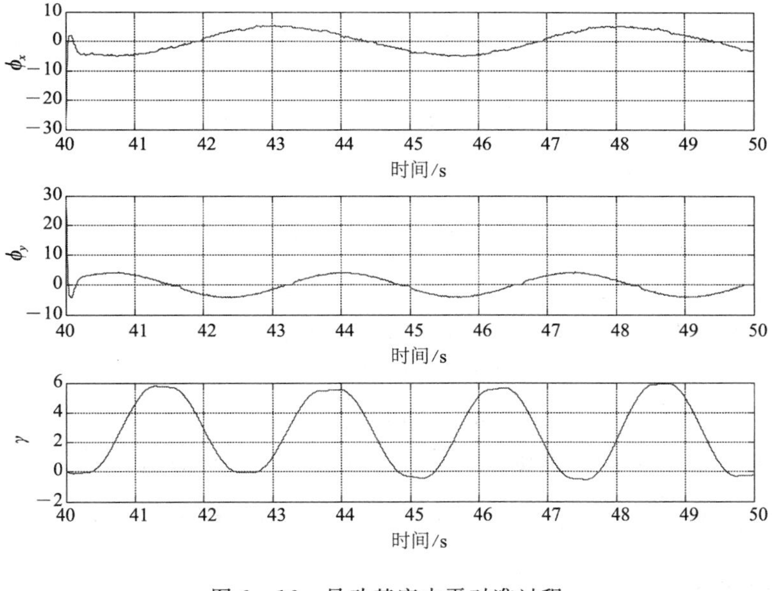

图 6－16　晃动基座水平对准过程

6.2.3　捷联系统晃动基座方位对准 H_∞ 控制设计

从图 6－16 中可以看出，由于方位通过没有修正，其角度与实际偏角－30°有偏差。因此，需要对方位通道进行修正。考虑到性能界函数，捷联系统晃动基座方位对准回路方块图如图 6－17 所示。

在方位对准时，为了从 u_x 中提取方位角信息，应减小带宽来起到滤波的作用。设性能界函数为

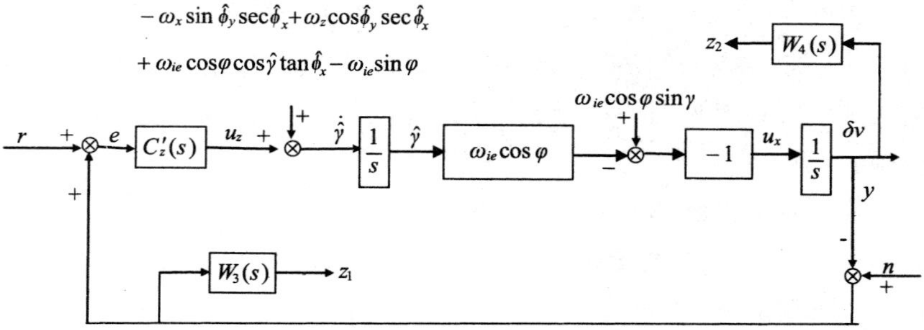

图 6—17　方位对准回路方块图

$$W_3(s) = \rho \frac{(s+1\,000)^2}{(1\,000s+1)^2}，\text{其中 } \rho = 2\times 10^{-4}k，\quad k \geqslant 1。\quad (6-36)$$

对象不确定性界函数为

$$W_4(s) = K_{w2}\left(\frac{s}{T_1}+1\right)\left(\frac{s}{T_2}+1\right) \qquad (6-37)$$

其中 $k_{w2} = 0.1$，$T_1 = 0.002\,5$，$T_2 = 0.2$。

基于混合灵敏度的 H∞ 控制方法要求

$$\left\| \begin{matrix} W_3(s)S(s) \\ W_4(s)T(s) \end{matrix} \right\|_\infty \leqslant 1 \qquad (6-38)$$

其中 $S(s)$ 为系统的灵敏度函数，$T(s) = 1 - S(s)$ 为补灵敏度函数。

由于 $\begin{bmatrix} W_3 S \\ W_4 T \end{bmatrix}$ 即图 6—17 中从 ▽ 到 z 的闭环传递函数，其状态方程如下

$$\begin{cases} \dot{x} = Ax + B_1 n + B_2 u \\ z = C_1 x + D_{11} n + D_{12} u \\ e = C_2 x + D_{21} n + D_{22} u \end{cases} \qquad (6-39)$$

其中

$$A = \begin{bmatrix} 0 & \omega_{ie}\cos\phi & 0 & 0 \\ 0 & 0 & 0 & 0 \\ -10^{-3} & 0 & -10^{-3} & 0 \\ 0 & 0 & 10^{-3} & -10^{-3} \end{bmatrix}, B_1 = \begin{bmatrix} 0 \\ 0 \\ 10^{-3} \\ 0 \end{bmatrix}, B_2 = \begin{bmatrix} 0 \\ 1 \\ 0 \\ 0 \end{bmatrix},$$

$$\boldsymbol{C}_1 = \begin{bmatrix} -\rho\times10^{-6} & 0 & 2\rho(1-10^{-6}) & \rho(10^6-2+10^{-6}) \\ K_{w2} & K_{w2}\omega_{ie}\cos\phi\dfrac{T_1+T_2}{T_1T_2} & 0 & 0 \end{bmatrix}$$

$$\boldsymbol{D}_{11} = \begin{bmatrix} \rho\times10^{-6} \\ 0 \end{bmatrix}, \boldsymbol{D}_{12} = \begin{bmatrix} 0 \\ \dfrac{K_{w2}\omega_{ie}\cos\phi}{T_1T_2} \end{bmatrix}$$

$$\boldsymbol{C}_2 = \begin{bmatrix} -1 & 0 & 0 & 0 \end{bmatrix}$$

$$\boldsymbol{D}_{21} = 1, \boldsymbol{D}_{22} = 0$$

利用 H∞ 控制理论，求得的一个近似最优控制器

$$C'_z(s) = \frac{3.354\,28\left(\dfrac{s}{0.010\,099}+1\right)}{\dfrac{s^2}{0.2^2}+\dfrac{s}{0.2}+1} \tag{6-40}$$

此时 $k=1.0$。系统开环伯德图如图 6－18 所示。从图中可以看出，在系统带宽 $\omega_{no}=47.8$ rad/s 时，相位裕度为 61.4°。开环传递函数与性能界函数之间的关系如图 6－19 所示。

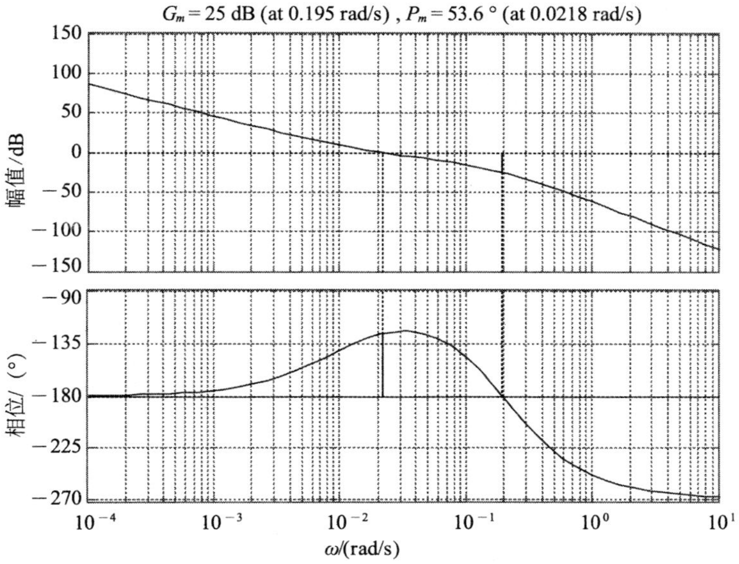

图 6－18　方位对准回路开环传递函数伯德图

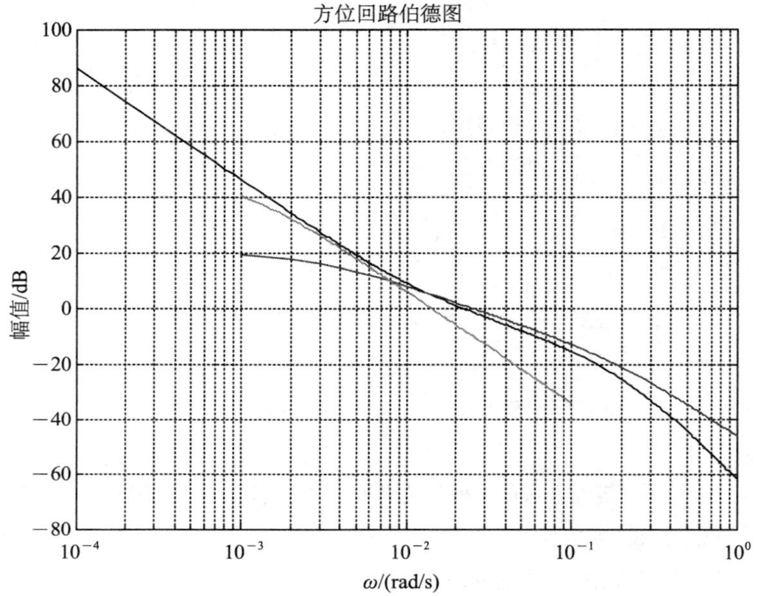

图 6—19　方位回路开环传递函数与性能界函数之间的关系

由于图 6—17 中的方位回路设计的前提是水平对准已稳定，因此捷联系统在方位对准时，首先进行水平对准，此时方位回路不进行任何修正。在达到一定时间后，方位回路闭合，方位对准相对水平对准在时间上有延迟。设延迟时间为 t_M，有

$$u_z(s)=\begin{cases}0, & t\leqslant t_M\\ \dfrac{1}{s}u_x(s), & t>t_M\end{cases}\qquad(6-41)$$

设方位对准相对水平对准的开始时间延迟 100 s，则对准结果如图 6—20 所示。

如果进一步减小延迟时间，虽然也能够保证系统的稳定，如图 6—21 所示，延迟时间减小到 40 s 时系统仍然稳定。但是，如果继续减小延迟时间，则系统的性能变差，甚至不稳定，如图 6—22 所示。

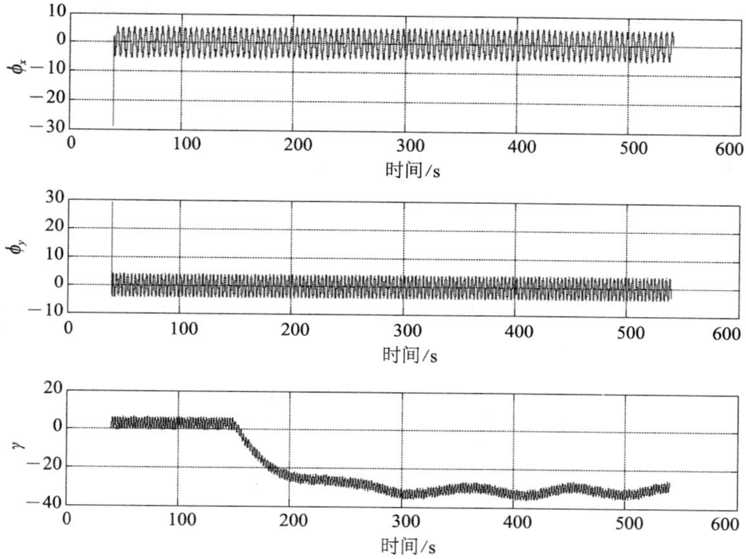

图 6—20　方位对准相对水平对准的开始时间延迟 110 s

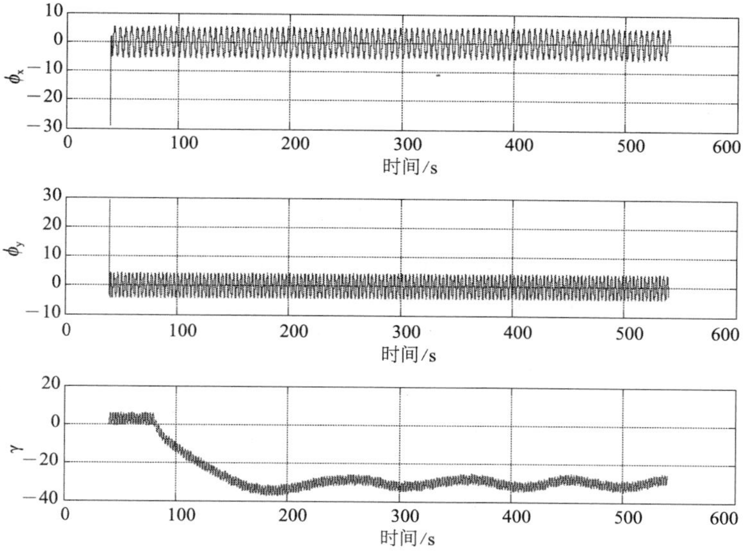

图 6—21　方位对准相对水平对准的开始时间延迟 40 s

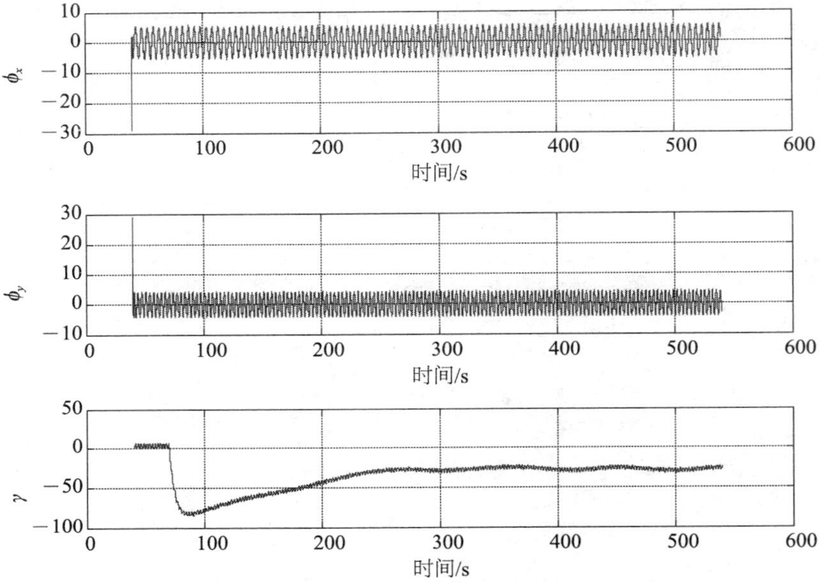

图 6－22　方位对准相对水平对准的开始时间延迟 30 s

6.3　捷联系统晃动基座四象限对准方法

在图 6－7 中的修正回路对方位角真实值在［－45°，＋45°］区间内可看作线性系统，但超过此范围，系统存在较大误差甚至不稳定。如何粗略估算真实方位角的区间范围，以及精对准时的控制方案选择是实现全方位对准的关键技术。

6.3.1　捷联系统晃动基座方位粗对准方法

在真实方位角 γ 未知时，对捷联系统的两个水平通道进行修正，有如下关系

$$\begin{cases} u_x = \omega_{ie}\cos\varphi(\sin\hat{\gamma} - \sin\gamma) - \varepsilon_x\cos\phi_y - \varepsilon_z\sin\phi_y \\ u_y = \omega_{ie}\cos\varphi\sec\phi_x(\cos\hat{\gamma} - \cos\gamma) - \varepsilon_x\sin\phi_y\tan\phi_x - \varepsilon_y + \varepsilon_z\cos\phi_y\tan\phi_x \end{cases} \tag{6-42}$$

设初始方位角 $\hat{\gamma}=0$，则有

$$\begin{cases}\sin\gamma = \sin\hat{\gamma} - \dfrac{u_x + \varepsilon_x\cos\phi_y + \varepsilon_z\sin\phi_y}{\omega_{ie}\cos\phi} \\ \cos\gamma = \cos\hat{\gamma} - \dfrac{u_y + \varepsilon_x\sin\phi_y\tan\phi_x + \varepsilon_y - \varepsilon_z\cos\phi_y\tan\phi_x}{\omega_{ie}\cos\varphi\sec\hat{\phi}_x}\end{cases} \tag{6-43}$$

根据上式就可判断出真实方位角的区间范围。

6.3.2 捷联系统晃动基座方位精对准方法

在全方位状态下求解方位角时，可等分为四个区间，即［－45°，＋45°］、［90°－45°，90°＋45°］、［180°－45°，180°＋45°］、［270°－45°，270°＋45°］。在每个区间，有式（6－44），近似关系如图 6－23 所示。

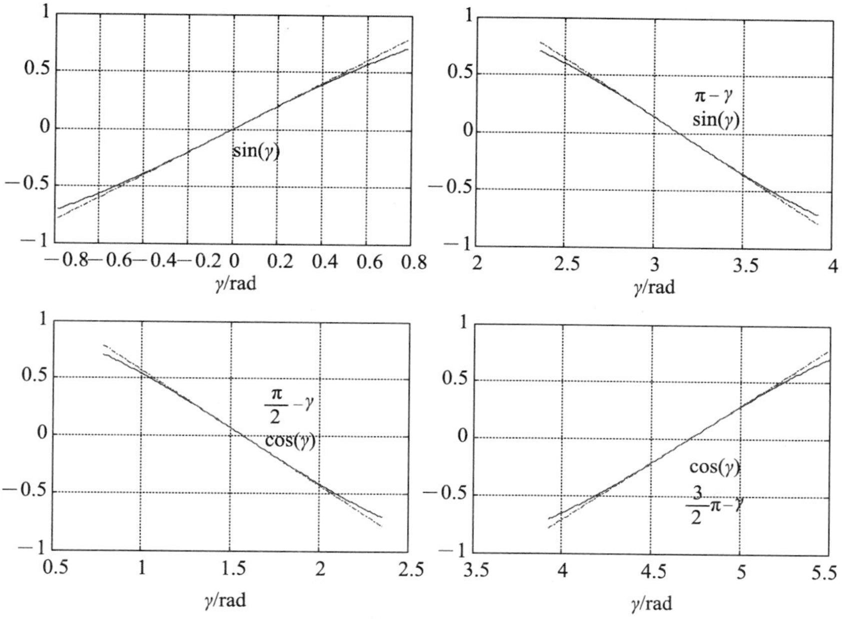

图 6－23 正弦、余弦函数的近似关系

$$\begin{cases} \sin\gamma \approx \gamma, & \gamma \in \left[-\frac{\pi}{4},\frac{\pi}{4}\right] \\ \cos\gamma \approx \frac{\pi}{2}-\gamma, & \gamma \in \left[\frac{\pi}{2}-\frac{\pi}{4},\frac{\pi}{2}+\frac{\pi}{4}\right] \\ \sin\gamma \approx \pi-\gamma, & \gamma \in \left[\pi-\frac{\pi}{4},\pi+\frac{\pi}{4}\right] \\ \cos\gamma \approx -\frac{3\pi}{2}+\gamma, & \gamma \in \left[\frac{3\pi}{2}-\frac{\pi}{4},\frac{3\pi}{2}+\frac{\pi}{4}\right] \end{cases} \tag{6-44}$$

捷联系统方位对准时的运动学方程为

1）$\gamma\in$［$-45°$，$+45°$］时

$$\begin{cases} \dot{\hat{\gamma}} = -\hat{\omega}_x\sin\hat{\phi}_y\sec\hat{\phi}_x + \hat{\omega}_z\cos\hat{\phi}_y\sec\hat{\phi}_x + \omega_{ie}\cos\varphi\cos\hat{\gamma}\tan\hat{\phi}_x - \omega_{ie}\sin\varphi + u_z \\ u_z = -C_z(s)u_x \end{cases} \tag{6-45}$$

2）$\gamma\in$［$180°-45°$，$180°+45°$］时

$$\begin{cases} \dot{\hat{\gamma}} = -\hat{\omega}_x\sin\hat{\phi}_y\sec\hat{\phi}_x + \hat{\omega}_z\cos\hat{\phi}_y\sec\hat{\phi}_x + \omega_{ie}\cos\varphi\cos\hat{\gamma}\tan\hat{\phi}_x - \omega_{ie}\sin\varphi + u_z \\ u_z = C_z(s)u_x \end{cases} \tag{6-46}$$

3）$\gamma\in$［$90°-45°$，$90°+45°$］时

$$\begin{cases} \dot{\hat{\gamma}} = -\hat{\omega}_x\sin\hat{\phi}_y\sec\hat{\phi}_x + \hat{\omega}_z\cos\hat{\phi}_y\sec\hat{\phi}_x + \omega_{ie}\cos\varphi\cos\hat{\gamma}\tan\hat{\phi}_x - \omega_{ie}\sin\varphi + u_z \\ u_z = C_z(s)u_y \end{cases} \tag{6-47}$$

4）$\gamma\in$［$270°-45°$，$270°+45°$］时

$$\begin{cases} \dot{\hat{\gamma}} = -\hat{\omega}_x\sin\hat{\phi}_y\sec\hat{\phi}_x + \hat{\omega}_z\cos\hat{\phi}_y\sec\hat{\phi}_x + \omega_{ie}\cos\varphi\cos\hat{\gamma}\tan\hat{\phi}_x - \omega_{ie}\sin\varphi + u_z \\ u_z = -C_z(s)u_y \end{cases} \tag{6-48}$$

同理，根据式（6－20）、式（6－21）和式（6－46），得到 $\gamma\in$［$180°-45°$，$180°+45°$］时的流程图如图 6－24 所示。由于 Y 水平通道姿态修正回路与图 6－6 相同，在图 6－24 中只画出 X 水平通道和 Z 通道方位修正回路。

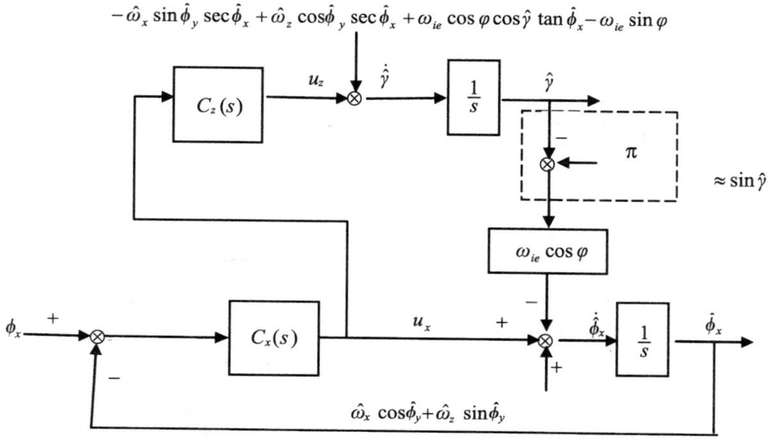

图 6－24　捷联系统 $\gamma\in$ [180°－45°，180°＋45°]
时的水平通道及方位修正回路

根据式（6—20）、式（6—21）和式（6—47），得到 $\gamma\in$[90°－45°，90°＋45°] 时的流程图（如图 6—25 所示）。

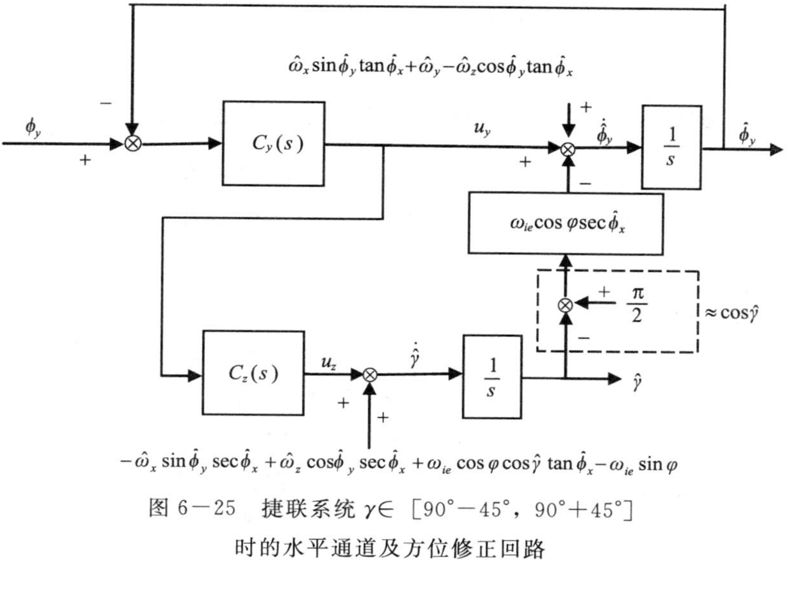

图 6－25　捷联系统 $\gamma\in$ [90°－45°，90°＋45°]
时的水平通道及方位修正回路

根据式（6－20）、式（6－21）和式（6－48），得到 $\gamma\in$ ［270°－45°，270°＋45°］时的流程图如图 6－26 所示。

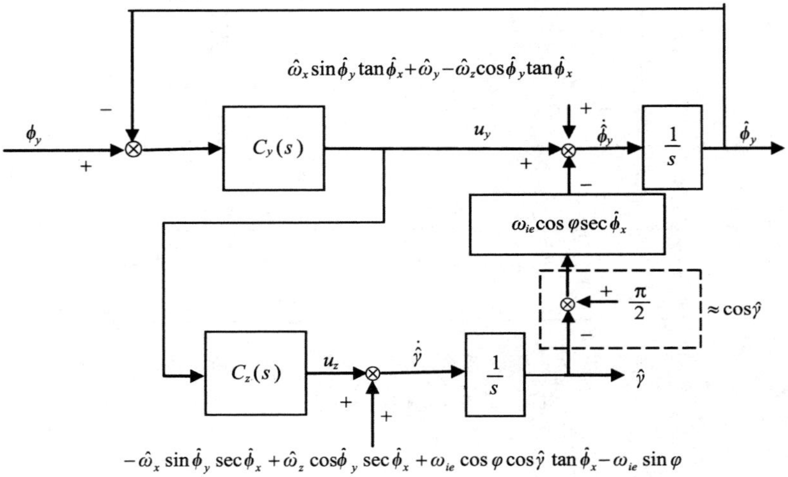

图 6－26　捷联系统 $\gamma\in$ ［270°－45°，270°＋45°］
时的水平通道及方位修正回路

6.3.3　捷联系统晃动基座四象限方位对准稳定性分析

在方位对准的控制方法确定以后，下面证明方位角的初值选择对系统的稳定性没有影响，也就是说方位对准具有全局渐近稳定的性质。

根据判别系统稳定性的 Lyepunov 定理，在奇点对状态方程展成泰勒级数，得到一次近似式表达状态方程 $\dot{\boldsymbol{X}}=\boldsymbol{AX}$。如果系统矩阵 $\boldsymbol{A}$ 的全部特征值都具有负实部，则系统是稳定的，而且系统的稳定性与高阶导数项无关。如果矩阵 $\boldsymbol{A}$ 的特征值中至少有一个具有正实部时，则无论其高阶导数项情况如何，系统在该起点处为不稳定。如果矩阵 $\boldsymbol{A}$ 含有等于零的特征值，则系统的稳定性要由高阶导数项决定。

（1）$\gamma \in [-45^\circ, +45^\circ]$ 时

在分析稳定性时，可不考虑低通滤波器和仪表误差，此时的系统方程为

$$\begin{cases} \dot{\hat{\gamma}} = u_z + \omega'_{zp} \\ u_z = -\dfrac{K(T_z s + 1)}{s} u_x \\ u_x = \omega_{ie} \cos\varphi (\sin\hat{\gamma} - \sin\gamma) \end{cases} \tag{6-49}$$

其中 $\omega'_{zp} = -\omega_x \sin\hat{\phi}_y \sec\hat{\phi}_x + \omega_z \cos\hat{\phi}_y \sec\hat{\phi}_x + \omega_{ie} \cos\varphi \cos\hat{\gamma} \tan\hat{\phi}_x - \omega_{ie} \sin\varphi$。

设中间变量 $\dot{x} = u_x$，则有

$$\begin{cases} \dot{x} = \omega_{ie} \cos\varphi (\sin\hat{\gamma} - \sin\gamma) \\ \dot{\hat{\gamma}} = -Kx - KT_z \omega_{ie} \cos\varphi (\sin\hat{\gamma} - \sin\gamma) + \omega'_{zp} \end{cases} \tag{6-50}$$

上式有两个奇点，分别为 $\hat{\gamma} = \gamma$ 和 $\hat{\gamma} = \pi - \gamma$。

在奇点 $\hat{\gamma} = \gamma$ 处的一阶泰勒展开为

$$\sin\hat{\gamma} - \sin\gamma = \cos\gamma \cdot (\hat{\gamma} - \gamma) = \Delta\gamma \cdot \cos\gamma \tag{6-51}$$

$$\cos\hat{\gamma} - \cos\gamma = -\sin\gamma \cdot (\hat{\gamma} - \gamma) = -\Delta\gamma \cdot \sin\gamma \tag{6-52}$$

设

$$\Delta\dot{\gamma} = \dot{\hat{\gamma}} - \dot{\gamma} \approx -x - T_z \omega_{ie} \cos\varphi \cos\gamma \cdot \Delta\gamma \tag{6-53}$$

则式（6—50）写成矩阵形式为

$$\begin{bmatrix} \dot{x} \\ \Delta\dot{\gamma} \end{bmatrix} = \begin{bmatrix} 0 & \omega_{ie} \cos\varphi \cos\gamma \\ -K & -KT_z \omega_{ie} \cos\varphi \cos\gamma \end{bmatrix} \begin{bmatrix} x \\ \Delta\gamma \end{bmatrix} \tag{6-54}$$

其特征方程为

$$s^2 + KT_z \omega_{ie} \cos\varphi \cos\gamma \cdot s + K\omega_{ie} \cos\varphi \cos\gamma = 0 \tag{6-55}$$

由于 $K > 0$，$T_z = 100$，$\cos\gamma > 0$，可以看出，其两个特征值都具有负实部，因此系统在奇点 $\hat{\gamma} = \gamma$ 处是稳定的。

而在奇点 $\hat{\gamma} = \pi - \gamma$ 处的一阶泰勒展开为

$$\begin{aligned} \sin\hat{\gamma} - \sin\gamma &= \sin\hat{\gamma} - \sin(\pi - \gamma) \\ &= \cos(\pi - \gamma) \cdot (\hat{\gamma} - \pi + \gamma) \\ &= -\Delta\gamma' \cdot \cos\gamma \end{aligned} \tag{6-56}$$

设

$$\Delta\dot{\gamma}' = \dot{\hat{\gamma}} + \dot{\gamma} \approx - Kx + KT_z\omega_{ie}\cos\varphi\cos\gamma \cdot \Delta\gamma' \quad (6-57)$$

则式（6—50）写成矩阵形式为

$$\begin{bmatrix} \dot{x} \\ \Delta\dot{\gamma}' \end{bmatrix} = \begin{bmatrix} 0 & -\omega_{ie}\cos\varphi\cos\gamma \\ -K & KT_z\omega_{ie}\cos\varphi\cos\gamma \end{bmatrix} \begin{bmatrix} x \\ \Delta\gamma' \end{bmatrix} \quad (6-58)$$

其特征方程为

$$s^2 - KT_z\omega_{ie}\cos\varphi\cos\gamma \cdot s - K\omega_{ie}\cos\varphi\cos\gamma = 0 \quad (6-59)$$

由于 $K>0$，$T_z=100$，$\cos\gamma>0$，可以看出，有一个特征值具有正实部，因此系统在奇点 $\hat{\gamma} = \pi - \gamma$ 处是不稳定的。

上述证明过程说明在 $\gamma\in$［$-45°$，$+45°$］区间，系统具有唯一的平衡点，即系统是全局稳定的。

（2）$\gamma\in$［$180°-45°$，$180°+45°$］时

在不考虑低通滤波器时的系统方程为

$$\begin{cases} \dot{\hat{\gamma}} = u_z + \omega'_{zp} \\ u_z = \dfrac{K(T_z s + 1)}{s} u_x \\ u_x = \omega_{ie}\cos\varphi(\sin\hat{\gamma} - \sin\gamma) \end{cases} \quad (6-60)$$

设中间变量 $\dot{x} = u_x$，则有

$$\begin{cases} \dot{x} = \omega_{ie}\cos\varphi(\sin\hat{\gamma} - \sin\gamma) \\ \dot{\hat{\gamma}} = Kx + KT_z\omega_{ie}\cos\varphi(\sin\hat{\gamma} - \sin\gamma) + \omega'_{zp} \end{cases} \quad (6-61)$$

上式有两个奇点，分别为 $\hat{\gamma} = \gamma$ 和 $\hat{\gamma} = \pi - \gamma$。

在奇点 $\hat{\gamma} = \gamma$ 处式（6—61）写成矩阵形式为

$$\begin{bmatrix} \dot{x} \\ \Delta\dot{\gamma} \end{bmatrix} = \begin{bmatrix} 0 & \omega_{ie}\cos\varphi\cos\gamma \\ K & KT_z\omega_{ie}\cos\varphi\cos\gamma \end{bmatrix} \begin{bmatrix} x \\ \Delta\gamma \end{bmatrix} + \begin{bmatrix} 0 \\ \omega'_{zp} \end{bmatrix} \quad (6-62)$$

其特征方程为

$$s^2 - KT_z\omega_{ie}\cos\varphi\cos\gamma \cdot s - K\omega_{ie}\cos\varphi\cos\gamma = 0 \quad (6-63)$$

由于 $K>0$，$T_z=100$，$\cos\gamma<0$，可以看出，其两个特征值都具有负实部，因此系统在奇点 $\hat{\gamma} = \gamma$ 处是稳定的。

而在奇点 $\hat{\gamma} = \pi - \gamma$ 处的一阶泰勒展开为

$$\sin\hat{\gamma} - \sin\gamma = \sin\hat{\gamma} - \sin(\pi - \gamma)$$

$$= \cos(\pi - \gamma) \cdot (\hat{\gamma} - \pi + \gamma)$$
$$= - \Delta\gamma' \cdot \cos\gamma \qquad (6-64)$$

设

$$\Delta\dot{\gamma}' = \dot{\hat{\gamma}} + \dot{\gamma} \approx Kx - KT_z\omega_{ie}\cos\varphi\cos\gamma \cdot \Delta\gamma' \qquad (6-65)$$

则式（6－61）写成矩阵形式为

$$\begin{bmatrix} \dot{x} \\ \Delta\dot{\gamma}' \end{bmatrix} = \begin{bmatrix} 0 & -\omega_{ie}\cos\varphi\cos\gamma \\ K & -KT_z\omega_{ie}\cos\varphi\cos\gamma \end{bmatrix} \begin{bmatrix} x \\ \Delta\gamma' \end{bmatrix} \qquad (6-66)$$

其特征方程为

$$s^2 + KT_z\omega_{ie}\cos\varphi\cos\gamma \cdot s + K\omega_{ie}\cos\varphi\cos\gamma = 0 \qquad (6-67)$$

由于 $K>0$，$T_z=100$，$\cos\gamma<0$，可以看出，有一个特征值具有正实部，因此系统在奇点 $\hat{\gamma} = \pi - \gamma$ 处是不稳定的。

上述证明过程说明在 $\gamma \in [180°-45°, 180°+45°]$ 区间，系统具有唯一的平衡点，即系统是全局稳定的。

（3）$\gamma \in [90°-45°, 90°+45°]$ 时

设方位角真实值 γ 在 90°附近，在不考虑低通滤波器时的系统方程为

$$\begin{cases} \dot{\hat{\gamma}} = u_z + \omega'_{zp} \\ u_z = \dfrac{K(T_z s + 1)}{s} u_y \\ u_y = \omega_{ie}\cos\varphi\sec\hat{\phi}_x(\cos\hat{\gamma} - \cos\gamma) \end{cases} \qquad (6-68)$$

设中间变量 $\dot{x} = u_y$，则有

$$\begin{cases} \dot{x} = \omega_{ie}\cos\varphi\sec\hat{\phi}_x(\cos\hat{\gamma} - \cos\gamma) \\ \dot{\hat{\gamma}} = Kx + KT_z\omega_{ie}\cos\varphi\sec\hat{\phi}_x(\cos\hat{\gamma} - \cos\gamma) + \omega'_{zp} \end{cases} \qquad (6-69)$$

上式有两个奇点，分别为 $\hat{\gamma} = \gamma$ 和 $\hat{\gamma} = -\gamma$。

在奇点 $\hat{\gamma} = \gamma$ 处的一阶泰勒展开为

$$\cos\hat{\gamma} - \cos\gamma = -\sin\gamma \cdot (\hat{\gamma} - \gamma) = -\Delta\gamma \cdot \sin\gamma \qquad (6-70)$$

则式（6－69）写成矩阵形式为

$$\begin{bmatrix} \dot{x} \\ \Delta\dot{\gamma} \end{bmatrix} = \begin{bmatrix} 0 & -\omega_{ie}\cos\varphi\sec\hat{\phi}_x\sin\gamma \\ K & -KT_z\omega_{ie}\cos\varphi\sec\hat{\phi}_x\sin\gamma \end{bmatrix} \begin{bmatrix} x \\ \Delta\gamma \end{bmatrix} + \begin{bmatrix} 0 \\ \omega'_{zp} \end{bmatrix} \qquad (6-71)$$

其特征方程为

$$s^2 + KT_z\omega_{ie}\cos\varphi\sec\hat{\phi}_x\sin\gamma \cdot s + K\omega_{ie}\cos\varphi\sec\hat{\phi}_x\sin\gamma = 0 \tag{6-72}$$

由于 $K>0$，$T_z=100$，$\sin\gamma>0$，可以看出，其两个特征值都具有负实部，因此系统在奇点 $\hat{\gamma}=\gamma$ 处是稳定的。

而在奇点 $\hat{\gamma}=-\gamma$ 处的一阶泰勒展开为

$$\begin{aligned}\cos\hat{\gamma}-\cos\gamma &= \cos\hat{\gamma}-\cos(-\gamma)\\ &= -\sin(-\gamma)\cdot(\hat{\gamma}+\gamma)\\ &= \Delta\gamma'\cdot\sin\gamma\end{aligned} \tag{6-73}$$

设

$$\Delta\dot{\gamma}' = \dot{\hat{\gamma}} + \dot{\gamma} \approx Kx + KT_z\omega_{ie}\cos\varphi\sec\hat{\phi}_x\sin\gamma\cdot\Delta\gamma' \tag{6-74}$$

则式（6－69）写成矩阵形式为

$$\begin{bmatrix}\dot{x}\\ \Delta\dot{\gamma}'\end{bmatrix} = \begin{bmatrix}0 & \omega_{ie}\cos\varphi\sec\hat{\phi}_x\sin\gamma\\ K & KT_z\omega_{ie}\cos\varphi\sec\hat{\phi}_x\sin\gamma\end{bmatrix}\begin{bmatrix}x\\ \Delta\gamma'\end{bmatrix} \tag{6-75}$$

其特征方程为

$$s^2 - KT_z\omega_{ie}\cos\varphi\sec\hat{\phi}_x\sin\gamma \cdot s - K\omega_{ie}\cos\varphi\sec\hat{\phi}_x\sin\gamma = 0 \tag{6-76}$$

由于 $K>0$，$T_z=100$，$\sin\gamma>0$，可以看出，有一个特征值具有正实部，因此系统在奇点 $\hat{\gamma}=-\gamma$ 处是不稳定的。

上述证明过程说明在 $\gamma\in[90°-45°, 90°+45°]$ 区间，系统具有唯一的平衡点，即系统是全局稳定的。

（4）$\gamma\in[270°-45°, 270°+45°]$ 时

设方位角真实值 γ 在 270°附近，在不考虑低通滤波器时的系统方程为

$$\begin{cases}\dot{\hat{\gamma}} = u_z + \omega'_{zp}\\ u_z = -\dfrac{K(T_zs+1)}{s}u_y\\ u_y = \omega_{ie}\cos\varphi\sec\hat{\phi}_x(\cos\hat{\gamma}-\cos\gamma)\end{cases} \tag{6-77}$$

设中间变量 $\dot{x} = u_y$，则有

$$\begin{cases} \dot{x} = \omega_{ie}\cos\varphi\sec\hat{\phi}_x(\cos\hat{\gamma} - \cos\gamma) \\ \dot{\hat{\gamma}} = -Kx - KT_z\omega_{ie}\cos\varphi\sec\hat{\phi}_x(\cos\hat{\gamma} - \cos\gamma) + \omega'_{zp} \end{cases} \tag{6-78}$$

上式有两个奇点，分别为 $\hat{\gamma} = \gamma$ 和 $\hat{\gamma} = -\gamma$。

在奇点 $\hat{\gamma} = \gamma$ 处的一阶泰勒展开为

$$\cos\hat{\gamma} - \cos\gamma = -\sin\gamma \cdot (\hat{\gamma} - \gamma) = -\Delta\gamma \cdot \sin\gamma \tag{6-79}$$

则式（6—78）写成矩阵形式为

$$\begin{bmatrix} \dot{x} \\ \Delta\dot{\gamma} \end{bmatrix} = \begin{bmatrix} 0 & -\omega_{ie}\cos\varphi\sec\hat{\phi}_x\sin\gamma \\ -K & KT_z\omega_{ie}\cos\varphi\sec\hat{\phi}_x\sin\gamma \end{bmatrix} \begin{bmatrix} x \\ \Delta\gamma \end{bmatrix} + \begin{bmatrix} 0 \\ \omega'_{zp} \end{bmatrix} \tag{6-80}$$

其特征方程为

$$s^2 - KT_z\omega_{ie}\cos\varphi\sec\hat{\phi}_x\sin\gamma \cdot s - K\omega_{ie}\cos\varphi\sec\hat{\phi}_x\sin\gamma = 0 \tag{6-81}$$

由于 $K>0$，$T_z=100$，$\sin\gamma<0$，可以看出，其两个特征值都具有负实部，因此系统在奇点 $\hat{\gamma} = \gamma$ 处是稳定的。

而在奇点 $\hat{\gamma} = -\gamma$ 处的一阶泰勒展开为

$$\begin{aligned} \cos\hat{\gamma} - \cos\gamma &= \cos\hat{\gamma} - \cos(-\gamma) \\ &= -\sin(-\gamma) \cdot (\hat{\gamma} + \gamma) \\ &= \Delta\gamma' \cdot \sin\gamma \end{aligned} \tag{6-82}$$

设

$$\Delta\dot{\gamma}' = \dot{\hat{\gamma}} + \dot{\gamma} \approx -Kx - KT_z\omega_{ie}\cos\varphi\sec\hat{\phi}_x\sin\gamma \cdot \Delta\gamma' \tag{6-83}$$

则式（6—78）写成矩阵形式为

$$\begin{bmatrix} \dot{x} \\ \Delta\dot{\gamma}' \end{bmatrix} = \begin{bmatrix} 0 & \omega_{ie}\cos\varphi\sec\hat{\phi}_x\sin\gamma \\ -K & -KT_z\omega_{ie}\cos\varphi\sec\hat{\phi}_x\sin\gamma \end{bmatrix} \begin{bmatrix} x \\ \Delta\gamma' \end{bmatrix} \tag{6-84}$$

其特征方程为

$$s^2 + KT_z\omega_{ie}\cos\varphi\sec\hat{\phi}_x\sin\gamma \cdot s + K\omega_{ie}\cos\varphi\sec\hat{\phi}_x\sin\gamma = 0 \tag{6-85}$$

由于 $K>0$，$T_z=100$，$\sin\gamma<0$，可以看出，有一个特征值具有正实部，因此系统在奇点 $\hat{\gamma}=-\gamma$ 处是不稳定的。

上述证明过程说明在 $\gamma\in[270°-45°, 270°+45°]$ 区间，系统具有唯一的平衡点，即系统是全局稳定的。

6.3.4 捷联系统晃动基座四象限方位对准流程

在这里对晃动基座捷联系统四象限方位对准的流程小结如下：

1）首先，进行水平通道的对准，得到 x 和 y 通道的控制量，见式（6—42）；

2）在 t_M 时刻，根据式（6—43），判断出真实方位角的区间范围；

3）根据区间范围，在式（6—45）～式（6—48）中选择一种控制算法；

4）在 $t>t_M$ 进行方位对准。

以某一次试验为例，设 X 和 Y 轴保持水平，方位轴以 0.4 Hz 摇摆，相对地理坐标系的方位角约为 90°。设 $t_M=100$ s，在水平对准后的 t_M 时刻，有 $\sin\gamma=0.909$，$\cos\gamma=-0.106$，可判断出方位角真实值处于［90°—45°，90°＋45°］区间。

在确定控制算法后，初值 $\hat{\gamma}$ 分别取 240°，150°，60°，—30°，方位对准结果如图 6—27 所示。

6.4 捷联系统晃动基座全方位对准

在捷联系统中的方位对准中，为了线性化方便，把方位角等分为 4 个象限。在 4 象限方位对准时，需要在对准过程中确定方位角的区间范围以及不同的控制策略。在本节中，介绍一种全方位对准方法，并对其进行稳定性分析。

6.4.1 捷联系统晃动基座全方位对准方法

从 4 象限方位对准的流程图可以看出，方位对准既与 X 通道水平回路有关系，也与 Y 通道水平回路有关系，因此，综合 4 个象限的控制策略后的全方位对准方法如图 6—28 所示。

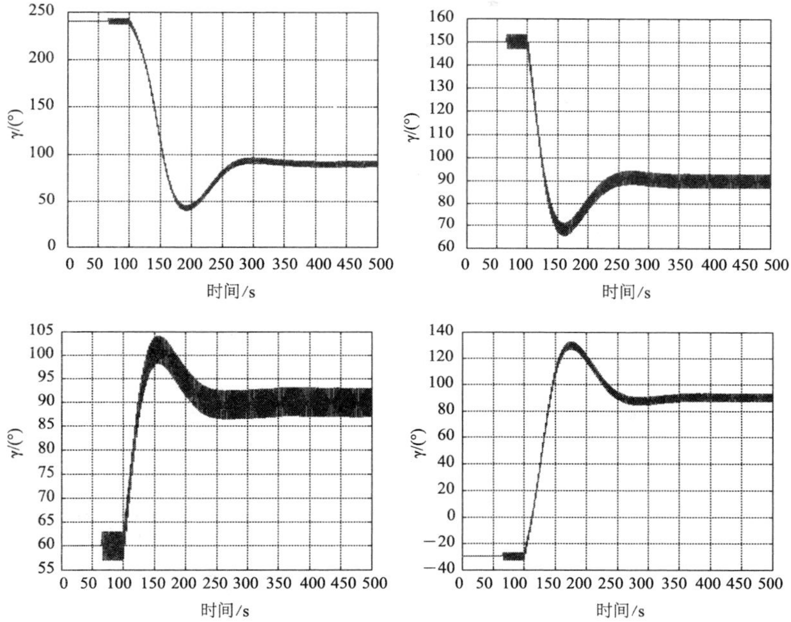

图 6—27　捷联系统在不同初始方位值时的对准结果

方位对准的控制器为

$$u_z = (-u_x\cos\hat{\gamma} + u_y\sin\hat{\gamma}\cos\hat{\phi}_x)C_z(s) \tag{6-86}$$

上述控制方式的优点在于不需要粗对准，也不需要在不同控制方式之间进行切换。另外，系统的稳定性得到增强。

6.4.2　捷联系统晃动基座全方位对准稳定性分析

在分析稳定性时，可不考虑仪表的误差。根据式（6—42），有

$$\begin{aligned} u_z &= (-u_x\cos\hat{\gamma} + u_y\sin\hat{\gamma}\cos\hat{\phi}_x)C_z(s) \\ &= -\omega_{ie}\cos\varphi(\sin\hat{\gamma}\cos\gamma - \cos\hat{\gamma}\sin\gamma)C_z(s) \\ &= -\omega_{ie}\cos\varphi\sin(\hat{\gamma}-\gamma)C_z(s) \end{aligned} \tag{6-87}$$

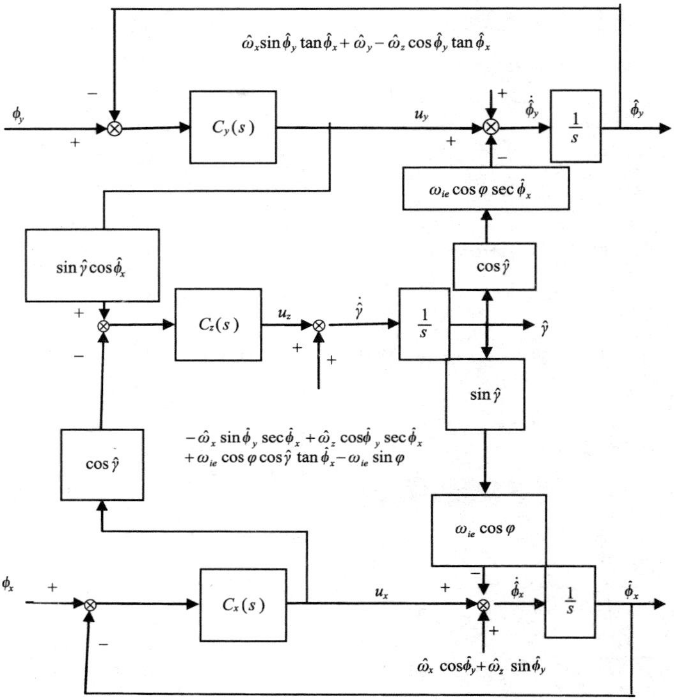

图 6－28 捷联系统全方位对准时的流程图

在不考虑低通滤波器时的方位对准运动学方程为

$$\begin{cases}\dot{\hat{\gamma}}=u_z+\omega'_{zp}\\ u_z=-\dfrac{K(T_zs+1)}{s}u_{xy}\\ u_{xy}=\omega_{ie}\cos\varphi\sin(\hat{\gamma}-\gamma)\end{cases}\tag{6-88}$$

其中 $\omega'_{zp}=-\omega_x\sin\hat{\phi}_y\sec\hat{\phi}_x+\omega_z\cos\hat{\phi}_y\sec\hat{\phi}_x+\omega_{ie}\cos\varphi\cos\hat{\gamma}\tan\hat{\phi}_x-\omega_{ie}\sin\varphi$。

设中间变量 $\dot{x}=u_{xy}$，则有

$$\begin{cases}\dot{x}=\omega_{ie}\cos\varphi\sin(\hat{\gamma}-\gamma)\\ \dot{\hat{\gamma}}=-Kx-KT_z\omega_{ie}\cos\varphi\sin(\hat{\gamma}-\gamma)+\omega'_{zp}\end{cases}\tag{6-89}$$

上式有两个奇点，分别为 $\hat{\gamma}=\gamma$ 和 $\hat{\gamma}=\pi+\gamma$。

在奇点 $\hat{\gamma}=\gamma$ 处的一阶泰勒展开为

$$\sin(\hat{\gamma}-\gamma)=\hat{\gamma}-\gamma=\Delta\gamma \tag{6-90}$$

设

$$\Delta\dot{\gamma}=\dot{\hat{\gamma}}-\dot{\gamma}\approx -Kx-KT_z\omega_{ie}\cos\phi\cdot\Delta\gamma \tag{6-91}$$

则式（6—89）写成矩阵形式为

$$\begin{bmatrix}\dot{x}\\ \Delta\dot{\gamma}\end{bmatrix}=\begin{bmatrix}0 & \omega_{ie}\cos\varphi\\ -K & -KT_z\omega_{ie}\cos\varphi\end{bmatrix}\begin{bmatrix}x\\ \Delta\gamma\end{bmatrix} \tag{6-92}$$

其特征方程为

$$s^2+KT_z\omega_{ie}\cos\varphi\cdot s+K\omega_{ie}\cos\varphi=0 \tag{6-93}$$

由于 $K>0$，$T_z=100$，可以看出，其两个特征值都具有负实部，而且与方位角 γ 无关，因此系统在奇点 $\hat{\gamma}=\gamma$ 处是稳定的。

而在奇点 $\hat{\gamma}=\pi+\gamma$ 处的一阶泰勒展开为

$$\sin(\hat{\gamma}-\gamma)=\pi+\gamma-\hat{\gamma}=-\Delta\gamma' \tag{6-94}$$

设

$$\Delta\dot{\gamma}'=\dot{\hat{\gamma}}-\dot{\gamma}\approx -Kx+KT_z\omega_{ie}\cos\varphi\cdot\Delta\gamma' \tag{6-95}$$

则式（6—89）写成矩阵形式为

$$\begin{bmatrix}\dot{x}\\ \Delta\dot{\gamma}'\end{bmatrix}=\begin{bmatrix}0 & -\omega_{ie}\cos\varphi\\ -K & KT_z\omega_{ie}\cos\varphi\end{bmatrix}\begin{bmatrix}x\\ \Delta\gamma'\end{bmatrix} \tag{6-96}$$

其特征方程为

$$s^2-KT_z\omega_{ie}\cos\varphi\cdot s-K\omega_{ie}\cos\varphi=0 \tag{6-97}$$

由于 $T_z=100$，可以看出，有一个特征值具有正实部，而且与方位角 γ 无关，因此系统在奇点 $\hat{\gamma}=\pi+\gamma$ 处是不稳定的。

上述证明过程说明系统具有唯一的平衡点，即系统是全局稳定的。

6.5 基于状态观测器的初始对准方法

前面介绍的 H_∞ 控制方法基于输出反馈，当然也可用基于滤波理论的状态反馈方法来进行初始对准。由于捷联系统和平台系统的初始对准误差模型是一个非线性方程，因此采用通常的线性滤波方法是不行的。通过采取适当的线性化处理，状态观测器和卡尔曼滤波方法可用于惯性测量系统的初始对准。下面以捷联系统为例，介绍在晃动条件下的初始对准方法。

6.5.1　以角度作为输出量的状态观测器

由于捷联系统初始对准时的姿态微分方程是一个非线性方程组，如式（6－18），在进行状态反馈时需要进行线性化。设状态方程为

$$\dot{\boldsymbol{x}}(t) = \boldsymbol{f}[x(t)] \tag{6-98}$$

对其线性化后的一阶方程为

$$\begin{aligned}\dot{\boldsymbol{x}}(t) &= \boldsymbol{f}(x_0) + \boldsymbol{f}'(x_0)[\boldsymbol{x}(t) - \boldsymbol{x}_0] \\ &= \boldsymbol{A}\boldsymbol{x}(t) + \boldsymbol{w}(t_0)\end{aligned} \tag{6-99}$$

其中

$$\boldsymbol{A} = \boldsymbol{f}'(x)$$

$$= \begin{bmatrix} 0 & -(\omega_x\sin\phi_y - \omega_z\cos\phi_y) & -\omega_{ie}\cos\varphi\cos\gamma \\ \begin{matrix}(\omega_x\sin\phi_y - \omega_z\cos\phi_y)\sec^2\phi_x \\ -\omega_{ie}\cos\varphi\cos\gamma\tan\phi_x\sec\phi_x\end{matrix} & (\omega_x\cos\phi_y + \omega_z\sin\phi_y)\tan\phi_x & \omega_{ie}\cos\varphi\sin\gamma\sec\phi_x \\ \begin{matrix}-(\omega_x\sin\phi_y - \omega_z\cos\phi_y)\tan\phi_x\sec\phi_x \\ +\omega_{ie}\cos\varphi\cos\gamma\sec^2\phi_x\end{matrix} & -(\omega_x\cos\phi_y + \omega_z\sin\phi_y)\sec\phi_x & -\omega_{ie}\cos\varphi\sin\gamma\tan\phi_x \end{bmatrix} \tag{6-100}$$

$$\boldsymbol{w}(t_0) = \boldsymbol{f}(x_0) - \boldsymbol{f}'(x_0)x_0 \tag{6-101}$$

由于观测方程为

$$\boldsymbol{y} = \boldsymbol{C}\boldsymbol{x}(t) = \begin{bmatrix} 1 & 0 & 0 \\ 0 & 1 & 0 \end{bmatrix}\begin{bmatrix} \phi_x \\ \phi_y \\ \gamma \end{bmatrix} \tag{6-102}$$

则有状态观测器的状态方程为

$$\dot{\hat{\boldsymbol{x}}} = \boldsymbol{A}\hat{\boldsymbol{x}} + \boldsymbol{K}(y - \boldsymbol{C}\hat{x}) + \boldsymbol{w}(t_0) \tag{6-103}$$

由式（6－99）和式（6－103），可得

$$\dot{\boldsymbol{x}} - \dot{\hat{\boldsymbol{x}}} = (\boldsymbol{A} - \boldsymbol{K}\boldsymbol{C})(\boldsymbol{x} - \hat{\boldsymbol{x}}) \tag{6-104}$$

其解为

$$\boldsymbol{x}-\hat{\boldsymbol{x}}=\mathrm{e}^{(\boldsymbol{A}-\boldsymbol{KC})(t-t_0)}\left[\boldsymbol{x}(t_0)-\hat{\boldsymbol{x}}(t_0)\right] \tag{6-105}$$

从上式可以看出，只要系统具有渐进稳定性，并且适当选择反馈矩阵 $\boldsymbol{K}$，将状态观测器的系统矩阵（$\boldsymbol{A}-\boldsymbol{KC}$）构成稳定矩阵，便可使状态观测器的状态最终能以要求的速率趋向系统状态，条件是系统完全能观测。

在验证观测性时，取

$$\mathrm{rank}\begin{bmatrix}\boldsymbol{C}\\ \boldsymbol{CA}\\ \boldsymbol{CA}^2\end{bmatrix}=\mathrm{rank}\begin{bmatrix}1 & 0 & 0\\ 0 & 1 & 0\\ 0 & 0 & -\omega_{ie}\cos\varphi\cos\gamma\\ 0 & 0 & \omega_{ie}\cos\varphi\sin\gamma\sec\phi_x\end{bmatrix} \tag{6-106}$$

从上式可以看出，系统在任意方位角下都是完全能观测的。

选择反馈矩阵

$$\boldsymbol{K}=\begin{bmatrix}k_{11} & k_{12}\\ k_{21} & k_{22}\\ k_{31} & k_{32}\end{bmatrix} \tag{6-107}$$

可得状态观测器的系统矩阵为

$$\boldsymbol{A}-\boldsymbol{KC}=$$

$$\begin{bmatrix}-k_{11} & -(\omega_x\sin\phi_y-\omega_z\cos\phi_y)-k_{12} & -\omega_{ie}\cos\varphi\cos\gamma\\ \begin{matrix}(\omega_x\sin\phi_y-\omega_z\cos\phi_y)\sec^2\phi_x-\\ \omega_{ie}\cos\varphi\cos\gamma\tan\phi_x\sec\phi_x-k_{21}\end{matrix} & (\omega_x\cos\phi_y+\omega_z\sin\phi_y)\tan\phi_x-k_{22} & \omega_{ie}\cos\varphi\sin\gamma\sec\phi_x\\ \begin{matrix}-(\omega_x\sin\phi_y-\omega_z\cos\phi_y)\tan\phi_x\sec\phi_x+\\ \omega_{ie}\cos\varphi\cos\gamma\sec^2\phi_x-k_{31}\end{matrix} & -(\omega_x\cos\phi_y+\omega_z\sin\phi_y)\sec\phi_x-k_{32} & -\omega_{ie}\cos\varphi\sin\gamma\tan\phi_x\end{bmatrix} \tag{6-108}$$

以及状态观测器的特征方程式为

$$|s\boldsymbol{I}-(\boldsymbol{A}-\boldsymbol{KC})|$$

$$=\begin{bmatrix}s+k_{11}- & (\omega_x\sin\phi_y-\omega_z\cos\phi_y)+k_{12} & \omega_{ie}\cos\varphi\cos\gamma\\ \begin{matrix}(\omega_x\sin\phi_y-\omega_z\cos\phi_y)\sec^2\phi_x+\\ \omega_{ie}\cos\varphi\cos\gamma\tan\phi_x\sec\phi_x+k_{21}\end{matrix} & s-(\omega_x\cos\phi_y+\omega_z\sin\phi_y)\tan\phi_x+k_{22} & -\omega_{ie}\cos\varphi\sin\gamma\sec\phi_x\\ \begin{matrix}(\omega_x\sin\phi_y-\omega_z\cos\phi_y)\tan\phi_x\sec\phi_x-\\ \omega_{ie}\cos\varphi\cos\gamma\sec^2\phi_x+k_{31}\end{matrix} & (\omega_x\cos\phi_y+\omega_z\sin\phi_y)\sec\phi_x+k_{32} & s+\omega_{ie}\cos\varphi\sin\gamma\tan\phi_x\end{bmatrix} \tag{6-109}$$

为简化分析，取

$$\begin{cases} k_{12} = -(\omega_x \sin\phi_y - \omega_z \cos\phi_y) \\ k_{21} = (\omega_x \sin\phi_y - \omega_z \cos\phi_y)\sec^2\phi_x - \omega_{ie}\cos\varphi\cos\gamma\tan\phi_x\sec\phi_x \\ k_{22} = (\omega_x \cos\phi_y + \omega_z \sin\phi_y)\tan\phi_x + k'_{22} \\ k_{31} = -(\omega_x \sin\phi_y - \omega_z \cos\phi_y)\tan\phi_x\sec\phi_x + \omega_{ie}\cos\varphi\cos\gamma\sec^2\phi_x + k'_{31} \\ k_{32} = -(\omega_x \cos\phi_y + \omega_z \sin\phi_y)\sec\phi_x + k'_{32} \end{cases} \tag{6-110}$$

则有

$$|\boldsymbol{sI} - (\boldsymbol{A} - \boldsymbol{KC})| = \begin{vmatrix} s + k_{11} & 0 & \omega_{ie}\cos\varphi\cos\gamma \\ 0 & s + k'_{22} & -\omega_{ie}\cos\varphi\sin\gamma\sec\phi_x \\ k'_{31} & k'_{32} & s + \omega_{ie}\cos\varphi\sin\gamma\tan\phi_x \end{vmatrix} \tag{6-111}$$

取

$$\begin{cases} k'_{31} = -k_{3p}\cos\gamma \\ k'_{32} = k_{3p}\sin\gamma\sec\phi_x \\ k'_{22} = k_{11} \end{cases} \tag{6-112}$$

则有

$$\begin{aligned} |\boldsymbol{sI} - (\boldsymbol{A} - \boldsymbol{KC})| = & s^3 + (2k_{11} + \omega_{ie}\cos\varphi\sin\gamma\tan\phi_x)s^2 + \\ & (2k_{11}\omega_{ie}\cos\varphi\sin\gamma\tan\phi_x + k_{11}^2 + k_{3p}\omega_{ie}\cos\varphi)s + \\ & k_{11}^2\omega_{ie}\cos\varphi\sin\gamma\tan\phi_x + k_{11}k_{3p}\omega_{ie}\cos\varphi \end{aligned} \tag{6-113}$$

假设初始对准时的 $|\phi_x| \leqslant \dfrac{\pi}{4}$，则有

$$|\delta_p| = |\omega_{ie}\cos\varphi\sin\gamma\tan\phi_x| \leqslant \omega_{ie}\cos\varphi \tag{6-114}$$

为保证系统在全方位范围内稳定，应选择合理的 k_{11} 和 k_{3p}，使得如下特征多项式稳定

$$\begin{aligned} |\boldsymbol{sI} - (\boldsymbol{A} - \boldsymbol{KC})| = & s^3 + (2k_{11} + \delta_p)s^2 + (2k_{11}\delta_p + k_{11}^2 + k_{3p}\omega_{ie}\cos\varphi)s + \\ & k_{11}^2\delta_p + k_{11}k_{3p}\omega_{ie}\cos\varphi \\ = & (s + k_{11})(s^2 + k_{11}s + k_{3p}\omega_{ie}\cos\varphi) + \delta_p(s + k_{11})^2 \\ = & (s + k_{11})[s^2 + (k_{11} + \delta_p)s + (k_{3p}\omega_{ie}\cos\varphi + \delta_p k_{11})] \end{aligned} \tag{6-115}$$

从上式可以看出，系统有三个特征值

$$\begin{cases} s_1 = -k_{11} \\ s_{2,3} = \dfrac{-(k_{11}+\delta_p) \pm \sqrt{(k_{11}+\delta_p)^2 - 4(k_{3p}\omega_{ie}\cos\varphi + \delta_p k_{11})}}{2} \end{cases} \tag{6-116}$$

要保证系统稳定，需要三个特征值都在负半平面内。比如，取

$$\begin{cases} k_{11} \gg |\delta_p| \\ k_{3p} = \dfrac{k_{11}^2}{4\omega_{ie}\cos\varphi} \end{cases} \tag{6-117}$$

此时，系统的特征值为

$$\begin{cases} s_1 = -k_{11} \\ s_2 = s_3 = -\dfrac{k_{11}}{2} \end{cases} \tag{6-118}$$

归纳起来，式（6－107），式（6－110），式（6－112），式（6－117）为状态观测器的反馈矩阵。可以验证，该初始对准系统是全局稳定的。

以图 6－27 的条件为例，初值 $\hat{\gamma}$ 取 40°，$k_{11}=0.1$，用状态观测器的方位对准结果如图 6－29 所示。

在 K 已知的情况下，状态观测器的状态方程为

$$\begin{cases} \dot{\hat{\boldsymbol{x}}} = (\boldsymbol{A}-\boldsymbol{KC})\hat{\boldsymbol{x}} + \boldsymbol{KCx} \\ \boldsymbol{y} = \boldsymbol{C}\hat{\boldsymbol{x}} \end{cases} \tag{6-119}$$

其闭环传递函数为

$$\boldsymbol{G}(s) = \boldsymbol{C}[s\boldsymbol{I} - (\boldsymbol{A}-\boldsymbol{KC})]\boldsymbol{K} \tag{6-120}$$

在稳态时的闭环传递函数伯德图如图 6－30 所示。

在图 6－30 中，第一列的输入为 ϕ_x，第二列的输入为 ϕ_y，图中的响应曲线分别为 $\dfrac{\hat{\phi}_x}{\phi_x}(s)$，$\dfrac{\hat{\phi}_x}{\phi_y}(s)$，$\dfrac{\hat{\phi}_y}{\phi_x}(s)$ 和 $\dfrac{\hat{\phi}_y}{\phi_y}(s)$ 。从图中可以看出，采用状态观测器时，闭环传递函数等价于一个低通滤波器和解耦器。

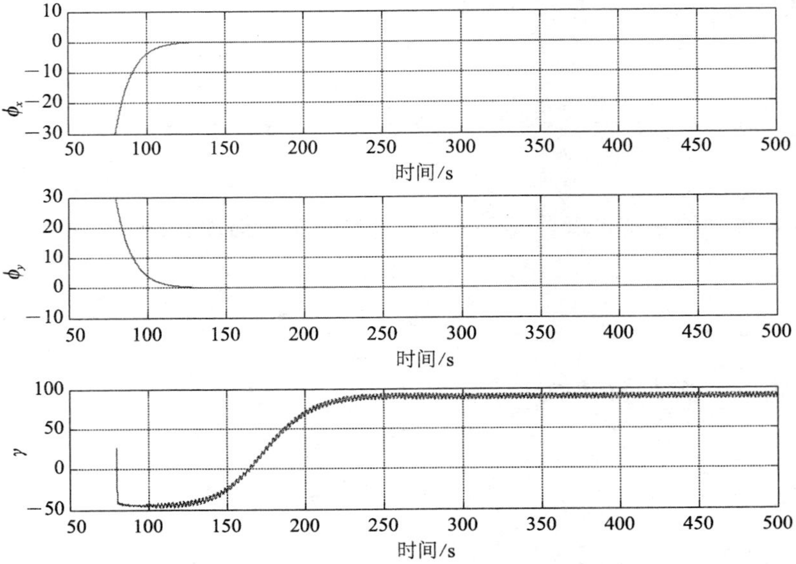

图 6—29　捷联系统采用状态观测器时的对准结果

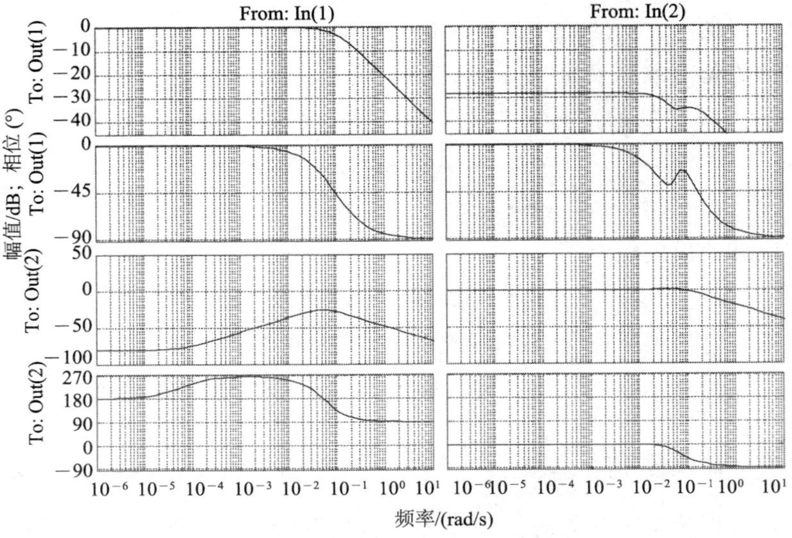

图 6—30　采用状态观测器时的闭环传递函数伯德图

6.5.2　广义卡尔曼滤波估计

采用状态观测器，其系统带宽为一个固定值。而卡尔曼滤波器的带宽随反馈矩阵 $\boldsymbol{K}$ 是可调节的，在误差较大时带宽较大以提高快速性，在误差较小时带宽较小以提高收敛精度。下面介绍卡尔曼滤波估计于捷联系统的初始对准中的应用。设状态变量为

$$\boldsymbol{x}=\begin{bmatrix}\phi_x\\ \phi_y\\ \gamma\end{bmatrix} \tag{6-121}$$

则系统状态方程为

$$\begin{cases}\dot{\phi}_x=\omega_x\cos\phi_y+\omega_z\sin\phi_y-\omega_{ie}\cos\varphi\sin\gamma+w_x\\ \dot{\phi}_y=\omega_x\sin\phi_y\tan\phi_x+\omega_y-\omega_z\cos\phi_y\tan\phi_x-\omega_{ie}\cos\varphi\cos\gamma\sec\phi_x+w_y\\ \dot{\gamma}=-\omega_x\sin\phi_y\sec\phi_x+\omega_z\cos\phi_y\sec\phi_x+\omega_{ie}\cos\varphi\cos\gamma\tan\phi_x-\omega_{ie}\sin\varphi+w_z\end{cases} \tag{6-122}$$

其中 $\boldsymbol{w}(t)$ 是均值为零，协方差为 $\boldsymbol{E}\{\boldsymbol{w}(t)\boldsymbol{w}^{\mathrm{T}}(t)\}=\boldsymbol{Q}(t)\boldsymbol{\delta}(t-\tau)$ 的正态白噪声过程。

输出观测量为

$$\boldsymbol{y}_k=\begin{bmatrix}\phi_x(t_k)\\ \phi_y(t_k)\end{bmatrix}+\begin{bmatrix}v_{xk}\\ v_{yk}\end{bmatrix} \tag{6-123}$$

其中 v_k 表示均值为零、协方差为 $E\{v_k v_j^T\}=R_k\delta_{kj}$ 的正态白噪声序列。

现在的问题是给出量测数据 y_1，y_2，…，y_k 以后，求状态矢量 x_k 的某种估计。为分析方便，定义系统的状态方程和观测方程为

$$\begin{cases}\dot{\boldsymbol{x}}(t)=\boldsymbol{f}(x(t))+\boldsymbol{w}(t)\\ \boldsymbol{y}_k=\boldsymbol{h}(x_k)+\boldsymbol{v}_k\end{cases} \tag{6-124}$$

定义 $\hat{\boldsymbol{x}}_{k|k}$ 表示状态矢量 $\boldsymbol{x}_k$ 的某种估计，取预测估计方程为

$$\hat{\boldsymbol{x}}_{k+1|k}=\hat{\boldsymbol{x}}_{k|k}+\boldsymbol{f}(\hat{\boldsymbol{x}}_{k|k})\Delta t \tag{6-125}$$

把 $\boldsymbol{f}(\boldsymbol{x}_k)$ 在 $\hat{\boldsymbol{x}}_{k|k}$ 附近近似展开并取到一次项，则近似有

$$\boldsymbol{f}(x_k) = \boldsymbol{f}(\hat{x}_{k|k}) + \boldsymbol{F}_{k+1,k}(\boldsymbol{x}_k - \hat{\boldsymbol{x}}_{k|k}) \tag{6-126}$$

其中，

$$\boldsymbol{F}_{k+1,k} = \left.\frac{\partial\, \boldsymbol{f}(x_k)}{\partial\, \boldsymbol{x}_k}\right|_{x=\hat{x}_{k|k}} =$$

$$\begin{bmatrix} 0 & -(\omega_x \sin\phi_y - \omega_z \cos\phi_y) & -\omega_{ie}\cos\varphi\cos\gamma \\ \begin{gathered}(\omega_x \sin\phi_y - \omega_z\cos\phi_y)\sec^2\phi_x - \\ \omega_{ie}\cos\varphi\cos\gamma\tan\phi_x\sec\phi_x\end{gathered} & (\omega_x\cos\phi_y + \omega_z\sin\phi_y)\tan\phi_x & \omega_{ie}\cos\varphi\sin\gamma\sec\phi_x \\ \begin{gathered}-(\omega_x\sin\phi_y - \omega_z\cos\phi_y)\tan\phi_x\sec\phi_x + \\ \omega_{ie}\cos\varphi\cos\gamma\sec^2\phi_x\end{gathered} & -(\omega_x\cos\phi_y + \omega_z\sin\phi_y)\sec\phi_x & -\omega_{ie}\cos\varphi\sin\gamma\tan\phi_x \end{bmatrix}$$

$$\tag{6-127}$$

令

$$\boldsymbol{\phi}_{k+1,k} = \boldsymbol{I} + \boldsymbol{F}_{k+1,k}\Delta t \tag{6-128}$$

$$\boldsymbol{P}_{k+1,k} = \boldsymbol{\phi}_{k+1,k}\boldsymbol{P}_{k,k}\boldsymbol{\phi}_{k+1,k}^{\mathrm{T}} + \boldsymbol{Q}_k\Delta t \tag{6-129}$$

把 $\boldsymbol{h}$（$\boldsymbol{x}_k$）在 $\hat{x}_{k+1|k}$ 附近近似展开并取到一次项，则近似有

$$\boldsymbol{h}(x_{k+1}) = \boldsymbol{h}(\hat{x}_{k+1|k}) + \boldsymbol{H}_{k+1}(\boldsymbol{x}_{k+1} - \hat{\boldsymbol{x}}_{k+1|k}) \tag{6-130}$$

其中，

$$\boldsymbol{H}_{k+1} = \left.\frac{\partial\, \boldsymbol{h}(x_{k+1})}{\partial\, \boldsymbol{x}_{k+1}}\right|_{x_{k+1}=\hat{x}_{k+1|k}} = \begin{bmatrix} 1 & 0 & 0 \\ 0 & 1 & 0 \end{bmatrix} \tag{6-131}$$

协方差更新矩阵为

$$\begin{aligned}\boldsymbol{P}_{k+1,k+1} &= [\boldsymbol{I} - \boldsymbol{K}_{k+1}\boldsymbol{H}_{k+1}]\boldsymbol{P}_{k+1,k}[\boldsymbol{I} - \boldsymbol{K}_{k+1}\boldsymbol{H}_{k+1}]^{\mathrm{T}} + \boldsymbol{K}_{k+1}\boldsymbol{R}_{k+1}\boldsymbol{K}_{k+1}^{\mathrm{T}} \\ &= \boldsymbol{P}_{k+1,k} + [\boldsymbol{K}_{k+1}\boldsymbol{S}_{k+1} - \boldsymbol{D}_k][\boldsymbol{K}_{k+1}\boldsymbol{S}_{k+1} - \boldsymbol{D}_k]^{\mathrm{T}} - \boldsymbol{D}_k\boldsymbol{D}_k^{\mathrm{T}}\end{aligned}$$

$$\tag{6-132}$$

其中

$$\boldsymbol{S}_{k+1}\boldsymbol{S}_{k+1}^{\mathrm{T}} = \boldsymbol{H}_{k+1}\boldsymbol{P}_{k+1,k}\boldsymbol{H}_{k+1}^{\mathrm{T}} + \boldsymbol{R}_{k+1}$$

$$\boldsymbol{D}_k = \boldsymbol{P}_{k+1,k}\boldsymbol{H}_{k+1}^{\mathrm{T}}(\boldsymbol{S}_{k+1}^{\mathrm{T}})^{-1}$$

为使 $\mathrm{tr}\boldsymbol{P}_{k+1,k+1}$ 达到极小，应取

$$\boldsymbol{K}_{k+1}\boldsymbol{S}_{k+1} - \boldsymbol{D}_k = 0 \tag{6-133}$$

即，反馈增益矩阵为

$$\boldsymbol{K}_{k+1} = \boldsymbol{D}_k\boldsymbol{S}_{k+1}^{-1} = \boldsymbol{P}_{k+1,k}\boldsymbol{H}_{k+1}^{\mathrm{T}}[\boldsymbol{H}_{k+1}\boldsymbol{P}_{k+1,k}\boldsymbol{H}_{k+1}^{\mathrm{T}} + \boldsymbol{R}_{k+1}]^{-1}$$

$$\tag{6-134}$$

所谓 $\boldsymbol{P}_{k,k}$ 达到极小是指它所属的二次齐式达到极小，当 $\boldsymbol{P}_{k,k}$ 达到极小时，$\mathrm{tr}\boldsymbol{P}_{k,k} = \boldsymbol{E}\{[\boldsymbol{x}_k - \hat{\boldsymbol{x}}_{k|k}]^{\mathrm{T}}[\boldsymbol{x}_k - \hat{\boldsymbol{x}}_{k|k}]\}$ 达到极小，所以由式(6—134)确定的增益矩阵 $\boldsymbol{K}_k$ 是最优增益矩阵。在此条件下，式(6—132)的协方差更新矩阵简化为

$$\boldsymbol{P}_{k+1,k+1} = \boldsymbol{P}_{k+1,k} - \boldsymbol{P}_{k+1,k}\boldsymbol{H}_{k+1}^{\mathrm{T}}[\boldsymbol{H}_{k+1}\boldsymbol{P}_{k+1,k}\boldsymbol{H}_{k+1}^{\mathrm{T}} + \boldsymbol{R}_{k+1}]^{-1}\boldsymbol{H}_{k+1}\boldsymbol{P}_{k+1,k} \tag{6—135}$$

状态估计的修正值为

$$\hat{\boldsymbol{x}}_{k+1|k+1} = \hat{\boldsymbol{x}}_{k+1|k} + \boldsymbol{K}_{k+1}[\boldsymbol{y}_{k+1} - \boldsymbol{h}(\hat{x}_{k+1|k})] \tag{6—136}$$

以图 6—27 的条件为例，初值 $\hat{\gamma}$ 分别取 240°，150°，60°，—30°，用广义卡尔曼滤波器的方位对准结果如图 6—31 所示。可以看出，通过选区合适的 $\boldsymbol{Q}_k$ 和 $\boldsymbol{R}_k$，该系统不仅是快速稳定，而且是全局稳定。

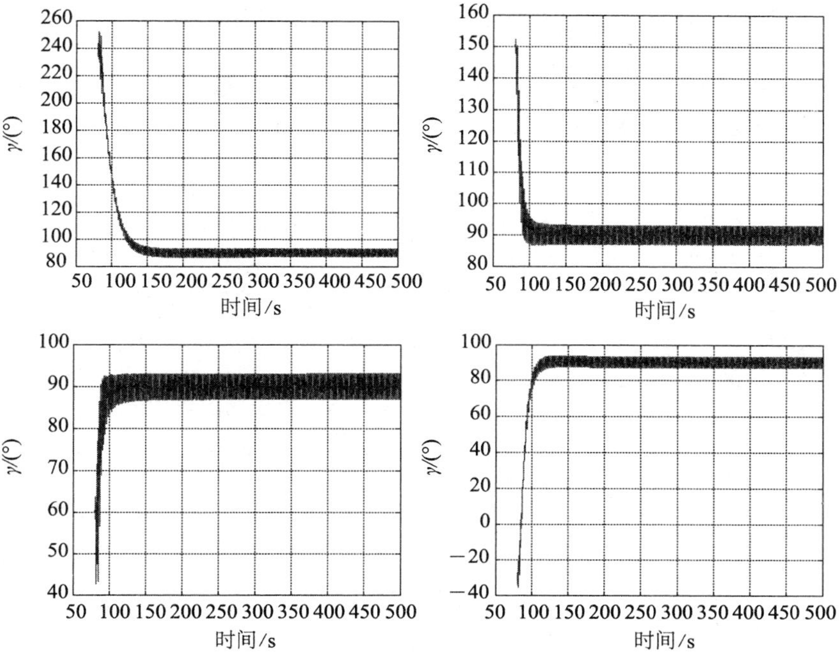

图 6—31　捷联系统在不同初始方位值时的对准结果

同理，也可在频域对卡尔曼滤波器进行分析，在每个周期的闭环传递函数为

$$\boldsymbol{G}(s)=\boldsymbol{H}_{k+1}[s\boldsymbol{I}-(\boldsymbol{F}_{k+1,k}-\boldsymbol{K}_{k+1}\boldsymbol{H}_{k+1}/\Delta t)]\boldsymbol{K}_{k+1}/\Delta t \tag{6-137}$$

由于卡尔曼滤波器的增益矩阵 $\boldsymbol{K}_{k+1}$ 随着误差的变化而变化，在初始时刻误差较大时，精度不是主要矛盾，为提高系统的快速稳定性，闭环系统的带宽较大，比如在 80.25 s 时刻的闭环传递函数伯德图如图 6—32 所示。图中，带宽大于 1 rad/s。而随着误差的减小，精度是主要矛盾，为减小系统的噪声而实时降低系统的带宽，比如在 500s 时刻的闭环传递函数伯德图如图 6—33 所示。图中，带宽小于 0.1 rad/s。

在图 6—32 和图 6—33 中，第一列的输入为 ϕ_x，第二列的输入为 ϕ_y，图中的响应曲线分别为 $\frac{\hat{\phi}_x}{\phi_x}(s)$，$\frac{\hat{\phi}_x}{\phi_y}(s)$，$\frac{\hat{\phi}_y}{\phi_x}(s)$ 和 $\frac{\hat{\phi}_y}{\phi_y}(s)$。从图中可以看出，采用卡尔曼滤波器时，闭环传递函数等价于一个自适应的变带宽低通滤波器。

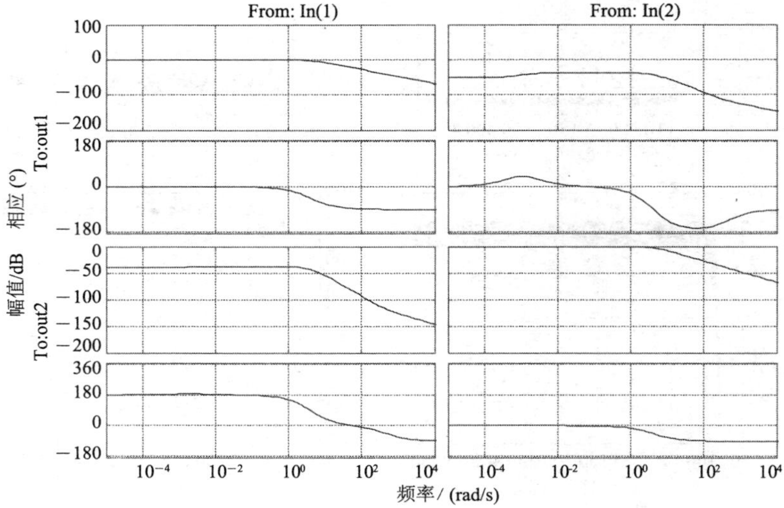

图 6—32　采用卡尔曼滤波器时的闭环传递函数伯德图（80.25 s）

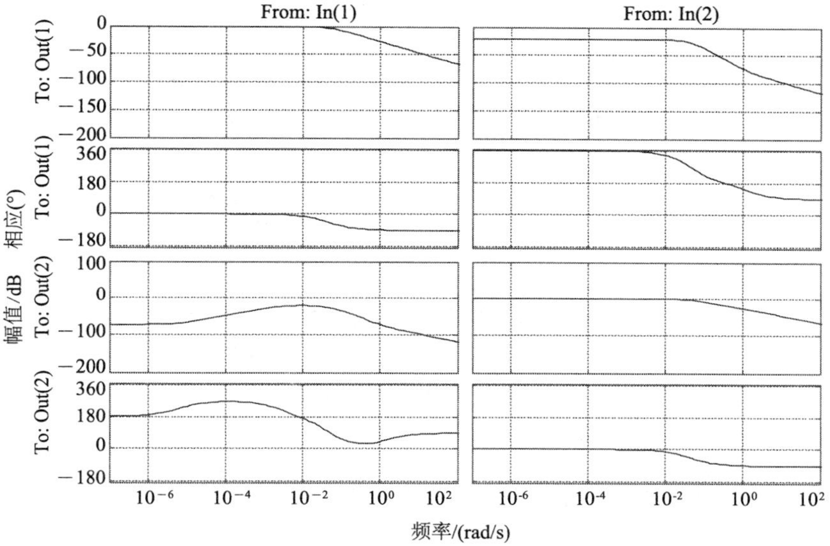

图 6—33　采用卡尔曼滤波器时的闭环传递函数伯德图（500 s）

6.5.3　H∞ 滤波估计

卡尔曼滤波器要求精确已知系统噪声和观测噪声的统计特性，而对于一个实际系统往往存在着模型不确定性或干扰信号统计特性不完全已知等，这些不确定因素使得卡尔曼滤波算法失去最优性，估计精度大大降低，严重时会引起滤波发散。为解决此问题，本节采用鲁棒滤波理论。

除状态方程和观测方程外，设状态变量的任意线性组合为

$$z_k = L_k x_k \tag{6-138}$$

则有估计的误差方程

$$e_k = z_{k|k} - L_k x_k \tag{6-139}$$

H∞ 滤波问题可归结为，在给定 γ 条件下，寻找一种最优的估计 $\hat{\boldsymbol{z}}_{k|k} = \boldsymbol{F}_f(y_0, y_1, \cdots, y_k)$，使闭环传递函数 $|\boldsymbol{T}_k(\boldsymbol{F}_f)|_\infty < \gamma$，即

$$\sup_{x_0,w\in h_2,v\in h_2}\frac{\sum_{j=0}^{k}e_j^{\mathrm{T}}e_j}{(\boldsymbol{x}_0-\hat{\boldsymbol{x}}_0)^{\mathrm{T}}\boldsymbol{P}_0^{-1}(\boldsymbol{x}_0-\hat{\boldsymbol{x}}_0)+\sum_{j=0}^{k}\boldsymbol{w}_j^{\mathrm{T}}\boldsymbol{w}_j+\sum_{j=0}^{k}\boldsymbol{v}_j^{\mathrm{T}}\boldsymbol{v}_j}<\gamma$$

(6－140)

为与卡尔曼滤波器比较，下面给出一种 H∞ 滤波的流程。

$$\hat{\boldsymbol{x}}_{k+1|k}=\hat{\boldsymbol{x}}_{k|k}+\boldsymbol{f}(\hat{x}_{k|k})\Delta t$$

$$\boldsymbol{\phi}_{k+1,k}=\boldsymbol{I}+\boldsymbol{F}_{k+1,k}\Delta t$$

$$\boldsymbol{P}_{k+1,k}=\boldsymbol{\phi}_{k+1,k}\boldsymbol{P}_{k,k}\boldsymbol{\phi}_{k+1,k}^{\mathrm{T}}+\boldsymbol{Q}_k\Delta t$$

$$\boldsymbol{K}_{k+1}=\boldsymbol{P}_{k+1,k}\boldsymbol{H}_{k+1}^{\mathrm{T}}[\boldsymbol{H}_{k+1}\boldsymbol{P}_{k+1,k}\boldsymbol{H}_{k+1}^{\mathrm{T}}+\boldsymbol{R}_{k+1}]^{-1}$$

$$\hat{\boldsymbol{x}}_{k+1|k+1}=\hat{\boldsymbol{x}}_{k|k}+\boldsymbol{f}(\hat{x}_{k|k})\Delta t+\boldsymbol{K}_{k+1}[\boldsymbol{y}_{k+1}-\boldsymbol{h}(\hat{\boldsymbol{x}}_{k+1|k})]$$

上述过程与卡尔曼滤波器相同，而与卡尔曼滤波器的唯一区别在于协方差更新矩阵，即

$$\boldsymbol{P}_{k+1,k+1}=\boldsymbol{P}_{k+1,k}-\boldsymbol{P}_{k+1,k}[\boldsymbol{H}_{k+1}^{\mathrm{T}}\quad \boldsymbol{L}_{k+1}^{\mathrm{T}}]\boldsymbol{R}_{e,k+1}^{-1}\begin{bmatrix}\boldsymbol{H}_{k+1}\\ \boldsymbol{L}_{k+1}\end{bmatrix}\boldsymbol{P}_{k+1,k}$$

(6－141)

其中

$$\boldsymbol{R}_{e,k+1}=\begin{bmatrix}\boldsymbol{R}_{k+1} & 0\\ 0 & \boldsymbol{\gamma}^2\boldsymbol{I}\end{bmatrix}+\begin{bmatrix}\boldsymbol{H}_{k+1}\\ \boldsymbol{L}_{k+1}\end{bmatrix}\boldsymbol{P}_{k+1,k}[\boldsymbol{H}_{k+1}^{\mathrm{T}}\quad \boldsymbol{L}_{k+1}^{\mathrm{T}}]$$

(6－142)

下面证明在 $\gamma\rightarrow\infty$ 时，H∞ 滤波的协方差更新矩阵（6－141）将与卡尔曼滤波器的协方差更新矩阵（6－135）相同。也就是说，卡尔曼滤波器是 H∞ 滤波的一种特殊形式。

在证明过程中，应用到如下求逆公式

$$[\boldsymbol{A}+\boldsymbol{BCD}]^{-1}=\boldsymbol{A}^{-1}-\boldsymbol{A}^{-1}\boldsymbol{B}[\boldsymbol{C}^{-1}+\boldsymbol{DA}^{-1}\boldsymbol{B}]^{-1}\boldsymbol{DA}^{-1}$$

(6－143)

利用上式变换，有

$$\boldsymbol{R}_{e,k+1}^{-1}=\begin{bmatrix}\boldsymbol{R}_{k+1}^{-1} & 0\\ 0 & \boldsymbol{\gamma}^{-2}I\end{bmatrix}-\begin{bmatrix}\boldsymbol{R}_{k+1}^{-1} & 0\\ 0 & \boldsymbol{\gamma}^{-2}\boldsymbol{I}\end{bmatrix}\begin{bmatrix}\boldsymbol{H}_{k+1}\\ \boldsymbol{L}_{k+1}\end{bmatrix}[\boldsymbol{P}_{k+1,k}^{-1}+[\boldsymbol{H}_{k+1}^{\mathrm{T}}\quad \boldsymbol{L}_{k+1}^{\mathrm{T}}]$$

$$\begin{bmatrix} \boldsymbol{R}_{k+1}^{-1} & 0 \\ 0 & \boldsymbol{\gamma}^{-2} I \end{bmatrix} \begin{bmatrix} \boldsymbol{H}_{k+1} \\ \boldsymbol{L}_{k+1} \end{bmatrix}^{-1} \times \begin{bmatrix} \boldsymbol{H}_{k+1}^{\mathrm{T}} & \boldsymbol{L}_{k+1}^{\mathrm{T}} \end{bmatrix} \begin{bmatrix} \boldsymbol{R}_{k+1}^{-1} & 0 \\ 0 & \boldsymbol{\gamma}^{-2} \boldsymbol{I} \end{bmatrix}$$

$$= \begin{bmatrix} \boldsymbol{R}_{k+1}^{-1} & 0 \\ 0 & \boldsymbol{\gamma}^{-2} \boldsymbol{I} \end{bmatrix} - \begin{bmatrix} \boldsymbol{R}_{k+1}^{-1} \boldsymbol{H}_{k+1} \\ \boldsymbol{\gamma}^{-2} \boldsymbol{L}_{k+1} \end{bmatrix}$$

$$\left[\boldsymbol{P}_{k+1,k}^{-1} + \boldsymbol{H}_{k+1}^{\mathrm{T}} \boldsymbol{R}_{k+1}^{-1} \boldsymbol{H}_{k+1} + \boldsymbol{\gamma}^{-2} \boldsymbol{L}_{k+1}^{\mathrm{T}} \boldsymbol{L}_{k+1}\right]^{-1} \times$$

$$\left[\boldsymbol{H}_{k+1}^{\mathrm{T}} \boldsymbol{R}_{k+1}^{-1} \quad \boldsymbol{\gamma}^{-2} \boldsymbol{L}_{k+1}^{\mathrm{T}}\right] \tag{6-144}$$

因此，有

$$\begin{bmatrix} \boldsymbol{H}_{k+1}^{\mathrm{T}} & \boldsymbol{L}_{k+1}^{\mathrm{T}} \end{bmatrix} \boldsymbol{R}_{e,k+1}^{-1} \begin{bmatrix} \boldsymbol{H}_{k+1} \\ \boldsymbol{L}_{k+1} \end{bmatrix}$$

$$= \boldsymbol{H}_{k+1}^{\mathrm{T}} \boldsymbol{R}_{k+1}^{-1} \boldsymbol{H}_{k+1} + \boldsymbol{\gamma}^{-2} \boldsymbol{L}_{k+1}^{\mathrm{T}} \boldsymbol{L}_{k+1} -$$

$$\left[\boldsymbol{H}_{k+1}^{\mathrm{T}} \boldsymbol{R}_{k+1}^{-1} \boldsymbol{H}_{k+1} + \boldsymbol{\gamma}^{-2} \boldsymbol{L}_{k+1}^{\mathrm{T}} \boldsymbol{L}_{k+1}\right]\left[\boldsymbol{P}_{k+1,k}^{-1} + \boldsymbol{H}_{k+1}^{\mathrm{T}} \boldsymbol{R}_{k+1}^{-1} \boldsymbol{H}_{k+1} + \boldsymbol{\gamma}^{-2} \boldsymbol{L}_{k+1}^{\mathrm{T}} \boldsymbol{L}_{k+1}\right]^{-1} \times$$

$$\left[\boldsymbol{H}_{k+1}^{\mathrm{T}} \boldsymbol{R}_{k+1}^{-1} \boldsymbol{H}_{k+1} + \boldsymbol{\gamma}^{-2} \boldsymbol{L}_{k+1}^{\mathrm{T}} \boldsymbol{L}_{k+1}\right] \tag{6-145}$$

在 $\gamma \to \infty$ 时，上式为

$$\lim_{\gamma \to \infty} \begin{bmatrix} \boldsymbol{H}_{k+1}^{\mathrm{T}} & \boldsymbol{L}_{k+1}^{\mathrm{T}} \end{bmatrix} \boldsymbol{R}_{e,k+1}^{-1} \begin{bmatrix} \boldsymbol{H}_{k+1} \\ \boldsymbol{L}_{k+1} \end{bmatrix}$$

$$= \boldsymbol{H}_{k+1}^{\mathrm{T}} \boldsymbol{R}_{k+1}^{-1} \boldsymbol{H}_{k+1} - \boldsymbol{H}_{k+1}^{\mathrm{T}} \boldsymbol{R}_{k+1}^{-1} \boldsymbol{H}_{k+1} \times$$

$$\left[\boldsymbol{P}_{k+1,k}^{-1} + \boldsymbol{H}_{k+1}^{\mathrm{T}} \boldsymbol{R}_{k+1}^{-1} \boldsymbol{H}_{k+1}\right]^{-1} \times \boldsymbol{H}_{k+1}^{\mathrm{T}} \boldsymbol{R}_{k+1}^{-1} \boldsymbol{H}_{k+1} \tag{6-146}$$

另外，在式（6－135）中，有

$$\boldsymbol{H}_{k+1}^{\mathrm{T}}\left[\boldsymbol{H}_{k+1} \boldsymbol{P}_{k+1,k} \boldsymbol{H}_{k+1}^{\mathrm{T}} + \boldsymbol{R}_{k+1}\right]^{-1} \boldsymbol{H}_{k+1}$$

$$= \boldsymbol{H}_{k+1}^{\mathrm{T}}\left[\boldsymbol{R}_{k+1}^{-1} - \boldsymbol{R}_{k+1}^{-1} \boldsymbol{H}_{k+1}\left[\boldsymbol{P}_{k+1,k}^{-1} + \boldsymbol{H}_{k+1}^{\mathrm{T}} \boldsymbol{R}_{k+1}^{-1} \boldsymbol{H}_{k+1}\right]^{-1} \boldsymbol{H}_{k+1}^{\mathrm{T}} \boldsymbol{R}_{k+1}^{-1}\right] H_{k+1} \tag{6-147}$$

比较以上两式，有

$$\lim_{\gamma \to \infty} \begin{bmatrix} \boldsymbol{H}_{k+1}^{\mathrm{T}} & \boldsymbol{L}_{k+1}^{\mathrm{T}} \end{bmatrix} \boldsymbol{R}_{e,k+1}^{-1} \begin{bmatrix} \boldsymbol{H}_{k+1} \\ \boldsymbol{L}_{k+1} \end{bmatrix} = \boldsymbol{H}_{k+1}^{\mathrm{T}}\left[\boldsymbol{H}_{k+1} \boldsymbol{P}_{k+1,k} \boldsymbol{H}_{k+1}^{\mathrm{T}} + \boldsymbol{R}_{k+1}\right]^{-1} \boldsymbol{H}_{k+1} \tag{6-148}$$

因此，也就证明了卡尔曼滤波器是 H∞ 滤波的一种特殊形式。

6.6 平台系统初始对准

6.6.1 平台系统静基座对准运动学方程

捷联系统与载体固连，初始对准的目的是确定载体坐标系与地理坐标系之间的 3 个角度值。而平台系统的目的并不是确定台体相对地理坐标系的角度，这是因为平台台体相对惯性空间稳定，即使平台基座与地理坐标系在某一时刻重合，而随着时间的增加，台体坐标系与平台基座之间的 3 个角度也是一个时变函数。因此，在半解析式导航系统中，平台系统初始对准的目的是使台体与地理坐标系重合，从某种意义上来说，在对准时平台台体处于锁定状态，这个锁定是通过施加电流给陀螺仪的力矩器来实现。

类似，若以地理坐标系（用 L 系表示）为基础，如图 6－1 所示，经过 3 次旋转就可以把它变换到平台台体坐标系（简称台体坐标系，用 p 系表示）。令 C_L^p 表示由地理坐标系 L 到平台坐标系 p 之间的坐标变换矩阵，则有

$$\boldsymbol{R}_L^p = \begin{bmatrix} \cos\phi_y & 0 & -\sin\phi_y \\ 0 & 1 & 0 \\ \sin\phi_y & 0 & \cos\phi_y \end{bmatrix} \begin{bmatrix} 1 & 0 & 0 \\ 0 & \cos\phi_x & \sin\phi_x \\ 0 & -\sin\phi_x & \cos\phi_x \end{bmatrix} \begin{bmatrix} \cos\gamma & \sin\gamma & 0 \\ -\sin\gamma & \cos\gamma & 0 \\ 0 & 0 & 1 \end{bmatrix}$$

$$= \begin{bmatrix} \cos\phi_y\cos\gamma - \sin\phi_y\sin\phi_x\sin\gamma & \cos\phi_y\sin\gamma + \sin\phi_y\sin\phi_x\cos\gamma & -\sin\phi_y\cos\phi_x \\ -\cos\phi_x\sin\gamma & \cos\phi_x\cos\gamma & \sin\phi_x \\ \sin\phi_y\cos\gamma + \cos\phi_y\sin\phi_x\sin\gamma & \sin\phi_y\sin\gamma - \cos\phi_y\sin\phi_x\cos\gamma & \cos\phi_y\cos\phi_x \end{bmatrix} \tag{6－149}$$

上式也适用于平台坐标系。

平台系统的坐标变换矩阵和速度微分方程为

$$\dot{\boldsymbol{R}}_p^L = \boldsymbol{R}_p^L(\boldsymbol{\Omega}_{ip}^p - \boldsymbol{\Omega}_{iL}^p) \tag{6－150}$$

$$\dot{\boldsymbol{V}}^L = \boldsymbol{R}_p^L\boldsymbol{f}^p - (2\boldsymbol{\Omega}_{ie}^L + \boldsymbol{\Omega}_{eL}^L)\boldsymbol{V}^L + \boldsymbol{g}^L \tag{6－151}$$

正如前面所述，平台系统对准的目的是并不是确定 $\boldsymbol{R}_p^L$ 的瞬时值，而

是使对准后 $\boldsymbol{R}_p^L=\boldsymbol{I}$。此时，3 个姿态角趋于零。

在式（6—150）中，如果不对陀螺仪力矩器施加电流，且陀螺仪没有漂移误差时，理论上 $\boldsymbol{\omega}_{ip}^p=0$。事实上，陀螺仪存在随机漂移，因此 $\boldsymbol{\omega}_{ip}^p$ 体现的是陀螺仪的漂移项。另外，$\boldsymbol{\omega}_{ip}^p$ 还包含在给陀螺仪力矩器施加电流时的等效角速度，定义为

$$\boldsymbol{\omega}_{ip}^p=\begin{bmatrix}\varepsilon_x\\\varepsilon_y\\\varepsilon_z\end{bmatrix}+\begin{bmatrix}u_x\\u_y\\u_z\end{bmatrix}\tag{6—152}$$

因此，式（6—150）可以等效为

$$\begin{aligned}\begin{bmatrix}\dot{\phi}_x\\\dot{\phi}_y\\\dot{\gamma}\end{bmatrix}&=\begin{bmatrix}\cos\phi_y&0&\sin\phi_y\\\sin\phi_y\tan\phi_x&1&-\cos\phi_y\tan\phi_x\\-\sin\phi_y\sec\phi_x&0&\cos\phi_y\sec\phi_x\end{bmatrix}(\boldsymbol{\omega}_{ip}^p-\boldsymbol{R}_L^p\boldsymbol{\omega}_{ie}^L)\\&=\begin{bmatrix}\cos\phi_y&0&\sin\phi_y\\\sin\phi_y\tan\phi_x&1&-\cos\phi_y\tan\phi_x\\-\sin\phi_y\sec\phi_x&0&\cos\phi_y\sec\phi_x\end{bmatrix}\boldsymbol{\omega}_{ip}^p-\\&\quad\begin{bmatrix}\cos\gamma&\sin\gamma&0\\-\sin\gamma\sec\phi_x&\cos\gamma\sec\phi_x&0\\\sin\gamma\tan\phi_x&-\cos\gamma\tan\phi_x&1\end{bmatrix}\boldsymbol{\omega}_{ie}^L\end{aligned}\tag{6—153}$$

依据精度要求，初始对准过程可分为粗对准和精对准。在粗对准阶段，要求平台尽快调整到一定的精度范围之内，但是这个阶段的精度要求并不高，实现对准的方法比较容易。精对准是在粗对准的基础上进行的，最后得水平和方位精度主要取决于精对准结束时的精度。

与捷联系统不同的是，$\boldsymbol{\omega}_{ip}^p$ 不能直接测量得到，因此需要通过式（6—151）的观测量来确定控制角速度的大小。由于平台系统的初始对准为一个物理实现的过程，水平对准的目的是使 ϕ_x 和 ϕ_y 趋于零。设经过粗对准后的水平角 ϕ_x 和 ϕ_y 都是小角度，而方位角 $\gamma\in[0°, 360°]$，所以式（6—149）又可简化为

$$\boldsymbol{R}_L^p = \begin{bmatrix} \cos\gamma & \sin\gamma & -\phi_y \\ -\sin\gamma & \cos\gamma & \phi_x \\ \phi_y\cos\gamma + \phi_x\sin\gamma & \phi_y\sin\gamma - \phi_x\cos\gamma & 1 \end{bmatrix} \quad (6-154)$$

可得惯性导航系统静基座对准的分量表达式。

1）台体相对地理坐标系的角速度输出方程为

$$\begin{bmatrix} \dot{\phi}_x \\ \dot{\phi}_y \\ \dot{\gamma} \end{bmatrix} = \begin{bmatrix} 1 & 0 & \phi_y \\ 0 & 1 & -\phi_x \\ -\phi_y & 0 & 1 \end{bmatrix} \boldsymbol{\omega}_{ip}^p - \begin{bmatrix} \cos\gamma & \sin\gamma & 0 \\ -\sin\gamma & \cos\gamma & 0 \\ \sin\gamma \times \phi_x & -\cos\gamma \times \phi_x & 1 \end{bmatrix} \boldsymbol{\omega}_{ie}^L$$

$$\approx - \begin{bmatrix} \omega_{ie}\cos\varphi\sin\gamma \\ \omega_{ie}\cos\varphi\cos\gamma \\ -\omega_{ie}\phi_x\cos\varphi\cos\gamma + \omega_{ie}\sin\varphi \end{bmatrix} + \begin{bmatrix} \varepsilon_x \\ \varepsilon_y \\ \varepsilon_z \end{bmatrix} + \begin{bmatrix} u_x \\ u_y \\ u_z \end{bmatrix} \quad (6-155)$$

其中　ω_{ie} 为地球自转角速率；φ 为当地纬度；ε_x，ε_y，ε_z 为漂移角速率。

2）平台系统的加速度计输出方程

$$\begin{bmatrix} a_x \\ a_y \\ a_z \end{bmatrix} = g \times \begin{bmatrix} -\phi_y \\ \phi_x \\ 1 \end{bmatrix} + \begin{bmatrix} \nabla_x \\ \nabla_y \\ \nabla_z \end{bmatrix} \quad (6-156)$$

其中　g 为地球重力加速度；a_x，a_y，a_z 为加速度计的输出；∇_x，∇_y，∇_z 为加速度计的零位误差。

从式（6—155）可以看出，由于地速和陀螺仪漂移的影响，平台系统在启动后其台体相对地理坐标系的变化过程是一个时变过程。而从式（6—156）可以看出，随着台体的变化，加速度计的输出也为一个随平台台体变化的时变过程。因此，惯性平台系统中，水平对准是通过给两个水平陀螺按照确定的控制规律施加控制力矩把平台台体拉向水平位置的工作过程。

从加速度计输出方程可以看出，水平对准的目的是使 ϕ_x 和 ϕ_y 趋于零，但由于二者不能直接观测，只能通过使加速度计的输出 a_x，a_y 为零实现。此时，加速度计的零位误差将会影响水平对准的精度。

在静基座条件下，调平回路的指标包括：静基座调平精度 $\leqslant$

δ_1；调平时间 $\leqslant t_1$。对调平精度可根据控制器 $\boldsymbol{C}(s)$ 是否包含积分环节分别进行讨论。

1）控制器不包含积分环节时，信号直接取自加速度计的输出，即

$$\begin{bmatrix} u_x \\ u_y \end{bmatrix} = \begin{bmatrix} 0 & -C_x(s) \\ C_y(s) & 0 \end{bmatrix} \begin{bmatrix} a_x \\ a_y \end{bmatrix} \tag{6-157}$$

由于稳态时存在

$$\begin{bmatrix} \dot{\phi}_x \\ \dot{\phi}_y \end{bmatrix} = 0, \tag{6-158}$$

$$\begin{array}{l} gC_x(0) \gg \Omega\sin\varphi \\ gC_y(0) \gg \Omega\sin\varphi \end{array}, \tag{6-159}$$

所以

$$\begin{bmatrix} \phi_x(\infty) \\ \phi_y(\infty) \end{bmatrix} = \begin{bmatrix} (-\omega_{ie}\cos\varphi\sin\gamma + \varepsilon_x)/[gC_x(0)] - \nabla_y/g \\ (-\omega_{ie}\cos\varphi\cos\gamma + \varepsilon_y)/[gC_y(0)] + \nabla_x/g \end{bmatrix} \tag{6-160}$$

可以看出，调平稳态误差除与加速度计零位偏差有关外，还与地速分量、陀螺仪漂移及调平回路增益有关。

2）控制器包含积分环节时，信号取自加速度计的积分输出，即

$$\begin{bmatrix} u_x \\ u_y \end{bmatrix} = \begin{bmatrix} 0 & -C_x(s) \\ C_y(s) & 0 \end{bmatrix} \begin{bmatrix} \delta v_x \\ \delta v_y \end{bmatrix} \tag{6-161}$$

$$\begin{bmatrix} \delta\dot{v}_x \\ \delta\dot{v}_y \end{bmatrix} = \begin{bmatrix} a_x \\ a_y \end{bmatrix} \tag{6-162}$$

则有

$$\begin{bmatrix} \phi_x(\infty) \\ \phi_y(\infty) \end{bmatrix} = \begin{bmatrix} -\nabla_y/g \\ \nabla_x/g \end{bmatrix} \tag{6-163}$$

可以看出，通过在调平回路中增加积分环节，可消除由地速分量和陀螺仪常值漂移引起的误差。因此，在后面的讨论中控制器都包含积分环节。

根据以上分析，在方位角 $\gamma \in [0°, 360°]$ 的范围内，水平对准可以分解为如下两个调平回路

$$\begin{cases} \dot{\phi}_x = -\omega_{ie}\cos\varphi\sin\gamma + \varepsilon_x + u_x \\ \delta\dot{v}_y = g\phi_x + \nabla_y \\ u_x = -C_x(s)\delta v_y \end{cases} \tag{6-164}$$

$$\begin{cases} \dot{\phi}_y = -\omega_{ie}\cos\varphi\cos\gamma + \varepsilon_y + u_y \\ \delta\dot{v}_x = -g\phi_y + \nabla_x \\ u_y = C_y(s)\delta v_x \end{cases} \tag{6-165}$$

因此在设计调平回路校正环节时，可按照单输入单输出系统进行设计。

静基座定向过程包括两部分，首先进行调平，调平好以后进行方位对准。从前面分析可以看出，控制器加积分环节后，调平精度与方位无关。平台罗经的定向功能是根据地速的东向分量为零来实现。如果信号取自东向水平回路，则此系统的状态方程为

$$\begin{cases} \delta\dot{v}_y = g\phi_x + \nabla_y \\ \dot{\phi}_x = -\omega_{ie}\cos\varphi\sin\gamma + \varepsilon_x + u_x \\ \dot{\gamma} = \omega_{ie}\phi_x\cos\varphi\cos\gamma - \omega_{ie}\sin\varphi + \varepsilon_z + u_z \\ u_x = -C_x(s)\delta v_y \\ u_z = C_z(s)\delta v_y \end{cases} \tag{6-166}$$

由于平台罗经定向系统先调平、后方位对准，因此其一个主要特点是方位回路的带宽小于调平回路的带宽。由于调平后，有 $\dot{\phi}_x = 0$，$\phi_x = 0$，所以从式（6—166）可得调平后的定向系统方程为

$$\begin{cases} \dot{\gamma} = -\omega_{ie}\sin\varphi + \varepsilon_z + u_z \\ u_z = C_z(s)\delta v_y \\ \delta v_y = -\dfrac{1}{C_x(s)}u_x \\ u_x = \omega_{ie}\cos\varphi\sin\gamma - \varepsilon_x \end{cases} \tag{6-167}$$

下面对 $C_z(s)$ 是否包含积分环节分别讨论。

(1) $C_z(s)$ 不包含积分环节

如果 $C_z(s)$ 不包含积分环节，在稳态时，$K_z \gg K_x$，此时式(6—167)等效为

$$\dot{\gamma} = -\frac{K_z}{K_x}\Omega\cos\varphi\sin\gamma + \left(\frac{K_z}{K_x}\varepsilon_x + \varepsilon_z - \Omega\sin\varphi\right) \quad (6-168)$$

其中方位角 γ 的初始值 $\gamma_0 \in [0°,\ 360°]$。

在平衡状态，有

$$\sin\gamma = \frac{\varepsilon_x}{\omega_{ie}\cos\varphi} + \frac{\varepsilon_z - \omega_{ie}\sin\varphi}{\frac{K_z}{K_x}\omega_{ie}\cos\varphi} \quad (6-169)$$

所以方位角有两个平衡点

$$\gamma_1 = \arcsin\left(\frac{\varepsilon_x}{\omega_{ie}\cos\varphi} + \frac{\varepsilon_z - \omega_{ie}\sin\varphi}{\frac{K_z}{K_x}\omega_{ie}\cos\varphi}\right), \quad (6-170)$$

$$\gamma_2 = \pi - \arcsin\left(\frac{\varepsilon_x}{\omega_{ie}\cos\varphi} + \frac{\varepsilon_z - \omega_{ie}\sin\varphi}{\frac{K_z}{K_x}\omega_{ie}\cos\varphi}\right), \quad (6-171)$$

根据 Lyapunov 定理可知，平衡点 γ_2 是一个不稳定点，而 γ_1 是一个稳定点，因此 γ_1 在整个 [0°, 360°) 范围内是全局稳定的。也就是说，无论方位角初值如何，最终都会收敛于 γ_1。同时从式（6—170）可以看出，可通过增大 K_z/K_x 来减小 $K_x(\varepsilon_z - \Omega\sin\varphi)/K_z\Omega\cos\varphi$，以使得稳态角 γ_1 主要与东向陀螺仪漂移 ε_x 有关。

(2) $C_z(s)$ 包含积分环节

如果 $C_z(s)$ 包含积分环节，即 $C_z(s) = \frac{Ts+1}{s}C'_z(s)$，其中 T 的取值保证系统稳定。此时式（6—166）等效为

$$\begin{cases} \dot{\gamma} = -\omega_{ie}\sin\varphi + \varepsilon_z + u_z \\ u_z = \dfrac{Ts+1}{s} \times C'_z(s)\delta v_y \\ \delta v_y = -\dfrac{1}{C_x(s)}u_x \\ u_x = \omega_{ie}\cos\varphi\sin\gamma - \varepsilon_x \end{cases} \quad (6-172)$$

则式（6－172）等效为

$$\begin{cases}\dot{x} = -\dfrac{K_z}{K_x}(\omega_{ie}\cos\varphi\sin\gamma - \varepsilon_x) \\ \dot{\gamma} = x - \dfrac{K_z}{K_x}T\omega_{ie}\cos\varphi\sin\gamma + \varepsilon_z - \omega_{ie}\sin\varphi + \dfrac{K_z}{K_x}T\varepsilon_x\end{cases} \tag{6-173}$$

可以证明，上式有两个平衡点

$$\gamma_1 = \arcsin\left(\frac{\varepsilon_x}{\Omega\cos\varphi}\right), \tag{6-174}$$

$$\gamma_2 = \pi - \arcsin\left(\frac{\varepsilon_x}{\Omega\cos\varphi}\right) \tag{6-175}$$

其中 γ_1 为一个在整个 $[0°, 360°)$ 范围内渐进稳定平衡点，而 γ_2 是一个不稳定点。从式（6－174）可以看出，稳态角 γ_1 只与东向陀螺仪漂移 ε_x 有关，因此在后面的分析中，只考虑方位回路含积分环节的情况。

综合上述分析，平台系统的对准回路如图 6－34 所示。

6.6.2 平台系统静基座多位置对准方程

从式（6－174）可以看出，方位角的对准精度与东向陀螺仪直接相关，平台系统可通过多位置对准实现自标定和自补偿的功能，来提高对准后的精度。首先把式（6－174）与初始值无关的方位角 γ_1 称为惯性导航初始对准方位位置 I。

下面研究方位位置 II。此位置的实现只需在式（6－172）中改变控制器 u_z 的符号，即

$$\begin{cases}\dot{\gamma} = -\omega_{ie}\sin\varphi + \varepsilon_z + u_z \\ u_z = -\dfrac{Ts+1}{s} \times C'_z(s)\delta v_y \\ \delta v_y = -\dfrac{1}{C_x(s)}u_x \\ u_x = \omega_{ie}\cos\varphi\sin\gamma - \varepsilon_x\end{cases} \tag{6-176}$$

上式等效为

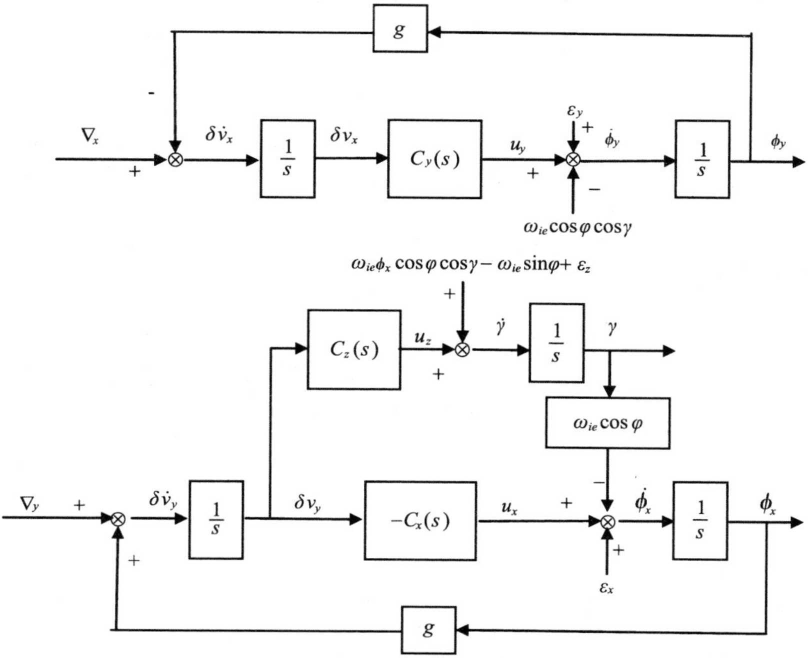

图 6－34　平台系统水平通道及方位修正回路

$$\begin{cases} \dot{x} = \dfrac{K_z}{K_x}(\omega_{ie}\cos\varphi\sin\gamma - \varepsilon_x) \\ \dot{\gamma} = x + \dfrac{K_z}{K_x}T\omega_{ie}\cos\varphi\sin\gamma + \varepsilon_z - \omega_{ie}\sin\varphi - \dfrac{K_z}{K_x}T\varepsilon_x \end{cases} \tag{6－177}$$

上式有两个平衡点，分别为式（6－174）中的 γ_1，式（6－175）中的 γ_2。可以证明，γ_1 为不稳定平衡点，γ_2 是一个在整个［0°，360°）范围内渐进稳定的平衡点。因此把方位角

$$\gamma_2 = \pi - \arcsin\left(\frac{\varepsilon_x}{\Omega\cos\varphi}\right)$$

称为惯性导航初始对准的方位位置 II。

同理，方位回路的信号也可来自北向水平回路，此方法也可实

现另外两个位置。其中，位置 III 的系统方程为

$$\begin{cases}\dot{\gamma} = -\omega_{ie}\sin\varphi + \varepsilon_z + u_z \\ u_z = \dfrac{Ts+1}{s} \times C'_z(s)\delta v_x \\ \delta v_x = \dfrac{1}{C_y(s)}u_y \\ u_y = \omega_{ie}\cos\varphi\cos\gamma - \varepsilon_y\end{cases} \tag{6-178}$$

上式等效为

$$\begin{cases}\dot{x} = \dfrac{K_z}{K_y}(\omega_{ie}\cos\varphi\cos\gamma - \varepsilon_y) \\ \dot{\gamma} = x + \dfrac{K_z}{K_y}T\omega_{ie}\cos\varphi\cos\gamma + \varepsilon_z - \omega_{ie}\sin\varphi - \dfrac{K_z}{K_y}T\varepsilon_y\end{cases} \tag{6-179}$$

上式有两个平衡点

$$\gamma_3 = \arccos\left(\frac{\varepsilon_y}{\omega_{ie}\cos\varphi}\right) \tag{6-180}$$

$$\gamma_4 = -\arccos\left(\frac{\varepsilon_y}{\omega_{ie}\cos\varphi}\right) \tag{6-181}$$

其中 γ_3 为一个在整个［0°，360°）范围内渐进稳定平衡点，而 γ_4 是一个不稳定点。我们把与初始值无关的方位角 γ_3 称为惯性导航初始对准的方位位置 III。而把由系统

$$\begin{cases}\dot{\gamma} = -\omega_{ie}\sin\varphi + \varepsilon_z + u_z \\ u_z = -\dfrac{Ts+1}{s} \times C'_z(s)\delta v_x \\ \delta v_x = \dfrac{1}{C_y(s)}u_y \\ u_y = \omega_{ie}\cos\varphi\cos\gamma - \varepsilon_y\end{cases} \tag{6-182}$$

确定的位置 γ_4 称为惯性导航初始对准的方位位置 IV。

利用上述四个位置可实现平台罗经的自标定技术。

（1）初始对准方位位置 I

初始对准方位位置 I 的误差方程为

$$\begin{cases}\omega_{ie}\cos\varphi\sin\gamma_1-\varepsilon_x=0\\-\omega_{ie}\cos\varphi\cos\gamma_1+\varepsilon_y+u_{y1}=0\\-\omega_{ie}\sin\varphi+\varepsilon_z+u_{z1}=0\end{cases}\tag{6-183}$$

（2）初始对准方位位置 II

初始对准方位位置 II 的误差方程为

$$\begin{cases}\omega_{ie}\cos\varphi\sin\gamma_2-\varepsilon_x=0\\-\omega_{ie}\cos\varphi\cos\gamma_2+\varepsilon_y+u_{y2}=0\\-\omega_{ie}\sin\varphi+\varepsilon_z+u_{z2}=0\end{cases}\tag{6-184}$$

（3）初始对准方位位置 III

初始对准方位位置 III 的误差方程为

$$\begin{cases}\omega_{ie}\cos\varphi\cos\gamma_3-\varepsilon_y=0\\-\omega_{ie}\cos\varphi\sin\gamma_3+\varepsilon_x+u_{x3}=0\\-\omega_{ie}\sin\varphi+\varepsilon_z+u_{z3}=0\end{cases}\tag{6-185}$$

（4）初始对准方位位置 IV

初始对准方位位置 IV 的误差方程为

$$\begin{cases}\omega_{ie}\cos\varphi\cos\gamma_4-\varepsilon_y=0\\-\omega_{ie}\cos\varphi\sin\gamma_4+\varepsilon_x+u_{x4}=0\\-\omega_{ie}\sin\varphi+\varepsilon_z+u_{z4}=0\end{cases}\tag{6-186}$$

根据以上四个位置，可标定出以下参数

$$\varepsilon_z=\omega_{ie}\sin\varphi-\frac{u_{z1}+u_{z2}+u_{z3}+u_{z4}}{4}\tag{6-187}$$

$$\varepsilon_y=-\frac{u_{y1}+u_{y2}}{2}\tag{6-188}$$

$$\varepsilon_x=-\frac{u_{x3}+u_{x4}}{2}\tag{6-189}$$

$$\gamma_1=\arccos\left(\frac{u_{y1}-u_{y2}}{2\Omega\cos\varphi}\right)\tag{6-190}$$

$$\gamma_2=\pi-\arccos\left(\frac{u_{y1}-u_{y2}}{2\Omega\cos\varphi}\right)\tag{6-191}$$

$$\gamma_3=-\arcsin\left(\frac{u_{x4}-u_{x3}}{2\Omega\cos\varphi}\right)\tag{6-192}$$

$$\gamma_4 = \arcsin\left(\frac{u_{x4} - u_{x3}}{2\Omega\cos\varphi}\right) \tag{6-193}$$

在标定出平台三个陀螺仪的常值漂移值后，就可对其补偿，以实现惯性导航平台的初始精对准。我们以式（6—166）为例，其补偿算法为

$$\begin{cases} u_x = -C_x(s)\delta v_y + u_x^b \\ u_z = \dfrac{Ts+1}{s} \times C'_z(s)\delta v_y + u_z^b \end{cases} \tag{6-194}$$

其中

$$u_x^b = \frac{u_{x3} + u_{x4}}{2}, \tag{6-195}$$

$$u_z^b = -\omega_{ie}\sin\varphi + \frac{u_{z1} + u_{z2} + u_{z3} + u_{z4}}{4}, \tag{6-196}$$

此时，式（6—172）等效为

$$\begin{cases} \dot{\gamma} = -\omega_{ie}\sin\varphi + u_z \\ u_z = \dfrac{Ts+1}{s} \times C'_z(s)\delta v_y \\ \delta v_y = -\dfrac{1}{C_x(s)}u_x \\ u_x = \omega_{ie}\cos\varphi\sin\gamma \end{cases} \tag{6-197}$$

此系统有一个全局渐进稳定平衡点 $\gamma_5 = 0$，我们把由式（6—197）确定的方位位置 γ_5 称为惯性导航初始对准的真位置。

总之，利用惯性导航平台初始对准不同输入时的稳定性可实现 4 个方位位置，利用此 4 个位置的控制量可实现平台罗经的自标定和自补偿功能，最终实现精确对准。

6.6.3 平台系统晃动基座对准方法

在晃动基座时，可采用零速修正或外部速度作为观测量通过导航算法来实现平台系统的对准。平台系统的坐标变换矩阵和速度微分方程为式（6—150）和式（6—151）。在台体质心相对地理坐标系不变时，台体相对地理坐标系的角速度输出方程为式（6—150），而

观测方程为式（6—151），即

$$\dot{\mathbf{V}}'^{L} = \boldsymbol{R}_{\gamma}\dot{\mathbf{V}}^{L} \approx \boldsymbol{R}_{\gamma}\boldsymbol{R}_{p}^{L}\vec{\boldsymbol{f}}^{p} - (2\boldsymbol{\Omega}_{ie}^{L} + \boldsymbol{\Omega}_{eL}^{L})\mathbf{V}'^{L} + \mathbf{g}^{L} \quad (6-198)$$

其中，坐标变换矩阵

$$\boldsymbol{R}_{\gamma}\boldsymbol{R}_{p}^{L} = \begin{bmatrix} \cos\gamma & \sin\gamma & 0 \\ -\sin\gamma & \cos\gamma & 0 \\ 0 & 0 & 1 \end{bmatrix}\begin{bmatrix} \cos\gamma & \sin\gamma & -\phi_{y} \\ -\sin\gamma & \cos\gamma & \phi_{x} \\ \phi_{y}\cos\gamma + \phi_{x}\sin\gamma & \phi_{y}\sin\gamma - \phi_{x}\cos\gamma & 1 \end{bmatrix}$$

$$= \begin{bmatrix} 1 & 0 & \phi_{y} \\ 0 & 1 & -\phi_{x} \\ -\phi_{y} & \phi_{x} & 1 \end{bmatrix} \quad (6-199)$$

此时，系统的对准流程图如图 6—35 所示。

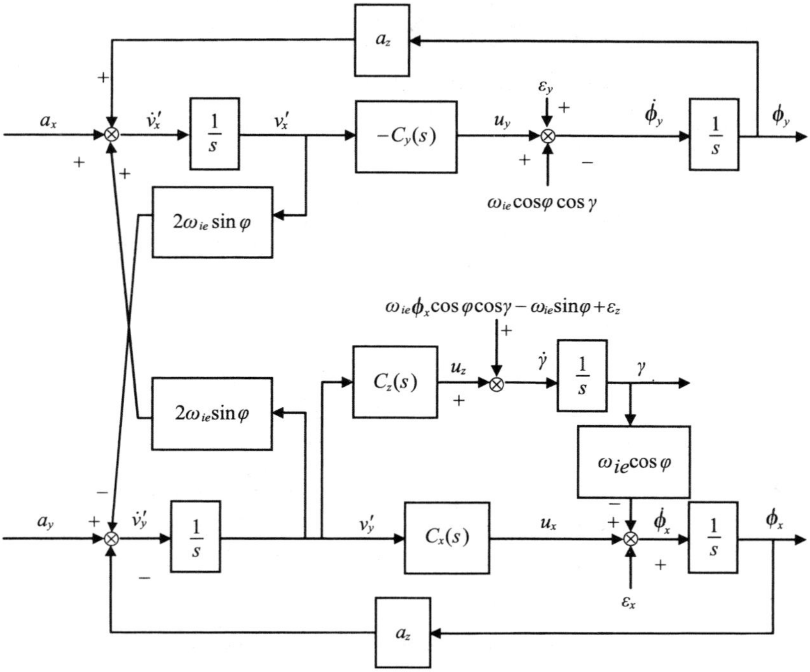

图 6—35　平台系统水平通道及方位修正回路

图中，

$$\begin{cases}\dot{v}_x = a_x\cos\gamma - a_y\sin\gamma + a_z(\phi_y\cos\gamma + \phi_x\sin\gamma) + 2v_y\omega_{ie}\sin\varphi \\ \dot{v}_y = a_x\sin\gamma + a_y\cos\gamma + a_z(\phi_y\sin\gamma - \phi_x\cos\gamma) - 2v_x\omega_{ie}\sin\varphi\end{cases} \tag{6-200}$$

$$\begin{aligned}\dot{v}'_x &= \dot{v}_x\cos\gamma + \dot{v}_y\sin\gamma \\ &= a_x + a_z\hat{\phi}_y + 2v_y\omega_{ie}\sin\varphi\cos\gamma - 2v_x\omega_{ie}\sin\varphi\sin\gamma \\ &\approx a_x + a_z\phi_y + 2v'_y\omega_{ie}\sin\varphi\end{aligned} \tag{6-201}$$

$$\begin{aligned}\dot{v}'_y &= -\dot{v}_x\sin\gamma + \dot{v}_y\cos\gamma \\ &= a_y - a_z\phi_x - 2v_y\omega_{ie}\sin\varphi\sin\gamma - 2v_x\omega_{ie}\sin\varphi\cos\gamma \\ &\approx a_y - a_z\phi_x - 2v'_x\omega_{ie}\sin\varphi\end{aligned} \tag{6-202}$$

上述分析时，认为台体质心不变，相当于已知外测速度为零。而在低频晃动条件下水平通道外测速度 v'_{xc}，v'_{yc} 不为零时，在速度可观测的条件下，系统的对准流程图如图 6－36 所示。

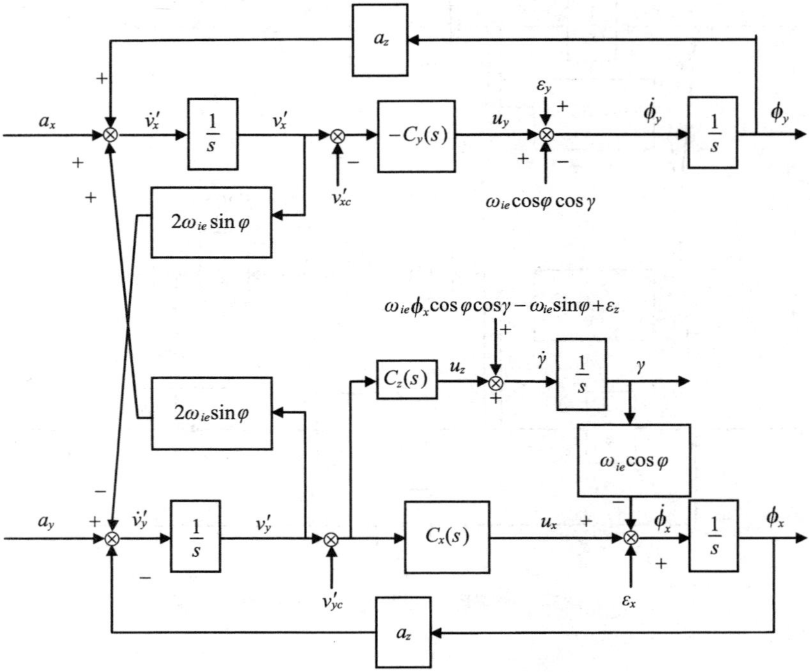

图 6－36　平台系统晃动基座水平通道及方位修正回路

比较捷联系统和平台系统的对准模型可以看出，二者的基本回路的形式相同，区别在于回路的外部输入不同，这也决定了对准时 3 个姿态角的最终取值不同。另外，捷联系统中方位回路控制器的 4 种取值可确定全象限的方位角，而平台系统则可实现物理上的 4 个位置。

6.7　平台系统水平对准 H$_\infty$控制设计

对惯性系统初始对准来说，水平通道的对准是基础。由于捷联系统和平台系统的基本回路相同，在本文中以平台系统为例介绍调平回路的 H$_\infty$控制器设计方法。

6.7.1　平台系统静基座水平对准性能分析

从前面分析中可知，水平通道和方位回路的控制器包含积分环节，而且方位回路的带宽要小于调平回路的带宽。在增加积分环节后，调平回路可满足精度指标要求，而影响系统性能的唯一因素就是快速性要求。通过增加调平回路的带宽可提高系统的快速性，但带宽的增加不是没有限制的，这个限制条件就是平台稳定回路的带宽。

图 6—37 为考虑平台稳定回路后的调平回路示意图。图中，陀螺仪选用动调陀螺仪。

由于平台稳定回路是用来抑制干扰，需要具有较高的带宽。而调平回路一般是窄带宽的，这是由于其参数不能影响到稳定回路的稳定性。

在平台稳定回路的工作频带内，其在平台调平回路中的等效模型等于反馈环节的倒数。这是因为

$$G(s)=\frac{KW(s)\times\dfrac{K_0}{Ts+1}\times\dfrac{1}{J_xs^2}}{1+KW(s)\times\dfrac{K_0}{Ts+1}\times\dfrac{1}{J_xs^2}\times\dfrac{Hs}{Hs+\lambda}}\approx\frac{Hs+\lambda}{Hs}\tag{6-203}$$

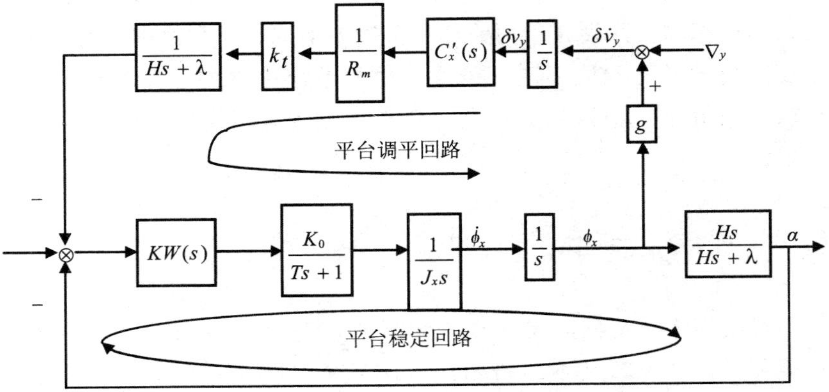

图 6—37　平台稳定回路与调平回路方块图

此时，平台系统的调平回路等效为图 6—38。

由于调平回路的带宽小于稳定回路的带宽，所以在分析稳定回路时可以不考虑调平回路的影响。这是因为

$$\frac{Hs}{Hs+\lambda} \gg \frac{1}{Hs+\lambda} \times \frac{k_t g}{R_m s} C'_x(s) \qquad (6-204)$$

即

$$\frac{Hs}{Hs+\lambda} + \frac{1}{Hs+\lambda} \times \frac{k_t g}{R_m s} C'_x(s) \approx \frac{Hs}{Hs+\lambda} \qquad (6-205)$$

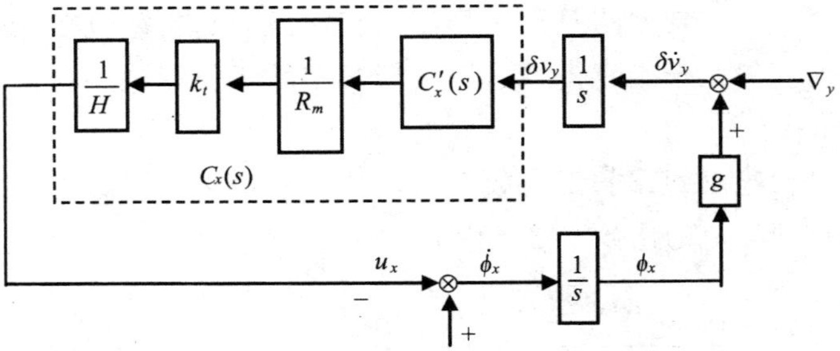

图 6—38　平台稳定回路与调平回路方块图

另外，调平回路和稳定回路的带宽互相错开，使得两个回路不致互相干扰，也有助于改善系统的稳定性能。一般要求满足

$$\omega_{no} \leqslant 0.1\omega_{ni} \tag{6-206}$$

其中 ω_{no} 为调平回路的带宽；ω_{ni} 为稳定回路的带宽。

设稳定回路的带宽 $\omega_{ni}=30$ Hz，则 $\omega_{no}\leqslant 3$ Hz。另外，系统中的饱和特性也决定了带宽不能太高，饱和环节包括积分器的最大值、陀螺仪力矩器的加矩电流最大值等。因此，系统一般设计为无条件稳定系统。

6.7.2　平台系统静基座水平对准 H_∞ 控制设计

静基座调平回路的方块图如图 6—38 所示。考虑到性能界函数，X 轴调平回路方块图如图 6—39 所示。

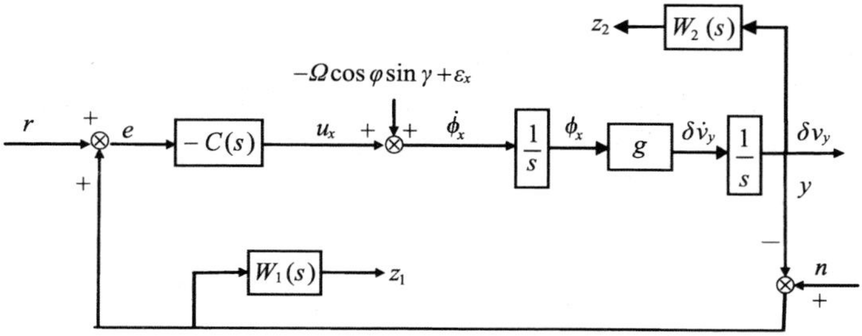

图 6—39　调平回路方块图

对于调整时间指标，可通过调节性能界函数

$$W_1(s)=\rho\frac{(s+1\ 000)^2}{(1\ 000s+1)^2}, \text{其中 } \rho=20k, \tag{6-207}$$

$k\geqslant 1$ 的 k 值来实现。也就是说，k 值越大，调整时间越小。

带宽的限制条件可由对象不确定性界函数

$$W_2(s)=K_{w2}\left(\frac{s}{T_1}+1\right)\left(\frac{s}{T_2}+1\right) \tag{6-208}$$

来实现。其中 $k_{w2}=0.1$，$T_1=1$，$T_2=80$。

基于混合灵敏度的 H∞ 控制方法要求

$$\left\| \begin{matrix} W_1(s)S(s) \\ W_2(s)T(s) \end{matrix} \right\|_\infty \leqslant 1 \tag{6-209}$$

其中 $S(s)$ 为系统的灵敏度函数；$T(s)=1-S(s)$ 为补灵敏度函数。

由于 $\begin{bmatrix} W_1 S \\ W_2 T \end{bmatrix}$ 即图 6－39 中从 ▽ 到 z 的闭环传递函数，其状态方程如下

$$\begin{cases} \dot{\boldsymbol{x}} = \boldsymbol{A}\boldsymbol{x} + \boldsymbol{B}_1\boldsymbol{n} + \boldsymbol{B}_2\boldsymbol{u} \\ \boldsymbol{z} = \boldsymbol{C}_1\boldsymbol{x} + \boldsymbol{D}_{11}\boldsymbol{n} + \boldsymbol{D}_{12}\boldsymbol{u} \\ \boldsymbol{e} = \boldsymbol{C}_2\boldsymbol{x} + \boldsymbol{D}_{21}\boldsymbol{n} + \boldsymbol{D}_{22}\boldsymbol{u} \end{cases} \tag{6-210}$$

其中

$$\boldsymbol{A} = \begin{bmatrix} 0 & g & 0 & 0 \\ 0 & 0 & 0 & 0 \\ -10^{-3} & 0 & -10^{-3} & 0 \\ 0 & 0 & 10^{-3} & -10^{-3} \end{bmatrix},\ \boldsymbol{B}_1 = \begin{bmatrix} 0 \\ 0 \\ 10^{-3} \\ 0 \end{bmatrix},\ \boldsymbol{B}_2 = \begin{bmatrix} 0 \\ 1 \\ 0 \\ 0 \end{bmatrix},$$

$$\boldsymbol{C}_1 = \begin{bmatrix} -\rho\times 10^{-6} & 0 & 2\rho(1-10^{-6}) & \rho(10^6-2+10^{-6}) \\ K_{w2} & K_{w2}\, g\,\dfrac{T_1+T_2}{T_1T_2} & 0 & 0 \end{bmatrix},$$

$$\boldsymbol{D}_{11} = \begin{bmatrix} \rho\times 10^{-6} \\ 0 \end{bmatrix},\ \boldsymbol{D}_{12} = \begin{bmatrix} 0 \\ \dfrac{K_{w2}\, g}{T_1T_2} \end{bmatrix},$$

$\boldsymbol{C}_2 = \begin{bmatrix} -1 & 0 & 0 & 0 \end{bmatrix}$，$D_{21}=1$，$D_{22}=0$。

利用 H∞ 控制理论，求得的一个近似最优控制器

$$C(s) = \frac{2.1324\left(\dfrac{s}{3.0601}+1\right)}{\left(\dfrac{s}{74.5875}+1\right)\left(\dfrac{s}{37.5341}+1\right)} \tag{6-211}$$

此时 $k=1.0$。系统开环伯德图如图 6－40 所示，单位阶跃响应如图 6－41 所示。从图中可以看出，在系统带宽 $\omega_{no}=7.24$ rad/s 时，相

位裕度为 57.2°，调整时间不超过 5 min，所设计的调平系统满足快速性指标的要求。

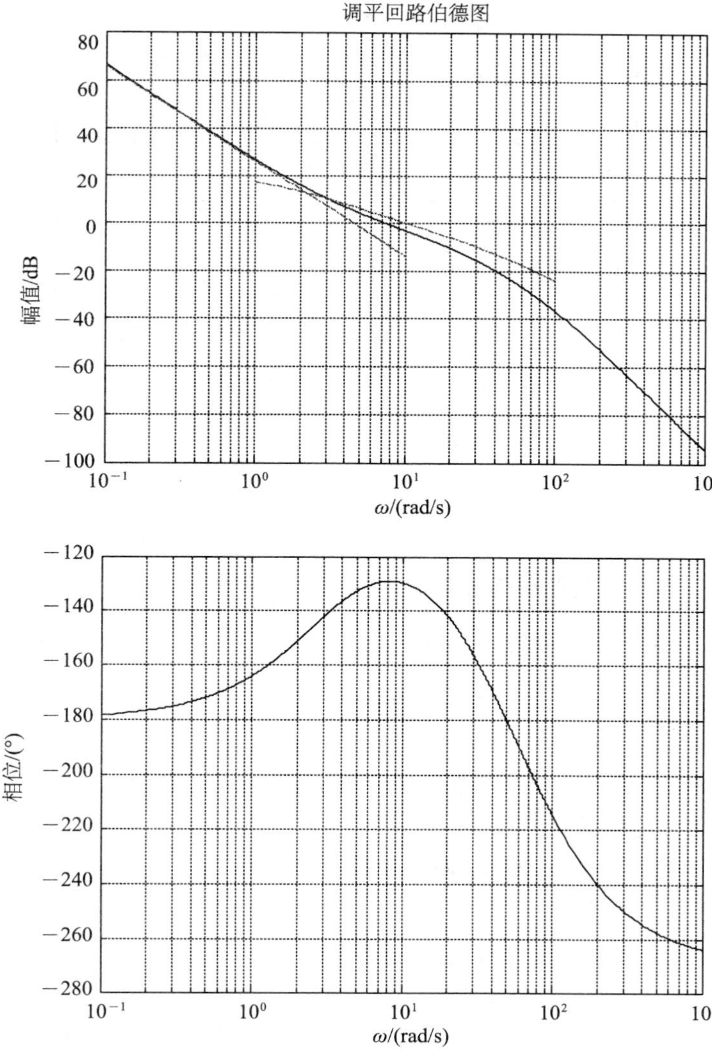

图 6—40　调平系统开环伯德图

单位阶跃响应曲线如图 6－41 所示。

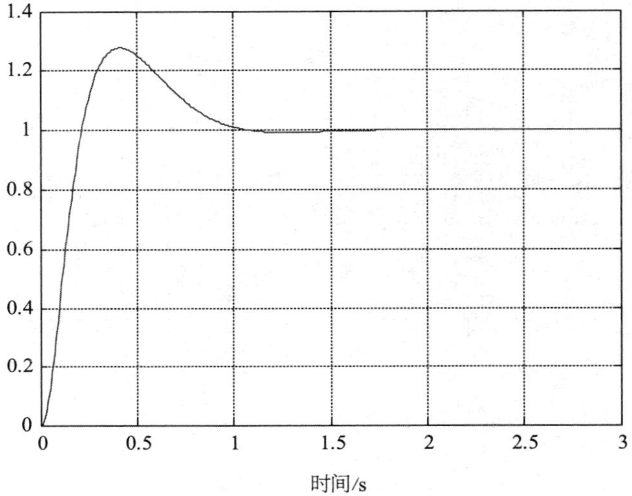

图 6－41　调平回路单位阶跃响应曲线

6.7.3　平台系统晃动条件下调平回路性能分析

在静基座水平对准时，只考虑到快速性指标要求即可。但在实际应用中关心的是晃动条件下的对准指标，而这个晃动条件对调平回路的带宽增加了限制条件。

晃动条件下给调平系统提出的指标包括以下内容：

1）静基座调平精度 $\leqslant \delta_1$ ；

2）在高频干扰条件下调平精度 $\leqslant \delta_2$ ；

3）调平时间 $\leqslant t_1$ 。

首先，由静基座调平系统稳态误差

$$\begin{bmatrix} \phi_x(\infty) \\ \phi_y(\infty) \end{bmatrix} = \begin{bmatrix} -\nabla_y/g \\ \nabla_x/g \end{bmatrix} \tag{6-212}$$

静基座调平精度主要决定于加速度计的零位偏差，如果要求静基座调平精度 $\leqslant \delta_1$ ，则对加速度计的零位偏差▽提出的要求为

$$|\nabla| \leqslant g \times \delta_1 \tag{6-213}$$

因此对校正环节 $KW(s)$ 的要求主要表现在指标 2）和 3）两个方面。

对高频干扰的抑制，即要求在晃动干扰 $a(t)=a_m\sin(\omega_h t)$ 作用下调平精度 $\phi_y \leqslant \delta_2$ ，这对带宽提出了具体的要求，下面具体分析。

设开环传递函数 $G(s)=\dfrac{C(s)}{s^2}g$ ，由于

$$\frac{\phi_y(s)}{a(s)}=\frac{\dfrac{C(s)}{s^2}}{1+\dfrac{C(s)}{s^2}g} \tag{6-214}$$

当 $s \to j\omega_h$ 时，如 $|G(j\omega_h)| \gg 1$ ，则有

$$\frac{\phi_y(s)}{a(s)}=\frac{1}{g_0} \tag{6-215}$$

上式表明，在系统带宽 $\omega_c > \omega_h$ 时，对晃动干扰的抑制能力较弱，很难满足指标要求。比如当 $a_m=0.05g_0$ 时，$\phi_y=\dfrac{a_m}{g_0}=\dfrac{0.05g_0}{g_0}=2.86°$。但是，不能满足要求 $\phi_y \leqslant \delta_2 = 10''$ 。所以在 $s \to j\omega_h$ 时，一般使 $|G(j\omega_h)| \ll 1$ 。也就是说，开环传递函数的带宽 ω_c 必须小于 $s=j\omega_h$。此时，有

$$\frac{\phi_y(s)}{a(s)}=\frac{\dfrac{C(s)}{s^2}}{1+\dfrac{C(s)}{s^2}g} \approx \frac{C(s)}{s^2}=\frac{G(s)}{g} \tag{6-216}$$

如果希望

$$\left|\frac{G(j\omega_h)}{g}\right| \leqslant \frac{\delta_2}{a_m} \tag{6-217}$$

必有

$$|G(j\omega_h)| \leqslant \frac{\delta_2}{a_m}g \tag{6-218}$$

因此可以得出结论：

1）开环传递函数的带宽必须小于 ω_h 。

2）开环传递函数在 $s \to j\omega_h$ 时，必须衰减 $20\log\left(\dfrac{\delta_2}{a_m}g\right)$ dB。

从抑制高频干扰的角度来说，减小带宽是有利的。但是，带宽过小会引起系统调整时间过长。这两个指标是相互矛盾的，因此，带宽的选择必须在调整时间与抑制晃动干扰之间取折衷。

6.7.4　平台系统调平回路 H∞ 控制设计

设调平系统有以下指标：

1）在干扰频率 $\omega_h = 3\ \text{rad/s}$ 处，如果幅值 $a_m = 0.05g$ ，则调平误差角 $\leqslant \delta_2 = 10''$ ；

2）调整时间为 5 min。

首先，利用式（6－218）可得

$$|G(j\omega_h)| \leqslant \frac{\delta_2}{a_m} g = -60\ \text{dB}$$

上式表明，为了抑制晃动干扰，在频率 $\omega_h = 3\ \text{rad/s}$ 处，系统的开环传递函数需要衰减 60 dB。这通过取对象不确定性界函数

$$W_2(s) = K_{w2}\left(\frac{s}{T_1}+1\right)\left(\frac{s}{T_2}+1\right) \tag{6-219}$$

来实现。其中 $k_{w2} = 0.1$ ，$T_1 = 0.01$ ，$T_2 = 0.6$。

对于调整时间指标，可通过调节性能界函数

$$W_1(s) = \rho\frac{(1+1\,000s)^2}{(1\,000s+1)^2}, \text{其中 } \rho = 0.002k, \tag{6-220}$$

$k \geqslant 1$ 的 k 值来实现。也就是说，k 值越大，调整时间越小。

在调平回路设计中，必须满足抑制晃动干扰这个指标要求，在此基础上调整时间要尽量小。

利用 H∞ 控制理论，求得的一个近似最优控制器

$$C(s) = \frac{3.080\,3\times 10^{-4}\left(\dfrac{s}{3.680\,5\times 10^{-2}}+1\right)}{\left(\dfrac{s}{1.382\,3}+1\right)\left(\dfrac{s}{0.776\,7}+1\right)} \tag{6-221}$$

此时 k=1.5。系统开环伯德图如图 6－42 所示，单位阶跃响应曲线如图 6－43 所示。从图中可以看出，在系统带宽 ω_{n0} =0.088 1 rad/s 时，相位裕度为 50.6°，调整时间不超过 300 s，所设计的调平系统满足抑制晃动精度和对准时间的要求。

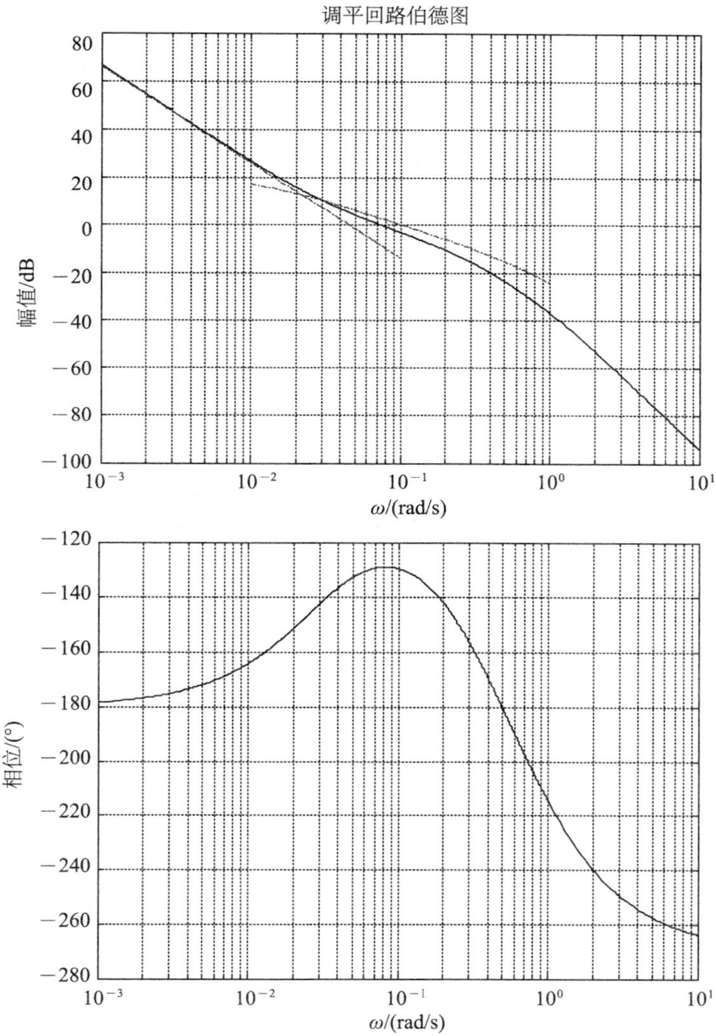

图 6－42　调平系统开环伯德图

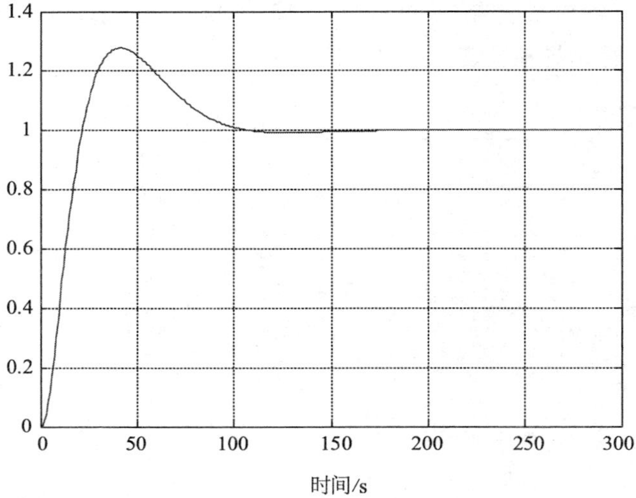

图 6—43　调平回路单位阶跃响应曲线

在实际回路的设计中，需要把增益分配到控制器输入端电压与视速度的比例系数、力矩器比例系数等环节中，并考虑到饱和特性。图 6—44 和

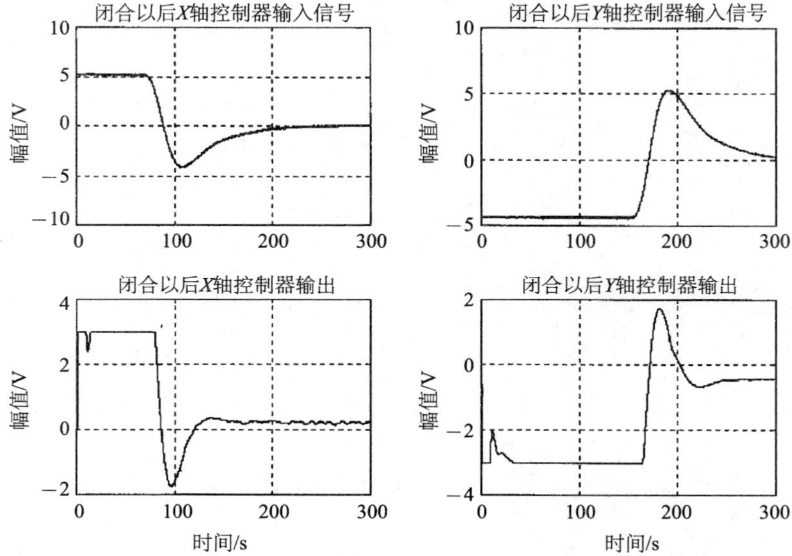

图 6—44　两路调平回路闭合曲线

图 6－45 为两个调平回路的控制器输入输出端的实测结果。从图中可以看出，在不同初始角度工作时，饱和特性对调平系统的调整时间有较大影响。

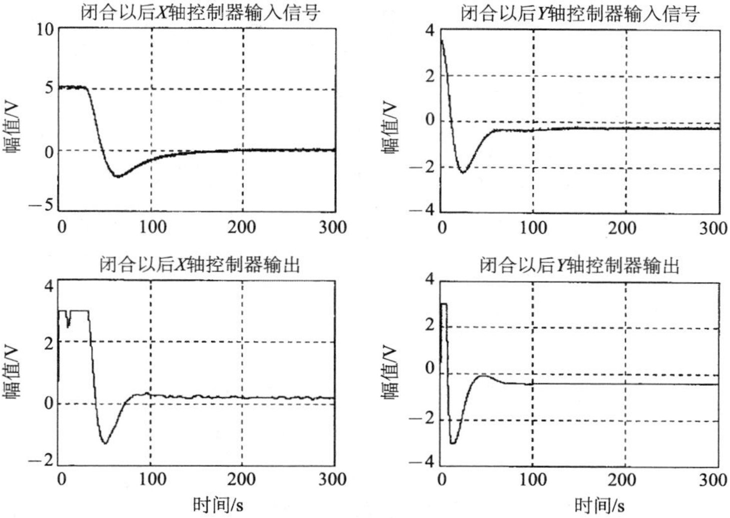

图 6－45　调平回路闭合曲线

第 7 章　组合导航系统 H_∞ 控制设计

本章给出了捷联系统和平台系统基于地理坐标系的导航解算方程以及导航误差方程。针对不同的外部信息给出了误差修正方法，并首次提出了一种基于运动基座的动态对准方法或航向保持技术。利用 H_∞ 控制理论对惯性组合导航的阻尼环节设计了近似最优控制器，其既能满足抑制干扰的要求，同时在给定的对象不确定性界函数的约束下，可使调整时间最小。

7.1　捷联系统导航方程及误差方程

7.1.1　捷联系统在地理坐标系里表示的导航方程

基于地理坐标系的捷联式导航算法为

$$\dot{\boldsymbol{X}}^L = \begin{bmatrix} \dot{\boldsymbol{r}}^L \\ \dot{\boldsymbol{V}}^L \\ \dot{\boldsymbol{R}}_b^L \end{bmatrix} = \begin{bmatrix} \boldsymbol{D}^{-1}\boldsymbol{V}^L \\ \boldsymbol{R}_b^L \boldsymbol{f}^b - (2\boldsymbol{\Omega}_{ie}^L + \boldsymbol{\Omega}_{eL}^L)\boldsymbol{V}^L + \boldsymbol{g}^L \\ \boldsymbol{R}_b^L(\boldsymbol{\Omega}_{ib}^b - \boldsymbol{\Omega}_{ie}^b - \boldsymbol{\Omega}_{eL}^b) \end{bmatrix} \tag{7-1}$$

其中 $\boldsymbol{M}$，$\boldsymbol{N}$ 分别为大地子午圈、卯酉圈的曲率半径，

$$\boldsymbol{D}^{-1} = \begin{bmatrix} 0 & \dfrac{1}{M+h} & 0 \\ \dfrac{1}{(N+h)\cos\varphi} & 0 & 0 \\ 0 & 0 & 1 \end{bmatrix},\quad \boldsymbol{r}^L = \begin{bmatrix} \varphi \\ \lambda \\ h \end{bmatrix},\quad \boldsymbol{V}^L = \begin{bmatrix} v_e \\ v_n \\ v_u \end{bmatrix},$$

$$\boldsymbol{\omega}_{ie}^{L}=\begin{bmatrix}0\\ \omega_{ie}\cos\varphi\\ \omega_{ie}\sin\varphi\end{bmatrix},\ \boldsymbol{\omega}_{eL}^{L}=\begin{bmatrix}-\dfrac{v_n}{M+h}\\ \dfrac{v_e}{N+h}\\ \dfrac{v_e\tan\varphi}{N+h}\end{bmatrix}。$$

式（7—1）导航方程的输出包括：地理坐标系（φ，λ，h），地速（v_e，v_n，v_u）和姿态角信息（ϕ_x，ϕ_y，γ）。

位置微分方程的展开形式为

$$\dot{\boldsymbol{r}}^{L}=\boldsymbol{D}^{-1}\boldsymbol{V}^{L}=\begin{bmatrix}0 & \dfrac{1}{M+h} & 0\\ \dfrac{1}{(N+h)\cos\varphi} & 0 & 0\\ 0 & 0 & 1\end{bmatrix}\begin{bmatrix}v_e\\ v_n\\ v_u\end{bmatrix}=\begin{bmatrix}\dfrac{v_n}{M+h}\\ \dfrac{v_e}{(N+h)\cos\varphi}\\ v_u\end{bmatrix}\tag{7—2}$$

设坐标变换矩阵定义为式（6—1），则姿态微分方程等效于

$$\begin{aligned}\begin{bmatrix}\dot{\phi}_x\\ \dot{\phi}_y\\ \dot{\gamma}\end{bmatrix}&=\boldsymbol{UR}_b^{w}(\boldsymbol{\omega}_{ib}^{b}-\boldsymbol{R}_L^{b}\boldsymbol{\omega}_{ie}^{L}-\boldsymbol{R}_L^{b}\boldsymbol{\omega}_{eL}^{L})\\
&=\begin{bmatrix}\cos\phi_y & 0 & \sin\phi_y\\ \sin\phi_y\tan\phi_x & 1 & -\cos\phi_y\tan\phi_x\\ -\sin\phi_y\sec\phi_x & 0 & \cos\phi_y\sec\phi_x\end{bmatrix}(\boldsymbol{\omega}_{ib}^{b}-R_L^{b}\boldsymbol{\omega}_{ie}^{L}-R_L^{b}\boldsymbol{\omega}_{eL}^{L})\\
&=\begin{bmatrix}\cos\phi_y & 0 & \sin\phi_y\\ \sin\phi_y\tan\phi_x & 1 & -\cos\phi_y\tan\phi_x\\ -\sin\phi_y\sec\phi_x & 0 & \cos\phi_y\sec\phi_x\end{bmatrix}\boldsymbol{\omega}_{ib}^{b}-\\
&\quad\begin{bmatrix}\cos\gamma & \sin\gamma & 0\\ -\sin\gamma\sec\phi_x & \cos\gamma\sec\phi_x & 0\\ \sin\gamma\tan\phi_x & -\cos\gamma\tan\phi_x & 1\end{bmatrix}(\boldsymbol{\omega}_{ie}^{L}+\boldsymbol{\omega}_{eL}^{L})\end{aligned}\tag{7—3}$$

即

$$\dot{\boldsymbol{\phi}}=\boldsymbol{UR}_b^{w}\boldsymbol{\omega}_{ib}^{b}-\boldsymbol{UR}_L^{w}(\boldsymbol{\omega}_{ie}^{L}+\boldsymbol{\omega}_{eL}^{L})=\boldsymbol{UR}_b^{w}\boldsymbol{\omega}_{Lb}^{b}\tag{7—4}$$

其中

$$\boldsymbol{U}=\begin{bmatrix}1 & 0 & 0\\ 0 & \sec\phi_x & 0\\ 0 & -\tan\phi_x & 1\end{bmatrix}$$

$$\boldsymbol{R}_b^w=\begin{bmatrix}\cos\phi_y & 0 & \sin\phi_y\\ \sin\phi_y\sin\phi_x & \cos\phi_x & -\cos\phi_y\sin\phi_x\\ -\sin\phi_y\cos\phi_x & \sin\phi_x & \cos\phi_y\cos\phi_x\end{bmatrix}$$

$$\boldsymbol{R}_L^w=\begin{bmatrix}\cos\gamma & \sin\gamma & 0\\ -\sin\gamma & \cos\gamma & 0\\ 0 & 0 & 1\end{bmatrix}$$

而速度微分方程为

$$\begin{bmatrix}\dot{v}_e\\ \dot{v}_n\\ \dot{v}_u\end{bmatrix}=\begin{bmatrix}\cos\phi_y\cos\gamma-\sin\phi_y\sin\phi_x\sin\gamma & -\cos\phi_x\sin\gamma & \sin\phi_y\cos\gamma+\cos\phi_y\sin\phi_x\sin\gamma\\ \cos\phi_y\sin\gamma+\sin\phi_y\sin\phi_x\cos\gamma & \cos\phi_x\cos\gamma & \sin\phi_y\sin\gamma-\cos\phi_y\sin\phi_x\cos\gamma\\ -\sin\phi_y\cos\phi_x & \sin\phi_x & \cos\phi_y\cos\phi_x\end{bmatrix}\boldsymbol{f}^b-$$

$$\begin{bmatrix}0 & -\left(2\omega_{ie}\sin\varphi+\dfrac{v_e\tan\varphi}{N+h}\right) & 2\omega_{ie}\cos\varphi+\dfrac{v_e}{N+h}\\ 2\omega_{ie}\sin\varphi+\dfrac{v_e\tan\varphi}{N+h} & 0 & \dfrac{v_n}{M+h}\\ -\left(2\omega_{ie}\cos\varphi+\dfrac{v_e}{N+h}\right) & -\dfrac{v_n}{M+h} & 0\end{bmatrix}\begin{bmatrix}v_e\\ v_n\\ v_u\end{bmatrix}+\boldsymbol{g}^L \tag{7-5}$$

7.1.2 捷联系统在地理坐标系里的导航误差方程

设位置误差为 $\delta\boldsymbol{r}^L=(\delta\varphi\quad\delta\lambda\quad\delta h)$，速度误差为 $\delta\boldsymbol{V}^L=(\delta v_e\quad\delta v_n\quad\delta v_u)$，姿态误差为 $\delta\boldsymbol{\phi}=(\delta\phi_x\quad\delta\phi_y\quad\delta\phi_z)$，陀螺仪漂移为 $\boldsymbol{\varepsilon}=(\varepsilon_x\quad\varepsilon_y\quad\varepsilon_z)$。其中，

$$\begin{cases}\delta\varphi=\hat{\varphi}-\varphi\\ \delta\lambda=\hat{\lambda}-\lambda\\ \delta h=\hat{h}-h\end{cases};\quad\begin{cases}\delta v_e=\hat{v}_e-v_e\\ \delta v_n=\hat{v}_n-v_n\\ \delta v_u=\hat{v}_u-v_u\end{cases};\quad\begin{cases}\delta\phi_x=\hat{\phi}_x-\phi_x\\ \delta\phi_y=\hat{\phi}_y-\phi_y\\ \delta\phi_z=\hat{\phi}_z-\phi_z\end{cases}。$$

则位置误差方程为

$$\begin{bmatrix}\delta\dot{\varphi}\\ \delta\dot{\lambda}\\ \delta\dot{h}\end{bmatrix}=\begin{bmatrix}0 & 0 & -\dfrac{v_n}{(M+h)^2}\\ \dfrac{v_e\sec\varphi\tan\varphi}{N+h} & 0 & -\dfrac{v_e\sec\varphi}{(N+h)^2}\\ 0 & 0 & 0\end{bmatrix}\begin{bmatrix}\delta\varphi\\ \delta\lambda\\ \delta h\end{bmatrix}+$$

$$\begin{bmatrix}0 & \dfrac{1}{M+h} & 0\\ \dfrac{1}{(N+h)\cos\varphi} & 0 & 0\\ 0 & 0 & 1\end{bmatrix}\begin{bmatrix}\delta v_e\\ \delta v_n\\ \delta v_u\end{bmatrix} \tag{7-6}$$

姿态误差方程写成分量形式为

$$\begin{bmatrix}\delta\dot{\phi}_x\\ \delta\dot{\phi}_y\\ \delta\dot{\gamma}\end{bmatrix}=\begin{bmatrix}\cos\phi_y & 0 & \sin\phi_y\\ \sin\phi_y\tan\phi_x & 1 & -\cos\phi_y\tan\phi_x\\ -\sin\phi_y\sec\phi_x & 0 & \cos\phi_y\sec\phi_x\end{bmatrix}\boldsymbol{\varepsilon}+$$

$$\begin{bmatrix}0\\ (\omega_x\sin\phi_y-\omega_z\cos\phi_y)\sec^2\phi_x-\omega_{ie}\cos\varphi\cos\gamma\tan\phi_x\sec\phi_x-\dfrac{v_n\sin\gamma\tan\phi_x\sec\phi_x}{M+h}-\dfrac{v_e\cos\gamma\tan\phi_x\sec\phi_x}{N+h}\\ -(\omega_x\sin\phi_y-\omega_z\cos\phi_y)\tan\phi_x\sec\phi_x+\omega_{ie}\cos\varphi\cos\gamma\sec^2\phi_x+\dfrac{v_n\sin\gamma\sec^2\phi_x}{M+h}+\dfrac{v_e\cos\gamma\sec^2\phi_x}{N+h}\end{bmatrix}\delta\phi_x+$$

$$\begin{bmatrix}-(\omega_x\sin\phi_y-\omega_z\cos\phi_y)\\ (\omega_x\cos\phi_y+\omega_z\sin\phi_y)\tan\phi_x\\ -(\omega_x\cos\phi_y+\omega_z\sin\phi_y)\sec\phi_x\end{bmatrix}\delta\phi_y+$$

$$\begin{bmatrix}-\omega_{ie}\cos\varphi\cos\gamma-\dfrac{v_n\sin\gamma}{M+h}-\dfrac{v_e\cos\gamma}{N+h}\\ \omega_{ie}\cos\varphi\sin\gamma\sec\phi_x-\dfrac{v_n\cos\gamma\sec\phi_x}{M+h}+\dfrac{v_e\sin\gamma\sec\phi_x}{N+h}\\ -\omega_{ie}\cos\varphi\sin\gamma\tan\phi_x+\dfrac{v_n\cos\gamma\tan\phi_x}{M+h}-\dfrac{v_e\sin\gamma\tan\phi_x}{N+h}\end{bmatrix}\delta\gamma+$$

$$\begin{bmatrix}\omega_{ie}\sin\phi\sin\gamma & 0 & \dfrac{v_e\sin\gamma}{(N+h)^2}-\dfrac{v_n\cos\gamma}{(M+h)^2}\\ \omega_{ie}\sin\varphi\cos\gamma\sec\phi_x & 0 & \dfrac{v_e\cos\gamma\sec\phi_x}{(N+h)^2}+\dfrac{v_n\sin\gamma\sec\phi_x}{(M+h)^2}\\ \omega_{ie}\cos\varphi-\omega_{ie}\sin\varphi\cos\gamma\tan\phi_x-\dfrac{v_e\sec^2\varphi}{N+h} & 0 & -\dfrac{v_e(\cos\gamma\tan\phi_x-\tan\varphi)}{(N+h)^2}-\dfrac{v_n\sin\gamma\tan\phi_x}{(M+h)^2}\end{bmatrix}\times$$

$$\begin{bmatrix}\delta\phi\\ \delta\lambda\\ \delta h\end{bmatrix}+\begin{bmatrix}-\dfrac{\sin\gamma}{N+h} & \dfrac{\cos\gamma}{M+h} & 0\\ -\dfrac{\cos\gamma\sec\phi_x}{N+h} & -\dfrac{\sin\gamma\sec\phi_x}{M+h} & 0\\ \dfrac{\cos\gamma\tan\phi_x-\tan\varphi}{N+h} & \dfrac{\sin\gamma\tan\phi_x}{M+h} & 0\end{bmatrix}\begin{bmatrix}\delta v_e\\ \delta v_n\\ \delta v_u\end{bmatrix}$$

(7—7)

速度误差方程为

$$\begin{bmatrix}\delta\dot{v}_e\\ \delta\dot{v}_n\\ \delta\dot{v}_u\end{bmatrix}=\begin{bmatrix}\cos\phi_y\cos\gamma-\sin\phi_y\sin\phi_x\sin\gamma & -\cos\phi_x\sin\gamma & \sin\phi_y\cos\gamma+\cos\phi_y\sin\phi_x\sin\gamma\\ \cos\phi_y\sin\gamma+\sin\phi_y\sin\phi_x\cos\gamma & \cos\phi_x\cos\gamma & \sin\phi_y\sin\gamma-\cos\phi_y\sin\phi_x\cos\gamma\\ -\sin\phi_y\cos\phi_x & \sin\phi_x & \cos\phi_y\cos\phi_x\end{bmatrix}\delta f^b+$$

$$\begin{bmatrix}-a_x\sin\phi_y\cos\phi_x\sin\gamma+a_y\sin\phi_x\sin\gamma+a_z\cos\phi_y\cos\phi_x\sin\gamma\\ a_x\sin\phi_y\cos\phi_x\cos\gamma-a_y\sin\phi_x\cos\gamma-a_z\cos\phi_y\cos\phi_x\cos\gamma\\ a_x\sin\phi_y\sin\phi_x+a_y\cos\phi_x-a_z\cos\phi_y\sin\phi_x\end{bmatrix}\delta\phi_x+$$

$$\begin{bmatrix}-a_x(\sin\phi_y\cos\gamma+\cos\phi_y\sin\phi_x\sin\gamma)+a_z(\cos\phi_y\cos\gamma-\sin\phi_y\sin\phi_x\sin\gamma)\\ a_x(-\sin\phi_y\sin\gamma+\cos\phi_y\sin\phi_x\cos\gamma)+a_z(\cos\phi_y\sin\gamma+\sin\phi_y\sin\phi_x\cos\gamma)\\ -a_x\cos\phi_y\cos\phi_x-a_z\sin\phi_y\cos\phi_x\end{bmatrix}\delta\phi_y+$$

$$\begin{bmatrix}a_x(\cos\phi_y\sin\gamma+\sin\phi_y\sin\phi_x\cos\gamma)-a_y\cos\phi_x\cos\gamma+a_z(-\sin\phi_y\sin\gamma+\cos\phi_y\sin\phi_x\cos\gamma)\\ a_x(\cos\phi_y\cos\gamma-\sin\phi_y\sin\phi_x\sin\gamma)-a_y\cos\phi_x\sin\gamma+a_z(\sin\phi_y\cos\gamma+\cos\phi_y\sin\phi_x\sin\gamma)\\ 0\end{bmatrix}\delta\gamma+$$

$$\begin{bmatrix}v_n\left(2\omega_{ie}\cos\varphi+\dfrac{v_e\sec^2\varphi}{N+h}\right)+2v_u\omega_{ie}\sin\varphi & 0 & \dfrac{v_ev_u-v_ev_n\tan\varphi}{(N+h)^2}\\ -v_e\left(2\omega_{ie}\cos\varphi+\dfrac{v_e\sec^2\varphi}{N+h}\right) & 0 & \dfrac{v_e^2\sec^2\varphi}{(N+h)^2}+\dfrac{v_nv_u}{(M+h)^2}\\ -2v_e\omega_{ie}\sin\varphi & 0 & -\dfrac{v_e^2}{(N+h)^2}-\dfrac{v_n^2}{(M+h)^2}\end{bmatrix}\begin{bmatrix}\delta\varphi\\ \delta\lambda\\ \delta h\end{bmatrix}+$$

$$\begin{bmatrix}\dfrac{v_n\tan\varphi-v_u}{N+h} & 2\omega_{ie}\sin\varphi+\dfrac{v_e\tan\varphi}{N+h} & -2\omega_{ie}\cos\varphi-\dfrac{v_e}{N+h}\\ -2\omega_{ie}\sin\varphi-\dfrac{2v_e\tan\varphi}{N+h} & -\dfrac{v_u}{M+h} & -\dfrac{v_n}{M+h}\\ 2\omega_{ie}\cos\varphi+\dfrac{2v_e}{N+h} & \dfrac{2v_n}{M+h} & 0\end{bmatrix}\begin{bmatrix}\delta v_e\\ \delta v_n\\ \delta v_u\end{bmatrix}+\Delta \boldsymbol{g}^L$$

(7—8)

式中 a_x，a_y，a_z——载体坐标系的视加速度。

7.2　平台系统导航方程及误差方程

7.2.1　平台系统在地理坐标系里表示的导航方程

为使平台系统模拟地理坐标系，在陀螺仪力矩器上施加电流，使其相对惯性空间的旋转角速度为

$$\boldsymbol{\omega}_{ip}^{p}=\boldsymbol{\omega}_{iL}^{L}=\boldsymbol{\omega}_{ie}^{L}+\boldsymbol{\omega}_{eL}^{L}=\begin{bmatrix}0\\ \omega_{ie}\cos\varphi\\ \omega_{ie}\sin\varphi\end{bmatrix}+\begin{bmatrix}-\dfrac{v_n}{M+h}\\ \dfrac{v_e}{N+h}\\ \dfrac{v_e\tan\varphi}{N+h}\end{bmatrix}\tag{7-9}$$

此时，平台系统的导航算法为

$$\dot{\boldsymbol{X}}^{L}=\begin{bmatrix}\dot{\boldsymbol{r}}^{L}\\ \dot{\boldsymbol{V}}^{L}\end{bmatrix}=\begin{bmatrix}\boldsymbol{D}^{-1}\boldsymbol{V}^{L}\\ \boldsymbol{f}^{p}-(2\boldsymbol{\Omega}_{ie}^{L}+\boldsymbol{\Omega}_{eL}^{L})\boldsymbol{V}^{L}+\boldsymbol{g}^{L}\end{bmatrix}\tag{7-10}$$

其中，位置微分方程的展开形式为

$$\begin{aligned}\dot{\boldsymbol{r}}^{L}&=\boldsymbol{D}^{-1}\boldsymbol{V}^{L}\\ &=\begin{bmatrix}0 & \dfrac{1}{M+h} & 0\\ \dfrac{1}{(N+h)\cos\varphi} & 0 & 0\\ 0 & 0 & 1\end{bmatrix}\begin{bmatrix}v_e\\ v_n\\ v_u\end{bmatrix}\\ &=\begin{bmatrix}\dfrac{v_n}{M+h}\\ \dfrac{v_e}{(N+h)\cos\varphi}\\ v_u\end{bmatrix}\end{aligned}\tag{7-11}$$

速度微分方程为

$$\begin{bmatrix}\dot{v}_e\\ \dot{v}_n\\ \dot{v}_u\end{bmatrix}=\boldsymbol{f}^p-\begin{bmatrix}0 & -\left(2\omega_{ie}\sin\varphi+\dfrac{v_e\tan\varphi}{N+h}\right) & 2\omega_{ie}\cos\varphi+\dfrac{v_e}{N+h}\\ 2\omega_{ie}\sin\varphi+\dfrac{v_e\tan\varphi}{N+h} & 0 & \dfrac{v_n}{M+h}\\ -\left(2\omega_{ie}\cos\varphi+\dfrac{v_e}{N+h}\right) & -\dfrac{v_n}{M+h} & 0\end{bmatrix}\begin{bmatrix}v_e\\ v_n\\ v_u\end{bmatrix}+\boldsymbol{g}^L \tag{7-12}$$

7.2.2 平台系统在地理坐标系中的导航误差方程

导航方程在有陀螺仪漂移、跟踪角速率存在计算误差时，平台系统的坐标变换矩阵（在 6.4.1 节中介绍到）为

$$\dot{\boldsymbol{R}}_p^L=\boldsymbol{R}_p^L(\boldsymbol{\Omega}_{ip}^p-\boldsymbol{\Omega}_{iL}^p) \tag{7-13}$$

可以等效为

$$\begin{aligned}\begin{bmatrix}\dot{\phi}_x\\ \dot{\phi}_y\\ \dot{\gamma}\end{bmatrix}&=\begin{bmatrix}\cos\phi_y & 0 & \sin\phi_y\\ \sin\phi_y\tan\phi_x & 1 & -\cos\phi_y\tan\phi_x\\ -\sin\phi_y\sec\phi_x & 0 & \cos\phi_y\sec\phi_x\end{bmatrix}(\boldsymbol{\omega}_{ip}^p-\boldsymbol{R}_L^p\boldsymbol{\omega}_{iL}^L)\\ &=\begin{bmatrix}\cos\phi_y & 0 & \sin\phi_y\\ \sin\phi_y\tan\phi_x & 1 & -\cos\phi_y\tan\phi_x\\ -\sin\phi_y\sec\phi_x & 0 & \cos\phi_y\sec\phi_x\end{bmatrix}\boldsymbol{\omega}_{ip}^p-\\ &\quad\begin{bmatrix}\cos\gamma & \sin\gamma & 0\\ -\sin\gamma\sec\phi_x & \cos\gamma\sec\phi_x & 0\\ \sin\gamma\tan\phi_x & -\cos\gamma\tan\phi_x & 1\end{bmatrix}\boldsymbol{\omega}_{iL}^L\end{aligned} \tag{7-14}$$

$\boldsymbol{\omega}_{ip}^p$ 包含在给陀螺仪力矩器施加电流时计算的等效角速度以及陀螺漂移项，即

$$\boldsymbol{\omega}_{ip}^p=\begin{bmatrix}0\\ \omega_{ie}\cos\varphi\\ \omega_{ie}\sin\varphi\end{bmatrix}+\begin{bmatrix}-\dfrac{v_n}{M+h}\\ \dfrac{v_e}{N+h}\\ \dfrac{v_e\tan\varphi}{N+h}\end{bmatrix}+\begin{bmatrix}\varepsilon_x\\ \varepsilon_y\\ \varepsilon_z\end{bmatrix}+\begin{bmatrix}0\\ -\omega_{ie}\sin\varphi\\ \omega_{ie}\cos\varphi+\dfrac{\delta v_e\sec^2\varphi}{N+h}\end{bmatrix}\delta\varphi+$$

$$\begin{bmatrix} -\dfrac{\delta v_n}{M+h} \\ \dfrac{\delta v_e}{N+h} \\ \dfrac{\delta v_e \tan\varphi}{N+h} \end{bmatrix} + \begin{bmatrix} \dfrac{v_n}{(M+h)^2} \\ -\dfrac{v_e}{(N+h)^2} \\ -\dfrac{v_e \tan\varphi}{(N+h)^2} \end{bmatrix} \delta h \tag{7—15}$$

把式（7—15）代入式（7—14），忽略二阶小量得到姿态角误差方程为

$$\begin{bmatrix} \dot{\phi}_x \\ \dot{\phi}_y \\ \dot{\gamma} \end{bmatrix} = \begin{bmatrix} 1 & 0 & \phi_y \\ 0 & 1 & -\phi_x \\ -\phi_y & 0 & 1 \end{bmatrix} \boldsymbol{\omega}_{ip}^{p} - \begin{bmatrix} 1 & \gamma & 0 \\ -\gamma & 1 & 0 \\ 0 & -\phi_x & 1 \end{bmatrix} \boldsymbol{\omega}_{ie}^{L}$$

$$\approx \begin{bmatrix} 0 & \omega_{ie}\sin\varphi + \dfrac{v_e \tan\varphi}{N+h} & -\left(\omega_{ie}\cos\varphi + \dfrac{v_e}{N+h}\right) \\ -\left(\omega_{ie}\sin\varphi + \dfrac{v_e \tan\varphi}{N+h}\right) & 0 & -\dfrac{v_n}{M+h} \\ \omega_{ie}\cos\varphi + \dfrac{v_e}{N+h} & \dfrac{v_n}{M+h} & 0 \end{bmatrix} \begin{bmatrix} \phi_x \\ \phi_y \\ \gamma \end{bmatrix} +$$

$$\begin{bmatrix} 0 & 0 & \dfrac{v_n}{(M+h)^2} \\ -\omega_{ie}\sin\varphi & 0 & -\dfrac{v_e}{(N+h)^2} \\ \omega_{ie}\cos\varphi + \dfrac{\delta v_e \sec^2\varphi}{N+h} & 0 & -\dfrac{v_e \tan\varphi}{(N+h)^2} \end{bmatrix} \begin{bmatrix} \delta\varphi \\ \delta\lambda \\ \delta h \end{bmatrix} +$$

$$\begin{bmatrix} 0 & -\dfrac{1}{M+h} & 0 \\ \dfrac{1}{N+h} & 0 & 0 \\ \dfrac{\tan\varphi}{N+h} & 0 & 0 \end{bmatrix} \begin{bmatrix} \delta v_e \\ \delta v_n \\ \delta v_u \end{bmatrix} + \begin{bmatrix} \varepsilon_x \\ \varepsilon_y \\ \varepsilon_z \end{bmatrix} \tag{7—16}$$

速度误差方程为

$$\begin{bmatrix} \delta\dot{v}_e \\ \delta\dot{v}_n \\ \delta\dot{v}_u \end{bmatrix} = \delta \boldsymbol{f}^{p} + \begin{bmatrix} 0 & -a_z & a_y \\ a_z & 0 & -a_x \\ -a_y & a_x & 0 \end{bmatrix} \begin{bmatrix} \phi_x \\ \phi_y \\ \gamma \end{bmatrix} + \Delta \boldsymbol{g}^{L} +$$

$$\begin{bmatrix} v_n\left(2\omega_{ie}\cos\varphi+\frac{v_e\sec^2\varphi}{N+h}\right)+2v_u\omega_{ie}\sin\varphi & 0 & \frac{v_ev_u-v_ev_n\tan\varphi}{(N+h)^2} \\ -v_e\left(2\omega_{ie}\cos\varphi+\frac{v_e\sec^2\varphi}{N+h}\right) & 0 & \frac{v_e^2\sec^2\varphi}{(N+h)^2}+\frac{v_nv_u}{(M+h)^2} \\ -2v_e\omega_{ie}\sin\varphi & 0 & -\frac{v_e^2}{(N+h)^2}-\frac{v_n^2}{(M+h)^2} \end{bmatrix}\begin{bmatrix}\delta\varphi\\ \delta\lambda\\ \delta h\end{bmatrix}+$$

$$\begin{bmatrix} \frac{v_n\tan\varphi-v_u}{N+h} & 2\omega_{ie}\sin\varphi+\frac{v_e\tan\varphi}{N+h} & -2\omega_{ie}\cos\varphi-\frac{v_e}{N+h} \\ -2\omega_{ie}\sin\varphi-\frac{2v_e\tan\varphi}{N+h} & -\frac{v_u}{M+h} & -\frac{v_n}{M+h} \\ 2\omega_{ie}\cos\varphi+\frac{2v_e}{N+h} & \frac{2v_n}{M+h} & 0 \end{bmatrix}\begin{bmatrix}\delta v_e\\ \delta v_n\\ \delta v_u\end{bmatrix}$$

(7－17)

平台系统的位置误差方程与捷联系统相同。

7.3 惯性导航误差修正原理

由于存在仪表误差、初始对准误差、重力异常等，惯性导航长时间工作时导航误差随时间增加。为此，引入外部位置信息、外部速度信息（GPS、GLONASS 等）或外部姿态角信息（CNS）以对惯性导航误差进行修正，比如 INS/GPS、INS/CNS、INS/GPS/CNS 组合导航。对于不同的组合导航系统，其提供的外部信息主要归结为位置、速度和姿态角，下面给出在不同外部信息时的组合导航误差修正原理。

7.3.1 位置修正方法

（1）基于导航方程的位置修正方法

基于地理坐标系的捷联导航系统和平台导航系统的位置微分方程相同，在存在计算误差及仪表误差时，位置导航微分方程为

$$\begin{cases}\dot{\hat{\varphi}}=\frac{1}{M+h}\hat{v}_n\\ \dot{\hat{\lambda}}=\frac{1}{(N+h)\cos\hat{\varphi}}\hat{v}_e\end{cases} \tag{7－18}$$

在实时测出纬度 φ 和经度 λ 时，其位置修正过程如图 7—1 所示。

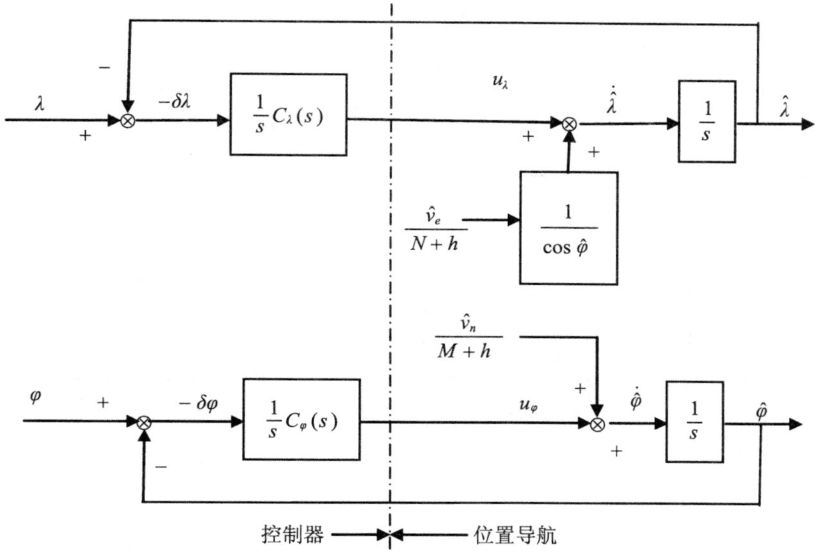

图 7—1　水平位置导航修正回路

从图 7—1 中可以看出，在稳态时有

$$\begin{cases}\hat{\varphi}=\varphi\\ \hat{\lambda}=\lambda\end{cases} \tag{7—19}$$

以及

$$\begin{cases}u_\varphi=\dfrac{1}{M+h}(v_n-\hat{v}_n)\\ u_\lambda=\dfrac{1}{(N+h)\cos\varphi}(v_e-\hat{v}_e)\end{cases} \tag{7—20}$$

从上式可以得到速度的修正值为

$$\begin{cases}v_e=\hat{v}_e+(N+h)u_\lambda\cos\varphi\\ v_n=\hat{v}_n+(M+h)u_\varphi\end{cases} \tag{7—21}$$

(2) 基于导航误差方程的位置修正方法

设实时测出的纬度 φ 和经度 λ 分别含有测量误差 $\nabla\varphi$，$\nabla\lambda$，且

高度通道已阻尼，则导航值与真实值之间的差值为

$$\begin{cases}\delta\varphi = \hat{\varphi} - (\varphi - \nabla\varphi) = (\hat{\varphi} - \varphi) + \nabla\varphi \\ \delta\lambda = \hat{\lambda} - (\lambda - \nabla\lambda) = (\hat{\lambda} - \lambda) + \nabla\lambda\end{cases} \tag{7-22}$$

则有

$$\begin{cases}\delta\varphi - \nabla\varphi = \hat{\varphi} - \varphi \\ \delta\lambda - \nabla\lambda = \hat{\lambda} - \lambda\end{cases} \tag{7-23}$$

其位置修正过程如图 7－2 所示。

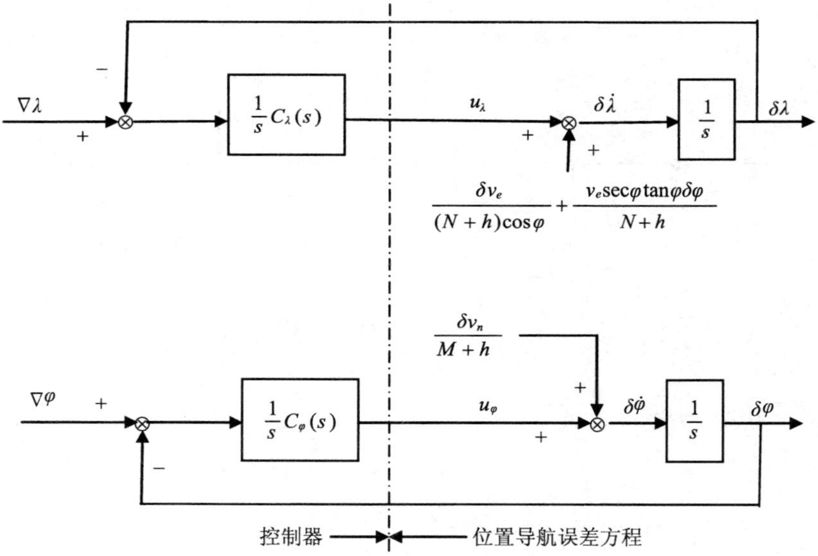

图 7－2　水平位置误差修正回路

在稳态时，有

$$u_\varphi = \frac{G_\varphi(s)}{1+G_\varphi(s)}\nabla\dot{\varphi} - \frac{G_\varphi(s)}{1+G_\varphi(s)} \cdot \frac{\delta v_n}{M+h} \approx -\frac{\delta v_n}{M+h} \tag{7-24}$$

$$\begin{aligned}u_\lambda &= \frac{G_\lambda(s)}{1+G_\lambda(s)}\nabla\dot{\lambda} - \frac{G_\lambda(s)}{1+G_\lambda(s)} \cdot \left(\frac{\delta v_e}{(N+h)\cos\varphi} + \frac{v_e \sec\varphi \tan\varphi \delta\varphi}{N+h}\right) \\ &\approx -\frac{\delta v_e}{(N+h)\cos\varphi} - \frac{v_e \sec\varphi \tan\varphi}{N+h}\nabla\varphi\end{aligned} \tag{7-25}$$

以及

$$\delta\varphi = \frac{G_{\varphi}(s)}{1+G_{\varphi}(s)}\nabla\varphi + \frac{1}{1+G_{\varphi}(s)}\cdot\frac{1}{s}\cdot\frac{\delta v_n}{M+h} \approx \nabla\varphi \tag{7-26}$$

$$\delta\lambda = \frac{G_{\lambda}(s)}{1+G_{\lambda}(s)}\nabla\lambda - \frac{1}{1+G_{\lambda}(s)}\cdot\frac{1}{s}\cdot\left[\frac{\delta v_e}{(N+h)\cos\varphi} + \frac{v_e\sec\varphi\tan\varphi\delta\varphi}{N+h}\right] \approx \nabla\lambda \tag{7-27}$$

7.3.2　速度修正方法

基于地理坐标系的捷联式惯性导航系统和平台式惯性导航系统的基本速度微分方程相同，为

$$\dot{\hat{V}}^L = \boldsymbol{f}^L - (2\boldsymbol{\Omega}_{ie}^L + \boldsymbol{\Omega}_{eL}^L)\hat{\boldsymbol{V}}^L + \boldsymbol{g}^L \tag{7-28}$$

由于仪表误差和计算误差，使得导航解算的速度含有误差。二者主要区别点在于，平台系统可通过台体上的加速度计测量得到 $\boldsymbol{f}^L = \boldsymbol{R}_p^L\boldsymbol{f}^p \approx \boldsymbol{f}^p$，而捷联系统需要通过姿态变换矩阵 $\boldsymbol{R}_b^L$ 计算得到，即 $\boldsymbol{f}^L = \boldsymbol{R}_b^L\boldsymbol{f}^b$ 。

(1) 速度已知时的修正方法

设载体的 3 个外测速度量 $\boldsymbol{V}$ 已知，为克服速度变化对系统鲁棒稳定性的影响，在补偿环节可对与速度有关的环节进行实时修正，速度修正回路如图 7—3 所示。

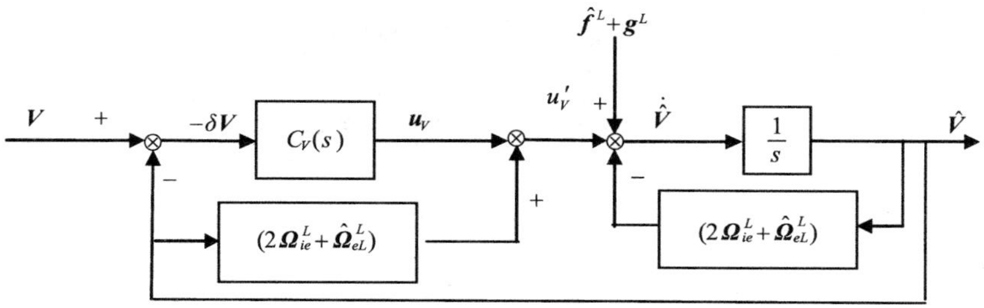

图 7—3　外测速度已知时速度导航修正回路

在图中，控制器为

$$\boldsymbol{u}'_V = \boldsymbol{u}_V + (2\boldsymbol{\Omega}_{ie}^L + \hat{\boldsymbol{\Omega}}_{eL}^L)\hat{V}^L \tag{7-29}$$

则在稳态时，有

$$\begin{aligned}\boldsymbol{u}'_V &= \dot{\hat{V}} - \hat{\boldsymbol{f}}^L - \boldsymbol{g}^L + (2\boldsymbol{\Omega}_{ie}^L + \hat{\boldsymbol{\Omega}}_{eL}^L)\hat{\boldsymbol{V}}^L \\ &= \dot{\boldsymbol{V}} - \boldsymbol{f}^L - \boldsymbol{g}^L + (2\boldsymbol{\Omega}_{ie}^L + \boldsymbol{\Omega}_{eL}^L)\boldsymbol{V}^L + \boldsymbol{f}^L - \hat{\boldsymbol{f}}^L \\ &= \boldsymbol{f}^L - \hat{\boldsymbol{f}}^L\end{aligned} \tag{7-30}$$

此时，地理坐标系中的加速度修正值为

$$\boldsymbol{f}^L = \boldsymbol{u}'_V + \hat{\boldsymbol{f}}^L \tag{7-31}$$

（2）速度误差已知时的修正方法

在载体的外测速度量 **V** 已知时，也可采用速度误差方程进行控制器的设计，速度误差修正回路如图 7—4 所示。

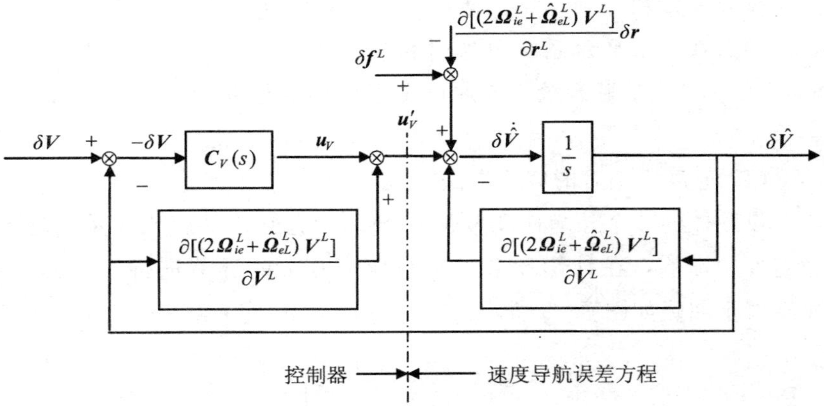

图 7—4　外测速度已知时速度误差修正回路

从图 7—4 中可以看出，在稳态时有

$$\boldsymbol{u}'_V = -\delta\boldsymbol{f}^L + \frac{\partial[(2\boldsymbol{\Omega}_{ie}^L + \hat{\boldsymbol{\Omega}}_{eL}^L)\boldsymbol{V}^L]}{\partial \boldsymbol{r}^L}\delta\boldsymbol{r} \tag{7-32}$$

在高度通道已阻尼时，位置误差主要取决于纬度误差。设位置误差 $\delta\boldsymbol{r}$ 为零时，则有式（7—31）。

(3) 位置已知时的修正方法

设载体的 3 个位置量可直接得到，而速度量不可直接得到时，则修正回路如图 7—5 所示。

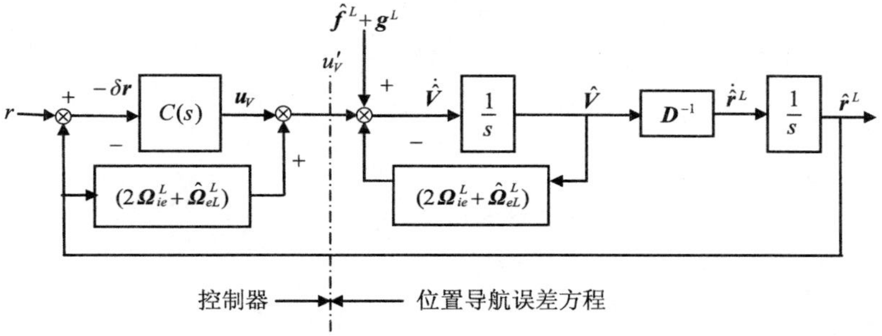

图 7—5　外测位置已知时的速度修正回路

7.3.3　捷联系统水平姿态修正方法

在捷联系统完成初始对准后的导航阶段，如果工作时间较短，导航精度主要取决于加速度计的精度。此时，如果姿态角不能直接观测则可不对姿态角误差进行修正。但是，在长航时工作状态下，组合导航必须对水平姿态角的误差进行修正。

(1) 捷联系统水平姿态矩阵解算

在捷联系统中，设 $\boldsymbol{f}^L$ 和 $\boldsymbol{f}^b$ 已知时，并不能从方程 $\boldsymbol{f}^b=\boldsymbol{R}_L^b\boldsymbol{f}^L$ 中求解出 3 个姿态角。为此，可把两个水平角度与方位角分开考虑。

由于方位角相对水平角的修正速度较慢，在水平姿态角修正时设方位角已知，则有

$$\boldsymbol{f}^w=\boldsymbol{R}_L^w\boldsymbol{f}^L \tag{7—33}$$

在求得 $\boldsymbol{f}^w$ 后，根据方程

$$\boldsymbol{f}^b=\boldsymbol{R}_w^b\boldsymbol{f}^w \tag{7—34}$$

可求解两个水平姿态角 ϕ_x 和 ϕ_y。

由于式 (7—34) 是一个非线性方程，在求解姿态角时可采用近似化处理，设

$$\boldsymbol{m}(\phi) = \boldsymbol{R}_w^b \boldsymbol{f}^w - \boldsymbol{f}^b \tag{7-35}$$

对上式进行一阶近似，有

$$\boldsymbol{m}(\phi) = \boldsymbol{m}(\phi_0) + \boldsymbol{M}(\phi_0)(\phi - \phi_0) \tag{7-36}$$

其中— $\boldsymbol{m}(\phi_0) = \boldsymbol{R}_w^b(\phi_0)\boldsymbol{f}^w - \boldsymbol{f}^b$，

$$\boldsymbol{M}(\phi_0) = \begin{bmatrix} m_{11} & m_{12} \\ m_{21} & m_{22} \\ m_{31} & m_{32} \end{bmatrix}$$

$$m_{11} = f_y^w \sin\phi_y \cos\phi_x + f_z^w \sin\phi_y \sin\phi_x$$

$$m_{12} = -f_x^w \sin\phi_y + f_y^w \cos\phi_y \sin\phi_x - f_z^w \cos\phi_y \cos\phi_x$$

$$m_{21} = -f_y^w \sin\phi_x + f_z^w \cos\phi_x$$

$$m_{22} = 0$$

$$m_{31} = -f_y^w \cos\phi_y \cos\phi_x - f_z^w \cos\phi_y \sin\phi_x$$

$$m_{32} = f_x^w \cos\phi_y + f_y^w \sin\phi_y \sin\phi_x - f_z^w \sin\phi_y \cos\phi_x$$

利用最小二乘法，可得两个水平姿态角的真实值

$$\boldsymbol{\phi} = \boldsymbol{\phi}_0 - [\boldsymbol{M}^{\mathrm{T}}(\phi_0)\boldsymbol{M}(\phi_0)]^{-1}\boldsymbol{M}^{\mathrm{T}}(\phi_0)\boldsymbol{m}(\phi_0) \tag{7-37}$$

平台系统相对于捷联系统，两个水平姿态角 ϕ_x，ϕ_y 较小，其计算过程可适当简化。

在水平姿态角已知时，其修正过程如图 7—6 所示。

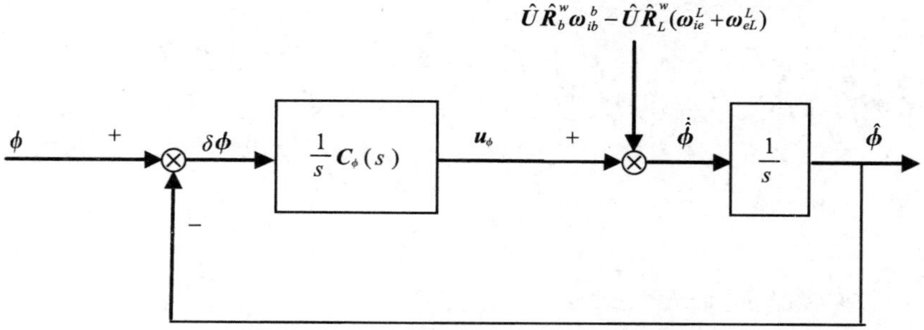

图 7—6　捷联系统以解算姿态角为观测量的水平姿态修正回路

根据水平姿态修正回路，在稳态时有

$$\begin{aligned}\boldsymbol{u}_{\phi} &= \dot{\hat{\boldsymbol{\phi}}} - \hat{\boldsymbol{U}}\hat{\boldsymbol{R}}_b^w\hat{\boldsymbol{\omega}}_{ib}^b + \hat{\boldsymbol{U}}\hat{\boldsymbol{R}}_L^w(\boldsymbol{\omega}_{ie}^L + \boldsymbol{\omega}_{eL}^L) \\ &= \dot{\boldsymbol{\phi}} - \boldsymbol{U}\boldsymbol{R}_b^w\boldsymbol{\omega}_{ib}^b + \boldsymbol{U}\hat{\boldsymbol{R}}_L^w(\boldsymbol{\omega}_{ie}^L + \boldsymbol{\omega}_{eL}^L) - \boldsymbol{U}\boldsymbol{R}_b^w\boldsymbol{\varepsilon} \\ &= \boldsymbol{U}\hat{\boldsymbol{R}}_L^w(\boldsymbol{\omega}_{ie}^L + \boldsymbol{\omega}_{eL}^L) - \boldsymbol{U}\boldsymbol{R}_L^w(\boldsymbol{\omega}_{ie}^L + \boldsymbol{\omega}_{eL}^L) - \boldsymbol{U}\boldsymbol{R}_b^w\boldsymbol{\varepsilon} \\ &= \boldsymbol{U}(\hat{\boldsymbol{R}}_L^w - \boldsymbol{R}_L^w)(\boldsymbol{\omega}_{ie}^L + \boldsymbol{\omega}_{eL}^L) - \boldsymbol{U}\boldsymbol{R}_b^w\boldsymbol{\varepsilon} \end{aligned} \tag{7-38}$$

对于两个水平姿态修正回路，其控制量的分量形式为

$$\begin{bmatrix} u_{\phi_x} \\ u_{\phi_y} \end{bmatrix} = \begin{bmatrix} -\dfrac{v_n}{M+h} & \omega_{ie}\cos\varphi + \dfrac{v_e}{N+h} \\ \left(\omega_{ie}\cos\varphi + \dfrac{v_e}{N+h}\right)\sec\phi_x & \dfrac{v_n}{M+h}\sec\phi_x \end{bmatrix} \begin{bmatrix} \cos\hat{\gamma} - \cos\gamma \\ \sin\hat{\gamma} - \sin\gamma \end{bmatrix} -$$

$$\begin{bmatrix} \cos\phi_y & 0 & \sin\phi_y \\ \sin\phi_y\tan\phi_x & 1 & -\cos\phi_y\tan\phi_x \end{bmatrix} \begin{bmatrix} \varepsilon_x \\ \varepsilon_y \\ \varepsilon_z \end{bmatrix} \tag{7-39}$$

(2) 捷联系统以速度为观测量的水平姿态修正

设捷联系统组合导航中的外测速度已知，为求取姿态角而间接求取 $\boldsymbol{f}^L$，使工作量增大。下面利用导航误差方程，采用修正方法可直接得到两个水平姿态角，如图 7—7 所示。其中

$$\boldsymbol{A}_{\phi} = \begin{bmatrix} 0 & -a_x\sin\phi_y + a_z\cos\phi_y \\ a_x\sin\phi_y\cos\phi_x - a_y\sin\phi_x - a_z\cos\phi_y\cos\phi_x & a_x\cos\phi_y\sin\phi_x + a_z\sin\phi_y\sin\phi_x \end{bmatrix} \tag{7-40}$$

$$\boldsymbol{B}_{\phi} = \begin{bmatrix} -a_x\sin\phi_y\sin\phi_x - a_y\cos\phi_x + a_z\cos\phi_y\sin\phi_x \\ a_x\cos\phi_y + a_z\sin\phi_y \end{bmatrix}\delta\gamma \tag{7-41}$$

$$\boldsymbol{R}'^L_w = \begin{bmatrix} \cos\gamma & -\sin\gamma \\ \sin\gamma & \cos\gamma \end{bmatrix} \tag{7-42}$$

由于系统为一个多变量系统，既通过方位角 γ 相互耦合，又通过视加速度矩阵 A_{ϕ} 耦合。因此，需要对系统进行解耦。首先，对方位角进行解耦，这可通过增加坐标变换矩阵来实现，即

$$\begin{bmatrix} \sin\gamma & -\cos\gamma \\ \cos\gamma\sec\phi_x & \sin\gamma\sec\phi_x \end{bmatrix}\boldsymbol{R}'^L_w = \begin{bmatrix} 0 & -1 \\ \sec\phi_x & 0 \end{bmatrix} \tag{7-43}$$

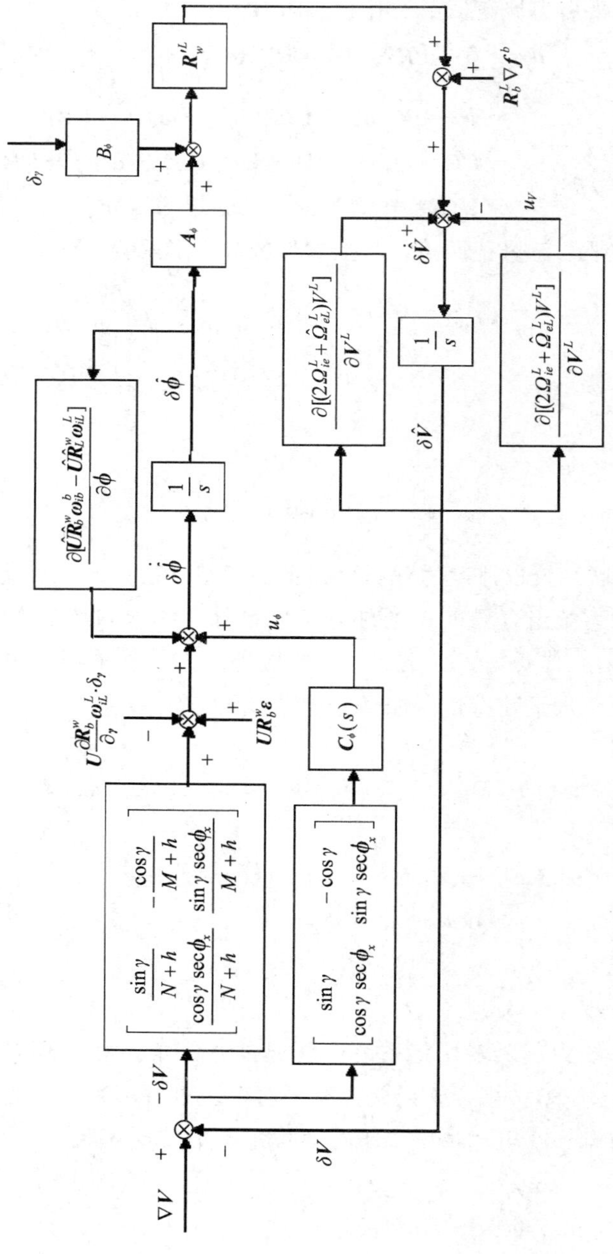

图7-7 捷联系统以速度为观测量的水平姿态修正回路

其次，对视加速度矩阵进行解耦，具体过程如下：

$$\begin{bmatrix} \sin\gamma & -\cos\gamma \\ \cos\gamma\sec\phi_x & \sin\gamma\sec\phi_x \end{bmatrix}\boldsymbol{R}'^{L}_{w}\boldsymbol{A}_{\phi}$$

$$=\begin{bmatrix} -a_x\sin\phi_y\cos\phi_x+a_y\sin\phi_x+a_z\cos\phi_y\cos\phi_x & -a_x\cos\phi_y\sin\phi_x-a_z\sin\phi_y\sin\phi_x \\ 0 & -a_x\sin\phi_y\sec\phi_x+a_z\cos\phi_y\sec\phi_x \end{bmatrix} \tag{7-44}$$

对上述矩阵求逆，有

$$\left(\begin{bmatrix} \sin\gamma & -\cos\gamma \\ \cos\gamma\sec\phi_x & \sin\gamma\sec\phi_x \end{bmatrix}\boldsymbol{R}'^{L}_{w}\boldsymbol{A}_{\phi}\right)^{-1}$$

$$=\frac{1}{\Delta}\begin{bmatrix} -a_x\sin\phi_y\sec\phi_x+a_z\cos\phi_y\sec\phi_x & a_x\cos\phi_y\sin\phi_x+a_z\sin\phi_y\sin\phi_x \\ 0 & -a_x\sin\phi_y\cos\phi_x+a_y\sin\phi_x+a_z\cos\phi_y\cos\phi_x \end{bmatrix}$$

$$=\frac{1}{\Delta}\begin{bmatrix} a'_{z1} & a'_{xz} \\ 0 & a'_{z2} \end{bmatrix} \tag{7-45}$$

其中 $\Delta=(a_x\sin\phi_y\cos\phi_x-a_y\sin\phi_x-a_z\cos\phi_y\cos\phi_x)(a_x\sin\phi_y-a_z\cos\phi_y)\sec\phi_x$。

因此，控制器为

$$\boldsymbol{C}_{\phi}(s)=\begin{bmatrix} C_x(s) & 0 \\ 0 & C_y(s) \end{bmatrix}\times$$

$$\frac{1}{\Delta}\begin{bmatrix} -a_x\sin\phi_y\sec\phi_x+a_z\cos\phi_y\sec\phi_x & a_x\cos\phi_y\sin\phi_x+a_z\sin\phi_y\sin\phi_x \\ 0 & -a_x\sin\phi_y\cos\phi_x+a_y\sin\phi_x+a_z\cos\phi_y\cos\phi_x \end{bmatrix} \tag{7-46}$$

此时，在稳态时的控制量为

$$\boldsymbol{u}_{\phi}=\boldsymbol{U}\frac{\partial\boldsymbol{R}^{w}_{b}}{\partial\gamma}\boldsymbol{\omega}^{L}_{iL}\cdot\delta\boldsymbol{\gamma}-\boldsymbol{U}\boldsymbol{R}^{w}_{b}\boldsymbol{\varepsilon}-\frac{\partial(\boldsymbol{U}\boldsymbol{\omega}^{w}_{Lb})}{\partial\boldsymbol{\phi}}\cdot\delta\boldsymbol{\phi}$$

$$=\begin{bmatrix} \dfrac{v_n\sin\gamma}{M+h}+\cos\gamma\left(\omega_{ie}\cos\varphi+\dfrac{v_e}{N+h}\right) \\ \dfrac{v_n\cos\gamma\sec\phi_x}{M+h}-\sin\gamma\sec\phi_x\left(\omega_{ie}\cos\varphi+\dfrac{v_e}{N+h}\right) \end{bmatrix}\delta\boldsymbol{\gamma}-$$

$$\begin{bmatrix} \cos\phi_y & 0 & \sin\phi_y \\ \sin\phi_y\tan\phi_x & 1 & -\cos\phi_y\tan\phi_x \end{bmatrix}\boldsymbol{\varepsilon}+$$

$$
\begin{bmatrix} 0 \\ (\omega_x \sin\phi_y - \omega_z \cos\phi_y)\sec^2\phi_x - \omega_{ie}\cos\varphi\cos\gamma\tan\phi_x\sec\phi_x - \dfrac{v_n\sin\gamma\tan\phi_x\sec\phi_x}{M+h} - \dfrac{v_e\cos\gamma\tan\phi_x\sec\phi_x}{N+h} \end{bmatrix}\delta\phi_x +
$$

$$
\begin{bmatrix} -(\omega_x \sin\phi_y - \omega_z \cos\phi_y) \\ (\omega_x \cos\phi_y + \omega_z \sin\phi_y)\tan\phi_x \end{bmatrix}\delta\boldsymbol{\phi}_y \tag{7-47}
$$

比较上式与式（7—39）可以看出，在水平角与方位角接近于真实值时二者基本相同。

（3）捷联系统水平姿态误差分析

正如前面所述，在求取水平姿态角时假设方位角为前一时刻的值，这就使得水平姿态角的计算结果含有误差。

对于解算姿态为观测量的水平修正回路，其解算误差为

$$
\delta\boldsymbol{f}^w = \frac{\partial \boldsymbol{R}_L^w}{\partial \boldsymbol{\gamma}}\boldsymbol{f}^L\delta\boldsymbol{\gamma} = \begin{bmatrix} -f_x\sin\gamma + f_y\cos\gamma \\ -f_x\cos\gamma - f_y\sin\gamma \\ 0 \end{bmatrix}\delta\boldsymbol{\gamma} \tag{7-48}
$$

其中，f_x，f_y，f_z 分别为载体的视加速度在地理坐标系中的投影分量。另外，有

$$
\delta\boldsymbol{f}^b = \boldsymbol{R}_w^b\delta\boldsymbol{f}^w + \frac{\partial \boldsymbol{R}_w^b}{\partial \boldsymbol{\phi}}\delta\boldsymbol{\phi}\cdot\boldsymbol{f}^w
$$

$$
= \begin{bmatrix} \cos\phi_y & \sin\phi_y\sin\phi_x & -\sin\phi_y\cos\phi_x \\ 0 & \cos\phi_x & \sin\phi_x \\ \sin\phi_y & -\cos\phi_y\sin\phi_x & \cos\phi_y\cos\phi_x \end{bmatrix} \begin{bmatrix} -f_x\sin\gamma + f_y\cos\gamma \\ -f_x\cos\gamma - f_y\sin\gamma \\ 0 \end{bmatrix}\delta\gamma +
$$

$$
\begin{bmatrix} -\sin\phi_y\delta\phi_y & \cos\phi_y\sin\phi_x\delta\phi_y + \sin\phi_y\cos\phi_x\delta\phi_x & -\cos\phi_y\cos\phi_x\delta\phi_y + \sin\phi_y\sin\phi_x\delta\phi_x \\ 0 & -\sin\phi_x\delta\phi_x & \cos\phi_x\delta\phi_x \\ \cos\phi_y\delta\phi_y & \sin\phi_y\sin\phi_x\delta\phi_y - \cos\phi_y\cos\phi_x\delta\phi_x & -\sin\phi_y\cos\phi_x\delta\phi_y - \cos\phi_y\sin\phi_x\delta\phi_x \end{bmatrix}\times
$$

$$
\begin{bmatrix} \cos\gamma & \sin\gamma & 0 \\ -\sin\gamma & \cos\gamma & 0 \\ 0 & 0 & 1 \end{bmatrix}\boldsymbol{f}^L
$$

$$
= \begin{bmatrix} -f_x(\cos\phi_y\sin\gamma + \sin\phi_y\sin\phi_x\cos\gamma) + f_y(\cos\phi_y\cos\gamma - \sin\phi_y\sin\phi_x\sin\gamma) \\ -f_x\cos\phi_x\cos\gamma - f_y\cos\phi_x\sin\gamma \\ -f_x(\sin\phi_y\sin\gamma - \cos\phi_y\sin\phi_x\cos\gamma) + f_y(\sin\phi_y\cos\gamma + \cos\phi_y\sin\phi_x\sin\gamma) \end{bmatrix}\delta\gamma +
$$

$$
A\begin{bmatrix} \delta\phi_x \\ \delta\phi_y \end{bmatrix} \tag{7-49}
$$

其中

$$\mathbf{A}=\begin{bmatrix}a_{11} & a_{12}\\ a_{21} & 0\\ a_{31} & a_{32}\end{bmatrix}$$

$$a_{11}=-f_x\cos\phi_x\sin\phi_y\sin\gamma+f_y\cos\phi_x\sin\phi_y\cos\gamma+f_z\sin\phi_x\sin\phi_y$$

$$a_{12}=-f_x(\sin\phi_y\cos\gamma+\sin\phi_x\cos\phi_y\sin\gamma)+f_y(-\sin\phi_y\sin\gamma+\sin\phi_x\cos\phi_y\cos\gamma)-f_z\cos\phi_x\cos\phi_y$$

$$a_{21}=f_x\sin\phi_x\sin\gamma-f_y\sin\phi_x\cos\gamma+f_z\cos\phi_x$$

$$a_{31}=f_x\cos\phi_x\cos\phi_y\sin\gamma-f_y\cos\phi_x\cos\phi_y\cos\gamma-f_z\sin\phi_x\cos\phi_y$$

$$a_{32}=f_x(\cos\phi_y\cos\gamma-\sin\phi_x\sin\phi_y\sin\gamma)+f_y(\cos\phi_y\sin\gamma+\sin\phi_x\sin\phi_y\cos\gamma)-f_z\cos\phi_x\sin\phi_y$$

此时，有

$$\mathbf{A}^{\mathrm{T}}\mathbf{A}=\begin{bmatrix}a_{11} & a_{21} & a_{31}\\ a_{12} & 0 & a_{32}\end{bmatrix}\begin{bmatrix}a_{11} & a_{12}\\ a_{21} & 0\\ a_{31} & a_{32}\end{bmatrix}=\begin{bmatrix}a_{11}^2+a_{21}^2+a_{31}^2 & a_{11}a_{12}+a_{31}a_{32}\\ a_{11}a_{12}+a_{31}a_{32} & a_{12}^2+a_{32}^2\end{bmatrix} \tag{7-50}$$

其中，

$$a_{11}^2+a_{21}^2+a_{31}^2=f_x^2\sin^2\gamma+f_y^2\cos^2\gamma+f_z^2-f_xf_y\sin2\gamma$$

$$a_{12}^2+a_{32}^2=f_x^2(1-\cos^2\phi_x\sin^2\gamma)+f_y^2(1-\cos^2\phi_x\cos^2\gamma)+f_z^2\cos^2\phi_x+f_xf_y\cos^2\phi_x\sin2\gamma+f_xf_z\sin2\phi_x\sin\gamma-f_yf_z\sin2\phi_x\cos\gamma$$

$$a_{11}a_{12}+a_{31}a_{32}=\frac{1}{2}f_x^2\cos\phi_x\sin2\gamma-\frac{1}{2}f_y^2\cos\phi_x\sin2\gamma-f_xf_y\cos\phi_x\cos2\gamma-f_xf_z\sin\phi_x\cos\gamma-f_yf_z\sin\phi_x\sin\gamma$$

则有

$$(\mathbf{A}^{\mathrm{T}}\mathbf{A})^{-1}=\frac{1}{\Delta_{\mathbf{A}^{\mathrm{T}}\mathbf{A}}}\begin{bmatrix}a_{12}^2+a_{32}^2 & -(a_{11}a_{12}+a_{31}a_{32})\\ -(a_{11}a_{12}+a_{31}a_{32}) & a_{11}^2+a_{21}^2+a_{31}^2\end{bmatrix} \tag{7-51}$$

其中，

$$\Delta_{\mathbf{A}^{\mathrm{T}}\mathbf{A}}=(a_{11}^2+a_{21}^2+a_{31}^2)(a_{12}^2+a_{32}^2)-(a_{11}a_{12}+a_{31}a_{32})^2$$

$$= f_x^4\sin^2\phi_x\sin^2\gamma + f_x^2f_y^2\sin^2\phi_x + f_x^2f_z^2(1-\sin^2\phi_x\cos^2\gamma) - f_x^3f_y\sin^2\phi_x\sin2\gamma + f_x^3f_z\sin2\phi_x\sin\gamma - f_x^2f_yf_z\sin2\phi_x\cos\gamma + f_y^4\sin^2\phi_x\cos^2\gamma + f_y^2f_z^2(1-\sin^2\phi_x\sin^2\gamma) - f_xf_y^3\sin^2\phi_x\sin2\gamma + f_xf_y^2f_z\sin2\phi_x\sin\gamma - f_y^3f_z\sin2\phi_x\cos\gamma + f_z^4\cos^2\phi_x - f_xf_yf_z^2\sin^2\phi_x\sin2\gamma + f_xf_z^3\sin2\phi_x\sin\gamma - f_yf_z^3\sin2\phi_x\cos\gamma$$

$$= (f_x^2+f_y^2+f_z^2)[f_z^2+(f_y^2-f_z^2)\sin^2\phi_x+(f_x^2-f_y^2)\sin^2\phi_x\sin^2\gamma - f_xf_y\sin^2\phi_x\sin2\gamma - f_yf_z\sin2\phi_x\cos\gamma + f_xf_z\sin2\phi_x\sin\gamma]$$

以及

$$(\mathbf{A}^{\mathrm{T}}\mathbf{A})^{-1}\mathbf{A}^{\mathrm{T}} = \frac{1}{\Delta_{\mathbf{A}^{\mathrm{T}}\mathbf{A}}}\begin{bmatrix} a_{32}(a_{11}a_{32}-a_{31}a_{12}) & a_{21}(a_{12}^2+a_{32}^2) & -a_{12}(a_{11}a_{32}-a_{31}a_{12}) \\ a_{21}^2a_{12}-a_{31}(a_{11}a_{32}-a_{31}a_{12}) & -a_{21}(a_{11}a_{12}+a_{31}a_{32}) & a_{21}^2a_{32}+a_{11}(a_{11}a_{32}-a_{31}a_{12}) \end{bmatrix} \tag{7-52}$$

其中

$$a_{11}a_{32}-a_{31}a_{12} = \frac{1}{2}f_x^2\sin2\phi_x\sin^2\gamma + \frac{1}{2}f_y^2\sin2\phi_x\cos^2\gamma - \frac{1}{2}f_z^2\sin2\phi_x - \frac{1}{2}f_xf_y\sin2\phi_x\sin2\gamma + f_xf_z\cos2\phi_x\sin\gamma - f_yf_z\cos2\phi_x\cos\gamma,$$

$$a_{21}^2a_{12}-a_{31}(a_{11}a_{32}-a_{31}a_{12}) = -f_x^3\sin\phi_x\sin^2\gamma(\sin\phi_x\sin\phi_y\cos\gamma+\cos\phi_y\sin\gamma) + f_y^3\sin\phi_x\cos^2\gamma(\cos\phi_y\cos\gamma-\sin\phi_y\sin\phi_x\sin\gamma) - f_z^3\cos\phi_x\cos\phi_y + \frac{1}{2}f_x^2f_y\sin\gamma\sin\phi_x(\sin\phi_x\sin\phi_y + 3\sin\phi_x\sin\phi_y\cos2\gamma + 3\cos\phi_y\sin2\gamma) + \frac{1}{2}f_xf_y^2\sin\phi_x\cos\gamma(\sin\phi_x\sin\phi_y - 3\sin\phi_x\sin\phi_y\cos2\gamma - 3\cos\phi_y\sin2\gamma) - f_x^2f_z\cos\phi_x\sin\gamma(2\sin\phi_x\sin\phi_y\cos\gamma+\cos\phi_y\sin\gamma) + f_y^2f_z\cos\phi_x\cos\gamma(2\sin\phi_x\sin\phi_y\sin\gamma-\cos\phi_y\cos\gamma) - f_xf_z^2(\sin\phi_x\cos\phi_y\sin\gamma+\cos^2\phi_x\sin\phi_y\cos\gamma) + f_yf_z^2(\sin\phi_x\cos\phi_y\cos\gamma-\cos^2\phi_x\sin\phi_y\sin\gamma) + f_xf_yf_z\cos\phi_x(\cos\phi_y\sin2\gamma+2\sin\phi_x\sin\phi_y\cos2\gamma)$$

$$
\begin{aligned}
-a_{21}(a_{11}a_{12}+a_{31}a_{32}) = &-f_x^3\sin\phi_x\sin^2\gamma(\cos\phi_x\cos\gamma)- \\
&f_y^3\sin\phi_x\cos^2\gamma(\cos\phi_x\sin\gamma)+\frac{1}{2}f_x^2f_y\sin\gamma\sin\phi_x\cos\phi_x\times \\
&(1+3\cos2\gamma)+\frac{1}{2}f_xf_y^2\sin\phi_x\cos\phi_x\cos\gamma\times \\
&(1-3\cos2\gamma)-\frac{1}{2}f_x^2f_z\cos2\phi_x\sin2\gamma+ \\
&\frac{1}{2}f_xf_z^2\sin2\phi_x\cos\gamma+\frac{1}{2}f_y^2f_z\cos2\phi_x\sin2\gamma+ \\
&\frac{1}{2}f_yf_z^2\sin2\phi_x\sin\gamma+f_xf_yf_z\cos2\phi_x\cos2\gamma
\end{aligned}
$$

$$
\begin{aligned}
a_{21}^2a_{32}a_{11}(a_{11}a_{32}-a_{31}a_{12}) = &f_x^3\sin\phi_x\sin^2\gamma(\sin\phi_x\cos\phi_y\cos\gamma-\sin\phi_y\sin\gamma)+ \\
&f_y^3\sin\phi_x\cos^2\gamma(\sin\phi_y\cos\gamma+\sin\phi_x\cos\phi_y\sin\gamma)- \\
&f_z^3\cos\phi_x\sin\phi_y+\frac{1}{2}f_x^2f_y\sin\gamma\sin\phi_x(-\sin\phi_x\cos\phi_y- \\
&3\sin\phi_x\cos\phi_y\cos2\gamma+3\sin\phi_y\sin2\gamma)- \\
&\frac{1}{2}f_xf_y^2\sin\phi_x\cos\gamma(\sin\phi_x\cos\phi_y- \\
&3\sin\phi_x\cos\phi_y\cos2\gamma+3\sin\phi_y\sin2\gamma)+ \\
&f_x^2f_z\cos\phi_x\sin\gamma(2\sin\phi_x\cos\phi_y\cos\gamma-\sin\phi_y\sin\gamma)- \\
&f_y^2f_z\cos\phi_x\cos\gamma(2\sin\phi_x\cos\phi_y\sin\gamma+\sin\phi_y\cos\gamma)- \\
&f_xf_z^2(\sin\phi_x\sin\phi_y\sin\gamma-\cos^2\phi_x\cos\phi_y\cos\gamma)+ \\
&f_yf_z^2(\sin\phi_x\sin\phi_y\cos\gamma+\cos^2\phi_x\cos\phi_y\sin\gamma)+ \\
&f_xf_yf_z\cos\phi_x(\sin\phi_y\sin2\gamma-2\sin\phi_x\cos\phi_y\cos2\gamma)
\end{aligned}
$$

利用以上诸式，由式（7—49）可得

$$
\begin{bmatrix}\delta\phi_x\\ \delta\phi_y\end{bmatrix}=(\boldsymbol{A}^{\mathrm{T}}\boldsymbol{A})^{-1}\boldsymbol{A}^{\mathrm{T}}\delta\boldsymbol{f}^b
$$

$$
-(\boldsymbol{A}^{\mathrm{T}}\boldsymbol{A})^{-1}\boldsymbol{A}^{\mathrm{T}}\begin{bmatrix}-f_x(\cos\phi_y\sin\gamma+\sin\phi_y\sin\phi_x\cos\gamma)+f_y(\cos\phi_y\cos\gamma-\sin\phi_y\sin\phi_x\sin\gamma)\\ -f_x\cos\phi_x\cos\gamma-f_y\cos\phi_x\sin\gamma\\ -f_x(\sin\phi_y\sin\gamma-\cos\phi_y\sin\phi_x\cos\gamma)+f_y(\sin\phi_y\cos\gamma+\cos\phi_y\sin\phi_x\sin\gamma)\end{bmatrix}\delta\gamma
$$

（7 — 53）

为分析方便，比如，设 $\phi_x=0$、$\phi_y=0$ 时，有

$$\Delta_{A^TA}=(f_x^2+f_y^2+f_z^2)f_z^2$$

以及

$$\begin{bmatrix}\delta\phi_x\\ \delta\phi_y\end{bmatrix}=\frac{f_z^3}{\Delta_{A^TA}}\begin{bmatrix}0 & 1 & 0\\ -1 & 0 & 0\end{bmatrix}\nabla f^b-$$
$$\frac{f_z^3}{\Delta_{A^TA}}\begin{bmatrix}-f_x\cos\gamma-f_y\sin\gamma\\ f_x\sin\gamma-f_y\cos\gamma\end{bmatrix}\delta\boldsymbol{\gamma}+$$
$$\frac{f_z}{\Delta_{A^TA}}\begin{bmatrix}-f_{wx}f_{wy} & f_{wx}^2 & -f_zf_{wy}\\ -f_{wy}^2 & f_{wx}f_{wy} & f_zf_{wx}\end{bmatrix}\nabla f^b+$$
$$\frac{f_z(f_x^2+f_y^2)}{\Delta_{A^TA}}\begin{bmatrix}f_x\\ f_y\end{bmatrix}\delta\boldsymbol{\gamma}\tag{7-54}$$

而对于以外测速度为观测量的水平修正回路，从式（7—8）可知，在稳态时水平姿态角的误差表达式为

$$\begin{bmatrix}\delta\phi_x\\ \delta\phi_y\end{bmatrix}=-\boldsymbol{A}^{-1}(\boldsymbol{B}\cdot\delta\boldsymbol{\gamma}+\boldsymbol{C}\cdot\nabla\boldsymbol{f}^b)=-\boldsymbol{A}_\phi^{-1}(\boldsymbol{B}_\phi\cdot\delta\boldsymbol{\gamma}+\boldsymbol{R}_b^w\cdot\nabla\boldsymbol{f}^b)\tag{7-55}$$

其中

$$\mathbf{A}^{-1}=\frac{1}{\Delta_\phi}\begin{bmatrix}A_{d11} & A_{d12}\\ A_{d21} & A_{d22}\end{bmatrix}$$

$$\begin{aligned}\Delta_\phi&=a_x^2\cos\phi_x\sin^2\phi_y-a_xa_y\sin\phi_x\sin\phi_y-a_xa_z\cos\phi_x\sin2\phi_y+\\&\quad a_ya_z\sin\phi_x\cos\phi_y+a_z^2\cos\phi_x\cos^2\phi_y\\&=(a_x\sin\phi_y-a_z\cos\phi_y)(a_x\sin\phi_y\cos\phi_x-a_y\sin\phi_x-a_z\cos\phi_y\cos\phi_x)\end{aligned}$$

$$\begin{aligned}A_{d11}&=a_x(-\sin\phi_y\sin\gamma+\cos\phi_y\sin\phi_x\cos\gamma)+a_z(\cos\phi_y\sin\gamma+\\&\quad\sin\phi_y\sin\phi_x\cos\gamma)\end{aligned}$$

$$\begin{aligned}A_{d12}&=a_x(\sin\phi_y\cos\gamma+\cos\phi_y\sin\phi_x\sin\gamma)-a_z(\cos\phi_y\cos\gamma-\\&\quad\sin\phi_y\sin\phi_x\sin\gamma)\end{aligned}$$

$$A_{d21}=-a_x\sin\phi_y\cos\phi_x\cos\gamma+a_y\sin\phi_x\cos\gamma+a_z\cos\phi_y\cos\phi_x\cos\gamma$$

$$A_{d22}=-a_x\sin\phi_y\cos\phi_x\sin\gamma+a_y\sin\phi_x\sin\gamma+a_z\cos\phi_y\cos\phi_x\sin\gamma$$

$$\boldsymbol{B}=\begin{bmatrix} -a_x(\cos\phi_y\sin\gamma+\sin\phi_y\sin\phi_x\cos\gamma)-a_y\cos\phi_x\cos\gamma+a_z \\ (-\sin\phi_y\sin\gamma+\cos\phi_y\sin\phi_x\cos\gamma)a_x \\ (\cos\phi_y\cos\gamma-\sin\phi_y\sin\phi_x\sin\gamma)-a_y\cos\phi_x\sin\gamma+a_z(\sin\phi_y\cos\gamma+ \\ \cos\phi_y\sin\phi_x\sin\gamma) \end{bmatrix}$$

$$\boldsymbol{C}=\begin{bmatrix} \cos\phi_y\cos\gamma-\sin\phi_y\sin\phi_x\sin\gamma & -\cos\phi_x\sin\gamma & \sin\phi_y\cos\gamma+\cos\phi_y\sin\phi_x\sin\gamma \\ \cos\phi_y\sin\gamma+\sin\phi_y\sin\phi_x\cos\gamma & \cos\phi_x\cos\gamma & \sin\phi_y\sin\gamma-\cos\phi_y\sin\phi_x\cos\gamma \end{bmatrix}$$

由上式，可得

$$(\boldsymbol{A}^{-1}\boldsymbol{B})_{(1,1)}=\frac{1}{\Delta_\phi}\Big[\frac{1}{2}a_x^2\cos^2\phi_x\sin2\phi_y-\frac{1}{2}a_xa_y\sin2\phi_x\cos\phi_y- a_xa_z\cos^2\phi_x\cos2\phi_y-\frac{1}{2}a_ya_z\sin2\phi_x\sin\phi_y-\frac{1}{2}a_z^2\cos^2\phi_x\sin2\phi_y\Big]$$

$$(\boldsymbol{A}^{-1}\boldsymbol{B})_{(2,1)}=\frac{1}{\Delta_\phi}\Big[\frac{1}{2}a_x^2\sin^2\phi_y\sin2\phi_x+\frac{1}{2}a_xa_y\cos2\phi_x\sin\phi_y- \frac{1}{2}a_y^2\sin2\phi_x-\frac{1}{2}a_xa_z\sin2\phi_x\sin2\phi_y-a_ya_z\cos2\phi_x\cos\phi_y+ \frac{1}{2}a_z^2\cos^2\phi_y\sin2\phi_x\Big]$$

$$(\boldsymbol{A}^{-1}\boldsymbol{C})_{(1,1)}=\frac{a_x\sin\phi_x}{\Delta_\phi}$$

$$(\boldsymbol{A}^{-1}\boldsymbol{C})_{(1,2)}=\frac{a_x\cos\phi_x\sin\phi_y-a_z\cos\phi_x\cos\phi_y}{\Delta_\phi}$$

$$(\boldsymbol{A}^{-1}\boldsymbol{C})_{(1,3)}=\frac{a_z\sin\phi_x}{\Delta_\phi}$$

$$(\boldsymbol{A}^{-1}\boldsymbol{C})_{(2,1)}=\frac{1}{\Delta_\phi}\Big(-\frac{1}{2}a_x\sin2\phi_y\cos\phi_x+a_y\sin\phi_x\cos\phi_y+a_z\cos^2\phi_y\cos\phi_x\Big)$$

$$(\boldsymbol{A}^{-1}\boldsymbol{C})_{(2,2)}=0;$$

$$(\boldsymbol{A}^{-1}\boldsymbol{C})_{(2,3)}=\frac{1}{\Delta_\phi}\Big(-a_x\sin^2\phi_y\cos\phi_x+a_y\sin\phi_x\sin\phi_y+\frac{1}{2}a_z\sin2\phi_y\cos\phi_x\Big)$$

可以看出，水平姿态角的误差系数阵 $\boldsymbol{A}^{-1}\boldsymbol{B}$，$\boldsymbol{A}^{-1}\boldsymbol{C}$ 与方位角无关，只取决于两个水平姿态角。比如，设 $\phi_x=0$、$\phi_y=0$ 时，有

$$\begin{bmatrix}\delta\phi_x\\ \delta\phi_y\end{bmatrix}=\begin{bmatrix}\dfrac{\nabla_y+a_x\cdot\delta\gamma}{a_z}\\ -\dfrac{\nabla_x-a_y\cdot\delta\gamma}{a_z}\end{bmatrix}\tag{7-56}$$

比较式（7—54）与式（7—56）可以看出，二者没有本质区别，这是因为 $a_x = f_x\cos\gamma + f_y\sin\gamma$ 以及 $a_y = -f_x\sin\gamma + f_y\cos\gamma$ 。也可根据下式得到证明

$$\begin{bmatrix}\delta\phi_x \\ \delta\phi_y\end{bmatrix} = -\boldsymbol{A}^{-1}(\boldsymbol{B}\cdot\delta\boldsymbol{\gamma} + \boldsymbol{C}\cdot\nabla\boldsymbol{f}^b + \boldsymbol{u}'_v)$$

$$\Leftrightarrow\begin{cases}\begin{bmatrix}\hat{\phi}_x \\ \hat{\phi}_y\end{bmatrix} - \begin{bmatrix}\bar{\phi}_x \\ \bar{\phi}_y\end{bmatrix} = -\boldsymbol{A}^{-1}\boldsymbol{u}'_v \\ \begin{bmatrix}\bar{\phi}_x \\ \bar{\phi}_y\end{bmatrix} - \begin{bmatrix}\phi_x \\ \phi_y\end{bmatrix} = -\boldsymbol{A}^{-1}(\boldsymbol{B}\cdot\delta\boldsymbol{\gamma} + \boldsymbol{C}\cdot\nabla\boldsymbol{f}^b)\end{cases} \tag{7-57}$$

上式中第一个表达式的意义在于，在控制量 u'_v 与导航值 $\hat{\phi}$ 已知的情况下可以求出与仪表误差无关的相对真实的估计值 $\bar{\phi}$ 。第二个表达式的意义在于，此估计值 $\bar{\phi}$ 与真实值之间有差距，取决于仪表的精度，为不可补偿量。

7.3.4 平台系统水平姿态修正方法

在平台系统中，设 $\boldsymbol{f}^L$ 和 $\boldsymbol{f}^p$ 已知时，由于仪表误差和初始对准误差，使得 $\boldsymbol{R}_L^b \neq \boldsymbol{I}$。组合导航的目的是通过陀螺仪力矩器改变 $\boldsymbol{\omega}_{ip}^p$，使 $\boldsymbol{R}_L^b \to \boldsymbol{I}$，进而使得 $\boldsymbol{f}^p \to \boldsymbol{f}^L$ ，这就意味着 $\boldsymbol{\phi} \to 0$。由于

$$\dot{\boldsymbol{\phi}} = \boldsymbol{U}\boldsymbol{R}_p^w\boldsymbol{\omega}_{ip}^p - \boldsymbol{U}\boldsymbol{R}_L^w(\boldsymbol{\omega}_{ie}^L + \boldsymbol{\omega}_{eL}^L) + \boldsymbol{U}\boldsymbol{R}_p^w\boldsymbol{\varepsilon} \tag{7-58}$$

且设姿态角为小角度。此时，有

$$\begin{aligned}\boldsymbol{f}^p &= \boldsymbol{f}^L + (\boldsymbol{R}_L^p - \boldsymbol{I})\boldsymbol{f}^L \\ &= \boldsymbol{f}^L + \begin{bmatrix}0 & -a_z & a_y \\ a_z & 0 & -a_x \\ -a_y & a_x & 0\end{bmatrix}\begin{bmatrix}\phi_x \\ \phi_y \\ \gamma\end{bmatrix} + \delta\boldsymbol{f}^p\end{aligned} \tag{7-59}$$

考虑到水平方向为两维，则有

$$\boldsymbol{f}^p = \boldsymbol{f}^L + \begin{bmatrix}0 & -a_z \\ a_z & 0\end{bmatrix}\begin{bmatrix}\phi_x \\ \phi_y\end{bmatrix} + \begin{bmatrix}a_y \\ -a_x\end{bmatrix}\boldsymbol{\gamma} + \delta\boldsymbol{f}^p \tag{7-60}$$

则水平姿态角的修正回路如图 7－8 所示。根据水平姿态修正回路，在稳态时有

$$\boldsymbol{u}_{\phi}=\boldsymbol{R}_{w}^{p}(\hat{\boldsymbol{R}}_{L}^{w}-\boldsymbol{R}_{L}^{w})(\boldsymbol{\omega}_{ie}^{L}+\boldsymbol{\omega}_{eL}^{L})-\boldsymbol{\varepsilon} \qquad (7-61)$$

其分量形式为

$$\begin{bmatrix}u_{\phi_x}\\u_{\phi_y}\end{bmatrix}=\begin{bmatrix}-\dfrac{v_n}{M+h} & \omega_{ie}\cos\varphi+\dfrac{v_e}{N+h}\\ \left(\omega_{ie}\cos\varphi+\dfrac{v_e}{N+h}\right) & \dfrac{v_n}{M+h}\end{bmatrix}\begin{bmatrix}\cos\hat{\gamma}-\cos\gamma\\ \sin\hat{\gamma}-\sin\gamma\end{bmatrix}-\begin{bmatrix}\varepsilon_x\\ \varepsilon_y\end{bmatrix} \qquad (7-62)$$

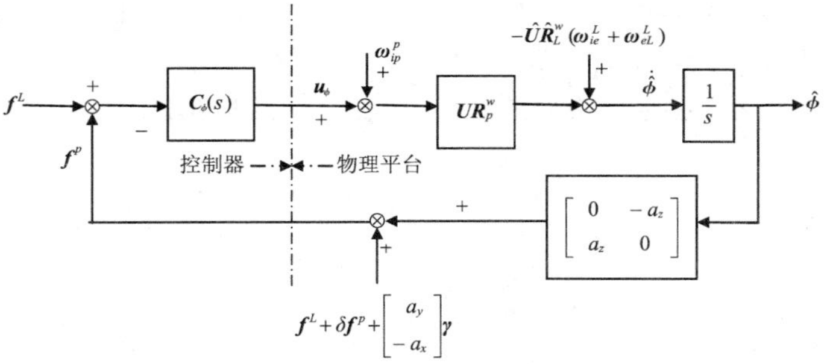

图 7－8　平台系统水平姿态修正回路

对于速度作为观测量的组合导航系统，$\boldsymbol{f}^L$ 和 $\boldsymbol{f}^p$ 都只是水平姿态修正回路的中间变量。如果在修正过程中，为设计方便可适当简化，水平姿态角修正回路的两种不同结构如图 7－9 和图 7－10 所示。

无论哪种结构形式，在水平方向稳态时近似有 $\boldsymbol{f}^p=\boldsymbol{f}^L$，因此根据式（7－60），有

$$\begin{bmatrix}0 & -a_z\\ a_z & 0\end{bmatrix}\begin{bmatrix}\phi_x\\ \phi_y\end{bmatrix}+\begin{bmatrix}a_y\\ -a_x\end{bmatrix}\boldsymbol{\gamma}+\delta\boldsymbol{f}^p=0 \qquad (7-63)$$

即

$$\begin{bmatrix}\phi_x\\ \phi_y\end{bmatrix}=\begin{bmatrix}-\dfrac{\nabla_y-\gamma a_x}{a_z}\\ \dfrac{\nabla_x-\gamma a_y}{a_z}\end{bmatrix} \qquad (7-64)$$

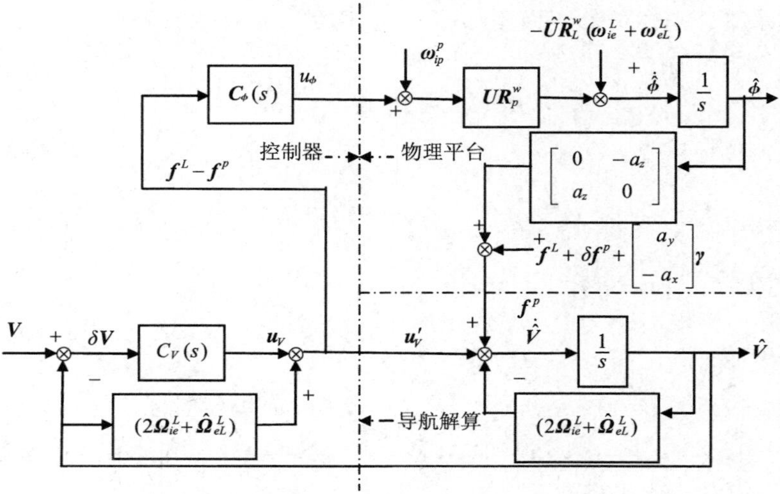

图 7－9　水平速度修正回路（速度直接阻尼）

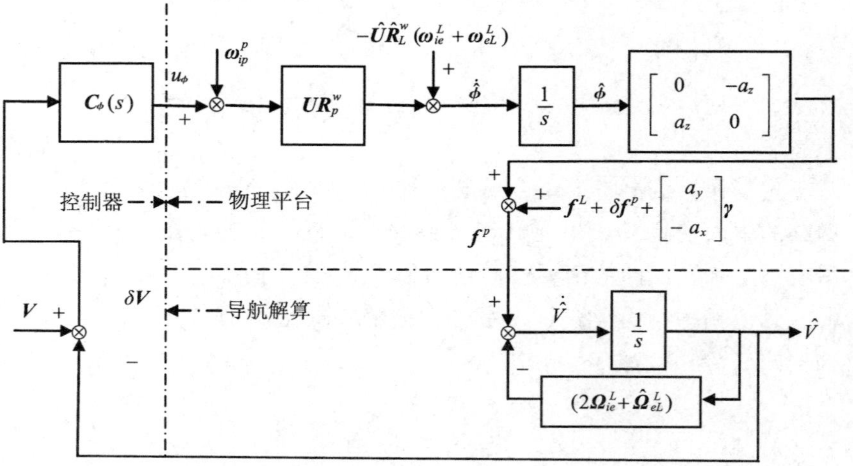

图 7－10　水平速度修正回路（速度间接阻尼）

另外，对于一些特殊场合，比如 f^L 和 f^p 都近似于零，在此情况下即使外测速度精确已知，也不可能求出姿态角。因此，必须采用星光敏感器、红外对地水平观测仪等设备来测量姿态角。

如果方位角可以修正或精确已知时，则有

$$\begin{bmatrix} \phi_x \\ \phi_y \end{bmatrix} = \begin{bmatrix} -\dfrac{\nabla_y}{a_z} \\ \dfrac{\nabla_x}{a_z} \end{bmatrix} \tag{7-65}$$

7.3.5 方位修正方法

在捷联系统完成水平对准后的导航阶段，如果工作时间较短，航向角误差主要取决于方位陀螺仪的精度。此时，可不对方位角误差进行修正。但是，在长航时工作状态下，组合导航必须对航向误差进行修正。

在两个水平姿态角已知时，设方位对准的控制量为

$$\begin{bmatrix} u'_{\gamma 1} \\ u'_{\gamma 2} \end{bmatrix} = \begin{bmatrix} -\cos\hat{\gamma} & \sin\hat{\gamma}\cos\hat{\phi}_x \\ \sin\hat{\gamma} & \cos\hat{\gamma}\cos\hat{\phi}_x \end{bmatrix} \begin{bmatrix} u_{\phi_x} \\ u_{\phi_y} \end{bmatrix} \tag{7-66}$$

则有

$$\begin{bmatrix} u'_{\gamma 1} \\ u'_{\gamma 2} \end{bmatrix} = \begin{bmatrix} -\left(\omega_{ie}\cos\phi + \dfrac{v_e}{N+h}\right) & \dfrac{v_n}{M+h} \\ \dfrac{v_n}{M+h} & \omega_{ie}\cos\phi + \dfrac{v_e}{N+h} \end{bmatrix} \begin{bmatrix} \sin(\hat{\gamma}-\gamma) \\ 1-\cos(\hat{\gamma}-\gamma) \end{bmatrix} + \begin{bmatrix} \varepsilon'_x \\ \varepsilon'_y \end{bmatrix} \tag{7-67}$$

其中

$$\begin{bmatrix} \varepsilon'_x \\ \varepsilon'_y \end{bmatrix} = -\begin{bmatrix} -\cos\hat{\gamma}\cos\phi_y + \sin\hat{\gamma}\sin\phi_y\sin\phi_x & \sin\hat{\gamma}\cos\phi_x & -\cos\hat{\gamma}\sin\phi_y - \sin\hat{\gamma}\cos\phi_y\sin\phi_x \\ \sin\hat{\gamma}\cos\phi_y + \cos\hat{\gamma}\sin\phi_y\sin\phi_x & \cos\hat{\gamma}\cos\phi_x & \sin\hat{\gamma}\sin\phi_y - \cos\hat{\gamma}\cos\phi_y\sin\phi_x \end{bmatrix} \begin{bmatrix} \varepsilon_x \\ \varepsilon_y \\ \varepsilon_z \end{bmatrix}$$

在上式中的矩阵行列式为

$$\Delta_\gamma = -\left(\frac{v_n}{M+h}\right)^2 - \left(\omega_{ie}\cos\varphi + \frac{v_e}{N+h}\right)^2 \tag{7-68}$$

可以看出，在存在以下情况时，该行列式为零。

$$\begin{cases} v_n = 0 \\ v_e = -(N+h)\omega_{ie}\cos\varphi \end{cases} \tag{7-69}$$

此时，东向速度接近于负的 4 倍音速，在实际应用中出现此情况的概率近似为零。

设行列式 $\Delta \neq 0$，则有

$$\begin{bmatrix} \sin(\hat{\gamma}-\gamma) \\ 1-\cos(\hat{\gamma}-\gamma) \end{bmatrix} = \frac{1}{\Delta_\gamma}\begin{bmatrix} \omega_{ie}\cos\varphi + \dfrac{v_e}{N+h} & -\dfrac{v_n}{M+h} \\ -\dfrac{v_n}{M+h} & -\left(\omega_{ie}\cos\varphi + \dfrac{v_e}{N+h}\right) \end{bmatrix}\left(\begin{bmatrix} u'_{\gamma 1} \\ u'_{\gamma 2} \end{bmatrix} - \begin{bmatrix} \varepsilon'_x \\ \varepsilon'_y \end{bmatrix}\right) \tag{7-70}$$

由于 $1-\cos(\hat{\gamma}-\gamma) \geqslant 0$，所以在方位回路的设计中并不用到此项。设控制器的输入环节为 $\sin(\hat{\gamma}-\gamma)$，则有

$$\sin(\hat{\gamma}-\gamma) = \frac{1}{\Delta_\gamma}\left[\left(\omega_{ie}\cos\varphi + \frac{v_e}{N+h}\right)u'_{\gamma 1} - \frac{v_n}{M+h}u'_{\gamma 2}\right] - \frac{1}{\Delta_\gamma}\left[\left(\omega_{ie}\cos\varphi + \frac{v_e}{N+h}\right)\varepsilon'_x - \frac{v_n}{M+h}\varepsilon'_y\right] \tag{7-71}$$

设

$$\delta\gamma = -\frac{1}{\Delta_\gamma}\left[\left(\omega_{ie}\cos\varphi + \frac{v_e}{N+h}\right)\varepsilon'_x - \frac{v_n}{M+h}\varepsilon'_y\right] \tag{7-72}$$

方位修正的流程如图 7—11 所示。

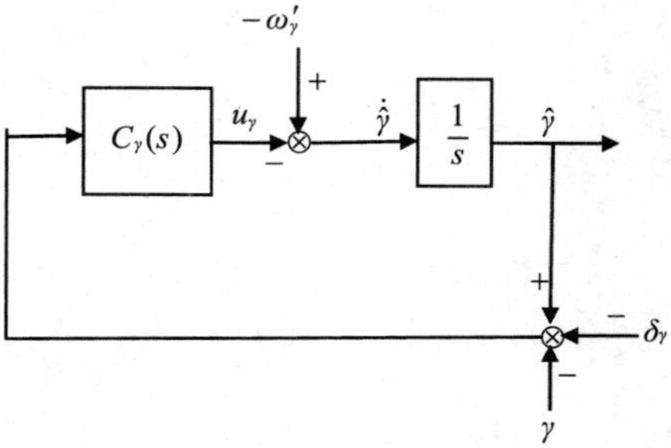

图 7—11　Z 通道方位修正回路

从图中可以看出，稳态时的方位角为

$$\hat{\gamma} = \frac{G_\gamma(s)}{1+G_\gamma(s)}\gamma + \frac{G_\gamma(s)}{1+G_\gamma(s)}\nabla\gamma \approx \gamma + \delta\gamma$$

比如，在静基座时，设 $\phi_x=0$，$\phi_y=0$，$\gamma=0$ 时，有

$$\delta\gamma=\frac{\varepsilon_x}{\omega_{ie}\cos\varphi} \tag{7-73}$$

对于导航时间较短的系统，可不进行方位修正，此时有 $|\delta\gamma|=|\varepsilon_z t|<\frac{|\varepsilon_x|}{\omega_{ie}\cos\varphi}$。而对于工作时间较长的系统，采用方位修正将有利于提高航向精度。

在求得 γ 后，代入 R_w^b，可求得更新值

$$\boldsymbol{f}^w=\boldsymbol{R}_b^w\boldsymbol{f}^b \tag{7-74}$$

此时，控制量为

$$\boldsymbol{u}_\gamma=-[-\sin\phi_y\sec\phi_x \quad 0 \quad \cos\phi_y\sec\phi_x]\boldsymbol{\varepsilon}+\left[-\frac{v_n\cos\gamma\tan\phi_x}{M+h}+\sin\gamma\tan\phi_x\left(\omega_{ie}\cos\varphi+\frac{v_e}{N+h}\right)\right]\delta\boldsymbol{\gamma} \tag{7-75}$$

在采用航向修正后，水平姿态角的误差由式（7－55）和式(7－72)可得

$$\begin{bmatrix}\delta\phi_x\\ \delta\phi_y\end{bmatrix}=-\boldsymbol{A}_\phi^{-1}\boldsymbol{B}_\phi\delta\boldsymbol{\gamma}-\boldsymbol{A}_\phi^{-1}\boldsymbol{R}_b^w\cdot\nabla\boldsymbol{f}^b$$

$$=-\boldsymbol{A}_\phi^{-1}\boldsymbol{B}_\phi[\varepsilon'_x \quad \varepsilon'_y]\begin{bmatrix}-\frac{1}{\Delta_\gamma}\left(\omega_{ie}\cos\varphi+\frac{v_e}{N+h}\right)\\ \frac{1}{\Delta_\gamma}\cdot\frac{v_n}{M+h}\end{bmatrix}-\boldsymbol{A}_\phi^{-1}\boldsymbol{R}_b^w\cdot\nabla\boldsymbol{f}^b$$

$$=\boldsymbol{A}_\phi^{-1}\boldsymbol{B}_\phi[\varepsilon_x \quad \varepsilon_y \quad \varepsilon_z]\times$$

$$\begin{bmatrix}\cos\gamma\cos\phi_y+\sin\gamma\sin\phi_y\sin\phi_x & \sin\gamma\cos\phi_y+\cos\gamma\sin\phi_y\sin\phi_x\\ \sin\gamma\cos\phi_x & \cos\gamma\cos\phi_x\\ -\cos\gamma\sin\phi_y-\sin\gamma\cos\phi_y\sin\phi_x & \sin\gamma\sin\phi_y-\cos\gamma\cos\phi_y\sin\phi_x\end{bmatrix}\times$$

$$\begin{bmatrix}-\frac{1}{\Delta_\gamma}\left(\omega_{ie}\cos\varphi+\frac{v_e}{N+h}\right)\\ \frac{1}{\Delta_\gamma}\cdot\frac{v_n}{M+h}\end{bmatrix}-\boldsymbol{A}_\phi^{-1}\boldsymbol{R}_b^w\cdot\nabla\boldsymbol{f}^b$$

$$=\boldsymbol{A}_\phi^{-1}\boldsymbol{B}_\phi\times$$

$$\begin{bmatrix} -\frac{1}{\Delta_\gamma}\left(\omega_{ie}\cos\phi+\frac{v_e}{N+h}\right)(-\cos\gamma\cos\phi_y+\sin\gamma\sin\phi_y\sin\phi_x)+\frac{1}{\Delta_\gamma}\cdot\frac{v_n}{M+h}(\sin\gamma\cos\phi_y+\cos\gamma\sin\phi_y\sin\phi_x) \\ -\frac{1}{\Delta_\gamma}\left(\omega_{ie}\cos\varphi+\frac{v_e}{N+h}\right)\sin\gamma\cos\phi_x+\frac{1}{\Delta_\gamma}\cdot\frac{v_n}{M+h}\cos\gamma\cos\phi_x \\ \frac{1}{\Delta_\gamma}\left(\omega_{ie}\cos\varphi+\frac{v_e}{N+h}\right)(\cos\gamma\sin\phi_y+\sin\gamma\cos\phi_y\sin\phi_x)+\frac{1}{\Delta_\gamma}\cdot\frac{v_n}{M+h}(\sin\gamma\sin\phi_y-\cos\gamma\cos\phi_y\sin\phi_x) \end{bmatrix}^{\mathrm{T}} \times$$

$$\begin{bmatrix} \varepsilon_x \\ \varepsilon_y \\ \varepsilon_z \end{bmatrix} - \boldsymbol{A}_\phi^{-1}\boldsymbol{R}_b^w \cdot \nabla \boldsymbol{f}^b \qquad (7-76)$$

7.3.6　仪表误差修正

由于在外测速度作为观测量的组合导航系统中，姿态角只是被控量，而修正回路中的控制量 u_ϕ，u_γ 为已知量。对捷联系统，综合式（7—47）和式（7—54），有

$$\boldsymbol{u}_\phi = \boldsymbol{U}\frac{\partial \boldsymbol{R}_b^w}{\partial \boldsymbol{\gamma}}\boldsymbol{\omega}_{iL}^L \cdot \delta\boldsymbol{\gamma} + \frac{\partial(\boldsymbol{U}\boldsymbol{\omega}_{Lb}^w)}{\partial \boldsymbol{\phi}}\boldsymbol{A}_\phi^{-1}\boldsymbol{B}_\phi \cdot \delta\boldsymbol{\gamma} -$$

$$\boldsymbol{U}\boldsymbol{R}_b^w\boldsymbol{\varepsilon} + \frac{\partial(\boldsymbol{U}\boldsymbol{\omega}_{Lb}^w)}{\partial \boldsymbol{\phi}} \cdot \boldsymbol{A}_\phi^{-1}\boldsymbol{R}_b^w \cdot \nabla \boldsymbol{f}^b$$

$$= \begin{bmatrix} \dfrac{v_n\sin\gamma}{M+h}+\cos\gamma\left(\omega_{ie}\cos\varphi+\dfrac{v_e}{N+h}\right) \\ \dfrac{v_n\cos\gamma\sec\phi_x}{M+h}-\sin\gamma\sec\phi_x\left(\omega_{ie}\cos\varphi+\dfrac{v_e}{N+h}\right) \end{bmatrix}\delta\boldsymbol{\gamma} -$$

$$\begin{bmatrix} \cos\phi_y & 0 & \sin\phi_y \\ \sin\phi_y\tan\phi_x & 1 & -\cos\phi_y\tan\phi_x \end{bmatrix}\varepsilon +$$

$$\frac{\partial(\boldsymbol{U}\boldsymbol{\omega}_{Lb}^w)}{\partial \boldsymbol{\phi}}\boldsymbol{A}_\phi^{-1}\boldsymbol{B}_\phi \cdot \delta\boldsymbol{\gamma} + \frac{\partial(\boldsymbol{U}\boldsymbol{\omega}_{Lb}^w)}{\partial \boldsymbol{\phi}} \cdot \boldsymbol{A}_\phi^{-1}\boldsymbol{R}_b^w \cdot \nabla \boldsymbol{f}^b \qquad (7-77)$$

综合式（7—77）和式（7—75），有

$$\begin{bmatrix} u_{\phi_x} \\ u_{\phi_y} \\ u_\gamma \end{bmatrix} = -\begin{bmatrix} \cos\phi_y & 0 & \sin\phi_y \\ \sin\phi_y\tan\phi_x & 1 & -\cos\phi_y\tan\phi_x \\ -\sin\phi_y\sec\phi_x & 0 & \cos\phi_y\sec\phi_x \end{bmatrix}\boldsymbol{\varepsilon} +$$

$$\frac{\partial(\boldsymbol{U}\boldsymbol{\omega}_{Lb}^w)}{\partial \boldsymbol{\phi}}\boldsymbol{A}_\phi^{-1}\boldsymbol{B}_\phi \cdot \delta\boldsymbol{\gamma} + \frac{\partial(\boldsymbol{U}\boldsymbol{\omega}_{Lb}^w)}{\partial \boldsymbol{\phi}} \cdot \boldsymbol{A}_\phi^{-1}\boldsymbol{R}_b^w \cdot \nabla \boldsymbol{f}^b +$$

$$\begin{bmatrix} \dfrac{v_n\sin\gamma}{M+h}+\cos\gamma\left(\omega_{ie}\cos\varphi+\dfrac{v_e}{N+h}\right) \\ \dfrac{v_n\cos\gamma\sec\phi_x}{M+h}-\sin\gamma\sec\phi_x\left(\omega_{ie}\cos\varphi+\dfrac{v_e}{N+h}\right) \\ -\dfrac{v_n\cos\gamma\tan\phi_x}{M+h}+\sin\gamma\tan\phi_x\left(\omega_{ie}\cos\varphi+\dfrac{v_e}{N+h}\right) \end{bmatrix}\delta\boldsymbol{\gamma} \tag{7-78}$$

注意到

$$\begin{bmatrix} \dfrac{v_n\sin\gamma}{M+h}+\cos\gamma\left(\omega_{ie}\cos\varphi+\dfrac{v_e}{N+h}\right) \\ \dfrac{v_n\cos\gamma\sec\phi_x}{M+h}-\sin\gamma\sec\phi_x\left(\omega_{ie}\cos\varphi+\dfrac{v_e}{N+h}\right) \\ -\dfrac{v_n\cos\gamma\tan\phi_x}{M+h}+\sin\gamma\tan\phi_x\left(\omega_{ie}\cos\varphi+\dfrac{v_e}{N+h}\right) \end{bmatrix}$$

$$=\begin{bmatrix} 1 & 0 & 0 \\ 0 & \sec\phi_x & 0 \\ 0 & -\tan\phi_x & 1 \end{bmatrix}\begin{bmatrix} \cos\gamma & -\sin\gamma \\ -\sin\gamma & -\cos\gamma \\ 0 & 0 \end{bmatrix}\begin{bmatrix} \omega_{ie}\cos\varphi+\dfrac{v_e}{N+h} \\ -\dfrac{v_n}{M+h} \end{bmatrix} \tag{7-79}$$

以及

$$\begin{aligned} \delta\gamma &=-\frac{1}{\Delta_\gamma}\begin{bmatrix} \omega_{ie}\cos\varphi+\dfrac{v_e}{N+h} & -\dfrac{v_n}{M+h} \end{bmatrix}\begin{bmatrix} \varepsilon'_x \\ \varepsilon'_y \end{bmatrix} \\ &=-\frac{1}{\Delta_\gamma}\begin{bmatrix} \omega_{ie}\cos\varphi+\dfrac{v_e}{N+h} & -\dfrac{v_n}{M+h} \end{bmatrix}\times \\ &\quad \begin{bmatrix} \cos\gamma & -\sin\gamma \\ -\sin\gamma & -\cos\gamma \end{bmatrix}\begin{bmatrix} \cos\phi_y & 0 & \sin\phi_y \\ \sin\phi_y\sin\phi_x & \cos\phi_x & -\cos\phi_y\sin\phi_x \end{bmatrix}\boldsymbol{\varepsilon} \end{aligned} \tag{7-80}$$

因此，有

$$\boldsymbol{U}\frac{\partial \boldsymbol{R}_b^w}{\partial \boldsymbol{\gamma}}\boldsymbol{\omega}_{iL}^L\cdot\delta\boldsymbol{\gamma}-\boldsymbol{U}\boldsymbol{R}_b^w\boldsymbol{\varepsilon}=-\boldsymbol{U}\boldsymbol{R}_b^w\boldsymbol{\varepsilon}-\frac{1}{\Delta_\gamma}\boldsymbol{U}\begin{bmatrix} \cos\gamma & -\sin\gamma \\ -\sin\gamma & -\cos\gamma \\ 0 & 0 \end{bmatrix}\begin{bmatrix} \omega_{ie}\cos\varphi+\dfrac{v_e}{N+h} \\ -\dfrac{v_n}{M+h} \end{bmatrix}\times$$

$$\begin{bmatrix} \omega_{ie}\cos\varphi+\dfrac{v_e}{N+h} & -\dfrac{v_n}{M+h} \end{bmatrix}\times$$

$$\begin{bmatrix} \cos\gamma & -\sin\gamma \\ -\sin\gamma & -\cos\gamma \end{bmatrix}\begin{bmatrix} \cos\phi_y & 0 & \sin\phi_y \\ \sin\phi_y\sin\phi_x & \cos\phi_x & -\cos\phi_y\sin\phi_x \end{bmatrix}\boldsymbol{\varepsilon}$$

$$=-\boldsymbol{U}\boldsymbol{R}_b^w\boldsymbol{\varepsilon}-\frac{1}{\Delta_\gamma}\boldsymbol{U}\begin{bmatrix} \cos\gamma & -\sin\gamma \\ -\sin\gamma & -\cos\gamma \\ 0 & 0 \end{bmatrix}\times$$

$$\begin{bmatrix} \left(\omega_{ie}\cos\varphi+\dfrac{v_e}{N+h}\right)^2 & -\dfrac{v_n}{M+h}\left(\omega_{ie}\cos\varphi+\dfrac{v_e}{N+h}\right) \\ -\dfrac{v_n}{M+h}\left(\omega_{ie}\cos\varphi+\dfrac{v_e}{N+h}\right) & \dfrac{v_n^2}{(M+h)^2} \end{bmatrix}\times$$

$$\begin{bmatrix} \cos\gamma & -\sin\gamma \\ -\sin\gamma & -\cos\gamma \end{bmatrix}\begin{bmatrix} \cos\phi_y & 0 & \sin\phi_y \\ \sin\phi_y\sin\phi_x & \cos\phi_x & -\cos\phi_y\sin\phi_x \end{bmatrix}\boldsymbol{\varepsilon}$$

$$=-\boldsymbol{U}\boldsymbol{R}_b^w\boldsymbol{\varepsilon}-\frac{1}{\Delta_\gamma}\boldsymbol{U}\begin{bmatrix} T_{11} & T_{12} \\ T_{12} & T_{22} \\ 0 & 0 \end{bmatrix}\times\begin{bmatrix} \cos\phi_y & 0 & \sin\phi_y \\ \sin\phi_y\sin\phi_x & \cos\phi_x & -\cos\phi_y\sin\phi_x \end{bmatrix}\boldsymbol{\varepsilon}$$

$$=-\boldsymbol{U}\boldsymbol{R}_b^w\boldsymbol{\varepsilon}-\frac{1}{\Delta_\gamma}\boldsymbol{U}\begin{bmatrix} T_{11} & T_{12} & 0 \\ T_{12} & T_{22} & 0 \\ 0 & 0 & 0 \end{bmatrix}\boldsymbol{R}_b^w\boldsymbol{\varepsilon}$$

$$=-\boldsymbol{U}\left\{\boldsymbol{I}+\frac{1}{\Delta_\gamma}\begin{bmatrix} T_{11} & T_{12} & 0 \\ T_{12} & T_{22} & 0 \\ 0 & 0 & 0 \end{bmatrix}\right\}\boldsymbol{R}_b^w\boldsymbol{\varepsilon} \qquad (7-81)$$

其中

$$T_{11}=\left[\left(\omega_{ie}\cos\varphi+\frac{v_e}{N+h}\right)\cos\gamma+\frac{v_n}{M+h}\sin\gamma\right]^2,$$

$$T_{12}=\frac{1}{2}\left[\frac{v_n^2}{(M+h)^2}-\left(\omega_{ie}\cos\varphi+\frac{v_e}{N+h}\right)^2\right]\sin2\gamma+\frac{v_n}{M+h}$$

$$\left(\omega_{ie}\cos\varphi+\frac{v_e}{N+h}\right)\cos2\gamma,$$

$$T_{22}=\left[\left(\omega_{ie}\cos\varphi+\frac{v_e}{N+h}\right)\sin\gamma-\frac{v_n}{M+h}\cos\gamma\right]^2。$$

以及

$$\frac{\partial(\boldsymbol{U\omega}_{Lb}^{w})}{\partial\boldsymbol{\phi}}\boldsymbol{A}_{\phi}^{-1}\boldsymbol{B}_{\phi}\cdot\delta\boldsymbol{\gamma}=-\frac{1}{\Delta_{\phi}\Delta_{\gamma}}\left[\frac{1}{2}a_x^2\cos^2\phi_x\sin2\phi_y-\frac{1}{2}a_xa_y\sin2\phi_x\cos\phi_y-\right.$$

$$\left.a_xa_z\cos^2\phi_x\cos2\phi_y-\frac{1}{2}a_ya_z\sin2\phi_x\sin\phi_y-\frac{1}{2}a_z^2\cos^2\phi_x\sin2\phi_y\right]\times$$

$$\begin{bmatrix}0\\(\omega_x\sin\phi_y-\omega_z\cos\phi_y)\sec^2\phi_x-\omega_{ie}\cos\varphi\cos\gamma\tan\phi_x\sec\phi_x-\frac{v_n\sin\gamma\tan\phi_x\sec\phi_x}{M+h}-\frac{v_e\cos\gamma\tan\phi_x\sec\phi_x}{N+h}\end{bmatrix}\times$$

$$\begin{bmatrix}\omega_{ie}\cos\varphi+\frac{v_e}{N+h} & -\frac{v_n}{M+h}\end{bmatrix}\times\begin{bmatrix}\cos\gamma & -\sin\gamma\\-\sin\gamma & -\cos\gamma\end{bmatrix}$$

$$\begin{bmatrix}\cos\phi_y & 0 & \sin\phi_y\\\sin\phi_y\sin\phi_x & \cos\phi_x & -\cos\phi_y\sin\phi_x\end{bmatrix}\boldsymbol{\varepsilon}-\frac{1}{\Delta_{\phi}\Delta_{\gamma}}$$

$$\left[\frac{1}{2}a_x^2\sin^2\phi_y\sin2\phi_x+\frac{1}{2}a_xa_y\cos2\phi_x\sin\phi_y-\frac{1}{2}a_y^2\sin2\phi_x-\right.$$

$$\left.\frac{1}{2}a_xa_z\sin2\phi_x\sin2\phi_y-a_ya_z\cos2\phi_x\cos\phi_y+\frac{1}{2}a_z^2\cos^2\phi_y\sin2\phi_x\right]\times$$

$$\begin{bmatrix}-(\omega_x\sin\phi_y-\omega_z\cos\phi_y)\\(\omega_x\cos\phi_y+\omega_z\sin\phi_y)\tan\phi_x\end{bmatrix}\times\begin{bmatrix}\omega_{ie}\cos\varphi+\frac{v_e}{N+h} & -\frac{v_n}{M+h}\end{bmatrix}\times$$

$$\begin{bmatrix}\cos\gamma & -\sin\gamma\\-\sin\gamma & -\cos\gamma\end{bmatrix}\begin{bmatrix}\cos\phi_y & 0 & \sin\phi_y\\\sin\phi_y\sin\phi_x & \cos\phi_x & -\cos\phi_y\sin\phi_x\end{bmatrix}\boldsymbol{\varepsilon}$$

$$=-\frac{1}{\Delta_{\phi}\Delta_{\gamma}}\begin{bmatrix}Q_{11} & Q_{12} & Q_{13}\\Q_{21} & Q_{22} & Q_{23}\end{bmatrix}\boldsymbol{\varepsilon}\tag{7-82}$$

另外，与加速度计有关的误差项为

$$\frac{\partial(\boldsymbol{U\omega}_{Lb}^{w})}{\partial\boldsymbol{\phi}}\cdot\boldsymbol{A}_{\phi}^{-1}\boldsymbol{R}_{b}^{w}\cdot\nabla\boldsymbol{f}^{b}$$

$$=\frac{1}{\Delta_{\phi}}\begin{bmatrix}0\\(\omega_x\sin\phi_y-\omega_z\cos\phi_y)\sec^2\phi_x-\omega_{ie}\cos\varphi\cos\gamma\tan\phi_x\sec\phi_x-\frac{v_n\sin\gamma\tan\phi_x\sec\phi_x}{M+h}-\frac{v_e\cos\gamma\tan\phi_x\sec\phi_x}{N+h}\end{bmatrix}\times$$

$$[a_x\sin\phi_x\cdot\nabla f_x+(a_x\cos\phi_x\sin\phi_y-a_z\cos\phi_x\cos\phi_y)\nabla f_y+a_z\sin\phi_x\cdot\nabla f_z]+$$

$$\begin{bmatrix}-(\omega_x\sin\phi_y-\omega_z\cos\phi_y)\\(\omega_x\cos\phi_y+\omega_z\sin\phi_y)\tan\phi_x\end{bmatrix}\times\frac{1}{\Delta_{\phi}}\left[\left(-\frac{1}{2}a_x\sin2\phi_y\cos\phi_x+a_y\sin\phi_x\cos\phi_y+\right.\right.$$

$$a_z\cos^2\phi_y\cos\phi_x)\cdot\nabla f_x+(-a_x\sin^2\phi_y\cos\phi_x+a_y\sin\phi_x\sin\phi_y+$$

$$\left.\left.\frac{1}{2}a_z\sin2\phi_y\cos\phi_x\right)\cdot\nabla f_z\right]$$

$$= \frac{1}{\Delta_\phi}\begin{bmatrix} T'_{11} & 0 & T'_{13} \\ T'_{21} & T'_{22} & T'_{23} \end{bmatrix} \nabla \boldsymbol{f}^b \tag{7-83}$$

其中

$$T'_{11} = -(\omega_x \sin\phi_y - \omega_z \cos\phi_y) \times \left(-\frac{1}{2} a_x \sin 2\phi_y \cos\phi_x + a_y \sin\phi_x \cos\phi_y + a_z \cos^2\phi_y \cos\phi_x\right)$$

$$T'_{13} = -(\omega_x \sin\phi_y - \omega_z \cos\phi_y) \times \left(-a_x \sin^2\phi_y \cos\phi_x + a_y \sin\phi_x \sin\phi_y + \frac{1}{2} a_z \sin 2\phi_y \cos\phi_x\right)$$

$$T'_{21} = \left[(\omega_x \sin\phi_y - \omega_z \cos\phi_y)\sec^2\phi_x - \omega_{ie}\cos\varphi\cos\gamma\tan\phi_x\sec\phi_x - \frac{v_n \sin\gamma\tan\phi_x\sec\phi_x}{M+h} - \frac{v_e\cos\gamma\tan\phi_x\sec\phi_x}{N+h}\right] \times a_x \sin\phi_x + (\omega_x\cos\phi_y + \omega_z\sin\phi_y)\tan\phi_x \times \left(-\frac{1}{2} a_x \sin 2\phi_y \cos\phi_x + a_y \sin\phi_x \cos\phi_y + a_z \cos^2\phi_y \cos\phi_x\right)$$

$$T'_{22} = \left[(\omega_x \sin\phi_y - \omega_z \cos\phi_y)\sec^2\phi_x - \omega_{ie}\cos\varphi\cos\gamma\tan\phi_x\sec\phi_x - \frac{v_n \sin\gamma\tan\phi_x\sec\phi_x}{M+h} - \frac{v_e\cos\gamma\tan\phi_x\sec\phi_x}{N+h}\right] \times (a_x\cos\phi_x\sin\phi_y - a_z\cos\phi_x\cos\phi_y)$$

$$T'_{23} = \left[(\omega_x \sin\phi_y - \omega_z \cos\phi_y)\sec^2\phi_x - \omega_{ie}\cos\varphi\cos\gamma\tan\phi_x\sec\phi_x - \frac{v_n \sin\gamma\tan\phi_x\sec\phi_x}{M+h} - \frac{v_e\cos\gamma\tan\phi_x\sec\phi_x}{N+h}\right] \times a_z \sin\phi_x + (\omega_x\cos\phi_y + \omega_z\sin\phi_y)\tan\phi_x \times \left(-a_x \sin^2\phi_y \cos\phi_x + a_y \sin\phi_x \sin\phi_y + \frac{1}{2} a_z \sin 2\phi_y \cos\phi_x\right)$$

因此，得到最终的表达式为

$$u_{\phi_x} = -\left[\left(1+\frac{T_{11}}{\Delta_\gamma}\right)\cos\phi_y + \frac{T_{12}}{\Delta_\gamma}\sin\phi_y\sin\phi_x + \frac{1}{\Delta_\phi\Delta_\gamma}Q_{11}\right]\varepsilon_x - \left(\frac{T_{12}}{\Delta_\gamma}\cos\phi_x + \frac{1}{\Delta_\phi\Delta_\gamma}Q_{12}\right)\varepsilon_y - \left[\left(1+\frac{T_{11}}{\Delta_\gamma}\right)\sin\phi_y - \frac{T_{12}}{\Delta_\gamma}\cos\phi_y\sin\phi_x + \frac{1}{\Delta_\phi\Delta_\gamma}Q_{13}\right]\varepsilon_z +$$

$$\frac{1}{\Delta_\phi}(T'_{11} \cdot \nabla f_x + T'_{13} \cdot \nabla f_z) \qquad (7-84)$$

$$u_{\phi_y} = -\left[\left(1+\frac{T_{22}}{\Delta_\gamma}\right)\sin\phi_y\tan\phi_x + \frac{T_{12}}{\Delta_\gamma}\cos\phi_y\sec\phi_x + \frac{1}{\Delta_\phi\Delta_\gamma}Q_{21}\right]\varepsilon_x -$$
$$(1+\frac{T_{22}}{\Delta_\gamma}+\frac{1}{\Delta_\phi\Delta_\gamma}Q_{22})\varepsilon_y -$$
$$\left[-\left(1+\frac{T_{22}}{\Delta_\gamma}\right)\cos\phi_y\tan\phi_x + \frac{T_{12}}{\Delta_\gamma}\sin\phi_y\sec\phi_x + \frac{1}{\Delta_\phi\Delta_\gamma}Q_{23}\right]\varepsilon_z +$$
$$\frac{1}{\Delta_\phi}(T'_{21} \cdot \nabla f_x + T'_{22} \cdot \nabla f_y + T'_{23} \cdot \nabla f_z) \qquad (7-85)$$

$$u_\gamma = \left[(\sec\phi_x + \frac{T_{22}}{\Delta_\gamma}\sin\phi_x\tan\phi_x)\sin\phi_y + \frac{T_{12}}{\Delta_\gamma}\cos\phi_y\tan\phi_x\right]\varepsilon_x + \frac{T_{22}}{\Delta_\gamma}\varepsilon_y\sin\phi_x -$$
$$\left[(\sec\phi_x + \frac{T_{22}}{\Delta_\gamma}\sin\phi_x\tan\phi_x)\cos\phi_y - \frac{T_{12}}{\Delta_\gamma}\sin\phi_y\tan\phi_x\right]\varepsilon_z \qquad (7-86)$$

看一种特殊情况，在静基座两个水平姿态角为零时，有

$$\begin{bmatrix} u_{\phi_x} \\ u_{\phi_y} \\ u_\gamma \end{bmatrix} = \begin{bmatrix} -1+\cos^2\gamma & -\frac{1}{2}\sin2\gamma \\ -\frac{1}{2}\sin2\gamma & -1+\sin^2\gamma \\ 0 & -1 \end{bmatrix}\begin{bmatrix} \varepsilon_x \\ \varepsilon_y \end{bmatrix} +$$
$$\frac{\omega_z}{\omega_{ie}\cos\varphi}\begin{bmatrix} -\frac{a_y}{a_z}\cos\gamma & \frac{a_y}{a_z}\sin\gamma \\ \frac{a_x}{a_z}\cos\gamma & -\frac{a_x}{a_z}\sin\gamma \\ 0 & 0 \end{bmatrix}\begin{bmatrix} \varepsilon_x \\ \varepsilon_y \end{bmatrix} + \begin{bmatrix} \frac{\omega_z}{a_z}\nabla f_x \\ \frac{\omega_z}{a_z}\nabla f_y \\ 0 \end{bmatrix}$$
$$= \begin{bmatrix} -\sin^2\gamma - \frac{\omega_z}{\omega_{ie}\cos\varphi}\cdot\frac{a_y}{a_z}\cos\gamma & -\frac{1}{2}\sin2\gamma + \frac{\omega_z}{\omega_{ie}\cos\varphi}\cdot\frac{a_y}{a_z}\sin\gamma & 0 \\ -\frac{1}{2}\sin2\gamma + \frac{\omega_z}{\omega_{ie}\cos\varphi}\cdot\frac{a_x}{a_z}\cos\gamma & -\cos^2\gamma - \frac{\omega_z}{\omega_{ie}\cos\varphi}\cdot\frac{a_x}{a_z}\sin\gamma & 0 \\ 0 & 0 & -1 \end{bmatrix} \times$$

$$\begin{bmatrix}\varepsilon_x\\ \varepsilon_y\\ \varepsilon_z\end{bmatrix}+\begin{bmatrix}\frac{\omega_z}{a_z}\nabla f_x\\ \frac{\omega_z}{a_z}\nabla f_y\\ 0\end{bmatrix} \tag{7-87}$$

可以看出，天向陀螺的漂移 ε_z 可以观测，而两个水平通道的可观性与方位角有关。比如，设 $\gamma=0°$时，有

$$\boldsymbol{u}=\begin{bmatrix}-\frac{\omega_z}{\omega_{ie}\cos\varphi}\cdot\frac{a_y}{a_z}\varepsilon_x\\ \frac{\omega_z}{\omega_{ie}\cos\varphi}\cdot\frac{a_x}{a_z}\varepsilon_x-\varepsilon_y\\ -\varepsilon_z\end{bmatrix}+\begin{bmatrix}\frac{\omega_z}{a_z}\nabla f_x\\ \frac{\omega_z}{a_z}\nabla f_y\\ 0\end{bmatrix} \tag{7-88}$$

此时的东向陀螺漂移 ε_x 近似不可观测而没有进行补偿，直接影响航向角的修正精度。而在 $\gamma=90°$时，有

$$\boldsymbol{u}=\begin{bmatrix}-\varepsilon_x+\frac{\omega_z}{\omega_{ie}\cos\varphi}\cdot\frac{a_y}{a_z}\varepsilon_y\\ -\frac{\omega_z}{\omega_{ie}\cos\varphi}\cdot\frac{a_x}{a_z}\varepsilon_y\\ -\varepsilon_z\end{bmatrix}+\begin{bmatrix}\frac{\omega_z}{a_z}\nabla f_x\\ \frac{\omega_z}{a_z}\nabla f_y\\ 0\end{bmatrix} \tag{7-89}$$

此时的北向陀螺漂移 ε_y 近似不可观测。但如果综合以上两式可以看出，采用多位置方法可以估计出 3 个陀螺仪的常值漂移。而在动基座条件下，也可实时对陀螺仪的常值漂移进行修正以提高组合导航的精度。

在实时估计仪表误差时，可采用最小二乘迭代算法或卡尔曼滤波器。传统的 SINS/GPS 组合导航算法中状态方程取 15 维，采用 H∞控制器后的状态方程降为 6 维，即

$$\begin{cases}\dot{\varepsilon}=0\\ \nabla\dot{f}=0\end{cases} \tag{7-90}$$

而观测方程为三维，分别为式（7－84）、式（7－85）和式(7－86)。

7.3.7 捷联系统姿态修正实现方法

在本章对式（7－1）的姿态矩阵更新算法中，采用了欧拉－克雷罗夫角表示方法，即

$$\begin{cases}\dot{\phi}=\boldsymbol{UR}_b^w\boldsymbol{\omega}_{ib}^b-\boldsymbol{UR}_L^w(\boldsymbol{\omega}_{ie}^L+\boldsymbol{\omega}_{eL}^L)=\boldsymbol{UR}_b^w\boldsymbol{\omega}_{Lb}^b\\ \boldsymbol{R}_L^b=\begin{bmatrix}\cos\phi_y\cos\gamma-\sin\phi_y\sin\phi_x\sin\gamma & \cos\phi_y\sin\gamma+\sin\phi_y\sin\phi_x\cos\gamma & -\sin\phi_y\cos\phi_x\\ -\cos\phi_x\sin\gamma & \cos\phi_x\cos\gamma & \sin\phi_x\\ \sin\phi_y\cos\gamma+\cos\phi_y\sin\phi_x\sin\gamma & \sin\phi_y\sin\gamma-\cos\phi_y\sin\phi_x\cos\gamma & \cos\phi_y\cos\phi_x\end{bmatrix}\end{cases}\tag{7-91}$$

也可采用四元素方法进行分析

$$\begin{bmatrix}\dot{\lambda}\\ \dot{\rho}_1\\ \dot{\rho}_2\\ \dot{\rho}_3\end{bmatrix}=\frac{1}{2}\begin{bmatrix}0 & -\omega_{Lbx}^b & -\omega_{Lby}^b & -\omega_{Lbz}^b\\ \omega_{Lbx}^b & 0 & \omega_{Lbz}^b & -\omega_{Lby}^b\\ \omega_{Lby}^b & -\omega_{Lbz}^b & 0 & \omega_{Lbx}^b\\ \omega_{Lbz}^b & \omega_{Lby}^b & -\omega_{Lbx}^b & 0\end{bmatrix}\begin{bmatrix}\lambda\\ \rho_1\\ \rho_2\\ \rho_3\end{bmatrix}\tag{7-92}$$

$$\boldsymbol{R}_b^L=\begin{bmatrix}(\lambda^2+\rho_1^2-\rho_2^2-\rho_3^2) & 2(\rho_1\rho_2-\lambda\rho_3) & 2(\rho_1\rho_3+\lambda\rho_2)\\ 2(\rho_1\rho_2+\lambda\rho_3) & (\lambda^2-\rho_1^2+\rho_2^2-\rho_3^2) & 2(\rho_2\rho_3-\lambda\rho_1)\\ 2(\rho_1\rho_3-\lambda\rho_2) & 2(\rho_2\rho_3+\lambda\rho_1) & (\lambda^2-\rho_1^2-\rho_2^2+\rho_3^2)\end{bmatrix}\tag{7-93}$$

7.3.8 组合导航修正方法

综合以上分析，给出捷联系统组合导航解算及修正流程图如图 7－12和图 7－13 所示。

平台系统组合导航解算及修正流程图如图 7－14 和图 7－15 所示。

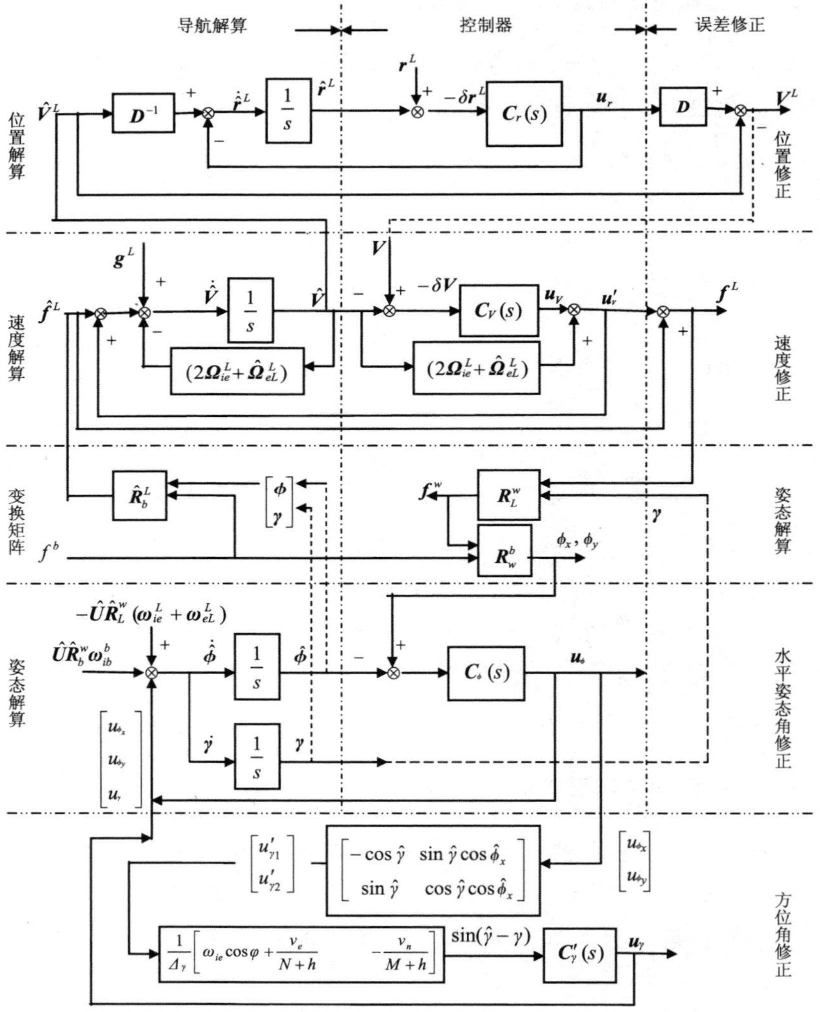

图 7—12　基于姿态矩阵解算的捷联系统组合导航方法

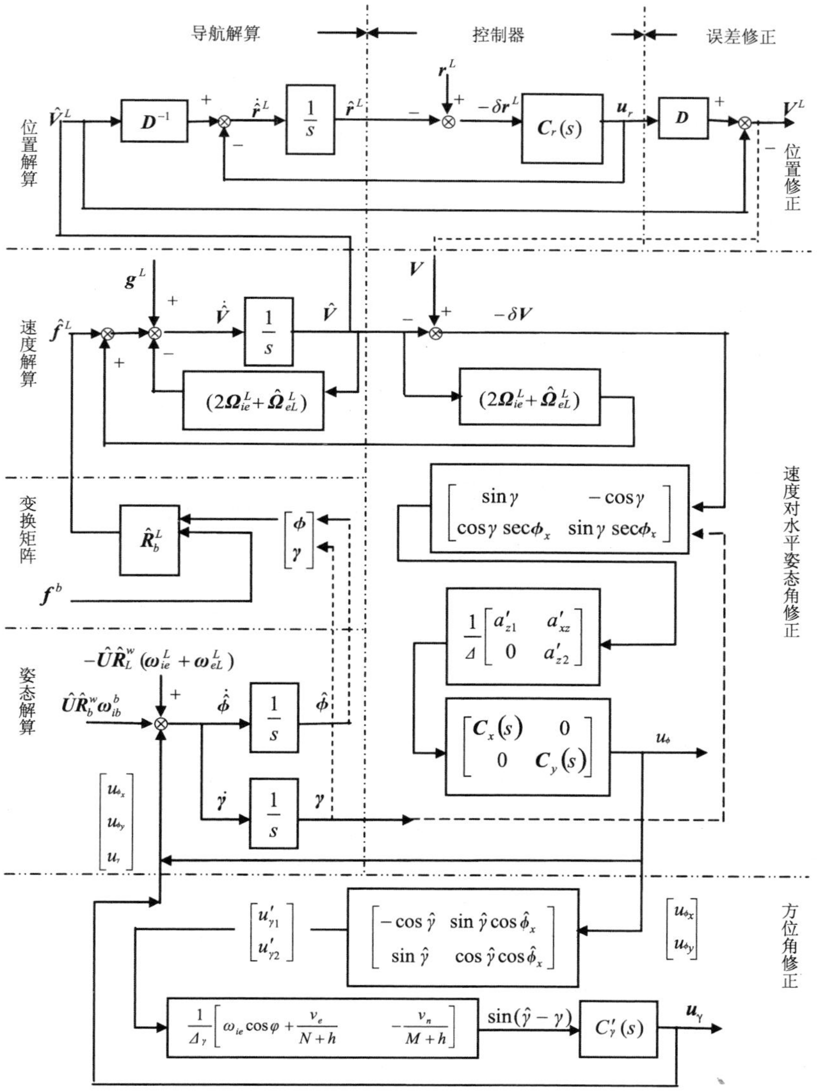

图 7—13　基于外测速度对水平姿态修正的捷联系统组合导航方法

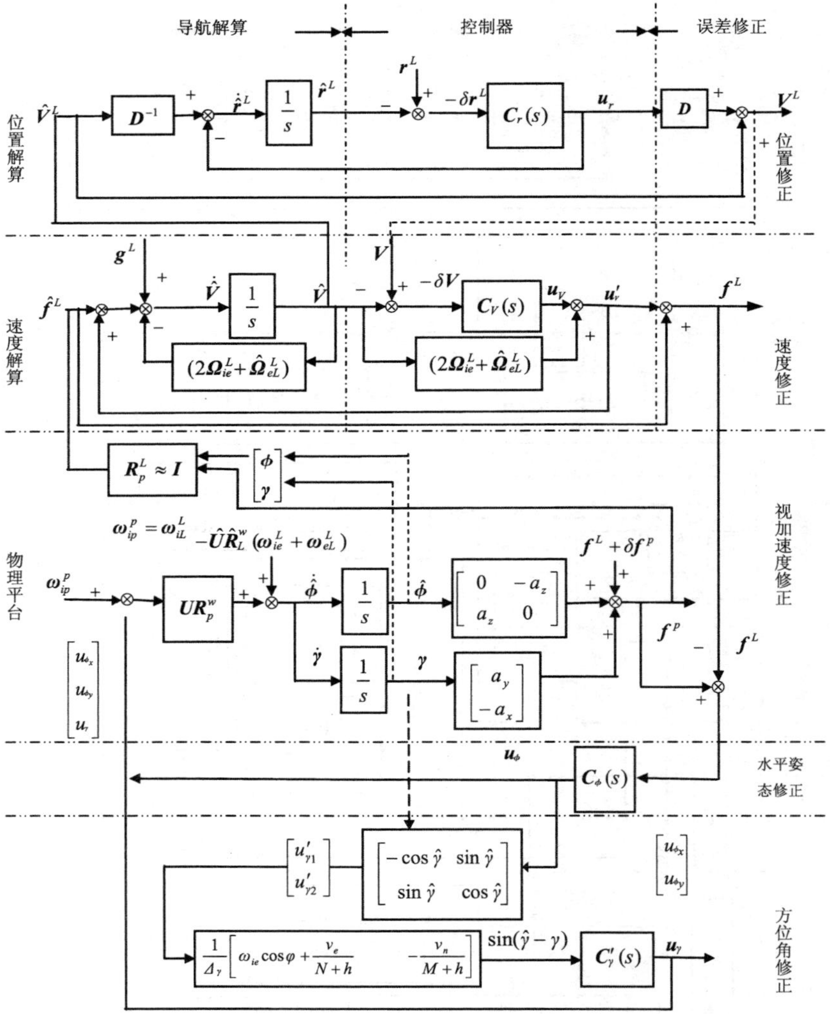

图 7－14　基于视加速度修正姿态的平台系统组合导航方法

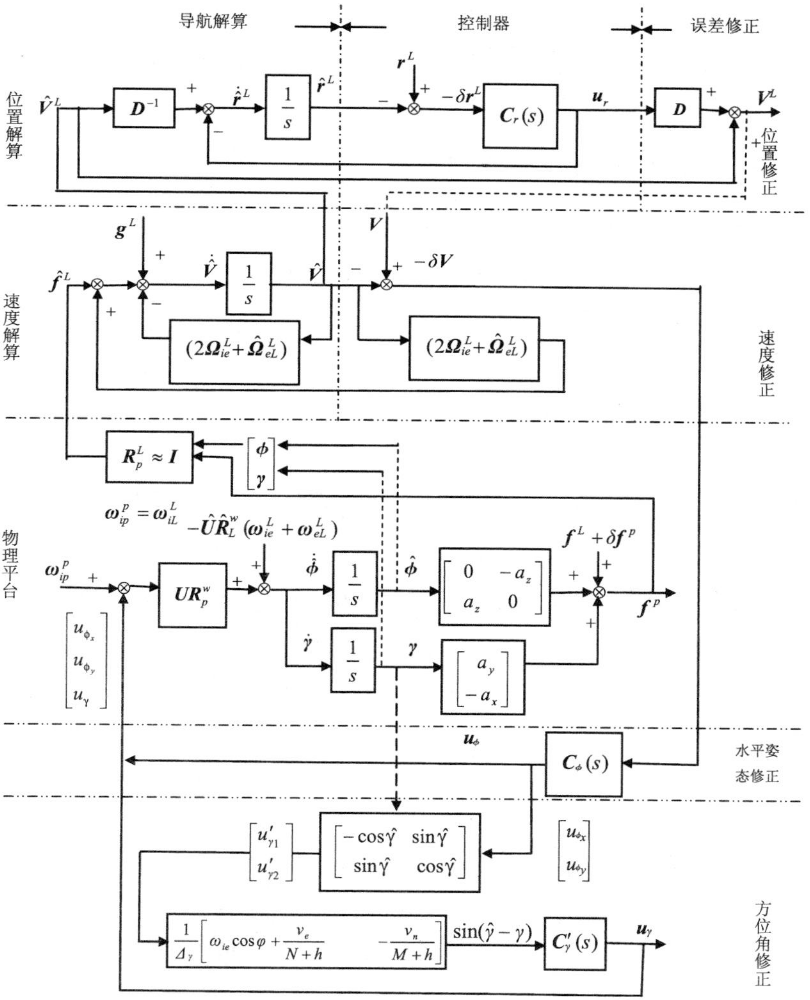

图 7—15　基于视加速度修正姿态的平台系统组合导航方法

7.4 惯性导航高度通道误差阻尼 H∞控制设计

7.4.1 高度通道误差发散原理

在东北天地理坐标系中，设 v_e ，v_n ，v_u 分别为载体在东向、北向和天向的速度分量，ω_{ie} 为地球转速，φ 为地理纬度，则惯性导航系统的高度通道表达式为

$$\begin{cases}\dot{h}=v_u\\ \dot{v}_u=a'_z+\dfrac{v_n^2}{M+h}+\left(2\omega_{ie}\cos\varphi+\dfrac{v_e}{N+h}\right)v_e-g\end{cases}\tag{7-94}$$

其中 $a_{zB}=\dfrac{v_n^2}{M+h}+\left(2\omega_{ie}\cos\varphi+\dfrac{v_e}{N+h}\right)v_e$ 为有害加速度；

a'_z 为加速度计敏感到的加速度在地理坐标系中的投影分量，对于捷联系统 $a'_z=-a_x\sin\phi_y\cos\phi_x+a_y\sin\phi_x+a_z\cos\phi_y\cos\phi_x$ ，而对平台系统 $a'_z=a_z$ 。

设 g_0 为地球表面的重力加速度，R 为地球半径，则在高度为 h 处的重力加速度为

$$g=g_0\frac{R^2}{(R+h)^2}\tag{7-95}$$

当 $h\leqslant R$ 时，略去 $\dfrac{h}{R}$ 二阶以上的小量，则有

$$g=g_0\left(1+\frac{h}{R}\right)^{-2}=g_0\left(1-\frac{2h}{R}\right)\tag{7-96}$$

由于 $\ddot{h}=\dot{v}_u$ ，把式（7－96）代入式（7－94），有

$$\ddot{h}=a'_z+a_{zB}-g_0+\frac{2g_0}{R}h\tag{7-97}$$

可以把惯性导航系统的高度通道表示成图 7－16 的形式。

从上式得到高度通道的特征方程为

$$s^2-\frac{2g_0}{R}=\left(s+\sqrt{\frac{2g_0}{R}}\right)\left(s-\sqrt{\frac{2g_0}{R}}\right)=0\tag{7-98}$$

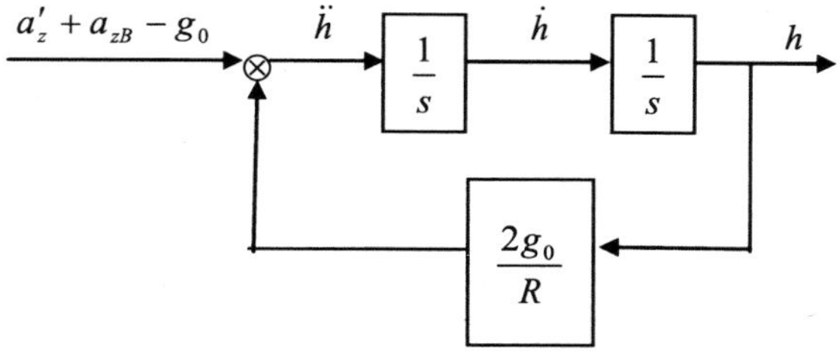

图 7—16　惯性导航系统高度通道原理方块图

可见特征方程具有一个正根 $s=\sqrt{\frac{2g_0}{R}}$ ，在高度通道的误差传播中具有与 $e^{\sqrt{\frac{2g_0}{R}}}$ 成比例的随时间按指数规律增长的分量。显然，如果天向通道存在初始高度误差 Δh_0 、初始天向速度误差、天向加速度计的标度因子误差以及常值误差，则高度通道随时间增长其误差是发散的。

为了解决这一问题，需要在高度通道中引入外部信息进行阻尼。常用的外部高度信息包括雷达高度表、气压高度表以及大气数据中心等提供的数据，这些高度信息的误差不会发散。因此，在长航时的精确导航中可以认为外部高度信息的精度应高于惯性导航系统提供的高度精度，利用高度计对系统做高度和天向速度补偿，这就是所谓的高度计/惯性组合导航系统或高度阻尼办法克服高度误差发散问题。

7.4.2　高度通道 PID 阻尼方案

为了使惯性导航高度通道变成稳定的，可以从雷达高度表或气压式高度表或大气数据中心取出高度信息 h_B ，与惯性导航通道的高度 h 及其速度 $\dot{h}$ 进行综合比较。采用 PID 控制，对高度误差乘以一定的阻尼系数，再反馈到输入端从而产生阻尼作用，如图 7—17 所示。

对于图 7—17 所示的原理方块图，选取 h , $\dot{h}'$, x 作为状态变

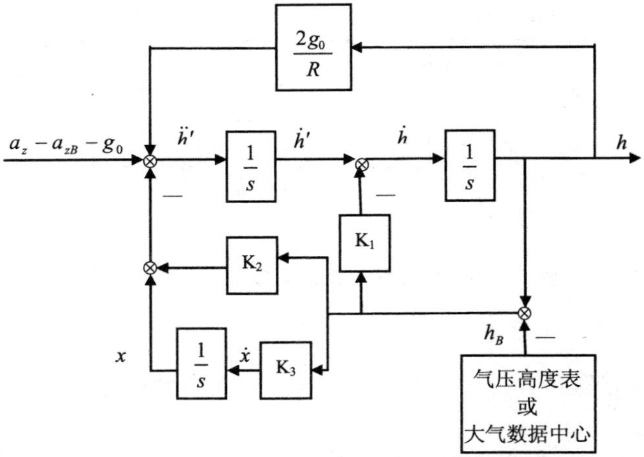

图 7—17　采用三阶阻尼的高度通道原理方块图

量，可以写出其状态方程即

$$\begin{bmatrix}\dot{h}\\ \ddot{h}'\\ \dot{x}\end{bmatrix}=\begin{bmatrix}-K_1 & 1 & 0\\ -K_2+2\omega_s^2 & 0 & -1\\ K_3 & 0 & 0\end{bmatrix}\begin{bmatrix}h\\ \dot{h}'\\ x\end{bmatrix}+\begin{bmatrix}K_1\\ K_2\\ -K_3\end{bmatrix}h_B+\begin{bmatrix}0\\ a_z-a_{zB}-g_0\\ 0\end{bmatrix} \tag{7-99}$$

对上式进行拉氏变换，考虑到零初始条件，可得

$$\begin{bmatrix}s+K_1 & -1 & 0\\ K_2-2\omega_s^2 & s & 1\\ -K_3 & 0 & s\end{bmatrix}\begin{bmatrix}h\\ \dot{h}'\\ x\end{bmatrix}=\begin{bmatrix}K_1\\ K_2\\ -K_3\end{bmatrix}h_B+\begin{bmatrix}0\\ a_z-a_{zB}-g_0\\ 0\end{bmatrix} \tag{7-100}$$

由上式可求出系统的特征方程，即

$$\Delta(s)=s^3+K_1s^2+(K_2-2\omega_s^2)s+K_3=0 \tag{7-101}$$

PID 控制的核心是确定三个参数 K_1，K_2，K_3 的值，其中一个选择是按等根条件设计，使高度通道具有下面形式的特征方程

$$\Delta(s)=\left(s+\frac{1}{\tau}\right)^3=0 \tag{7-102}$$

比较式（7—101）与式（7—102）的系数，可得

$$K_1 = \frac{3}{\tau},$$

$$K_2 = \frac{2\omega_s^2\tau^2 + 3}{\tau^2},$$

$$K_3 = \frac{1}{\tau^3}。$$

根据上式可设计出有阻尼高度通道的具体形式。下面给出一种基于 H_∞ 控制理论的参数确定方法。

7.4.3　高度通道阻尼 H_∞ 控制设计

下面用 H_∞ 控制理论研究惯性导航系统高度通道的阻尼方案。设高度通道的方框图如图 7—18 所示。

设性能界函数为

$$W_1(s) = \rho\frac{(s+1\ 000)^2}{(1\ 000s+1)^2},其中\ \rho = 0.002k;$$

$$W_2(s) = K_2\left(\frac{s}{T_{21}}+1\right)\left(\frac{s}{T_{22}}+1\right),其中\ K_2 = 0.1, T_{21} = 0.01,$$

$T_{22} = 0.4$。

性能评价函数为

$$z_1 = W_1(s)(h_B - h),$$

$$z_2 = W_2(s)h。$$

另外，设

$$\dot{x}_1 = h_B - h$$

$$\dot{x}_2 = \dot{h}$$

$$x_3 = h$$

$$x_4 = \frac{1}{1\ 000s+1}(h_B - h)$$

$$x_5 = \frac{1}{1\ 000s+1}x_4$$

则惯性导航系统高度通道的增广传递函数为

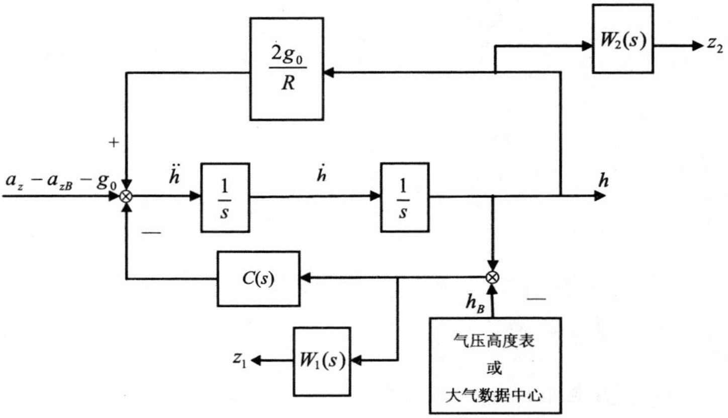

图 7—18　高度通道阻尼原理方块图

$$\begin{bmatrix} \dot{x}_1 \\ \dot{x}_2 \\ \dot{x}_3 \\ \dot{x}_4 \\ \dot{x}_5 \end{bmatrix} = \begin{bmatrix} 0 & 0 & -1 & 0 & 0 \\ 0 & 0 & \dfrac{2g_0}{R} & 0 & 0 \\ 0 & 1 & 0 & 0 & 0 \\ 0 & 0 & -10^{-3} & -10^{-3} & 0 \\ 0 & 0 & 0 & 10^{-3} & -10^{-3} \end{bmatrix} \begin{bmatrix} x_1 \\ x_2 \\ x_3 \\ x_4 \\ x_5 \end{bmatrix} + \begin{bmatrix} 1 \\ 0 \\ 0 \\ 10^{-3} \\ 0 \end{bmatrix} h_B + \begin{bmatrix} 0 \\ 1 \\ 0 \\ 0 \\ 0 \end{bmatrix} u$$

$$\begin{bmatrix} z_1 \\ z_2 \end{bmatrix} = \begin{bmatrix} 0 & 0 & -\rho \times 10^{-6} & 2\rho(1-10^{-6}) & \rho(10^{6}-2+10^{-6}) \\ 0 & K_2\left(\dfrac{1}{T_1}+\dfrac{1}{T_2}\right) & K_2\left(\dfrac{1}{T_1 T_2} \times \dfrac{2g_0}{R}+1\right) & 0 & 0 \end{bmatrix} \times$$

$$\begin{bmatrix} x_1 \\ x_2 \\ x_3 \\ x_4 \\ x_5 \end{bmatrix} + \begin{bmatrix} \rho \times 10^{-6} \\ 0 \end{bmatrix} h_B + \begin{bmatrix} 0 \\ \dfrac{K_2}{T_1 T_2} \end{bmatrix} u$$

$$e = \begin{bmatrix} 1 & 0 & 0 & 0 & 0 \end{bmatrix} \begin{bmatrix} x_1 \\ x_2 \\ x_3 \\ x_4 \\ x_5 \end{bmatrix}。$$

所求得的控制器为

$$C(s) = \frac{K_h(T_1 s + 1)(T_2 s + 1)}{s(T_3 s + 1)(T_4 s + 1)}$$

$$= \frac{4.968 \times 10^{-6}\left(\dfrac{s}{1.900\ 8 \times 10^{-3}} + 1\right)\left(\dfrac{s}{3.315\ 48 \times 10^{-2}} + 1\right)}{s\left(\dfrac{s}{5.124\ 08 \times 10^{-1}} + 1\right)\left(\dfrac{s}{2.238\ 438} + 1\right)} \tag{7-103}$$

此时，$k = 1.3$，$T_1 > T_2 > T_3 > T_4$。系统的开环伯德图如图 7—19 所示。

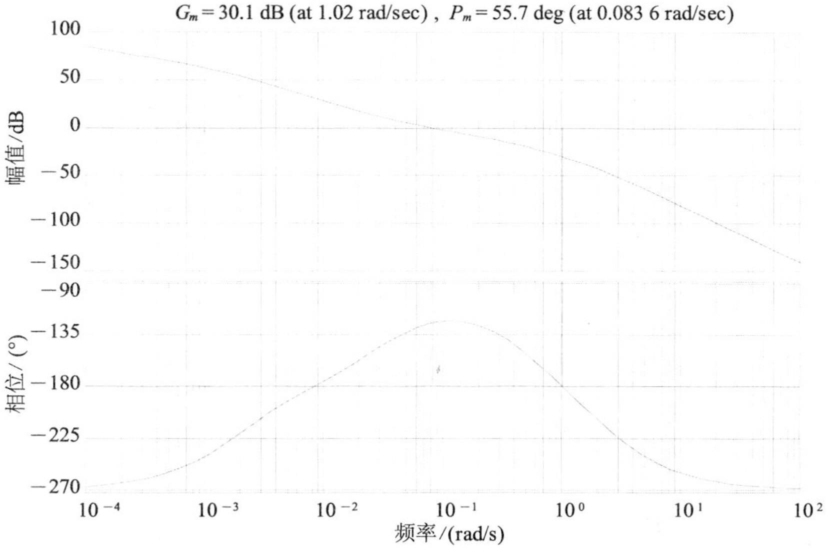

图 7—19　采用 H∞ 控制设计后的系统开环伯德图

考虑到性能界函数和对象不确定性时的幅值伯德图如图 7－20 所示。

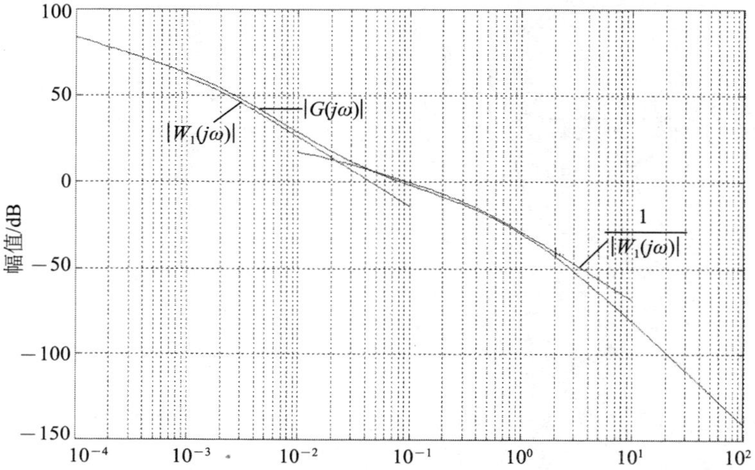

图 7－20　采用 H∞控制设计后的系统开环幅值伯德图

从图 7－20 中可以看出，$(T_3s+1)(T_4s+1)$ 环节主要用于对高频噪声的衰减。比较图 7－16 和图 7－17 中的控制器，也可给出 PID 控制器参数的另外一种确定方法

$$K_1 = K_h T_1 T_2$$
$$K_2 = K_h(T_1 + T_2)$$
$$K_3 = K_h$$

为比较阻尼效果，在某一运行轨迹中，高度通道不阻尼时的误差曲线如图 7－21（a）所示，高度通道阻尼后的误差曲线如图 7－21（b）所示。可以看出，高度通道不经过阻尼，其误差是发散的。经过阻尼后，其误差收敛。

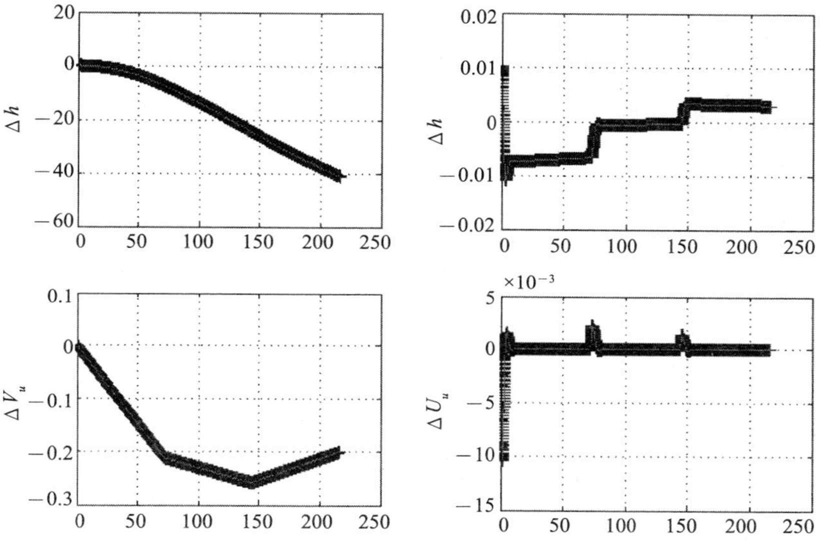

(a) 不阻尼　　(b)阻尼

图 7－21　高度通道阻尼前后误差比较

7.5　惯性导航水平通道误差阻尼 H∞ 控制设计

在高度通道的误差收敛后，两个水平通道的误差具有舒拉摆的性质。为克服舒拉摆，可以引入外部位置信息、外部速度信息（GPS、GLONASS 等）或外部姿态角信息（CNS）。根据不同的实际情况可以有不同的组合，比如 INS/GPS、INS/CNS、INS/GPS/CNS 组合导航。

由于导弹的机动发射、航海舰船晃动以及航空高速飞行，都需要高精度的 INS 水平通道。下面利用 H∞ 控制理论，研究了各种组合导航水平通道的稳定性分析方法，给出其精度表达式。

7.5.1 水平通道速度阻尼环节

设平台式惯性导航系统（INS）以地理坐标系为基准。由于高度通道可经过阻尼使高度误差趋于稳定，即

$$\begin{bmatrix}\delta f_z \\ \delta v_u \\ \delta h\end{bmatrix} = 0 \tag{7-104}$$

因此在水平通道分析中不考虑高度误差。

设载体的真实东、北、天速度为 v_e，v_n 和 v_u，则两个水平通道误差方程为

$$\dot{\boldsymbol{x}} = (\boldsymbol{A} + \Delta\boldsymbol{A})\boldsymbol{x} + \boldsymbol{B}_1\boldsymbol{n} + \boldsymbol{B}_2\boldsymbol{u} \tag{7-105}$$

对于平台系统，有

$\boldsymbol{x} = \begin{bmatrix}\delta v_e & \delta v_n & \phi_x & \phi_y\end{bmatrix}^{\mathrm{T}}$，

$$\boldsymbol{A} = \begin{bmatrix} 0 & 2\omega_{ie}\sin\varphi & 0 & -g \\ -2\omega_{ie}\sin\varphi & 0 & g & 0 \\ 0 & -\dfrac{1}{M+h} & 0 & \omega_{ie}\sin\varphi \\ \dfrac{1}{N+h} & 0 & -\omega_{ie}\sin\varphi & 0 \end{bmatrix},$$

$$\Delta\boldsymbol{A} = \begin{bmatrix} \dfrac{v_n\tan\varphi - v_u}{N+h} & \dfrac{v_e}{N+h}\tan\varphi & 0 & -a_z + g \\ -\dfrac{2v_e}{N+h}\tan\varphi & -\dfrac{v_u}{M+h} & a_z - g & 0 \\ 0 & 0 & 0 & \dfrac{v_e}{N+h}\tan\varphi \\ 0 & 0 & -\dfrac{v_e}{N+h}\tan\varphi & 0 \end{bmatrix},$$

$\boldsymbol{B}_1 = \boldsymbol{I}_4$，

$$
\boldsymbol{n}=\begin{bmatrix}
\delta f_x+\gamma a_y+\left[v_n\left(2\omega_{ie}\cos\varphi+\dfrac{v_e\sec^2\varphi}{N+h}\right)+2v_u\omega_{ie}\sin\varphi\right]\delta\varphi \\
\delta f_y-\gamma a_x-v_e\left(2\omega_{ie}\cos\varphi+\dfrac{v_e\sec^2\varphi}{N+h}\right)\delta\varphi \\
\varepsilon_x-\gamma\left(\Omega\cos\varphi+\dfrac{v_x}{R}\right) \\
\varepsilon_y-\gamma\dfrac{v_y}{R}-\omega_{ie}\sin\varphi\cdot\delta\varphi
\end{bmatrix}。
$$

$\boldsymbol{B}_2\boldsymbol{u}$ ——根据实际组合导航对 INS 误差进行补偿。

假设可以实时得到载体的速度 v_x，v_y，因此可以利用速度误差观测量 δv_x，δv_y 来阻尼姿态角的舒拉摆运动。我们首先对静基座水平通道设计一个阻尼环节，然后证明其对载体机动运动具有鲁棒稳定性。利用 H_∞ 控制理论得到静基座水平通道的阻尼环节（控制器）为

$$
C(s)=\frac{K(T_{11}s+1)(T_{12}s+1)}{s(T_{21}s+1)(T_{22}^2s^2+2\xi T_{22}s+1)}\times\begin{bmatrix}0 & -1\\ 1 & 0\end{bmatrix} \tag{7-106}
$$

其中 $T_{11}=200$，$T_{12}=100$，$T_{21}=0.62$，$T_{22}=1.667$，$\xi=0.5$，$K=4\times10^{-7}$。

阻尼环节（7－106）的状态空间表达式为

$$
\begin{cases}\dot{\boldsymbol{x}}_c=\boldsymbol{A}_c\boldsymbol{x}_c+\boldsymbol{B}_c\delta\boldsymbol{v}\\ \boldsymbol{u}=\boldsymbol{C}_c\boldsymbol{x}_c+\boldsymbol{D}_c\delta\boldsymbol{v}\end{cases}, \tag{7-107}
$$

此时，$\boldsymbol{B}_2=\begin{bmatrix}0&0&1&0\\0&0&0&1\end{bmatrix}^{\mathrm{T}}$，$\boldsymbol{u}=\begin{bmatrix}u_x\\u_y\end{bmatrix}$，$\delta\boldsymbol{v}=\begin{bmatrix}\delta v_x\\ \delta v_y\end{bmatrix}$。所设计的阻尼环节（7－106）满足对晃动干扰的抑制和快速调整的要求。下面证明该阻尼环节在载体动基座运动仍然可以保证系统稳定。

7.5.2　水平通道参数鲁棒稳定性分析

INS/GPS 机动运动时，由于速度不为零（设 $|v_x|\leqslant v_{x\max}=1\,000\ \mathrm{m/s}$，$|v_y|\leqslant v_{y\max}=1\,000\ \mathrm{m/s}$），动基座水平通道的状态方程可

以写为

$$\begin{cases} \dot{\boldsymbol{x}} = \boldsymbol{A}\boldsymbol{x} + \boldsymbol{E}\boldsymbol{\Sigma}\boldsymbol{F}\boldsymbol{x} + \boldsymbol{B}_1\boldsymbol{n} + \boldsymbol{B}_2\boldsymbol{u} \\ \delta\boldsymbol{v} = \boldsymbol{C}x \end{cases} \tag{7-108}$$

其中 $\boldsymbol{C} = \begin{bmatrix} 1 & 0 & 0 & 0 \\ 0 & 1 & 0 & 0 \end{bmatrix}$。

设 $\dot{v}_z = v_z = 0$，则 $\boldsymbol{E}$，$\boldsymbol{F}$，$\boldsymbol{\Sigma}$ 为

$$\boldsymbol{E} = \begin{bmatrix} \sqrt{\frac{v_{y\max}\tan\varphi}{R}} & \sqrt{\frac{v_{x\max}}{R}\tan\varphi} & \sqrt{\frac{v_{y\max}^2}{R} + (2\Omega\cos\varphi + \frac{v_{x\max}}{R}\tan\varphi)v_{x\max}} & 0 & 0 & 0 & 0 \\ 0 & 0 & 0 & \sqrt{\frac{2v_{x\max}}{R}\tan\varphi} & \sqrt{\frac{v_{y\max}^2}{R} + \left(2\Omega\cos\varphi + \frac{v_{x\max}}{R}\right)v_{x\max}} & 0 & 0 \\ 0 & 0 & 0 & 0 & 0 & \sqrt{\frac{v_{x\max}}{R}\tan\varphi} & 0 \\ 0 & 0 & 0 & 0 & 0 & 0 & \sqrt{\frac{v_{x\max}}{R}\tan\varphi} \end{bmatrix}$$

$$\boldsymbol{F} = \begin{bmatrix} \sqrt{\frac{v_{y\max}\tan\varphi}{R}} & 0 & 0 & \sqrt{\frac{2v_{x\max}}{R}\tan\varphi} & 0 & 0 & 0 \\ 0 & \sqrt{\frac{v_{x\max}}{R}\tan\varphi} & 0 & 0 & 0 & 0 & 0 \\ 0 & 0 & 0 & 0 & \sqrt{\frac{v_{y\max}^2}{R} + \left(2\Omega\cos\varphi + \frac{v_{x\max}}{R}\right)v_{x\max}} & 0 & \sqrt{\frac{v_{x\max}}{R}\tan\varphi} \\ 0 & 0 & \sqrt{\frac{v_{y\max}^2}{R} + (2\Omega\cos\varphi + \frac{v_{x\max}}{R}\tan\varphi)v_{x\max}} & 0 & 0 & \sqrt{\frac{v_{x\max}}{R}\tan\varphi} & 0 \end{bmatrix}^{\mathrm{T}}$$

以及 $\boldsymbol{\Sigma} = \mathrm{diag}[\varepsilon_1, \varepsilon_2, \varepsilon_3, \varepsilon_4, \varepsilon_5, \varepsilon_6, \varepsilon_7]$，　$|\varepsilon_j| \leqslant 1$，　$j = 1, \cdots, 7$

考虑到阻尼环节，则水平通道闭环传递函数为

$$\begin{aligned} \dot{\boldsymbol{x}}_{pr} &= \begin{bmatrix} \boldsymbol{A} + \boldsymbol{B}_2\boldsymbol{D}_c\boldsymbol{C} & \boldsymbol{B}_2\boldsymbol{C}_c \\ \boldsymbol{B}_c\boldsymbol{C} & \boldsymbol{A}_c \end{bmatrix}\boldsymbol{x}_{pr} + \begin{bmatrix} \boldsymbol{E} \\ 0 \end{bmatrix}\begin{bmatrix} \boldsymbol{\Sigma} & 0 \\ 0 & 0 \end{bmatrix}\begin{bmatrix} \boldsymbol{F} & 0 \end{bmatrix}\boldsymbol{x}_{pr} + \begin{bmatrix} \boldsymbol{B}_1 \\ 0 \end{bmatrix}\boldsymbol{n} \\ &= \boldsymbol{A}_{pr}\boldsymbol{x}_{pr} + \boldsymbol{E}_{pr}\boldsymbol{\Sigma}_{pr}\boldsymbol{F}_{pr}\boldsymbol{x}_{pr} + \boldsymbol{B}_{pr}\boldsymbol{n} \end{aligned} \tag{7-109}$$

水平通道的稳定性可以直接引用定理 1 的结论。

定理 1　对系统式（7—109），如果 $\boldsymbol{A}_{pr}$ 是渐进稳定的，且

$$\| \boldsymbol{F}_{pr}(s\boldsymbol{I} - \boldsymbol{A}_{pr})^{-1}\boldsymbol{E}_{pr} \|_{\infty} < 1$$

那么系统是鲁棒稳定的。

利用上述定理，可以验证：

1）闭环系统式（7—109）是稳定的，这是因为 A_{pr} 的特征值都在左半平面；

2）系统对速度参数变化（$|v_x|\leqslant 1\ 000$ m/s、$|v_y|\leqslant 1\ 000$ m/s）是鲁棒稳定的，这是因为

$$\left\|\begin{bmatrix}\boldsymbol{F} & 0\end{bmatrix}(\boldsymbol{sI}-\boldsymbol{A}_{pr})^{-1}\begin{bmatrix}\boldsymbol{E}\\0\end{bmatrix}\right\|_\infty \leqslant 0.912\ 48 < 1。\quad(7-110)$$

因此，静基座设计的阻尼环节式（7－106）在载体机动运动（$|v_x|\leqslant 1\ 000$ m/s、$|v_y|\leqslant 1\ 000$ m/s）时，INS/GPS 组合导航系统式（7—106）仍然稳定，且对晃动干扰抑制效果相同，这可从图 7—22 的高速（v_x，v_y =1 000 m/s）机动运行时的奇异值伯德图看出。

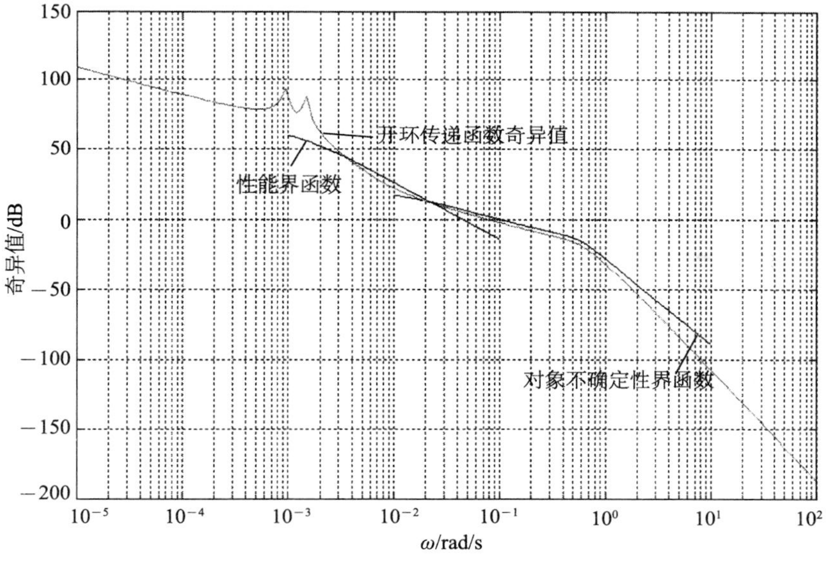

图 7—22　INS/GPS 组合导航在载体高速运行时的奇异值伯德图

另外，当 $\dot{x}_{pr}=0$ 时，水平通道的稳态误差为

$$\boldsymbol{x}_{pr}(\infty)=-(\boldsymbol{A}_{pr}+\Delta\boldsymbol{A}_{pr})^{-1}\boldsymbol{B}_{pr}\boldsymbol{n}\qquad(7-111)$$

利用上式可以看出，组合导航经过速度阻尼后的水平通道速度精度为 $\delta v_x(\infty)=0,\delta v_y(\infty)=0$，姿态角精度为

$$\phi_x(\infty) = -\frac{\nabla_y - \gamma\left[\dot{v}_x - \left(2\Omega\sin\varphi + \frac{v_x}{R}\tan\varphi\right)v_y + \left(2\Omega\cos\varphi + \frac{v_x}{R}\right)v_z\right]}{\dot{v}_z - \frac{v_y^2}{R} - 2v_x\Omega\cos\varphi - \frac{v_x^2}{R} + g},$$

(7－112)

$$\phi_y(\infty) = \frac{\nabla_x + \gamma\left[\dot{v}_y + \left(2\Omega\sin\varphi + \frac{v_x}{R}\tan\varphi\right)v_x + \frac{v_y v_z}{R}\right]}{\dot{v}_z - \frac{v_y^2}{R} - 2v_x\Omega\cos\varphi - \frac{v_x^2}{R}\tan\varphi + g}。\quad (7－113)$$

参考文献

[1] 黄德鸣，程禄. 惯性导航系统 [M]. 北京：国防工业出版社，1984.
[2] 陆元九. 惯性器件（上、下）[M]. 北京：宇航出版社，1993.
[3] 郭富强. 四环三轴陀螺稳定平台系统运动学分析及反自转控制方案的探讨 [R]. GF66146，1987.
[4] P. 富尔. 最优惯性导航与统计滤波 [M]. 北京：国防工业出版社，1986.
[5] EDMUND R. FOSTER. Digital Imue Study. Charles Stark Draper Laboratory Incorporated，AD—A008184，1974.
[6] 魏闽莆. 平台稳定回路数字化设计与实现的研究 [D]. 北京：航天工业总公司硕士论文，1995.
[7] 林詹. 惯性平台数字稳定回路的分析与设计 [D]. 北京：航天工业总公司硕士论文，1987.
[8] 姚万里. 惯性平台数字控制系统的研究 [D]. 北京：航天工业总公司博士论文，1990.
[9] 刘松强. 数字信号处理系统及其应用 [M]. 北京：清华大学出版社，1996.
[10] 赵长安，等. 鲁棒控制系统 [M]. 北京：宇航出版社，1991.
[11] 李友善. 自动控制原理 [M]. 北京：国防工业出版社，1986.
[12] 王广雄. 控制系统设计 [M]. 北京：宇航出版社，1992.
[13] Bryson A E，Jr. Ho YC. Applied Optimal Control [M]. Halstead，1975.

[14] BRYSON A E, HALL W E. Optimal Control and Filter Synthesis by Eigenvector Decomposition. Stanford Univ. , SUDAAR 436. Dec. , 1971.

[15] 吴广玉. 系统辨识与自适应控制（上，下）[M]. 哈尔滨：哈尔滨工业大学出版社，1990.

[16] 赵长安. 降低控制系统灵敏度设计方法. 全国自动化学会应用年会论文，1986.

[17] DOYLE. Modern Wienner－Hopf Design of Optimal Controllers [J] // Part II：The Multivariable Case. IEEE, Trans. on AC, Vol. AC－21, June, 1976.

[18] 多伊尔 J C，佛朗西斯 B A，坦嫩鲍姆 A R. 反馈控制理论[M]. 北京：清华大学出版社，1993.

[19] DOYLE J C, STEIN G. Multivariable Feedback Design：Concepts for a Classical/Modern Synthesis [J]. IEEE. Trans. on AC, Vol. AC－26, 1981.

[20] DESOER C A. Feedback System Design：The Fractional Representation Approach to Analysis and Synthesis [J]. IEEE Trans. on AC, Vol. AC－25, No3, June 1980.

[21] DESOER C A, GUSTAFSON C. L. Algebraic Theory of Linear Multivariable Feedback System [J]. IEEE Trans. on AC, Vol. AC－29, No10, Oct. , 1984.

[22] VIDYASAGAR M, SCHNEIDER. Algebraic and Topological Aspects of Feedback Stabilization [J]. IEEE, Trans. on AC, Vol. AC－27, No4, Aug. , 1982.

[23] DESOER C A, GUSTAFSON C. L. Design of Multivariable System with Simple Unstable Plant [J]. IEEE, Trans. on AC, Vol. AC－29, No10, Oct. , 1984.

[24] DESOER C A, GUSTAFSON C. L. Controller Design for Linear Multivariable Feedback System with Stable Plants,

Using Optimization with Inequality Constraints [J]. Int. J. Control, Vol. 37, No5, 1983.

[25] DESOER C A, GUSTAFSON C L. A CAD Methodology for Linear Multivariable Feedback Systems Based on Algebraic Theory [J]. Int. J. Control, Vol. 41, No3, 1985.

[26] CALLIER F M, DESOER C A. Multivariable Feedback Systems [M]. SpringerVerlag, 1982.

[27] VIDYASAGAR M. Control System Synthesis: A Factorization Approach [M]. MIT Press, 1985.

[28] VIDYASAGAR M. The Graph Metrix for Unstable Plants and Robustness Estimates for Feedback Stability [J]. IEEE Trans. on AC, Vol. AC—29, No. 5, 1985.

[29] ZAMES G. Feedback and Optimal Sensitivity: Model Reference Transformations, Multiplicative Siminorms, and Approximative Inverse [J]. IEEE Trans. on AC, Vol. AC—26, No. 2, 1981.

[30] ZAMES G, FRANCIS B A. Feedback, Minimax Sensitivity, and Optimal Robustness [J]. IEEE Trans. on AC, Vol. AC—28, No. 5, 1983.

[31] FRANCIS B A, ZAMES G. On H—Optimal Sensitivity Theory for SISO Feedback System [J]. IEEE Trans. on AC, Vol. AC—29, No. 1, 1984.

[32] CHANG B C, PEARSON J. B. Jr. Optimal Disturbance Reduction in Linear Multivariable Systems [J]. IEEE, Trans. on AC, Vol. AC—29, No10, 1984.

[33] FRANCIS B A, HELTON J. W, Zames G. H—Optimal Feedback Controllers for Linear Multivariable Systems [J]. IEEE Trans. on AC, Vol. AC—29, No. 10, 1984.

[34] GLOVER K. All Optimal Hankel—Norm Approximation

of Linear Multivariable System and their L—Error Bounds [J]. Int. J. Control, Vol. 39, No. 6, 1984.

[35] MOORE B C. Principal Component Analysis in Linear Systems: Controllability, Observability and Model Reduction [J]. IEEE Transaction on AC, Vol. AC—26, No. 1, February 1981.

[36] MEYER D. Model Reduction [D]. Ph. D. Thesis, Stanford University.

[37] DICKMAN A, SIVEN R. On the Robustness of Multivariable Linear Feedback Systems [J]. IEEE Transaction on AC, Vol. AC—30, 1985.

[38] DAVISON E J, SOLOMON A. Controller Structure Selection in the Control of Unknown Large Scale Systems [J]. Proc. IFAC World Congress, Hungary, 1984.

[39] FRANCIS B A, ZAMES G. On H optimal sensitivity theory for SISO feedback systems [J]. IEEE Transaction on AC, 1984.

[40] DOYLE J. Advance in multivariable control. Lecture Note at ONR/Honeywell Workshop, 1984.

[41] FRANCIS B A. A course in H control theory [M]. New York: Springer—verlag, 1987.

[42] DOYLE J, GLOVER K, KHARGONEKAR P, FRANCIS B A. State—space solution to standard H control problem [J]. IEEE Transaction on AC, 1989.

[43] KIMURA K. Conjugation, interpolation and model—matching in H [J]. International Journal of Control, 1989.

[44] GREEN M, GLOVER K, LIMEBEER D, DOYLE J. A J—spectral factorization approach to H control [J]. SAIM Journal of Control and Optimization, 1990.

[45] TSAI M C, POSTLETHWAITE I. On J — lossless coprime factorizations and H control [J]. International Journal of Robust and Nonlinear Control, 1991.

[46] BALAS G J, DOYLE J, GLOVER K, PACKARD P, SMITH R. analysis and synthesis toolbox [M]. MUSYN Inc. and The Math Works inc., 1991.

[47] 薛定宇. 控制系统计算机辅助设计：MATLAB语言及应用 [M]. 北京：清华大学出版社，1996.

[48] 徐昕. MATLAB工具箱应用指南：控制工程篇 [M]. 北京：电子工业出版社，2000.

[49] 胡庭姝，施颂椒，张钟俊. 多变量系统的 H 设计方法 [J]. 控制理论与应用，1990，7 (1).

[50] 冯纯伯. 鲁棒控制系统设计 [M]. 南京：东南大学出版社，1995.

[51] 姜偕富，费树岷，冯纯伯. 线性时滞系统依赖于时滞的 H 控制状态反馈控制 [J]. 自动化学报，2001，27 (1).

[52] 周绍生，费树岷，冯纯伯. 多输入非线性串级系统的 H 控制 [J]. 自动化学报，2001，27 (1).

[53] 郭雷，冯纯伯. 一类不确定系统的 H 控制器的设计 [J]. 中国科学，E辑，1998，28 (1)：57—62.

[54] 王广雄，姚一新，翁正新. H 控制系统 CAD 软件包 HINF [J]. 黑龙江自动化技术与应用，1992，11 (2).

[55] 王广雄，何朕. H 最优性能指标的连续性问题 [J]. 自动化学报，2001，27 (1).

[56] 李清泉. 智能控制系统：智能控制与智能自动化. 北京：科学出版社，1995.

[57] 王顺晃，舒迪前. 智能控制系统及其应用 [M]. 北京：机械工业出版社，1995.

[58] 王铭阳，等. 智能控制理论和方法 [J]. 南京：东南大学学

报，1995.

[59] 罗公亮，卢强. 智能控制系统研究的背景与发展概述：智能控制与智能自动化. 北京：科学出版社，1995.

[60] 蔡自兴，张中俊. 自动控制的机遇与挑战：智能控制与智能自动化. 北京：科学出版社，1995.

[61] 杨立溪. 惯性平台的"三自"技术及其发展 [C]. 中国惯性技术学会第四届学术年会论文集，1999.

[62] 王巍. 三浮仪表有源磁悬浮技术研究 [D]. 中国运载火箭技术研究院博士论文，1998.

[63] 田蔚风. 神经网络在陀螺漂移误差模型辨识中的应用 [J]. 中国惯性技术学报，1998，6 (3).

[64] 闻新. 捷联惯性导航系统中二自由度陀螺故障的智能诊断 [J]. 中国惯性技术学报，1999，7 (3).

[65] 徐丽娜. 人工智能在惯性技术中的应用研究 [C]. 中国惯性技术学会第四届学术年会论文集，1999.

[66] 何波. 光栅试验台的自适应模糊补偿器设计 [J]. 中国惯性技术学报，2000，8 (2).

[67] 杨莉. 基于模糊神经网络的惯性导航系统预热控制 [J]. 中国惯性技术学报，2000，8 (3).

[68] 王茂. 测试转台全数字化控制系统设计 [J]. 中国惯性技术学报，1999，7 (1).

[69] 张春华. 陀螺仪模糊性能可靠性评价 [J]. 中国惯性技术学报，2000，8 (3).

[70] 吴美平. 基于动态神经元网络的激光陀螺输出误差模型 [J]. 中国惯性技术学报，2000，8 (4).

[71] 卞鸿巍. 陀螺仪在线性能及故障诊断 AR 模型和神经网络方法的研究 [J]. 中国惯性技术学报，2000，8 (4).

[72] 刘胜利. 协同式专家系统及其在三轴转台故障诊断中的应用 [J]. 中国惯性技术学报，2000，8 (4).

［73］程婧容．惯性平台稳定回路的变结构控制［J］．中国惯性技术学报，1999，7（4）．
［74］王茂．一种改进的变结构控制器在转台中的应用［J］．中国惯性技术学报，2000，8（4）．
［75］陈平．基于神经网络的误差补偿滤波器在陀螺漂移误差模型辨识中的应用［J］．中国惯性技术学报，1998，6（1）．
［76］动力调谐陀螺解耦问题的设计与实验［R］．北京：北京航空学院科学研究报告，1983．10．
［77］欧钢．动力调谐陀螺的控制解耦及量测解耦［R］．北京：北京航空学院科学研究报告，1987．8．
［78］以光衡．动力调谐陀螺力平衡回路：解耦设计与数字仿真［R］．北京：北京航空学院科学研究报告，1983．7．
［79］马文炎．CZ－3A 四轴平台稳定回路设计总结［R］．一院13 所报告，1995．
［80］张福恩．惯导平台控制系统设计［R］．哈尔滨：哈尔滨工业大学自动控制理论教研室，1983．
［81］张东纯．三轴转台陀螺伺服系统的模型分析与解耦设计［J］．中国惯性技术学报，1999，7（3）．
［82］崔佩勇．典型非线性对伺服回路的影响［R］．航天部科技报告，1987．
［83］申铁龙．H_∞控制理论及应用［M］．北京：清华大学出版社，1996．
［84］白方周，等．多变量频域理论与设计技术［M］．北京：国防工业出版社，1988．
［85］高黛陵，等．多变量频率域控制理论［M］．北京：清华大学出版社，1998．
［86］冯纯伯 非线性控制系统分析与设计［M］．北京：电子工业出版社，1998．
［87］［美］J．－J．E．斯洛廷，李卫平．应用非线性控制［M］．

北京：国防工业出版社，1992.
[88] 高为炳．非线性控制系统导论 [M]. 北京：科学出版社，1988.
[89] 符曦. 系统最优化及控制 [M]. 北京：机械工业出版社，1998.
[90] 谢宋和. 单片机模糊控制系统设计与应用实例．
[91] 王福瑞等. 单片微机测控系统设计大全 [M]. 北京：北京航空航天大学出版社，1998.
[92] 王磊. 模糊控制理论及应用 [M]. 北京：国防工业出版社，1997.
[93] 徐丽娜. 数字控制 [M]. 哈尔滨：哈尔滨工业大学出版社，1991.
[94] 秦继荣. 现代直流伺服控制技术及其系统设计 [M]. 北京：机械工业出版社，1999.
[95] 雷小明，等. 二阶无差控制系统的数字控制器的设计 [R]. 中国国防科技报告，1986.
[96] 陶永华. 新型 PID 控制及其应用 [M]. 北京：机械工业出版社，1998.
[97] 熊永明，等. 惯性稳定平台变结构稳定回路的研究：智能控制与智能自动化 [R]. 北京：科学出版社，1995.
[98] 邓正隆. 惯性导航原理 [M]. 哈尔滨：哈尔滨工业大学出版社，1994.
[99] 关肇直. 线性控制系统理论在惯性导航系统中的应用 [M]. 北京：科学出版社，1984.
[100] 张贤达. 现代信号处理 [M]. 北京：清华大学出版社，1995.
[101] 郭尚来. 随机控制 [M]. 北京：清华大学出版社，1999
[102] 魏宗康，徐强，夏刚，杨雨. 平台稳定回路模糊－PID 最优控制设计 [C]. 中国惯性技术学会第四 届学术年会论

文集，1999.

[103] 魏宗康，夏刚，高桂杰，徐强. 四轴平台伺服系统建模研究 [J]. 中国惯性技术学报，2002，10 (5).

[104] 魏宗康，徐强，夏刚，杨雨. 平台稳定回路 H 鲁棒控制设计 [J]. 中国惯性技术学报，2001，9 (3).

[105] 魏宗康，夏刚. 平台稳定回路有饱和特性时的控制方案设计 [C]. 中国自动化学会第 18 届青年学术会，2004. 8.

[106] 陈忻彦，黄一，韩京清，杨雨，魏宗康. 自抗扰控制思想在动力调谐陀螺仪力平衡回路中的应用 [J]，中国惯性技术学报，2003 (06).

[107] 陈忻彦，黄一，韩京清，杨雨，魏宗康. 基于自抗扰控制思想的动力调谐陀螺力平衡回路设计方法 [C]. 第二十一届中国控制会议论文集 [A]，2002. 8.

[108] 陈忻彦，黄一，韩京清，杨雨，魏宗康. 基于自抗扰控制思想的动力调谐陀螺仪力平衡回路控制的实验研究 [C]. 第二十二届中国控制会议论文集，2003. 8.

[109] 夏刚，魏宗康，邓正隆. 捷联系统陀螺仪伺服回路 MIMO 控制器设计 [J]. 导航与控制，2010，9 (1).

[110] 赵毅，王晓东，魏宗康. 石英挠性加速度计伺服回路 H 控制设计 [J]. 导航与控制，2008，2 (4).

[111] 魏宗康，夏刚，石祯耀，徐强. 平台调平回路 H 控制设计 [J]. 导航与控制，2003，2 (1).

[112] 魏宗康，牛冰. 捷联惯性导航系统动基座全方位初始对准方法 [C]. 中国惯性技术学会工作者研讨会，2011. 10.

[113] 郭刚，魏宗康，高桂杰. INS/GPS/CNS 组合导航系统水平通道鲁棒稳定性分析 [C]. 2003 年惯性仪表与元件学术交流会论文集，2003. 8.